Mosaik

Das grosse Bestimmungsbuch der

Wale und Delphine

Ausführliche Beschreibung aller 78 bekannten Arten
mit Verbreitungskarten
Über 200 faszinierende Fotos und Illustrationen

Dr. Anthony R. Martin

Mosaik Verlag

Spinnerdelphine in Höchstgeschwindigkeit

Der Mosaik Verlag ist ein Unternehmen der Verlagsgruppe Bertelsmann

Satz: Fotosatz Stummer, München
ISBN 3-576-10003-2
Printed in Italy

Wissenschaftliche Redaktion: Dr. Anthony R. Martin
Redaktion: Geoffrey Rogers
Designer: Jill Coote
Übersetzung und fachliche Beratung: Dr. Rüdiger Wandrey, Bremerhaven
Redaktion der deutschen Ausgabe: Jutta Hamberger
Illustrationen des 1. Teils: Stuart Watkinson
Illustratoren: Peter Bull, Rod Ferring,
Bruce Pearson, David Thompson

Seite 6: Grauwal vor der Insel Vancouver, Kanada

INHALT

Vorwort zur deutschen Ausgabe 7

EINFÜHRUNG ZUM ERSTEN TEIL 8

Was sind Wale? 10
Die Entwicklungsgeschichte der Wale 12
Schwimmen und Tauchen 14
Sinne und Intelligenz 18
Nahrungsaufnahme 24
Sozialverhalten 28
Mosaiksteine des Lebens 32
Strandungen 38
Walbeobachtung 42
Walforschung 46
Der Einfluß der Fischerei 50

EINFÜHRUNG ZUM ZWEITEN TEIL 52

BARTENWALE (Mysticeti)

GLATTWALE (Balaenidae + Neobalaenidae) 54-61
Grönlandwal *Balaena mysticetus* (AM) 56
Glattwale Gattung Eubaleana (GD) 58
Zwergglattwal *Caperea (Neobaleana) marginata* (GD) 61

GRAUWALE (Eschrichtiidae) 62-65
Grauwal *Eschrichtus robustus* (AM) 64

FURCHENWALE (Balaenopteridae) 66-83
Blauwal *Balaenoptera musculus* (CL) 68
Finnwal *Balaenoptera physalus* (CL) 71
Seiwal *Balaenoptera borealis* (CL) 74
Bryde-Wal *Balaenoptera edeni* (CL) 76
Zwergwal *Balaenoptera acutorostrata* (CL) 78
Buckelwal *Balaenoptera novaeangliae* (AM) 80

ZAHNWALE (Odontoceti)

POTTWALE (Physeteridaee + Kogiidae) 84-91
Pottwal *Physeter macrocephalus* (AM) 86
Zwergpottwal *Kogia breviceps* (GR) 90
Kleinstpottwal *Kogia simus* (GR) 91

NARWAL, BELUGA UND IRAWADI-DELPHIN (Monodontidae) 92-99
Narwal *Monodon monoceros* (AM) 94
Beluga (Weißwal) *Delphinapterus leucas* (AM) 96
Irawadi-Delphin *Orcaella brevirostris* (AM) 99

SCHNABELWALE (Ziphiidae) 100-115
Baird-Wal *Berardius bairdii* (RR) 102
Südlicher Schwarzwal *Berardius arnuxii* (RR) 104
Shepherd-Wal *Tasmacetus shepherdii* (RR) 104
Cuvier-Schnabelwal *Ziphius cavirostris* (RR) 105
Nördlicher Entenwal *Hyperoodon ampullatus* (RR) 106
Südlicher Entenwal *Hyperoodon planifrons* (RR) 108
Pazifischer Schnabelwal *Mesoplodon pacificus* (RR) 109
Hector-Schnabelwal *Mesoplodon hectori* (JM) 109
True-Wal *Mesoplodon mirus* (JM) 110
Gervais-Zweizahnwal *Mesoplodon europaeus* (JM) 110
Japanischer Schnabelwal *Mesoplodon ginkgodens* (JM) 111
Camperdown-Wal *Mesoplodon grayi* (JM) 111
Stejneger-Schnabelwal *Mesoplodon stejnegeri* (JM) 112
Hubb-Schnabelwal *Mesoplodon carlhubbsi* (JM) 112
Andrew-Schnabelwal *Mesoplodon bowdonii* (JM) 113
Layard-Wal *Mesoplodon layardii* (JM) 113
Sowerby-Zweizahnwal *Mesoplodon bidens* (JM) 114
Blainville-Schnabelwal *Mesoplodon densirostris* (JM) 115

SCHWERT- UND GRINDWALE (Globicephalidae) 116-129
Schwertwal *Orcinus orca* (AM) 118
Kleiner Schwertwal *Pseudorca crassidens* (AM) 122
Zwerggrindwal *Feresa attenuata* (AM) 124
Breitschnabeldelphin *Peponocephala electra* (AM) 125
Gewöhnlicher Grindwal *Globicephala melas* (AM) 126
Indischer Grindwal *Globicephala macrorhynchus* (AM) 128

DELPHINE (Delphinidae) 130-167
Buckeldelphine *Sousa chinensis, S. teuszii, S. plumbea* (GR) 132
Rauhzahndelphin *Steno bredanensis* (GR) 134
Amazonas-Sotalia *Sotalia fluviatilis* (GR) 135
Großer Tümmler *Tursiops truncatus* (GR) 136
Blau-Weißer Delphin *Stenella coeruleoalba* (PH) 138
Schlankdelphin *Stenella attenuata* (PH) 140
Ostpazifischer Delphin (Spinner) *Stenella longirostris* (PH) 142
Clymene-Delphin (Kurzschnauzen-spinner) *Stenella clymene* (PH) 144
Zügeldelphin *Stenella frontalis* (PH) 145
Gemeiner Delphin *Delphinus delphis* (TJ/SL) 146
Weißschnauzendelphin *Lagenorhynchus albirostris* (RR) 148
Weißseitendelphin *Lagenorhynchus acutus* (RR) 150
Weißstreifendelphin *Lagenorhynchus obliquidens* (RR) 152
Schwarzdelphin *Lagenorhynchus obscurus* (MW/SL) 154
Peale-Delphin *Lagenorhynchus australis* (MW/SL) 156
Stundenglas-Delphin *Lagenorhynchus cruciger* (MW/SL) 157
Borneo-Delphin *Lagenorhynchus hosei* (RR) 158
Heaviside-Delphin *Cephalorhynchus heavisidii* 159
Weißbauchdelphin (Chilenischer Delphin) *Cephalorhynchus eutropia* (GD) 160
Hector-Delphin *Cephalorhynchus hectori* (GD) 161
Commerson-Delphin (Jacobita, Tonina) *Cephalorhynchus commersonii* (GD) 162
Nördlicher Glattdelphin *Lissodelphis borealis* (TJ/SL) 164
Südlicher Glattdelphin *Lissodelphis peronii* (TJ/SL) 165
Rundkopfdelphin (Rissos Delphin) *Grampus griseus* (TJ/SL) 166

SCHWEINSWALE (Phocoenidae) 168-177
Schweinswal (Kleiner Tümmler, Braunfisch) *Phocoena phocoena* (AH) 170
Pazifischer Hafenschweinswal *Phocoena sinus* (AH) 172
Brillenschweinswal *Australophocaena dioptrica* (AH) 173
Burmeister-Schweinswal *Phocoena spinipinnis* (AH) 174
Indischer Schweinswal *Neophocaena phocaenoides* (AH) 175
Dall-Hafenschweinswal *Phocoenoides dalli* (AH) 176

FLUSSDELPHINARTIGE (Platanistoidea) 178-187
Ganges-Delphin *Platanista gangetica* (RR) 180
Indus-Delphin *Platanista minor* (RR) 182
Amazonas-Delphin (Inia, Boto) *Inia geoffrensis* (RR) 184
Baiji (Chinesischer Flußdelphin) *Lipotes vexillifer* (RR) 186
La-Plata-Delphin (Franciscana) *Pontoporia blainvillei* (RR) 187

Glossar 188
Register 189
Bildnachweis 192
Danksagung 192

Vorwort zur deutschen Ausgabe

Seit Jahrtausenden bewegen die Lebewesen der Weltmeere die Gemüter der Menschen. Über eine ebensolange Zeit jagt und fängt der Mensch viele Meeresbewohner, weil er sie für seine Ernährung braucht, aber auch, weil er sich vor ihnen fürchtet oder sie sogar haßt. Die Geschichten vom »Weißen Hai« oder »Moby Dick« sind Zeugnisse dieses Hasses. Immer spiegelt sich in derartigen Gemütsregungen des Menschen aber Unwissen über die Zusammenhänge im Meer, über die Lebensweise der dort wohnenden Tiere und über die schicksalhafte Verknüpfung der Menschen mit den Ozeanen wider.

Dieses Buch handelt von einer einzigen Gruppe der Bewohner des Meeres, den Walen, zeigt dabei aber deutlich die Verwebungen mit den übrigen Bewohnern, sei es als Beute oder Feinde, und dem Menschen auf. Erstmals werden alle bisher bekannten Walarten einzeln beschrieben. Dabei war es nicht leicht, alles bisher bekannte Wissen zusammenzutragen. Nur ausnahmsweise ist es möglich, einen Wal direkt von Angesicht zu Angesicht zu beobachten. Dennoch werden hier fast immer Farbfotos zu jeder bekannten Art abgebildet.

Der erste Teil des Buches informiert über alle Aspekte der Walkunde mit Ergebnissen neuester Forschung. Vieles ist noch vor einer endgültigen Auswertung und Diskussion durch eine Vielzahl von Wissenschaftlern aufgenommen worden, um alle Aspekte der Walkunde aktuell beleuchten zu können. Die systematische Einordnung der Waltiere ist noch immer in Bewegung. Nicht nur, weil wir auch heute noch neue, unbekannte Arten entdecken, sondern auch, weil einzelne Arten nur von sehr wenigen Individuen oder gar nur Teilen davon bekannt sind. Jeder Systematiker bewertet einzelne Merkmale von Tieren, Skeletten, Organen oder Schädeln anders und kommt dabei zu einer anderen Klassifizierung als vielleicht der Kollege im Laboratorium nebenan. Welch große Unterschiede müssen da erst zwischen den Lehrmeinungen z. B. Amerikas und Europas herrschen! Durch die Mitarbeit von Wissenschaftlern aus allen Teilen der Erde wurden die größten Unstimmigkeiten vermieden, andere Ansichten im Detail lassen sich aber nicht ausschließen.

Viele Wale sind bedroht, ja sogar extrem gefährdet. Der Mensch nimmt ihnen täglich mehr von ihrem angestammten Heimatrecht auf unserem und ihrem Planeten. Wir verschmutzen die Meere und Flüsse heute in einem Maße, daß man von «reinem Wasser» nicht mehr sprechen kann. Fatal ist, daß sich die Wale mit ihren langen Generationswechseln genausowenig an diese rapiden Veränderungen anpassen können wie wir Menschen. Und hier schließt sich der Kreis wieder. Am Ende ereilt uns das gleiche Schicksal wie unsere Brüder im Meer.

Es kann nur bis zu einem gewissen Grad trösten, daß Menschen versuchen, einige wenige Walarten in Delphinarien, Ozeanarien und Großaquarien am Leben zu erhalten. Einige Zuchterfolge lassen hoffen, aber der Weg zu einer Erhaltungszucht ist noch sehr, sehr weit, und sie kann auch immer nur die kleineren Arten betreffen. Zu unterschiedlich sind auch noch die Auffassungen der Menschen von derartigen Einrichtungen. Nur selten werden sie als Stätten artgerechter Haltung und Erhaltung aufgefaßt, allzu häufig sind sie Orte reiner Unterhaltung und Sensationsgier. Leider finden wir auch hierbei große Unterschiede zwischen den verschiedenen Kontinenten unserer Erde, aber auch innerhalb eines einzigen Landes. Sorgen in Deutschland und Europa strenge Gesetze dafür, daß nur solche Institutionen lebende Wale beherbergen dürfen, die dazu auch in der Lage sind, so ist dies in anderen Teilen der Erde nicht der Fall. Massentourismus zu Fortpflanzungslagunen bestimmter Walarten ist heute in Amerika ein großes Geschäft und macht damit die zumindest teilweise großartigen Erfolge in der Haltung dieser Tiere wieder zunichte. Schau und Kommerz sind Begriffe, die bei artgerechter und arterhaltender Haltung von Wildtieren und ganz besonders von Walen nichts verloren haben.

Letztlich ist aber jede Art von Haltung und Erhaltung in Menschenhand bei Walen nur eine recht unbefriedigende »Krücke«, denn unsere Fähigkeiten und Möglichkeiten stoßen sehr bald an physikalische Grenzen. Gerade die großen Wale sind es aber, die unsere Hilfe am dringendsten brauchen.

Dieses Buch kann Wissen in einer Breite vermitteln, wie es bisher noch nicht möglich war. Es zeigt, daß es noch nicht zu spät sein muß, wenn wir die Meere und damit die Wale retten wollen. Das Lesen dieses Buches, das Aufnehmen seines Inhaltes und das Umsetzen seiner Erkenntnisse kann aber mehr bewirken, denn aus Unwissenheit wurden dieser Erde die größten Leiden zugefügt.

Dr. Rüdiger Wandrey

TEIL EINS

Von den ersten Ideen zu diesem Buch bis zu seiner endgültigen Fertigstellung war für alle beteiligten Mitarbeiter das Ziel klar: Es sollte eine möglichst umfassende Darstellung der faszinierenden Welt der Wale werden, die auf dem aktuellen Stand unseres heutigen Wissens basiert und für jedermann verständlich ist. Sowohl die Fragen begeisterter Schüler als auch das Informationsbedürfnis von Studenten und Wissenschaftlern sollte zu seinem Recht kommen.

Bei der Verwirklichung dieser Aufgabe wurde aber dann allen Wissenschaftlern und Autoren klar, daß trotz großer Fortschritte auf dem Gebiet der Walforschung vieles noch im dunkeln liegt. Nicht ganz unschuldig an dieser Tatsache sind die betreffenden Tiere selbst und ihr unzugänglicher, von Geheimnissen umwitterter Lebensraum. Um so erfreulicher ist es, daß mit diesem Buch eine Arbeit vorliegt, die in kompakter, leichtverständlicher und trotzdem wissenschaftlich korrekter Form bisher in dieser Zusammenstellung unerreichbare Daten und Fakten zusammengetragen hat. Meine persönlichen Erkenntnisse aus Forschung, Vorlesungen, Vorträgen sowie einer mehr als 10jährigen Filmarbeit über Wale sind ebenfalls in dieses Buch eingegangen. Wie bei vielen Bearbeitungen systematischer Fragestellungen kann auch in diesem Fall nicht von einer endgültigen Fassung gesprochen werden. Wir müssen täglich damit rechnen, neue Erkenntnisse zu erlangen, die heutiges Wissen korrigieren oder gar als Irrtum aufdecken.

Der erste Teil dieses Buches beschäftigt sich mit allgemeinen Fragen zur Biologie der Wale. Erörtert werden ihre Herkunft und Lebensweise, ihre physischen Fähigkeiten, ihre Intelligenz, die Berührungspunkte zwischen Menschen und Walen, das Phänomen der Massenstrandungen und die Gefährdung durch Umweltverschmutzung und Fischerei. Im zweiten Teil des Buches werden alle bekannten Walarten in Bild und Text vorgestellt.

Das öffentliche Interesse an Walen ist in den letzten Jahren rapide angestiegen, nicht zuletzt durch die vielen Delphinarien in aller Welt, zahlreiche ausgezeichnete Dokumentarfilme im Fernsehen, die intensive Berichterstattung über Walforschung, Walstrandungen und so aufsehenerregende Aktionen wie die Rettung der 3 Buckelwale vor Alaska.

Die Gefährdung und Vernichtung vieler Walpopulationen kommt nicht von ungefähr – auch hier ist der Mensch Verursacher. Was die Vernichtung vieler Walpopulationen für den Preis billigen Trans und Fleisches in den letzten Jahrhunderten war, ist die anhaltende Vernichtung der Meere und damit die Zerstörung ihrer Lebensräume für die Wale heute. Wenn es uns bis heute nicht gelungen ist, auch nur eine einzige Walart völlig auszurotten, so ist das leider weniger bewußten Entscheidungen als vielmehr unserem Glück zuzuschreiben. Dennoch haben wir keinen Grund, uns beruhigt zurückzulehnen: Drei Walarten sind extrem bedroht und viele andere stark gefährdet.

Dieses Buch soll Verständnis wecken für die Riesen und Zwerge der Meere, soll aufmerksam machen auf das empfindliche und weitverzweigte Wirkungsgefüge im Meer. Nicht nur die großen und kleinen Wale sterben, wir selbst sind es, die am Ende der Kette stehen.

Tony Martin

Der unverwechselbare Anblick eines männlichen Schwertwales, fotografiert bei der Halbinsel Valdés in Argentinien. Dieses Tier jagt gerade Seelöwen, die es vom Strand zerrt und dann in die See treibt.

WAS SIND WALE?

Jeder weiß, was ein Wal ist, und jeder kann einen Delphin erkennen. Oder etwa doch nicht? Warum werden einige Leser dieses Buches den Fernsehstar »Flipper« als Schweinswal, andere als Delphin ansprechen?

Aus mehreren Gründen ist unsere Vorstellung von diesen Meerestieren sehr ungenau. Als der Ruf »Rettet die Wale« in den 70er Jahren laut wurde, fragten sich nur sehr wenige Menschen, »Welchen Wal denn eigentlich?«, und das, obwohl sie eigentlich hätten fragen müssen, welche der etwa 40 Tierarten aus der Ordnung der Waltiere gerettet werden sollte.

Zur Bedeutung des Namens

Alle Wale bezeichnet man mit der wissenschaftlichen Bezeichnung *Cetacea*, ein Wort, das vom lateinischen *cetus* (ein großes Meerestier) und vom griechischen *ketos* (ein Seeungeheuer) abstammt. Wie wir Menschen auch zählen Wale zu den warmblütigen, luftatmenden Säugetieren, die lebende Junge gebären und diese Jungen mehrere Monate lang mit Milch ernähren. Im Gegensatz zum Menschen und allen anderen Säugetieren mit Ausnahme der auch Sirenen genannten Seekühe entwickelten sich die Körperfunktionen der Wale für ein Leben unter Wasser. Trotzdem sind sie keine Fische, legen keine Eier und besitzen keine Kiemen.

Wir wissen, daß mindestens 78 Walarten auf unserem Planeten leben. Noch im 20. Jahrhundert wurden bisher unbekannte Arten beschrieben, und mit großer Wahrscheinlichkeit wird man weitere entdecken. In allerjüngster Zeit wurden walbegeisterte Menschen durch die Beobachtung eines bisher unbekannten Tieres im östlichen Pazifik, das zu den Schnabelwalen zu gehören scheint, in Aufregung versetzt.

Die bekannten Cetaceen weisen riesige Größenunterschiede auf. Der gigantische Blauwal ist mit einem Gewicht von bis zu 150 t das größte Lebewesen, das je auf dieser Erde gelebt hat, dagegen erreichen der La-Plata-Delphin und der Pazifische Hafenschweinswal kaum mehr als 50 kg Gewicht. Der Blauwal ist 18mal länger und 3000mal schwerer als die kleinste Art, der La-Plata-Delphin. Zwischen diesen beiden Extremen gibt es eine Vielfalt an Walarten.

Die Terminologien »Wal«, »Delphin« und »Schweinswal« umschreiben ganz grob unterschiedliche Größenklassen von Cetaceen. So bezeichnen wir im allgemeinen Cetaceen mit mehr als 3 m Körperlänge als »Wale«, kleinere dagegen als »Delphine«. Innerhalb der letzteren finden wir sechs sehr eng miteinander verwandte Arten, die wir in eine eigene Familie, die Schweinswale, stellen. Keine von ihnen erreicht Längen über 2,2 m.

Leider sind die wissenschaftlich taxonomischen Verhältnisse nicht so einfach und Überschneidungen sind häufig. So ist beispielsweise der kleinste »Wal«, der Kleinstpottwal (*Kogia simus*) kleiner als der größte »Delphin«, der Große Tümmler (*Tursiops truncatus*). Ähnlich ist der größte Schweinswal, der Brillenschweinswal (*Australophocaena dioptrica*), größer als viele der als »Delphin« bezeichneten Tiere. Daher bedienen sich moderne Systematiker nicht mehr der Klassifizierung durch Körpergröße. So nimmt man beispielsweise an, daß die drei Arten Pottwale näher miteinander verwandt sind als mit jedem anderen Vertreter der Cetaceen, obwohl die größte Art etwa 200mal schwerer ist als die kleinste. Der Name »Delphin« wird hauptsächlich für zwei Gruppen verwendet: die Flußdelphine und die überwiegend marinen Vertreter der Familie *Delphinidae*.

Dieser riesige Buckewal hat den gleichen Körperbau wie alle Cetaceen.

Weitere Verwirrungen stiftet die Bezeichnung »Schweinswal«. In den USA wird sie für fast alle Cetaceen benutzt, die keine »Wale« sind, aber es scheint, als würde man sich mehr und mehr der international gebräuchlichen Terminologie anschließen.

Jeder Angehörige der Walarten ist zumeist unter verschiedensten, volkstümlichen Namen bekannt. Dies gilt für alle Sprachen. Um Verwirrungen auszuschließen, gibt man jeder Art einen aus zwei Teilen zusammengesetzten wissenschaftlichen Namen, der sie von jeder anderen Tierart unterscheidet. Der erste Namensteil bezeichnet die Tiergattung, der zweite die Art.

Wale und andere marine Säugetiere

Von den Säugetieren, die vor Millionen von Jahren wieder zu einem Leben im Wasser übergegangen sind, haben bis heute drei Hauptgruppen überlebt. Die Ordnung *Sirenia* (Seekühe) vertreten durch die Manatis und den Dugong, besteht nur noch aus drei lebenden Arten. Die Ordnung *Cetacea* (Waltiere) vereint Bartenwale und Zahnwale. Die dritte Gruppe *Pinnipedia* (Flossenfüßer) besteht aus den Robben und ist eine Unterordnung der Ordnung *Carnivora* (Raubtiere). Eine vierte Gruppe, die Ordnung *Desmotilia*, starb im Miozän vor knapp 15 Millionen Jahren aus und ist heute nur durch Fossilien bekannt.

Die Sirenen oder SEEKÜHE sind reine Pflanzenfresser, die zeitlebens in flachen Küstengewässern und Flüssen leben und dort die üppige Vegetation abweiden. Dieser Ordnung verdanken wir die unzähligen Fabeln von Meerjungfrauen und Nixen. Im Laufe der letzten drei Jahrhunderte starben zwei Arten aus. Eine von ihnen, die STELLERSCHE SEEKUH, war mit 8 m Länge die größte Art. Die drei überlebenden Arten – zwei MANATIS und der DUGONG – haben gewisse äußerliche Ähnlichkeit mit Walen. Sie besitzen einen horizontal verbreiterten Schwanz, keine Hinterextremitäten und eine stromlinienförmige, delphinartige Gestalt. Im Unterschied zu anderen Tieren haben Sirenen z. B. nur 6 Halswirbel (nicht 7 wie nahezu alle anderen Säugetiere), einen kontinuierlichen Zahnwechsel im Längsverlauf der Kieferäste und Milchdrüsen in der »Achselhöhle« hinter den Vorderextremitäten.

Waltiere stellen die zweite, völlig an ein Leben im Wasser angepaßte Säugetiergruppe dar. Man kennt bisher 78 Arten, wobei die Anzahl je nach Systematik noch etwas schwankt. Dazu werden sicher neue Arten kommen, die man im Meer schon mehrfach beobachtet hat, die sich aber bis-

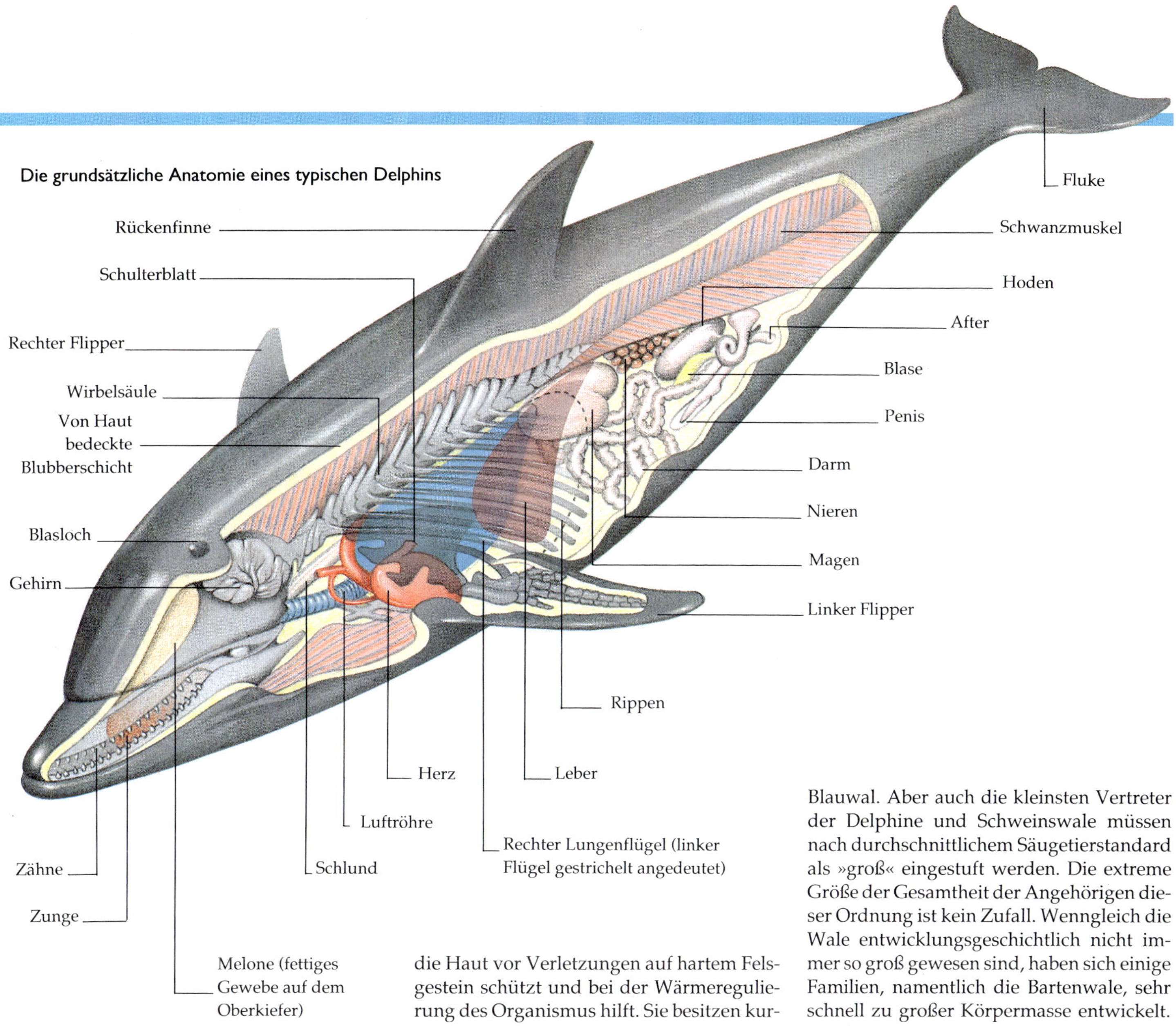

Die grundsätzliche Anatomie eines typischen Delphins

her exakten biologischen Untersuchungen entzogen haben.

Wenngleich man alle Waltiere in eine einzige taxonomische Ordnung stellt, unterscheiden sich doch zwei deutliche Gruppen. Diese sind hauptsächlich an der unterschiedlichen Ausstattung der Mundwerkzeuge kenntlich. Die erste Gruppe – die Unterordnung *Mysticeti* – enthält alle 11 Arten filtrierender Bartenwale. Die zweite – die Unterordnung *Odontoceti* – umfaßt die restlichen 67 Arten, die, weil sie über Zähne verfügen, Zahnwale genannt werden. Alle Delphine und Schweinswale gehören zu dieser Gruppe. Sie alle jagen ihre Beute – meist Kopffüßer oder Fische – einzeln und bedienen sich dabei unterschiedlicher Fangmethoden.

Die dritte Gruppe wasserbewohnender Säugetiere – die Unterordnung *Pinnipedia* – besteht aus 34 Arten von Robben und deren Verwandten. Alle Robben leben amphibisch, sie bewohnen zeitweise das Wasser und zeitweise das Land. Nahezu alle besitzen als Körperbedeckung dichtes Haar, das die Haut vor Verletzungen auf hartem Felsgestein schützt und bei der Wärmeregulierung des Organismus hilft. Sie besitzen kurze, abgeflachte Schwänze und mit Schwimmhäuten versehene Extremitäten, die an ihren jeweils fünf Endgliedern deutliche Krallen aufweisen. Wie die ihnen verwandten Landraubtiere besitzen sie unterschiedliche Zahntypen zum Halten und Zerkleinern von Nahrung.

Einige andere an das Leben im und am Wasser gebundene Tiere sollen hier noch kurz erwähnt werden. Der Eisbär verbringt die meiste Zeit seines Lebens im Meer oder auf dem Meereis, obwohl er ein Angehöriger der Großbären ist, welche grundsätzlich zu den Landraubtieren zählen. Einige Otter, besonders der Meerotter, halten sich zumindest einen großen Teil ihres Lebens im Wasser auf. Die Otter stellen die einzige amphibisch lebende Gruppe der Familie *Mustelidae* (Marder) dar, die wie Bären und Robben der Ordnung *Carnivora* (Raubtiere) angehören.

Größe und Aussehen

Das Hauptmerkmal, das mit dem Begriff »Wal« in Verbindung gebracht wird, ist das der Größe. In der Tat gehören zu den Cetaceen viele der größten Tiere, die je unseren Planeten bewohnt haben, an der Spitze der Blauwal. Aber auch die kleinsten Vertreter der Delphine und Schweinswale müssen nach durchschnittlichem Säugetierstandard als »groß« eingestuft werden. Die extreme Größe der Gesamtheit der Angehörigen dieser Ordnung ist kein Zufall. Wenngleich die Wale entwicklungsgeschichtlich nicht immer so groß gewesen sind, haben sich einige Familien, namentlich die Bartenwale, sehr schnell zu großer Körpermasse entwickelt. Das hatte den sehr einfachen Grund, daß Größe zweckmäßiger war. Größere Jungtiere mußten eine bessere Überlebenschance haben und eher fortpflanzungsfähig gewesen sein als ihre kleineren Geschwister. Körpergröße kann auch an Land einen Vorteil bedeuten, hier geht Körpergröße aber mit einer Zunahme an Gewicht, größeren Lasten für die Extremitäten und verringerter Beweglichkeit einher. Im Meer jedoch, wo der natürliche Auftrieb des Wassers den Körper stützt, ist das Tier nahezu schwerelos. Es wäre sicherlich faszinierend, einmal in einigen Millionen Jahren auf die Erde zurückzukommen, um nachzusehen, ob der Blauwal noch größer geworden ist.

Trotz der großen Variabilität innerhalb der Wale existiert ein gemeinsamer Körperbauplan. Alle sind grundsätzlich von runder, torpedoartiger Gestalt und elastischer Körperbedeckung. Die Nasenöffnungen liegen auf dem Oberende des Kopfes, es gibt keine äußerlichen Hinterextremitäten und eine große, flache, horizontal verbreiterte Schwanzfluke, die der Fortbewegung dient. Diese Merkmale sind charakteristisch für ein extrem an das Leben im Wasser angepaßtes Säugetier.

Die Entwicklungsgeschichte

Es gibt immer noch sehr große Lücken in unserem Wissen über die entwicklungsgeschichtlichen Schritte, die zu der außerordentlichen Vielfalt von Waltieren führten. Trotzdem entstand durch die jahrzehntelange Arbeit an fossilen Funden durch Paläontologen und in heutiger Zeit durch Genetiker und Molekularbiologen an lebenden Tieren ein ganz brauchbares Bild über diese Vorgänge.

Die meisten Fachleute vermuten, daß sich die Wale aus Landtieren entwickelt haben, die vor etwa 55 Millionen Jahren Brackwasserbiotope besiedelten. Heutige Einschätzungen gehen davon aus, daß Wale und paarzehige Huftiere, zu denen auch die Rinder und Hirsche gehören, gemeinsame Vorfahren haben.

Der Übergang zum Wasserleben scheint an der prähistorischen Tethyssee im Gebiet des heutigen Mittelmeeres und Kleinasiens stattgefunden zu haben. Fossile Nachweise legen die Vermutung nahe, daß die Vorfahren der Wale, *Archaeoceti* genannt (die erste Unterordnung der Cetaceen), wahrscheinlich entlang des Küstenstreifens, eventuell in Brackwasserseen und Überschwem-mungstümpeln gelebt haben. Die Fossilfunde deuten darauf hin, daß sie sich fortschreitend besser an das Wasserleben anpaßten, aber noch Millionen von Jahren vier deutlich erkennbare Extremitäten besaßen.

Die Anpassungen an ein Leben im Wasser

Auch bei den Walen war die Antriebskraft für die Evolution die Anpassung an den jeweiligen Lebensraum. So mußte eine grundlegende Umstellung in der Fortbewegungsweise stattfinden (vom Laufen zum Schwimmen), physiologische Anpassungen an ein dichteres Medium (Wasser statt Luft) waren nötig und ein Atemrhythmus mit periodischem Auftauchen an die Wasseroberfläche mußte entwickelt werden.

Die Anpassungen erfolgten durch Umstrukturierungen des gesamten Körpers, besonders aber des Kopfes. Die Nasenöffnungen wanderten von der Schnauzenspitze, wie etwa bei Hund oder Pferd, zur Schädeloberseite. Das Rostrum wurde in Anpassung an die jeweilige Nahrung breiter und länger. Die Zähne entwickelten sich von einem typischen, heterodonten Raubtiergebiß zu einem homodonten Gebiß. Das äußere Anzeichen für einen sehr weit entwickelten akustischen Sinn führte bei den Zahnwalen zur Entwicklung der sogenannten Melone (einer fettartig gewebigen Struktur auf dem Rostrum, die wahrscheinlich zur Bündelung des Schalles dient) und zu spezialisierten Knochen im Innenohr. Vom Kopf erhält man so die meisten Informationen darüber, welche Entwicklungsstufe eine bestimmte Walart in der Evolution erreicht hat.

Die Anpassung an ein Leben im Wasser erforderte auch grundlegende Veränderungen des übrigen Walkörpers. Die wahrscheinlich auffälligste Veränderung ist die stromlinienförmige Kontur des Körpers. Delphine und große Fische – Haie etwa – weisen die gleichen, torpedoartigen Körperformen auf, weil diese im Wasser den geringsten Widerstand hervorrufen Eine weitere Gemeinsamkeit zwischen Fischen und Walen stellt die Mechanik der Fortbewegung dar. Eine breite, flache Klinge kann im Wasser sehr viel besser Muskelkraft in Vorwärtsbewegung umwandeln, als es die normalen Extremitäten der Landtiere können. Wale entwickelten eine Art Paddel am Ende des Körpers und machten Veränderungen der Wirbelsäule durch, um die Funktion des großen Rumpfmuskels, der die Antriebskraft für ihre Fortbewegung liefert, zu unterstützen. Gleichzeitig entwickelten sich die Vorderextremitäten zu klingenartigen Flippern, geeignet für Schlag- und Drehbewegungen, während die Hinterextremitäten zu funktionslosen Resten von Knochen und Knorpel degenerierten, die in den heutigen Walen in abdominaler Blubber- und Muskelmasse eingebettet liegen. Wie auch die Fische entwickelten die meisten Arten eine dorsale Finne, die der Stabilität dient. Einige Gruppen haben diese Rückenfinne später wieder verloren. Eine weitere äußere Anpassung war der Verlust von Haaren, die Wärmeisolation geschieht durch eine dicke Fettschicht.

Nach diesen ersten Veränderungen führten weitere Modifikationen zu fortschreitenden Spezialisierungen innerhalb des Cetaceenstammbaums. So entwickelte z. B. die Stammlinie der Bartenwale eine Methode, um die großen Planktonschwärme der nährstoffreichen Meere auszubeuten. Ihre Zähne wurden allmählich durch siebähnliche Barten ersetzt, die ihnen ein Leben als Filtrierer ermöglichten. Etliche Delphine paßten sich an ein Leben im Süßwasser von Flüssen und Seen an, die oftmals trübes, aber fischreiches Wasser boten. Einige von ihnen, wie etwa die Flußdelphine, entwikkelten einen hochsensiblen Akustiksinn, mit dessen Hilfe sie in diesen Gewässern Fische orten und jagen. Zusätzlich ermöglichten lange, dünne Kiefer diesen Delphinen, die Beute leichter zu greifen. Da der Gesichtssinn in solch trüben Gewässern von nur untergeordneter Bedeutung war, entwickelte er sich langsam zurück. Am Ende dieses Evolutionsprozesses stehen der Indus- und der Ganges-Flußdelphin, deren Augen keine Linsen mehr besitzen.

Das erste Auftreten der Cetaceen

Die Archaeoceten besaßen Merkmale, die sie als primitive Waltiere auswiesen, allerdings mit sehr viel geringerer Anpassung an ein Leben im Wasser als die heutigen Wale. In diesem Entwicklungsstadium könnten sie sogar noch an Land gegangen sein, um dort ihre Jungen zu gebären. Die primitivsten Archaeoceten, die Protocetiden, wurden in den heutigen Gebieten von Asien, Nordafrika und Nordamerika gefunden. Sie besaßen das heterodonte Gebiß der Fleischfresser. Man nimmt an, daß sie auch Fische gejagt haben. Eine sich verbessernde Anpassung an das Fangen dieser Beute mag sie immer mehr zu einem Leben im Wasser bewogen haben. Während des späten Eozäns (vor 55–38 Millionen Jahren) haben sich wahrscheinlich Archaeoceten von der Tethyssee aus in viele andere Meeresgebiete ausgebreitet. Es entwickelten sich fortschrittlichere Archaeoceten, die immer mehr die äußere Form annahmen, die wir mit den heutigen Walen in Verbindung bringen. Eines der typischsten Beispiele ist die Familie *Basilosauridae*. Tiere von beachtlicher Größe bis zu 21 m, die uns hauptsächlich von Fossilfunden aus dem Südosten der Vereinigten Staaten bekannt sind. Der *Basilosaurus* besaß eine walähnliche Form, jedoch mit einem im Vergleich zu den heutigen Walen kleinen Kopf. Weiterhin hatte er noch eine heterodonte Bezahnung und eine biegsame Halswirbelsäule. Wie andere modernere Archaeoceten hatte er eine Schwanzfluke, paddelförmige Brustflipper sowie degenerierte Hinterexetremitäten.

Die ersten Zahn- und Bartenwale

Die Archaeoceten waren die dominanten Tiere des Eozäns und hatten vermutlich die ökologische Nische der großen marinen Reptilien übernommen. Gegen Ende des Eozäns wurden auch die Archaeoceten seltener und verschwanden vor etwa 38 Millionen Jahren aus den Fossilschichten. Eine Familie könnte bis in das Oligozän (vor 38 bis 25 Millionen Jahren) überlebt haben, aber zu dieser Zeit dominierten bereits Vertreter der beiden heutigen Walunterordnungen, der *Odontoceti* (Zahnwale) und der *Mysticeti* (Bartenwale). Die Gründe für das relativ abrupte Verschwinden der Archaeoceten sind unbekannt. Es ist auch möglich, daß Lücken in den Fossilfunden falsche Vorstellungen über diese Zeit verursacht haben. Falls sie tatsächlich plötzlich ausstarben, dürfte die Konkurrenz der sich verbreitenden modernen Cetaceen ein Grund dafür gewesen sein.

Frühe Mysticeten besaßen noch Zähne, die allerdings bei einigen Formen bereits Anpassungen an eine eher filtrierende Nahrungsaufnahme aufwiesen. Die Zähne bekamen ein unregelmäßiges Profil, wobei Riefen und Erhöhungen bei entsprechenden Zähnen des Ober- und Unterkiefers ineinandergriffen. Die Barten selbst bestehen nicht aus Zahnsubstanz. Sie ähneln sehr dem hautartigen Gewebe, das die Ränder des Gaumens bei vielen modernen Säugetieren bildet. Bemerkenswert ist die Tatsache, daß die Föten der heutigen Bartenwale rudimentäre Zahnanlagen im Kiefer besitzen, was ihre eindeutige Abstammung von den Zahnwalen belegt.

Moderne Zahnwale

Gegen Ende des Oligozäns, vor etwa 25 Millionen Jahren, existierte weltweit in den Ozeanen eine große Vielzahl von Zahnwalen. Keine Art war identisch mit irgendeiner einer heutigen Form, aber ihre grundsätzliche Körpergestalt, die Lebensweise und die Art der Bezahnung waren zweifellos denen der modernen Zahnwale ähnlich. Einige von ihnen, die *Squalodontidae* (= haifischzähnige Delphine) z. B., könnten eine Lebensweise gehabt haben, die der moderner Schwertwale (*Orcinus orca*) glich. Andere, wie etwa die Pottwale (*Physeteridae*), die heute durch den bekannten Pottwal vertreten sind, haben bis in die Gegenwart überlebt. Andere moderne Familien, einschließlich der Schnabelwale *(Ziphiidae)* und Flußdelphine *(Platanistoidea)*, entwickelten sich erst später während des Miozäns (vor 25 bis 5 Millionen Jahren). Gegen Ende des Miozäns, (vor etwa 5 Millionen Jahren) hatten sich die meisten oder vielleicht sogar alle modernen Familien etabliert. Wir können nicht mit vollständiger Gewißheit sagen, daß sich bereits alle Familien bis zu dieser Zeit entwickelt haben, da es Lücken innerhalb der Fossilfunde gibt, aber mit Sicherheit wissen wir von der Existenz der marinen Delphine *(Delphinidae)*, der erfolgreichsten und verbreitetsten Walfamilie mit 26 überlebenden Arten, und von den sehr nahe verwandten Schwert- und Grindwalen *(Globicephalidae)*.

Die Abstammungen der Schweinswale *(Phoconidae)* und der Beluga/Narwal-Gruppe (Gründelwale, *Monodontidae)* sind unklar. Fossile Funde beider Gruppen tauchen erstmals aus dem späten Miozän (vor etwa 10 Millionen Jahren) auf. Die ersten bekannten Monodontiden stammen aus Kalifornien und Mexiko, was darauf hinweist, daß das heute rein arktische Vorkommen von zwei der drei existierenden Arten erst relativ spät auftrat. Die Schweinswale scheinen aus den gemäßigten Regionen des Nord- und Südpazifiks zu stammen und haben sich möglicherweise während des Pliozäns (vor 5–2 Millionen Jahren) von hier aus in andere Teile der Erde ausgebreitet.

Moderne Bartenwale

Man nimmt an, daß die Entwicklung der vier heutigen Familien der Bartenwale unabhängig voneinander verlaufen ist, da innerhalb der Unterordnung eine außerordentlich hohe Variabilität an Formen und Funktionen zu finden ist. Eine fünfte Familie, die ausgestorbenen *Cetotheriidae*, gelten möglicherweise als direkte Vorfahren der *Balaenopteridae*, welche heute den Buckelwal, Blauwal und andere sehr ähnlich aussehende Finnwale umfaßt. Die *Cetotheriidae* sind vermutlich vor 3 Millionen Jahren endgültig verschwunden. Auf dem Höhepunkt ihres Vorkommens im Miozän waren die Cetotheriiden sehr erfolgreich und bestanden aus mehr als 50 kleinen bis mittelgroßen Arten. Ihre Entwicklung kennzeichnet beispielhaft die Veränderungen, die notwendig waren, um als Filtrierer den Nahrungsunterhalt zu gewährleisten. Diese Veränderungen setzten sich auch dann noch fort, als die Balaenopteriden bereits häufig auftraten. Die Anpassungen umfaßten die Verlängerung des Schädels, um für die Barten Platz zu schaffen, die Entwicklung einer weichen, gewebigen Verbindung zwischen Ober- und Unterkiefer, um ein weites Öffnen des Maules zu ermöglichen und die allgemeine Vergrößerung des Kopfes und damit des Nahrungsaufnahmeapparates.

Die Glattwale *(Balaenidae* und *Neobalaenidae)* tauchten als eigenständige Gruppe lange vor den Finnwalen auf, wobei ihre Herkunft unbekannt ist. Balaeniden des frühen Miozäns (vor 25 Millionen Jahren) wurden beispielsweise in Patagonien gefunden. Zu dieser Zeit unterschieden sie sich bereits deutlich von den Cetotheriiden.

Die vierte Bartenwal-Familie – *Eschrichtiidae* – wird lediglich von einer einzigen modernen Art vertreten, dem Grauwal (*Eschrichtius robustus)*. Bekannte Fossilien sind nur 100.000 Jahre alt und von der modernen Art nicht unterscheidbar. Es ist interessant, daß Halbfossilien darauf hindeuten, daß diese Familie ursprünglich auf beiden Seiten des Nordatlantiks verbreitet war, zusätzlich zu ihrem heutigen Vorkommen im Nordpazifik. Grauwale verschwanden im Atlantik erst während des 17. bzw. frühen 18. Jahrhunderts. *Eschrichtius* unterscheidet sich so deutlich von allen anderen Walen, daß wir, ohne einen exakten Beweis in Händen zu haben, annehmen müssen, daß er sich in Millionen von Jahren aus einer separaten Linie entwickelt hat. Gewisse Ähnlichkeiten zwischen *Eschrichtius* und einigen Cetotheriiden führten zu Spekulationen, daß Grauwale von letzteren abstammen könnten. Neuere Untersuchungen konnten diese Annahme aber nicht bestätigen.

Die künstlerische Rekonstruktion eines Zygorhiza kochii, eines Vertreters der Durodontidae (Archaeoceti).

Dieses Tier ist vermutlich ein Vorfahre der modernen Wale, war etwa 5–6 m lang und lebte vor ungefähr 36 bis 46 Millionen Jahren.

Schwimmen und Tauchen

Delphine sind bekannt für ihre Geschwindigkeit und scheinbar mühelose Grazie. Kleinere Walarten erreichen Spitzengeschwindigkeiten von bis zu 55 km/h. Allerdings liegt ihre normale Wandergeschwindigkeit bei 6-15 km/h. Bartenwale wandern mit einer mittleren Geschwindigkeit von 4-15 km/h, können jedoch auf der Flucht vor Walfangschiffen für kurze Zeit 30 km/h erreichen.

Warum Wale schwimmen können

Zwei grundlegende Elemente sind für das unglaubliche Schwimmvermögen von Walen verantwortlich. Das erste betrifft die physikalischen Bewegungsabläufe des Körpers, die ein Optimum an Effektivität aus den speziellen Möglichkeiten des Umgebungselementes »Wasser« herausarbeiten. Das zweite betrifft die extrem effiziente Form und Funktionsweise des Körpers, die ein Optimum an Vorwärtsbewegung aus jeder investierten Energieeinheit im Ablauf einer Schwimmbewegung zieht.

Die Vorwärtsbewegung wird hauptsächlich durch die Auf- und Abwärtsbewegung der breiten, flachen Schwanzfluke bewirkt. Die Fluke besteht aus einem sehr festen, relativ steifen Bindegewebe, in etwa mit festem Gummi vergleichbar. Das Ende der Wirbelsäule geht in die Fluke über, die einzelnen Wirbel sind klein und rundlich. Die Fluke ist aerodynamisch vorne dicker als hinten und besitzt eine kreuzweise Verstärkung, sehr ähnlich der Versteifung einer Flugzeugtragfläche. Diese Form ruft sowohl im Wasser als auch an Luft den geringsten Widerstand hervor.

Die Enden der Fluke biegen sich elastisch nach oben, nicht aber nach unten, was mit der Beobachtung einhergeht, daß die Vorwärtsbewegung grundsätzlich durch den Aufschlag bewirkt wird. Wenn sich die Fluke aufwärts bewegt und Wasser über ihre Hinterkanten preßt, entsteht in ihrer unmittelbaren Nähe ein Niedrigdruckgebiet. In dieses strömt Wasser ein, das hauptsächlich von Zonen unmittelbar an den vorderen Körperpartien stammt, wodurch nun vorne am Tier wieder eine Niedrigdruckzone entsteht, die den Wal buchstäblich nach vorne zieht. Bei dem Erholungsschlag der Abwärtsbewegung strömt das Wasser mit viel weniger Druck über die sich nun umbiegenden Kanten der Fluke. Dadurch wird eine Gegenkraft gegen die eben erzeugte Vorwärtsbewegung vermieden.

Die kraftvolle Aufwärtsbewegung wird durch ein kräftiges Paar Muskeln ermöglicht, die oberhalb der Mittellinie an jeder Seite entlang der Wirbelsäule liegen. Ihren Ansatzpunkt finden die Muskeln an verbreiterten Wirbelfortsätzen, die nach schräg außen und oben von nahezu jedem Wirbel ausgehen. Die Abwärtsbewegung wird durch sehr viel kleinere Muskeln ermöglicht, die unterhalb der Mittelachse im hinteren Teil des Abdomens liegen.

Die Schwimmbewegung erfordert Bewegungen des ganzen Körpers und nicht nur der Fluke. Tatsächlich besteht der Schwanz des Tieres nicht nur aus der Fluke, sondern dem hinteren Drittel des Körpers. Diese Körperpartie ist sehr elastisch und beschreibt bei jedem kompletten Schwanzschlag einen Kreisbogen von etlichen Graden in Relation zum Rest des Körpers. Deshalb ist der unmittelbar vor der Fluke liegende Abschnitt des Schwanzes seitlich zusammengedrückt, um im Wasser weniger Widerstand zu erzeugen.

Der zweite Grund für eine schnelle Bewegung ist der geringe Widerstand, den der Walkörper als Ganzes im Wasser hervorruft. Wale verfügen über eine seidig glatte Haut, die sich fest anfühlt, dabei aber nicht hart ist.

Ein fester Körper, der sich durch ein nicht festes Medium wie Wasser oder Luft bewegt, staut vor sich immer etwas davon auf, gleichzeitig füllt das Medium den »freiwerdenden Raum« von hinten auf. Ein geringstmöglicher Widerstand entsteht dann, wenn das Umgebungsmedium absolut reibungslos von vorne nach hinten am Objekt vorbeifließt, wobei mit zunehmendem Abstand vom Objekt verschiedene Schichten des Mediums immer geringere Geschwindigkeiten aufweisen. Diesen Effekt bezeichnet man als laminare Strömungen.

Laminare Strömungen entstehen nur an glatten, abgerundeten Körpern. Jede scharf hervortretende Wölbung oder eine rauhe Oberfläche erzeugen Unregelmäßigkeiten der Strömung und damit Wirbel und Wi-

Gegenüber: Ein Gemeiner Delphin durchstößt die Wasseroberfläche, um Luft zu holen. Im Gegensatz zu den Robben tauchen alle Wale mit voll gefüllten Lungen ab.

Rechts: Viele große Wale, wie auch der Blauwal, erheben nach einem letzten, tiefen Atemzug die Fluke weit aus dem Wasser und setzen dann zu einem Tauchgang an.

derstand. Die weiche Haut unterdrückt Wirbelbildung aktiv, indem sie die wirbelerzeugende Energie absorbiert. Dies kann einerseits durch die Struktur der Haut selbst bewirkt werden, es ist aber auch möglich, daß schnell schwimmende Delphine zeitweise unregelmäßige Hautoberflächen formen, die entstehende Wirbelbildungen dämpfen, bevor sie problematisch werden.

Einige Wissenschaftler glauben noch an eine dritte Möglichkeit, wie Wale beim Schwimmen Wirbelbildungen unterbinden. Man weiß, daß Walhaut sich sehr schnell erneuert: Studien an einem Delphin ergaben, daß die äußerste Hautschicht 12mal pro Tag abgestoßen wurde. Die Hautzellen setzen dabei auch winzige Tropfen von Öl frei. Sowohl das Abstoßen der Zellen als auch das Absondern von Öl könnten Reibungen im Wasser reduzieren.

»Wellenreiten«

Reisende auf See erleben oft, daß eine Schule Delphine längsseits des Schiffes vor den Bugwellen schwimmt. Dort selbst scheinen sie mühelos mit der Geschwindigkeit des Schiffes mitzuhalten, ohne anscheinend auch nur einen Muskel zu bewegen. Wie bringen sie dieses fertig?

Ein durch das Wasser gleitendes Schiff erzeugt eine Welle direkt vor und seitwärts von sich. Diese Wellen entstehen aus dem vom Schiff verdrängten Wasser und scheinen im Verhältnis zum Schiff stehenzubleiben. Innerhalb der Welle existiert eine Druckzone, die in einer schmalen Zone nahe des vorderen Wellenberges eine Vorwärtsbewegung erzeugt, die einen Delphin gegen die Wasserströmung vorwärts treibt. Genau diese Zone suchen die Delphine, indem sie sich in einem Abstand von etwa 2 m entlang der Bugwelle eines Schiffes aufhalten. Findet ein Tier eine solche Stelle, muß der Delphin im richtigen Moment seine eigenen Schwimmbewegungen einstellen, da er sonst sofort wieder aus dem Druckfeld herausgerät. Hat er aber einmal diese Stelle gefunden, kann er wellenreiten, bis er des Spiels müde wird oder bis das Druckfeld zusammenbricht, weil etwa das Schiff langsamer wird oder sich die Bugwelle überschlägt. Kleine Cetaceen betreiben dieses Spiel oft vor dem Kopf eines großen Wales, und häufig »reiten« Jungtiere auf der Druckwelle ihrer Mütter.

Tauchen und Atmung

Eine Tierart, die nicht in der Lage ist, die Luft für lange Zeit anzuhalten, kann nicht sehr tief tauchen. Umgekehrt muß eine Art, die ihre Nahrung in tiefen Wasserschichten findet, physiologische Anpassungen besitzen, die es ihr erlauben, längere Zeit nicht zu atmen.

Alle Waltiere sind in der Lage, länger als der Mensch unter Wasser bleiben zu können, der auch als geübter Taucher nach ca. 3 Minuten in große Schwierigkeiten gerät und normalerweise in Ruhelage 15mal pro Minute atmet. Im Gegensatz dazu können einige Wale mehr als eine Stunde unter Wasser bleiben und atmen in Ruhelage nicht häufiger als 4mal pro Minute. Skeptische Beobachter folgten einem männlichen Pottwal auf einem 92minütigen Tauchgang vor den Azoren, indem sie mit einem Hydrophon die Klicklaute seiner Echolotung aufnahmen.

Die Fähigkeit, lange unter Wasser bleiben zu können, variiert zwischen den Walarten sehr stark und spiegelt nicht unwesentlich ihre jeweils bevorzugte Art der Nahrungsaufnahme und Beute wider. Im Gegensatz zu den ROBBEN, die vor einem Tauchgang ausatmen, atmen Wale ein und tauchen mit einem großen Luftvorrat in der Lunge. Erstaunlicherweise besitzen die Arten, die am längsten tauchen können, die in Relation zur Körpergröße kleinsten Lungen. In der Tat spielt atmosphärische Luft in den Lungen für die Fähigkeit, lange tauchen zu können, eine sehr untergeordnete Rolle, und zwar aus zweierlei Gründen. Erstens würde der Sauerstoffanteil auch in den größten Lungen bereits nach kürzester Tauchzeit verbraucht sein. Zweitens steigt der Wasserdruck mit zunehmender Tiefe rapide, so daß jedes Gas, schon lange bevor die zu tieferem Tauchen befähigten Arten auch nur annähernd ihr Ziel erreicht haben, in den Lungen sehr schnell komprimiert und auf beinah Null reduziert wird. Tatsächlich kollabieren die Lungen in Tiefen unter 100 m völlig.

Da es unmöglich ist, Sauerstoffvorräte in den Lungen mitzuführen, haben die Cetaceen eine Methode entwickelt, dieses Gas dort zu binden, wo es am nötigsten gebraucht wird – in der Muskulatur und im Blut. Sie besitzen verhältnismäßig viel Blut, das eine hohe Hämoglobinsättigung aufweist. Dieser rote Blutfarbstoff transportiert den Sauerstoff an jeden Punkt des Körpers und zum Gehirn. Die Muskulatur ist reich an Myoglobin, einem Protein, das Sauerstoff aus dem Blut löst und für den muskulären Stoffwechsel während des Tauchganges bereithält. Man schätzt, daß 50 % der Sauerstoffkapazität auf diese Weise mitgeführt wird. Das Myoglobin gibt dem Muskel seine charakteristische dunkle Farbe. Daher besitzen verständlicherweise die besten Taucher, wie beispielsweise die Pottwale, eine nahezu schwarze Muskulatur. Bei tief tauchenden Walen können wichtige Organe auf Kosten weniger wichtiger Körperteile bevorzugt mit Blut versorgt werden, wenn ein allgemeiner Sauerstoffmangel eintritt. Ferner sind sie fähig, den Herzschlag bis auf etwa 10–50% der normalen Rate zu verlangsamen. Schließlich besitzen sie die Möglichkeit des anaeroben Stoffwechsels (unter Abwesenheit von Sauerstoff), wobei die Gewebe ihren Sauerstoffmangel mit den ersten Atemzügen wieder ausgleichen.

Atmung

Die grundsätzlichen Vorgänge des Atmens sind bei allen Cetaceen gleich. Die Blaslöcher öffnen sich, ein explosionsartiges Ausatmen mit sofortigem Einatmen folgt und die Blaslöcher schließen sich wieder. Der ganze Vorgang dauert bei Delphinen und Schweinswalen, die häufig für sehr kurze Zeit auftauchen, weniger als eine halbe Sekunde. Er kann bei größeren Arten, wie Buckel- und Pottwal, die eine »entspanntere« Art des Luftholens bevorzugen, aber auch eine Sekunde und länger dauern. In der Tat ist das Tauchverhalten des Pottwales in vieler Hinsicht einmalig. Nach einem Tauchgang treibt er normalerweise fast bewegungslos an der Oberfläche, ein Männchen atmet dabei etwa 40–50mal, bevor es wieder abtaucht. Der Normalfall ist bei den Walen ein einmaliges Aus- und Einatmen während des kurzen Auftauchens, wobei die Bewegungsabläufe nicht behindert werden. Atmen stellt für die Tieftaucher immer eine Einschränkung ihrer Aktivitäten dar. Wir haben schon erwähnt, daß Wale weniger häufig atmen als Menschen oder andere landbewohnende Säugetiere. Allerdings bedeutet diese Reduktion der Atemfrequenz nicht, daß sie weniger Sauerstoff aufnähmen, denn der Anteil des ausgetauschten Gases am Lungenvolumen ist mit etwa 80–90 % viel größer als unsere 15 %. Weiterhin ist die Ausnutzung des Sauerstoffs in den Lungen wohl viel besser als beim Menschen. So enthält die nach längerem Atemanhalten ausgeatmete Luft eines Großen Tümmlers weniger als 1,5 % Sauerstoff.

Unten: Dieser Beluga besitzt nur ein einziges Blasloch, Bartenwale dagegen haben zwei nebeneinander sitzende Blaslöcher.

Rechts: Der Blas der Blauwale besteht hauptsächlich aus Wasserdampf, kann aber auch Öltropfen enthalten.

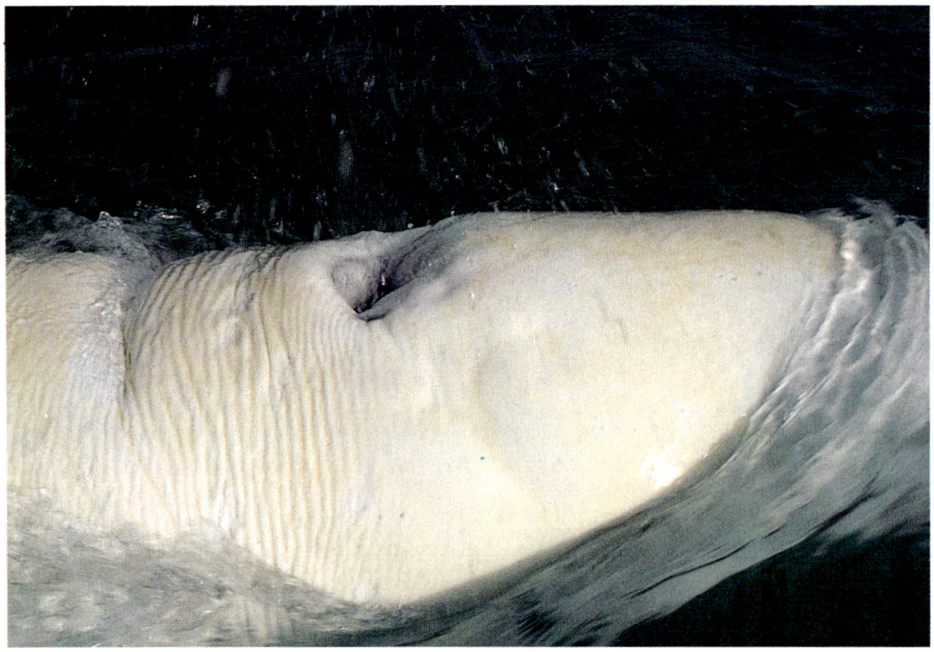

Der Blas

Der Blas ist ein fesselndes Merkmal der Wale, von Art zu Art unterschiedlich in Größe, Aussehen und Sichtbarkeit. So steigt z. B. der Blas eines Blauwales blitzschnell als 9 m hohe, dünne Säule rauchähnlichen Dampfes auf, am deutlichsten in kalter Luft sichtbar. Im Gegensatz dazu ist der Blas von Delphinen und Schweinswalen klein und bleibt besonders in warmer Luft dem menschlichen Auge verborgen. Gerade der Blas in Kombination mit einem kurzen Auftauchen des Rückens ermöglicht einem geübten Beobachter, die verschiedenen Walarten sogar aus Entfernungen von vielen Kilometern voneinander zu unterscheiden. Blau- und Finnwale erzeugen einen einzigen, sehr hohen und dünnen Blas, der Buckelwal einen niedrigeren, leicht buschigen und die Glattwale zwei getrennte, buschige Blaswolken, die von jeder Seite des Kopfes auseinanderstieben. Der Pottwal besitzt wie alle Zahnwale ein einziges Blasloch, das asymmetrisch am vordersten linken Rand oben auf dem Schädel sitzt. Sein Blas bleibt niedrig, wolkig und ist nach vorne links gerichtet.

Es ist immer noch strittig, was genau die Ursache für die Sichtbarkeit des Blases ist. Er enthält in jedem Fall Wasserdampf, der in der kalten Luft kondensiert und eventuell eine geringe Menge Seewasser, das sich im Blasloch angesammelt hat. Es gibt auch Vermutungen, daß er kleinste Tropfen von Öl oder Fett enthalten könnte. Diese werden im Atemtrakt erzeugt und könnten eine wichtige Rolle bei der Vermeidung der bei Menschen vorkommenden »Taucherkrankheit« spielen. (Diese wird durch kleinste Gasbläschen – meist Stickstoff – im Blut verursacht, die nach zu schnellem Auftauchen und damit verbundenem Druckabfall eines Tauchganges mit Preßluftflaschen in das Blut ausperlen.)

Querschnitt durch den Kopf eines Pottwales

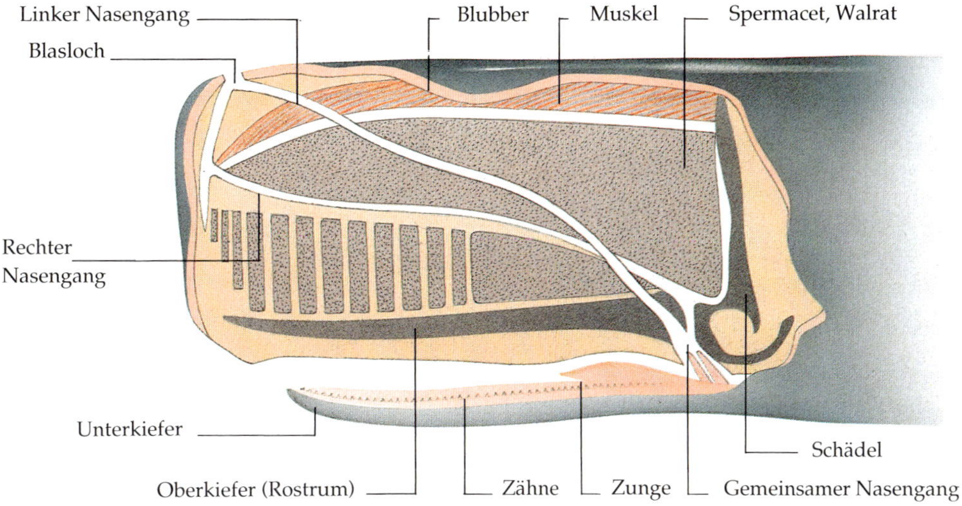

Die Physiologie des Tauchens

Die spezialisiertesten Tieftaucher sind wahrscheinlich der Pottwal und einige der Schnabelwale. Es existieren aber nur sehr wenige exakte Aufzeichnungen von tatsächlich erreichten Tauchtiefen dieser Arten. Vom Pottwal weiß man aber, daß er mindestens 1.100 m tief hinabgeht und man nimmt an, daß er gelegentlich bis 3.000 m taucht. Beweise für die Annahmen lieferten bisher überwiegend Tiere, die man in Unterseekabeln verfangen gefunden hat. Bei anderen, die in Gewässern bekannter Tiefe erlegt wurden, fand man im Magen frische, am Meeresgrund lebende Fische. Neuere Untersuchungen vor den Galapagosinseln zeigen, daß weibliche und noch nicht geschlechtsreife Pottwale normalerweise etwa 40 Minuten bis etwa 500 m tief tauchen, um Nahrung zu suchen.

Bartenwale tauchen normalerweise nicht tiefer als 100 m, weil sie ihre Nahrung in den oberen Wasserschichten finden. Das normale Auftauchverhalten beweist dies mit der typischen Sequenz von durchschnittlich 10-15 Blasstößen in 15sekündigen Intervallen gefolgt von 8minütigem Abtauchen. Tauchzeiten von 30 Minuten wurden beobachtet, waren aber selten.

Die meisten Delphin- und Schweinswalarten verbringen beinahe die meiste Zeit in einer Wasserschicht bis zu 100 m Tiefe. Natürlich leben Flußdelphine nahezu nie in bemerkenswerten Tiefen und alle anderen jagen normalerweise Schwarmfische, die sich innerhalb einiger Meter unter der Wasseroberfläche aufhalten. Einige mittelgroße Wale, z. B. Grindwale, Beluga und Narwal, sind bekannt dafür, daß sie, falls nötig, mehrere Hundert Meter tief tauchen können. Magenuntersuchungen dieser Arten zeigen, daß sie sich oft von Kopffüßern mittlerer und Fischen tiefer Wasserschichten ernähren.

Unter den physiologischen Anpassungen, die tiefes Tauchen ermöglichen, ist das Kollabieren der Lungen fast unvermeidlich. Es lohnt sich, näher anzuschauen, wie die Walanatomie mit diesem Phänomen umgeht und es sogar nutzt. Wenn ein Wal sehr tief taucht, kollabieren die Lungen aus dem einfachen Grund, daß sie mit Gas gefüllt und daher komprimierbar sind, während der Körper zur Hauptsache aus nicht komprimierbarem Wasser besteht. Das Zwerchfell der Wale sitzt schräg und die Lungen sind so angeordnet, daß bei zunehmender Tauchtiefe die abdominalen Organe gegen das Zwerchfell drücken und damit indirekt die Lungen gegen die obere Brustkorbwand pressen. Verletzungen des Brustkorbes werden vermieden, weil dieser im Gegensatz zu unserem außerordentlich elastisch ist, mit sehr viel loseren Verbindungen der Rippen zur Wirbelsäule und zum Brustbein und mit einigen »beweglichen« Rippen. Während des Zusammenpressens der Lungen entweicht das verbleibende Gas, hauptsächlich Stickstoff, in die relativ steife Luftröhre, wo der Gasaustausch mit umgebendem Gewebe relativ gering ist. Dadurch wird bei Tieftauchgängen die Absorption von Stickstoff ins Blut weitgehend vermieden. Cetaceen besitzen ein einmaliges Blutkapillarsystem, »Wundernetz« *(Retia mirabilia)* genannt. Auf dem Weg zum Gehirn soll das Wundernetz alle Gasblasen aus dem Blut filtern, die durch ausgiebige Tieftauchgänge entstanden sind.

Alle Abhandlungen über das Tauchvermögen müssen eine weitere anatomische Besonderheit berücksichtigen – den Kopf des Pottwales, der sehr groß und komplex ist und sich grundsätzlich von dem anderer Tiere unterscheidet. Er besteht hauptsächlich aus einer großen Masse ölartiger Substanz, dem Walrat oder Spermaceti, das bei normaler Körpertemperatur flüssig ist, bei Abkühlung aber fest wird und etwas schrumpft. Die Funktion oder Funktionen dieser Struktur, die mehrere Tonnen wiegen kann, hat seit Jahrhunderten das Interesse von Biologen und Walfängern erregt. Eine akustische Funktion wurde dafür angenommen, allerdings publizierte der britische Biologe Malcolm Clarke 1978 eine einleuchtende Alternative.

Clarke spekulierte, daß der Unterschied in der Dichte des Walrates je nach Zustand (fest oder flüssig) groß genug sei, um den Gesamtauftrieb des ganzen Tieres von leicht positiv bis leicht negativ zu beeinflussen. So könne der Wal, falls er die Temperatur des Walrates beeinflußen könne, bestimmen, ob er sinken, aufsteigen oder in einer bestimmten Wassertiefe stehen wolle (d. h. einen neutralen Auftrieb besitzt. Diese Fähigkeit könne größere energetische Bedeutung für ein Tier haben, das die meiste Zeit damit verbringt, in tiefen Gewässern auf- und abzutauchen. Clarke untersuchte die innere Struktur des Pottwalkopfes sehr sorgfältig, besonders die Beziehungen, Größe und Struktur der Luftkammern und der Walrat enthaltenden Regionen. Er zeigte, daß ausreichende Kühlung und Aufwärmung erreicht werden könnte, wenn der Wal vor oder während eines Tauchganges kaltes Seewasser durch die rechten Nasengänge leitet, die nahe dem Walrat verlaufen, und dieses vor dem Auftauchen wieder ausscheidet. Zur Zeit gibt es keine Möglichkeit, zu überprüfen, ob Pottwale sich so verhalten, und es darf nicht verschwiegen werden, daß einige Wissenschaftler dieser Theorie sehr skeptisch gegenüberstehen. Trotzdem handelt es sich um eine elegante Hypothese, die einer solch rätselhaften Kreatur wie dem Pottwal durchaus angemessen erscheint.

Sinne und Intelligenz

Die Cetaceen leben in einer Umwelt, die von der unseren völlig verschieden ist. Licht wird vom Wasser, in welchem sie leben, sehr schnell ausgefiltert, daher spielt das Sehvermögen für sie eine viel geringere Rolle als für die meisten Landtiere. Ein extremes Beispiel dafür ist die Zurückbildung der Augen zweier Delphinarten, die in den trüben Flußgewässern des indischen Subkontinentes leben. Die Augen dieser Delphine besitzen keine Linsen mehr, so daß sie wahrscheinlich nur noch grobe Helligkeitsunterschiede und die Lichtrichtung wahrnehmen können.

Dafür haben die Wale andere Sinne von großer Schärfe entwickelt, die das Fehlen des Gesichtssinnes als Orientierungssinn mehr als wettgemacht haben. Wasser ist physikalisch dichter als Luft, daher überträgt es Schallwellen schneller und weiter. Deshalb haben alle Arten ein ganz ausgeprägtes Gehör entwickelt, und die meisten sind in der Lage, selbst Töne zu produzieren, deren Echo die natürlichen akustischen Eindrücke ergänzt. Die Gewißheit wird auch immer größer, daß Cetaceen eine unsichtbare »Informationsquelle« nutzen, nämlich das Magnetfeld der Erde, um ihre Routen um den Erdball zu finden. Tast- und Geschmackssinne haben sich von ihren terrestrischen Vorfahren her erhalten, wurden aber für die Bedürfnisse eines ausschließlich im Wasser lebenden Tieres fortentwickelt. Der Geruchssinn allerdings ist den Zahnwalen, Delphinen und Tümmlern verlorengegangen.

Im Folgenden soll nun auf die einzelnen Sinne näher eingegangen werden.

Der Gesichtssinn

Die Intensität des Sonnenlichts nimmt mit zunehmender Wassertiefe rapide ab. Unterhalb 400 m herrscht auch in klaren Gewässern kein Licht mehr, in trüben, nährstoffreichen sogar noch früher. Niemals erreicht das Sonnenlicht die Tiefen, in denen normalerweise Pottwale und einige Schnabelwale ihre Nahrung suchen. Es ist sehr wahrscheinlich, daß sich Wale, die unterhalb einer Wassertiefe von 500 m nach Nahrung suchen, auf die Fähigkeiten ihres Echolot-Systems verlassen.

In den oberen Wasserschichten, wo Sonnenlicht vorhanden ist, scheinen sich alle Wale optisch zu orientieren. Durch die große Elastizität der Linse hat sich das Walauge daran angepaßt, sowohl in Luft als auch im Wasser zu funktionieren. Der Gesichtssinn wird zweifellos bei der Nahrungssuche zur Herstellung von Kontakten zu Artgenossen, zur Untersuchung des unmittelbaren Lebensraumes sowie zur Identifizierung von ungewöhnlichen Objekten wie etwa Schiffen oder auch Feinden eingesetzt. Einige Arten wie Grind- und Schwertwale machen regelrechte Beobachtungssprünge, um Aufschluß über das Geschehen über Wasser zu erhalten. Es gibt Hinweise aus Untersuchungen an Tieren in Menschenhand, daß zumindest einige Delphinarten in der Lage sind, Farben zu unterscheiden, obwohl Seewasser einen derartig wirksamen Filter abgibt, daß unterhalb weniger Meter alles grün oder blau erscheint.

Die Lage der Augen, meist an der breitesten Stelle des Schädels und weit hinter der Schnauzenspitze, läßt auf die Fähigkeit des räumlichen Sehens schließen. Arten mit spitzen Schnauzen verfügen in der Regel über gutes räumliches Sehen nach vorne und unten. Arten mit stumpfen Schnauzen, wie etwa der Pottwal, können den Bereich unmittelbar vor ihrem Kopf nicht einsehen und verfügen im größten Bereich ihres Sehfeldes nur über monokulares Sehen.

Der Hörsinn

Die Annahme, Wale besäßen keine Ohren, ist verzeihlich, denn die Anforderungen eines stromlinienförmigen Körpers ließen äußere Ohren schon vor sehr langer Zeit verschwinden. Die kleine Öffnung, die zum inneren Ohr führt, ist nur als winzig kleines Loch gleich hinter den Augen zu erkennen. Das Innenohr wurde gleichermaßen radikal umgestaltet. Besonders der Bereich der *Cochlea* (Schnecke), dem eigentlichen Hörorgan, zeigt sich vom Schädel durch schaumgefüllte Hohlräume akustisch völlig isoliert. Ohne diese akustische Isolierung könnten Wale die Richtung eines aufgenommenen Schalles nicht orten. Das kommt daher, weil Schallwellen im Wasser direkt durch die Schädelknochen eines Säugetieres hindurchgehen. In der Luft ist dies nicht der Fall, hier werden die Hauptanteile vom Schädel zurückgeworfen. Daher erreicht der Schall in der Luft die *Cochlea*, die von der Schallquelle weiter weg ist, später als die nähergelegene. Im Wasser sind die Signalstärken in beiden Hörorganen gleich.

Aus diesem Grund können Menschen die Richtung einer Schallquelle, eines Motorbootes etwa, nicht wahrnehmen, wenn sie den Kopf unter Wasser tauchen. Der die *Cochlea* der Cetaceen umgebende Schaum

Gegenüber: Vertikal treibend streckt dieser Buckelwal seinen Kopf aus dem Wasser, um das Schiff zu sehen.

Oben: Das Auge dieses Grauwalkalbes ist daran angepaßt, über und unter Wasser sehen zu können.

behält seine akustischen Isoliereigenschaften bis zu einem Druck von 100 Atmosphären (das entspricht einer Tauchtiefe von 1.000 m). Deshalb kann ein Wal sogar bei einem tiefen Tauchgang die Richtung des Schalles orten.

Trotz der relativ großen Anzahl an Untersuchungen, die man in den letzten Jahrzehnten unternommen hat, herrscht immer noch geringe Übereinstimmung in den Ansichten darüber, auf welchem Weg der Schall das innere Ohr erreicht. Er könnte durch einen wassergefüllten Kanal *(Meatus auditorius)* gelangen, der die Verbindung zwischen der Außenseite des Kopfes und der Ohrregion herstellt. Viele Wissenschaftler weisen auf die einmalige Struktur des Unterkiefers und das zwischen diesem und dem Ohr liegende fetthaltige Bindegewebe hin und vermuten, daß bei den Zahnwalen der Schall vom Unterkiefer aufgenommen und über dieses »akustische Gewebe« zum Ohr geleitet wird.

Ultraschall-Orientierung

Alle Zahnwale vermehren den Anteil an Lautinformationen, den sie aus der Umwelt erhalten, durch die Anwendung eines Echolot-Systems, das dem der Fledermäuse ähnlich ist. Es gibt Hinweise, daß auch Bartenwale diese Fähigkeit besitzen, der Beweis dafür steht allerdings noch aus. Falls auch Bartenwale ein Echolot-System verwenden, ist es in jedem Fall sehr viel schwächer ausgebildet als bei den Zahnwalen.

Das Prinzip dieses Sonarsystems ist, daß Klicklaute vom Tier ausgesendet werden, die von jedem Objekt zurückgeworfen und vom Wal als Echo aufgenommen werden. Dieses Echo informiert den Zahnwal über Art, Form und Beschaffenheit eines Objekts und in welcher Weise es sich bewegt. Der Zeitraum zwischen Aussenden des Signals und Empfangen seines Echos gibt Auskunft über die Entfernung des Objekts zum Wal. Mit diesem außergewöhnlichen Sinn kann der Wal schnell schwimmende Beute in absoluter Dunkelheit orten, verfolgen und fangen. In Menschenhand kann ein blinder Delphin nicht nur in seinem Bassin schwimmen, ohne irgendwo anzustoßen, er kann auch dressiert werden, aus einer Entfernung von mehreren Metern zwischen verschieden großen Bällen oder hohlen und soliden Kugeln gleicher Größe zu unterscheiden. Das gleiche Prinzip wendet man bei den Echolot-Einrichtungen auf Schiffen an, um z. B. Unterseeboote zu orten.

Die Klicklaute im Rahmen der Echoorientierung unterscheiden sich von den Pfeif-, Grunz- und anderen Lauten, die Delphine zur Kommunikation mit Artgenossen einsetzen. Die typischen Klicklaute sind sehr kurz (kürzer als 1 Millisekunde) und werden viele Male pro Sekunde wiederholt, so daß sich die Sequenz für das menschliche Ohr manchmal wie das Knarren einer Tür anhört. bei größeren Arten, wie etwa dem Pottwal (der ebenfalls Folgen von Klicklauten zur Kommunikation verwendet), dauern die Einzellaute länger und werden weniger häufig wiederholt, sie gleichen dem Ticken einer Taschenuhr. Die Lautintensität verteilt sich über ein breites Frequenzspektrum, das zum größten Teil oberhalb des menschlichen Hörvermögens liegt.

In etwa der gleichen Weise, wie wir den Lichtkegel einer Taschenlampe oder eines Blitzlichtes auf ein Objekt richten, das wir bei Nacht sehen wollen, können Wale ihre Orientierungslaute bündeln und auf ein Objekt ausrichten. Dies bewirkt ein stärkeres Signal, das über größere Entfernungen funktioniert. Diese Ansicht wird von vielen Walforschern geteilt. Unstimmigkeit herrscht jedoch darüber, wie die Klänge erzeugt und wie sie gebündelt werden. Einige vermuten, daß die Töne durch die Nasalzapfen in den Luftkanälen zum Blas-

Wie Delphine Töne aussenden und empfangen könnten

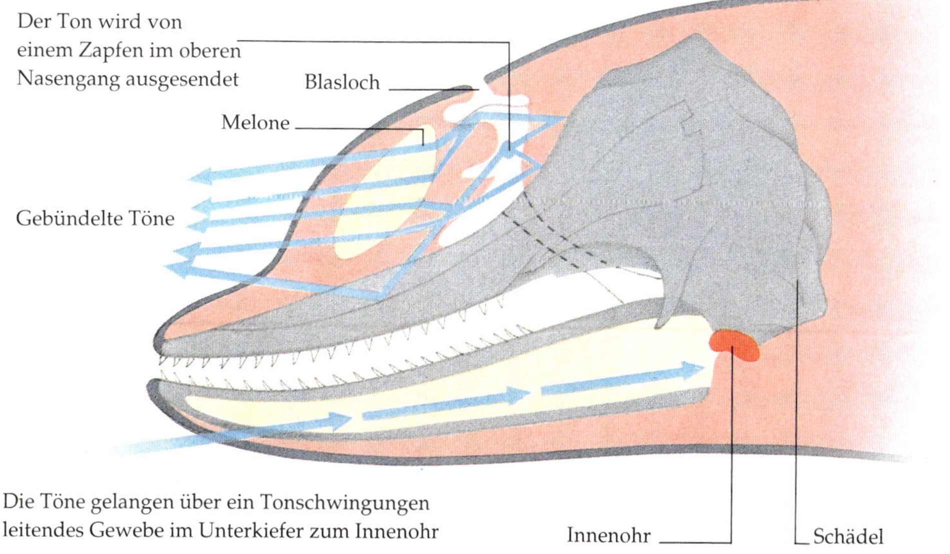

loch verursacht werden, während andere behaupten, daß sie vom Kehlkopf *(Larynx)* ausgehen. Verfechter der Nasalzapfentheorie nehmen an, daß die Bündelung durch die Melone geschieht, eine fettartige Gewebestruktur, die unter dem Blubber der Stirn von Zahnwalen liegt (bei Bartenwalen fehlt sie). Sie nehmen an, daß die Form der Melone durch Muskeln am Kopf verändert werden kann, um ihre Brennweite zu verändern. Dadurch könnten Töne, die sie passieren, auf einen bestimmten Punkt vor dem Tier gerichtet werden. Verfechter der Tonerzeugungstheorie durch den *Larynx* nehmen an, daß die Bündelung durch Reflexion der Laute von Teilen des Schädels erreicht wird. Neuere Studien, die zeigen, daß einige Arten gleichzeitig zwei Töne sehr verschiedener Art und Frequenz erzeugen können, legen nahe, daß beide Theorien zutreffen könnten.

Der magnetische Sinn

Von vielen Organismen ist bekannt, daß sie das Magnetfeld der Erde wahrnehmen können und ihr Verhalten daran ausrichten. Vögel navigieren bis zu einem gewissen Grad mit Hilfe dieses Sinnes, und sogar wir besitzen, besonders in der Jugend, einen »Richtungssinn«, der, wie in Experimenten bewiesen wurde, auf einem magnetischen Sinn basiert. Ergebnisse aus der Verhaltensforschung und aus anatomischen Studien lassen vermuten, daß ein ähnlicher, gut entwickelter Sinn bei den Walen existiert. Verhaltensstudien beschäftigen sich verstärkt mit den Aufenthaltsorten von Walen auf See in Relation zum Erdmagnetfeld. Wandernde Finnwale vor den nordöstlichen USA folgen z. B. regelmäßig magnetischen Feldern anstatt diese zu kreuzen. Am überzeugendsten war aber die Entdeckung, daß Strandungen lebender Wale in engem Zusammenhang mit den magnetischen und nicht etwa den physikalischen Strukturen der betreffenden Küsten stehen. Zur selben Zeit stellten Anatomen fest, daß man bei verschiedenen Walarten winzigste Mengen magnetischen Materials in den Gehirnen und um sie herum finden konnte. Obwohl noch der direkte Beweis fehlt, muß man dringend annehmen, daß Wale die physische Möglichkeit haben, Erdmagnetismus wahrzunehmen und mit seiner Hilfe in den Ozeanen zu navigieren.

Der Tastsinn

Der Tastsinn scheint für Wale von großer Bedeutung zu sein. Das fällt besonders bei Tieren in Menschenhand auf, die sich häufig aneinander reiben, manchmal mit direk-

Oben: Ein Beluga scheint zu küssen. In Menschenobhut gehaltene Tiere suchen oft Kontakt zu Menschen und lernen dabei Verhaltensweisen, die für uns bestimmte Bedeutungen haben, für die Delphine aber anderes bedeuten können.

Links: In Gruppen lebende Wale wie diese Pottwale sind sehr berührungsfreudig. Gegenseitiges Berühren und Aneinanderreiben sind häufige Verhaltensweisen.

Rechts: Die berühmten, Ende 1988 vom Eis eingeschlossenen Grauwale aus dem Gebiet bei Barrow, Alaska.

tem Kontakt der Finnen langsam nebeneinander herschwimmen oder sich an einem Vorsprung im Becken reiben. Die Sanftheit, mit der diese Berührungen ausgeführt werden, verrät große Sensibilität der Haut zumindest an bestimmten Stellen. Zwei bedeutende Gründe für die Sensibilität der Haut hat man herausgefunden: Die Fähigkeit zu spüren, wann sich das Blasloch über der Wasseroberfläche befindet, um in genau richtigen Moment geöffnet zu werden, und die Fähigkeit, schon die ersten Anzeichen für Unregelmäßigkeiten im Wasserfluß an der Haut bemerken zu können, um auftretenden Wirbelbildungen entgegenzuwirken.

Bei einigen Delphinen existieren nach der Geburt noch Tasthaare auf dem Rostrum. Nach deren Ausfall bleiben die Haarpapillen offen, und man nimmt an, daß sie weiterhin sensibel sind.

Geschmacks- und Geruchssinn

Beide Sinne setzen die Wahrnehmung chemischer Reize voraus *(Chemorezeption)*. Den Landtieren vermittelt der Geruchssinn normalerweise Informationen über entferntere Objekte, während der Geschmackssinn im Mund eines Tieres zum Tragen kommt.

Die Anatomie des Gehirns läßt vermuten, daß Zahnwale ihren Geruchssinn völlig verloren haben und Bartenwale nur noch Reste davon besitzen. Verhaltensstudien scheinen diese Annahme zu bestätigen. Die Hirnregion, die mit dem Geschmackssinn in Zusammenhang steht, ist recht gut entwickelt und Geschmacksknospen auf den Zungen vieler Arten stehen mit diesem Sinn in Verbindung. Es ist noch nicht völlig geklärt, wozu der Geschmackssinn gebraucht wird.

Angenommen, die Rezeptoren wären in der Lage, im Wasser gelöste Stoffe außerhalb und innerhalb des Maules zu identifizieren, dann wäre diese Fähigkeit auch ein gewisser Ersatz für den Geruchssinn. Ein Beispiel vom Gebrauch des Geschmackssinnes bei Delphinen führt häufig zu Verwirrungen bei Trainern von Tieren in Menschenhand: Immer wieder wechseln Delphine ihre Vorlieben für bestimmte Fische, sogar wenn diese zerschnitten wurden, um die Tiere zu täuschen. Sie verweigern alles, was nicht ihrem »Geschmack des Monats« entspricht.

Wie intelligent sind Wale?

Berichte aus Zeitungen, Radio und Fernsehen über Wale enthalten immer das magische Wort »Intelligenz«. Durch die häufige Wiederholung ist es kaum überraschend, daß Menschen diese Beurteilung von Walen unkritisch akzeptieren, sogar wenn die Nachrichten von Vorgängen berichten, die nur schwer mit »intelligenten« Wesen in Verbindung gebracht werden können. Jedes andere Lebewesen, das sich durch Stranden an der Küste selbst dem Tod aussetzt oder das sich in einem winzigen Loch mitten im massiven Meereis selbst fängt, weil es seine Wanderung zu spät begonnen hat und nur durch die Hilfe von Menschen am Leben erhalten werden kann, würde wohl kaum als »intelligent« eingestuft werden.

Vielleicht sollten wir grundsätzlich nicht fragen, wie intelligent Wale sind, sondern was wir unter Intelligenz verstehen. Das Wort wird in aller Regel im menschlichen Sinne benutzt. Es ist sicherlich gerechtfertigt, wenn wir sagen, daß Einstein intelligenter war als der Durchschnitt unserer Art. Was aber meinen wir, wenn wir behaupten, daß ein Affe intelligenter sei als ein Esel oder ein Delphin intelligenter als eine Ratte? Sehr oft legen wir, ohne es zu merken, sehr egozentrische Maßstäbe an, wenn wir über Tiere urteilen. Wir vermenschlichen sogar Verhaltensweisen und Gesichtsmimik soweit, daß wir behaupten, der Große Tümmler würde lächeln, obwohl diese Walart ihren Gesichtsausdruck gar nicht verändern kann.

Die Grundlage der Intelligenz

Die Welt der Wale ist von der unseren so verschieden, daß sie wohl nach anderen geistigen und physikalischen Fähigkeiten verlangt. Wenn dies so ist, muß die Bedeutung des Wortes »Intelligenz« in unserem Sinne unbrauchbar sein. Obwohl wir gegenwärtig keine Zweifel darüber haben, daß Wale nach unserer Definition sehr intelligent sind, beurteilen wir sie wohl doch aus einem falschen Blickwinkel. Intelligenz ist normalerweise mit Denkvermögen verknüpft. Der Mensch nutzt sein Denkvermögen unter anderem, um Probleme zu lösen, Konsequenzen seines Tuns vorauszusehen und für die Zukunft zu planen. Wir wissen, daß Einstein ein genialer Mann war, unter anderem deshalb, weil er fähig war, seine Gedanken an seine Artgenossen weiterzuvermitteln, und wir wiederum waren und sind in der Lage, seine Gedanken nachzuvollziehen. Unglücklicherweise ist unsere Art trotz größter Anstrengungen und intensiver Forschung nicht fähig, mit irgendeiner anderen Art zu kommunizieren, auch nicht mit den Walen. So müssen wir andere Wege gehen, um ihre Gedanken kennenzulernen. Zwei Wege zur Erforschung dieser Problematik wurden bisher beschritten: Verhaltensstudien und Untersuchungen des Walgehirns.

Einblicke in das Verhalten der Wale

Das Verhalten der Wale kann bis zu einem bestimmten Punkt durch Beobachtungen auf See erforscht werden. Diese haben uns einen guten Einblick darüber vermittelt, wie Wale leben. Allerdings hat man speziellere Verhaltensweisen, die höhere Denkfähigkeiten bezeugen, etwa das Lösen von Problemen oder Fähigkeiten der Kommunikation, erst in jüngster Zeit an Tieren in Menschenhand zu untersuchen begonnen. Auf See kann Denkfähigkeit innerhalb zweier beobachtbarer Verhaltenskreise untersucht werden, bei der Nahrungssuche und auf der Flucht vor Feinden. In den Tagen des Walfangs mit offenen Booten sollen sich Pottwale häufiger abwindig vom Fangschiff aufgehalten haben, als es durch den Zufall bedingt sein kann. In jüngerer Zeit hat man dieses Verhalten während Forschungsarbeiten vor den Azoren im Atlantik von einem Segelboot aus erneut beobachtet. Im Gegensatz dazu wurde dieselbe Art oft von lauten, modernen, von einem 500-Tonner-Dieselmotor getriebenen Walfangschiffen aus harpuniert, während sie offensichtlich völlig sorglos und unaufmerksam für jede Gefahr an der Wasseroberfläche trieben.

Delphine im östlichen tropischen Pazifik bewiesen deutliches Lernvermögen, indem sie schließlich jede Berührung mit den Netzen von Thunfischern vermieden. Delphinschulen in Gebieten mit ausgiebiger Fischerei neigen zur Panik, wenn sie sich von Netzen umgeben finden und erleiden durch Verstrickung in den Netzen und anschließendes Ertrinken hohe Verluste. Sehr erfahrene Schulen in gut befischten Gebieten warten oft völlig ruhig in der Nähe der Netzöffnungen auf ihre Befreiung.

Die besten Beispiele von der »Erfindung« neuer Nahrungsaufnahme-Methoden stammen zweifellos vom Schwertwal. Familiengruppen dieser Art haben überall in der Welt ihre eigenen Methoden entwickelt, die örtlich verfügbare Nahrung für sich zu erschließen. Eine Gruppe vor der Küste Südargentiniens nutzt zum Beispiel tiefe Bodenrinnen, die zum Strand führen, um arglose ROBBEN aus der Brandung heraus zu überraschen, wobei sie in der Folge oft selbst kurzfristig stranden. Schwertwale in der Antarktis fegen PINGUINE und ROBBEN von Eisschollen herunter. Die Häufigkeit von Walangriffen auf Yachten in einigen Meeresgebieten mag ein Anzeichen dafür sein, daß die Tiere gelernt haben, daß eine robbengroße Beute von einer schwimmenden Unterlage heruntergeschleudert werden kann.

Rechts: Überall in der Welt haben einzelne Gruppen von Schwertwalen spezialisierte Jagdweisen entwickelt. Diese Fotos von der Halbinsel Valdés in Argentinien zeigen Schwertwale, die es gelernt haben, Robben mit einer Art Scheuch- und Greiftechnik zu erbeuten.

In Menschenhand sind Delphine fähig, eine Reihe von Handlungen zu lernen und auf Kommando auszuführen. Ihr Vermögen, komplexe Kommandos und Fragen zu verstehen, wurde an Delphinen studiert, denen man beigebracht hatte, eine »Sprache« aus vielen Hundert verschiedenen Folgen von Gesten und akustischen Signalen zu verstehen. Forscher haben festgestellt, daß Delphine in der Lage sind, über Eigenarten ihres Lebensraumes miteinander zu kommunizieren, zum Beispiel darüber, ob ein Ball vorhanden ist oder nicht. Sätze von bis zu fünf »Wörtern« konnten aneinandergereiht werden, und die Delphine beachteten sowohl die Semantik als auch die Syntax der Sätze, die gemeinsam die essentiellen Grundlagen jeder menschlichen Sprache darstellen. So können zumindest einige Wale das Grundgefüge einer Sprache in unserem Sinne erfassen. Trotzdem beschränkt sich die Kommunikation zwischen Menschen und Delphinen auf sehr einfache Mitteilungen über physikalische Objekte oder Eigenschaften. Studien sowohl an freilebenden als auch gehaltenen Populationen haben bisher bei beiden nur sehr einfache und stereotype stimmliche Kommunikation zwischen den Tieren aufgezeigt. Obwohl wir heute schon viel mehr über das Wesen der Wale und die Bedeutung ihrer Mimik und Laute wissen, ist nicht sicher, ob die Kommunikation zwischen Menschen und Walen jemals einen höheren Grad erreichen wird.

Das Gehirn der Wale

In ihrer grundsätzlichen Struktur ähneln Walgehirne denen der Primaten einschließlich des Menschen. 1671 sezierte John Ray einen Delphin oder Schweinswal und bemerkte, daß »die Größe des Gehirns und seine Ähnlichkeit mit dem des Menschen auf ein Tier mit mehr als gewöhnlicher Leistung und Kapazität schließen ließe«. Die größten Unterschiede liegen in dem größeren *Cerebellum* (dem Koordinationszentrum der Muskeln) und der komplexeren Fur-

chung der Großhirnrinde (dem Ort der »Lernfähigkeit«) der Wale. Erwachsene männliche Pottwale besitzen das größte Gehirn aller Tiere. Es wiegt durchschnittlich 7 bis 8 kg, im Extremfall bis 9,2 kg. Die größten Bartenwale besitzen ein geringeres Gehirndurchschnittsgewicht und die Hirne der Großen Tümmler wiegen bei großen Tieren etwa 2 kg. Einer der kleinsten Wale, der Hafen-Schweinswal, besitzt ein Gehirn von 0,5 kg Gewicht. Zum Vergleich: Das menschliche Gehirn wiegt 1,5 kg.

Die Tatsache, daß große Wale auch große Gehirne besitzen, überrascht nicht. Ein Großteil des Gehirns kontrolliert nicht-intellektuelle Funktionen wie etwa Muskelbewegungen oder Reaktionen auf Reizungen von Nervenzellen in der Haut. Daher brauchen größere Körper auch größere Gehirne. Ein besserer Hinweis auf den Intelligenzgrad ist daher sicherlich die Größe und Entwicklung der Großhirnrinde, der Region, die speziell mit dem Denkvermögen in Verbindung gebracht wird.

Die menschliche Großhirnrinde ist relativ groß und reich gefurcht. Bei den Walen sind Teile davon sehr klein, aber der *Neocortex* – die gefurchten, grauen Partien der Großhirnrinde – ist bei vielen Arten groß und wird von dem schweizer Walforscher und Hirnanatomen Giorgio Pilleri für das hohe Lernvermögen und die hohe Intelligenz dieser Tiere verantwortlich gemacht.

Links außen: Seit Jahren versuchen Wissenschaftler, eine Form von Kommunikation mit Delphinen aufzubauen.

Oben: Wale haben bewiesen, daß sie außerordentlich lernfähig sind. Ist diese Fähigkeit ein Spiegel ihrer Intelligenz?

Die unbeantworteten Fragen

Wie bei so vielen Forschungen über Wale sind auch die Antworten, die wir auf unsere Fragen zur Intelligenz der Tiere haben, unvollständig und werfen ständig neue Fragen auf. Da wir die Tiere selbst nicht fragen können, was sie denken, müssen wir andere Wege finden, um ihr Inneres zu erforschen. Anatomische Studien des Hirns geben keinen Aufschluß, und die meisten Verhaltens- und Erkenntnisstudien wurden aufgegeben, ohne daß Beweise für eine fortgeschrittene Intelligenz gefunden worden wären. Einige neuere Studien wurden sehr viel besser vorbereitet und beginnen, einige gute Ergebnisse über grundsätzliche Fähigkeiten zur Sprachbildung, wie wir sie verstehen, zu liefern, aber wir können immer noch keine Aussage darüber machen, wie das in Zusammenhang steht mit den Fähigkeiten der Delphine, miteinander zu kommunizieren.

Nahezu alle Studien an Walen in Menschenhand zeigen große Fähigkeiten zum Lernen und Nachahmen, aber auch SEELOWEN, HUNDEN, TAUBEN und RATTEN wurden ähnliche Dressuren beigebracht, ohne daß wir ihnen eine Intelligenz gleich unserer eigenen bescheinigen würden. Sogar die Fähigkeit der Schwertwale, neue Methoden »zu entwickeln«, Nahrung durch gewisse gezielte Vorbereitungen zu erlangen, ist nicht »klüger« als der Werkzeuggebrauch einiger VÖGEL oder PRIMATEN, um an sonst unerreichbare Nahrung zu gelangen. Vielleicht müssen wir uns damit abfinden, daß unsere Maßstäbe für Intelligenz ungeeignet sind für Lebewesen, deren Welt von der unseren so verschieden ist.

Nahrungsaufnahme

Die tägliche Nahrungsmenge, die ein Tier aufnimmt, hängt von seiner Größe, seinem Wachtumsstadium, seiner Aktivität, seinem Fortpflanzungsstatus, der Jahreszeit, dem Energiegehalt der Nahrung und der Umgebungstemperatur ab.

In einer absolut stabilen Situation entspricht die tägliche Energieaufnahme der Energieabgabe. Bei Walen sorgen die Anforderungen durch Fortpflanzung, die jahreszeitlichen Temperaturschwankungen des Wassers und die Nahrungssuche in unterschiedlich ertragreichen Gewässern dafür, daß die täglichen Anforderungen variieren. Deshalb besitzen Wale die Fähigkeit, Energie in Form von Fett und Tran für nahrungsarme Zeiten zu speichern. Die größte Energiereserve stellt dabei der Blubber dar, die Fettreserven können aber auch in der Leibeshöhle, in der Muskulatur und in den Knochen eingelagert sein.

Die meisten Zahnwale bleiben während des ganzen Jahres innerhalb nahrungsreicher Gewässer. Daher unterliegt ihre Nahrungsaufnahme nur geringen Schwankungen. Im Gegensatz dazu wandern die meisten Bartenwale jährlich zwischen reichen Nahrungsgründen und unergiebigen Fortpflanzungsgebieten. In den extremsten Fällen muß innerhalb einer Zeit von 4 bis 5 Monaten die Energie für ein ganzes Jahr aufgenommen und gespeichert werden. Nach dieser Zeit ist der Wal bis zu 40% schwerer als vor der Ankunft in den Nahrungsgründen. Dies erklärt die zielstrebige Besessenheit, mit der Bartenwale im Sommer Nahrung zu sich nehmen.

Bei Gleichheit aller anderen Faktoren benötigen kleinere Wale einen größeren Prozentsatz ihres Körpergewichtes an Nahrung als größere Tiere, einfach um ihr ungünstigeres Verhältnis von Körperoberfläche zu Körpermasse, was einen höheren Wärmeverlust bedeutet, auszugleichen. Die tägliche Nahrungsaufnahme wird bei Cetaceen durchschnittlich auf 1,5–14 % des Körpergewichts geschätzt, wobei die tatsächliche Aufnahme erheblich variiert, sogar bei Tieren der gleichen Art.

Ein 50 kg schwerer Schweinswal nimmt normalerweise etwa 4,5 kg Fisch pro Tag auf, muß diese Masse aber erheblich erhöhen, wenn seine Nahrung aus Tintenfischen besteht. Man schätzt, daß ein 100 t schwerer Blauwal in der Zeit der Nahrungsaufnahme täglich etwa 4 t Krill aufnimmt, was etwa vier Füllungen des Vormagens (eine von drei Magenkammern) ausmacht. Während eines Jahres dürfte die tägliche Nahrungsaufnahme eines großen Wales 1,5–2 % seines Körpergewichtes betragen.

Die Zahnwale *(Odontoceti)*

Im Gegensatz zu den meisten Säugetieren behalten die Zahnwale ihre ersten Zähne – die Milchzähne - während ihres ganzen Lebens. Mit einigen Ausnahmen unterscheiden sie sich auch von allen anderen Fleischfressern dadurch, daß alle ihre Zähne völlig gleich aussehen, obwohl es zwischen den Arten große Unterschiede in Größe, Beschaffenheit und Anzahl der Zähne gibt.

Diese Unterschiede sind ein Spiegelbild der unterschiedlichen Ernährungsweisen und Beutetiere. Die meisten Walzähne sind kegelförmig und ermöglichen das Festhalten von Beute, die normalerweise ganz abgeschluckt wird. Schweinswalzähne sind spatelförmig und ermöglichen das Zerschneiden von Beute, die zu groß ist, um im Ganzen abgeschluckt zu werden. Einige Flußdelphine besitzen flachkronige Zähne, mit denen sie Wirbellose, wie etwa Krebse, aufknacken können. Der Schwertwal besitzt

Oben: Nahaufnahme der Haarmatte, die sich auf der inneren Oberfläche der Finnwalbarten befindet. Sie filtern Nahrungspartikel aus dem Wasser.

Links: Ein Blauwal bei der Nahrungsaufnahme vor Südkalifornien. Wie alle Furchenwale besitzt der Blauwal elastische Kehlfurchen an Kehle und Brust. So kann er ungeheure Mengen von nahrungshaltigem Wasser ins Maul aufnehmen, die Nahrungspartikel ausfiltern und dann das Wasser wieder durch den Mundspalt ausstoßen.

Gegenüber: Ein Kleiner Schwertwal öffnet sein Maul und zeigt die typische, einheitliche Bezahnung der Zahnwale.

Zähne von ovalem Querschnitt, mit denen er die Beute hält und sie durch Drehungen und Schleuderbewegungen zerteilt. Einige Arten, namentlich die Schnabelwale, besitzen gar keine oder nur wenige funktionale Zähne. Das wird in aller Regel mit dem Verzehr von Tintenfischen in Verbindung gebracht.

Die Nahrung der Zahnwale: Kopffüßer wie Kraken oder Sepia und Fische bilden die Nahrungsgrundlage der meisten Zahnwale auf der ganzen Welt. Einige von ihnen fressen nur die eine oder andere Beuteart, die meisten jedoch ernähren sich von einer gemischten Diät, deren Zusammensetzung die Häufigkeit der jeweiligen Beutetiere im entsprechenden Lebensraum widerspiegelt. Schwertwale, Kleine Schwertwale und Zwerggrindwale sind die einzigen Arten, die warmblütige Beute jagen. Schulen von Schwertwalen können mit allem fertig werden, vom Hering bis zum Blauwal. Ihre Beutepalette enthält eine große Zahl von Walen, Robben, Pinguinen, Schildkröten und vielen anderen Meerestieren. Bis heute ist nicht bekannt, daß Menschen von Schwertwalen angegriffen worden wären.

Das Aufspüren und Fangen der Beute: Die Laute, die Delphine ausstoßen, um die Richtung und Entfernung von Objekten auszuloten – ihr Sonarsystem –, kann in ein ohrenbetäubendes Gebrüll ausufern, wenn sie Beute ausgemacht haben. Die Quietsch-, Grunzlaute und Pfiffe können dazu beitragen, die Beute zu verwirren. Einige Wissenschaftler vermuten, daß Zahnwale gebündelte Laute benutzen, um ihre Beute zu betäuben. Gelegentliche »Kräck«-Laute von hoher Lautstärke werden in der Tat von einigen Zahnwalen ausgestoßen, aber Experimente in Aquarien konnten bisher noch nicht beweisen, daß Töne aus dem Repertoire der Delphine lähmende Effekte auf Fische oder Kopffüßer ausüben können. Trotzdem könnte es durchaus möglich sein, daß ein Tier von der Größe eines Pottwales eine derartige akustische Energie hervorbringen kann, daß eine Beute gelähmt – wenn nicht gar getötet wird. Man vermutet, daß eine Hauptbedeutung des riesigen »Walratbehälters«, der einen so typischen Teil des Pottwalkopfes ausmacht, darin liegt, gebündelte Laute auf eine Beute zu richten, die vom Echolot des Wales geortet wurde. Die Theorie erscheint einleuchtend, denn Pottwale sind in der Lage, die Form des Walratbehälters durch entlang des Kopfes verlaufende Muskeln und Sehnen zu verändern. Dabei verändert sich die Brennweite des Körpers ähnlich, wie die Brennweite der Augenlinse durch Einwirkung des Ringmuskels variiert. Weiterhin hat man entdeckt, daß das Walrat ein Medium darstellt, das ausgezeichnet akustische Schwingungen leitet, und da die meisten Zahnwale derartige Strukturen in Form von »Polster« oder »Melone« besitzen, ist es mehr als folgerichtig, wenn man vermutet, daß diese Strukturen eine Bedeutung haben. Warum also nicht als Hilfsmittel bei der Nahrungsgewinnung?

Ein weiteres Geheimnis ist die Frage, wie tieftauchende Zahnwale, besonders die größeren und langsameren Arten, es fertigbringen, nahe genug an ihre Beute heranzukommen, um sie im Dunkel der Tiefsee oder in den oberen Wasserschichten bei Nacht verschlingen zu können. Einige der Hochseeformen von Kopffüßern besitzen Leuchtorgane und geben sich damit selbst ihrem Räuber preis. Jene nicht leuchtenden Arten könnten natürlich durch Echolotung aufgespürt werden, müßten aber extrem sorglos sein, wenn sie ein so riesiges, langsam schwimmendes und das Wasser auch noch mit Tönen zum Vibrieren bringendes Tier so nahe an sich heranließen, daß dieses sie ergreifen kann. Gleichermaßen rätselhaft ist die Tatsache, daß lebende Tintenfische von erwachsenen Layard-Walen angegriffen werden, die ihr Maul nur einen winzigen Spalt öffnen können. Noch merkwürdiger ist es, daß Pottwale gefangen wurden, die gar keinen Unterkiefer mehr besaßen, ihn wohl Monate oder gar Jahre früher verloren haben mußten, und deren Magen trotzdem mit frischen, großen Tintenfischen gefüllt war.

Die Fähigkeit vieler Zahnwale, Beute im Ganzen abschlucken zu können, ist eines der interessantesten und auffallendsten Merkmale ihrer Nahrungsbiologie. Die Untersuchung der Mageninhalte von Pottwalen, die im Nordatlantik gefangen wurden, ergibt gewöhnlich eine Anzahl frischtoter und augenscheinlich unverletzter Tintenfische und Fische. Nicht selten erreichen solche Kopffüßer eine Länge bis zu 10,5 m und ein Gewicht von 184 kg und viele sind so groß, daß man ihnen durchaus einen ernstzunehmenden Abwehrkampf zutraut, bevor sie verschluckt wurden. Noch ist die Frage unbeantwortet, wie Pottwale es fertigbringen, so große Beutetiere mit Leichtigkeit zu fangen und abzuschlucken, ohne gezwungen zu sein, sie zuerst mundgerecht zu zerkleinern.

Feldbeobachtungen haben ergeben, daß Geschwindigkeit und Wendigkeit für einige Delphine sehr nützlich sind, wenn es darum geht, relativ kleine Fische zu jagen und aufzufressen. Gelegentlich kreisen Gruppen von Delphinen, etwa der Gattungen *Stenella* oder *Delphinus*, Fischschwärme ein und drücken sie zur Wasseroberfläche. Die Delphine schwimmen dann in den dichten Fischschwarm und mästen sich mit den orientierungslosen Fischen. Solche geschickten Fähigkeiten werden durch die schnabelähnlichen Kiefer unterstützt, die ein typisches Merkmal der meisten ozeanischen Delphinarten sind. Im Gegensatz dazu besitzen langsamer schwimmende Arten, wie etwa der Beluga oder die Schweinswale, kleine oder gar keine verlängerten Kiefer und bedienen sich anderer Ernährungsweisen, die an ihren jeweiligen Lebensraum angepaßt sind. Der Beluga oder der Irawadi-Delphin, die beide ihre Lippen spitzen können, könnten unter anderem einen Wasserstrahl auf bodenlebende Weichtiere und Fische richten, diese damit verwirren und die Beute dann in ihr Maul einsaugen.

Bartenwale *(Mysticeti)*

Diese Gruppe besteht aus elf relativ großen Walarten. Ihr typisches Merkmal sind die Reihen von dichtstehenden, triangelförmigen Bartenplatten, die von jeder Seite des Gaumens herabhängen. Diese Barten, bis zu 400 auf jeder Seite, bestehen aus Keratin (derselben Substanz, aus der menschliche Fingernägel bestehen) und weisen einen haarigen Saum an der inneren Kante auf. Die einzelnen Barten sind an ihrer kürzesten Kante quer im Maul befestigt und so arrangiert, daß sich die inneren Säume überlappen und damit eine sehr effektive, poröse Fasermatte bilden. Diese Matte filtert aus dem durch sie aus dem Mundinnenraum herausgedrückten Wasser die Mikroorganismen heraus, von denen sich die Bartenwale ernähren. Die Barten sind elastisch und wachsen zeitlebens, wieder sehr ähnlich den Fingernägeln. Sie nutzen an der Innenseite im gleichen Maße ab, wie sie nachgebildet werden. Die Abnutzung wird hauptsächlich durch die rauhe Zunge verursacht, die zumindest bei den Furchenwalen dazu dient, Nahrung in den Mundraum hineinzubefördern, bevor sie abgeschluckt werden.

Es existieren drei Gruppen Bartenwale, von denen jede ihre eigene Methode hat, Nahrung aus dem Wasser herauszufiltern. Mit Ausnahme des Grauwales besteht bei den Bartenwalen, deren Barten auch »Fischbein« genannt werden, die Nahrung aus einer Vielzahl von Zooplankton, das man meistens als Krill bezeichnet. In einigen Gebieten werden auch Schwarmfische gejagt, besonders von Finn-, Blau- und Buckelwalen.

Die Glattwale *(Balaenidae)*: Die Glattwale besitzen lange Barten, die von bogenförmigen Kiefern herabhängen und eine sehr große Oberfläche zur Filterung des Wassers bieten. Die Fasern, welche den eigentlichen Filterapparat bilden, sind sehr fein, so daß diese Wale allerfeinstes Plankton ausfiltern können, oft Ruderfußkrebse oder Leuchtkrebse von nur 2,5 mm Länge, die von den Barten anderer Arten nicht erfaßt werden.

Glattwale bevorzugen die Schöpffilter-Methode. Das Tier schwimmt langsam mit in einem Winkel von 10–15° geöffneten Maul vorwärts, wodurch das Wasser kontinuierlich vorne eintreten und seitwärts durch die Barten hindurch wieder aus dem Maul ausströmen kann. Krebstierchen, die sich an den inneren Bartenfasern verfangen, werden periodisch mit der Zunge abgestreift, oder möglicherweise mit einem gezielt geführten Wasserstrahl in den Rachen gespült. Glattwale »schöpfen« oft an der Oberfläche, wobei dann nur die Spitze des Oberkiefers aus dem Wasser ragt. Man weiß aber auch, daß sie sowohl am Meeresboden in großer Tiefe als auch in mittleren Wasserschichten Nahrung suchen. Die Nahrung und das Nahrungsverhalten des Zwergglattwales *(Caperea marginata)* der südlichen Erdhalbkugel ist weitgehend unbekannt. Die wenigen bekannten Daten deuten aber darauf hin, daß es dem der anderen Glattwalen sehr ähnlich ist.

Die Grauwale *(Eschrichtiidae)*: Der einzige Vertreter seiner Familie, auf den Nordpazifik beschränkt, ist der Grauwal, der eine einzigartige Methode der Nahrungsaufnahme entwickelt hat. Diese Art besitzt relativ kurze, rauhe Barten, die normalerweise auf der rechten Seite abgenutzter sind als auf der linken. Nahrung wird fast ausnahmslos direkt auf oder im Schlamm des Meeresbodens gesucht. Die Asymmetrie der Barten erklärt man sich mit der Annahme, daß diese Art ihre Nahrungssuche überwiegend in der rechten Seitenlage ausführt. Forscher haben Rinnen im Sediment und Schlammspuren hinter Grauwalen entdeckt. Diese Beobachtungen beweisen in Verbindung mit untersuchten Mageninhalten, daß sich Grauwale von im Schlamm lebenden Tieren wie Flohkrebsen, Weichtieren, Krabben und Borstenwürmern ernähren. Diese werden vom Wal aufgenommen, indem er den Bodenschlamm durchgepflügt und das dabei aufgewühlte Sediment abfiltert. Vielleicht kehrt er aber auch um und schwimmt die Strecke ein zweites Mal ab, um die im Wasser schwebenden Partikel auszufiltern.

Oben: Ein Buckelwal beim Vorstoß auf Beute. Gut zu sehen ist der Gaumen mit dem inneren, haarigen Saum der beiden Bartenreihen.

Rechts: Diese Luftaufnahme zeigt, daß der Grauwal beim Fressen im flachen Gewässer den Bodenschlamm aufwirbelt.

Rechts außen: Frisch gefangene Leuchtkrebse, der Krill.

Unten rechts: Buckelwale haben ein sehr effektives soziales Ernährungsverhalten entwickelt.

Faszinierende Aufschlüsse über das Nahrungsverhalten erhielt man durch ein Jungtier, das 1971 mehrere Monate lang in Menschenhand gehalten wurde. Dieser Wal nahm seine Nahrung vom Grund des Wasserbeckens auf, indem er Wasser in das Maul einsog. Dabei erzeugte die nach oben geführte Zunge einen Unterdruck, der das Wasser durch den Lippenspalt einströmen ließ. Diese Beobachtung deutet darauf hin, daß Grauwale wahrscheinlich mit kolbenhubähnlichen Bewegungen der Zunge Wasser in das Maul ein- und durch die Barten ausströmen lassen.

Die Furchenwale *(Balaenopteridae)*: Alle Mitglieder dieser Bartenwalgruppe besitzen gefaltete und sehr elastische Hautgewebe, die sich von der Spitze des Unterkiefers bis zur Nabelregion erstrecken. Dieses Merkmal, das wir bei keinem anderen Wal finden, stellt ein bedeutendes Element des Mundapparates dar, das den Tieren erlaubt, enorme Wassermengen aufzunehmen, das Maul zu schließen und das Wasser durch die Barten hindurch wieder auszupressen. Diese Technik nennt man Schluckfiltern. Nahrungsbestandteile, die dabei an den inneren Bartenfransen hängenbleiben, werden dann mit der Zunge in den Rachen befördert und abgeschluckt. Wie dies allerdings genau funktioniert, ist noch unbekannt. Die Zunge der Furchenwale ist riesig und bedeckt den gesamten Mundboden. Sie besitzt eine rauhe Oberfläche, die sehr gut geeignet ist, Nahrung aus den Barten zu »bürsten«. Sie ist jedoch ein sehr schlaffes Organ, das wohl mehr »seicht rubbelt« als kräftig »kämmt«.

Wenn der Furchenwal frißt, weitet sich der vordere Teil seiner Unterseite zu einer fast unglaublichen Größe aus. Das Tier wirkt dadurch wie eine riesige Kaulquappe. Um dem Wasser die Möglichkeit zu geben, sehr schnell in den Mundraum einzuströmen und dadurch die plisseeartige Haut auszuweiten, stößt das Tier normalerweise nach vorne und öffnet den Unterkiefer in einem Winkel bis zu 90°. Besonders elastische Gewebepartien am Kiefergelenk erlauben diese ungewöhnliche Öffnung. Das Tier schließt dann das Maul und zieht die bauchständige Muskulatur zusammen, so daß die Zunge das Wasser durch die Barten aus einem Spalt zwischen Ober- und Unterkiefer drückt. Der Vorstoß erfolgt horizontal nahe oder an der Oberfläche oder auch vertikal aufwärts in mittleren Wasserschichten. Die vertikalen Vorstöße katapultieren das Tier manchmal teilweise an die Luft, und Wasser sowie Nahrung schießen aus dem sich schließenden Maul heraus.

Die einzige Furchenwalart, von der man weiß, daß sie die »Schöpfmethode« anwendet, ist der Seiwal *(Balaenoptera borealis)*. Einige Experten meinen sogar, daß er diese Art des Filtrierens überwiegend ausführt wohl deshalb, weil sie bei kleinstem Plankton ergiebiger ist. Die Seiwale besitzen die feinsten Barten der Familie und sind damit in der Lage, sehr kleine Nahrung ausfiltern zu können, sehr ähnlich den Glattwalen.

Finn-, Blau- und Buckelwale sind Schluckfiltrierer mit gröberen Barten, die sich auf Schwarmfische und größere, in Schwärmen lebende Krebstiere spezialisiert haben. Auf der Südhalbkugel sind diese großen Wale hauptsächlich abhängig von einer Beuteart, der garnelenähnlichen *Euphausia superba*, dem Krill. Krill bildet die Basis jeder Nahrungskette der Wirbeltiere im Antarktischen Ozean, da er von FISCHEN, KOPFFÜSSERN, PINGUINEN, SEEVÖGELN (wie dem ALBATROS), ROBBEN und WALEN gefressen wird. Im Winter sinkt der Krill in wärmere Wasserzonen, tiefer als 250 m, im Sommer jedoch steigt er bis auf 100 m an die Wasseroberfläche hinauf, hauptsächlich um selbst kleineres Plankton zu fressen, u. a. auch pflanzliches Plankton, das seine Energie aus dem Sonnenlicht bezieht. In diesen kurzen Sommermonaten wächst und vermehrt der Krill sich explosionsartig und ist gleichzeitig der Ausbeutung von oben und unten ausgesetzt. Wale fressen hauptsächlich in der Dämmerung, wenn der Krill am dichtestens an die Oberfläche kommt.

Wie auch nahe verwandte Arten auf der Nordhalbkugel tritt Krill in riesigen Schwärmen auf, die ein Gebiet von mehreren Quadratkilometern einnehmen können. Die größeren Furchenwale haben gelernt, daß ihre Nahrungsaufnahme sehr viel effektiver ist, wenn sie den Krill zu dichteren Schwärmen zusammentreiben, bevor sie zu fressen beginnen. Finnwale erreichen dies, indem sie in Kreisen um den Krill schwimmen. Dabei benutzen sie eventuell die weiße Färbung ihrer rechten Kopfseite, um Krill oder Fische in einem kleinen Areal zusammenzutreiben und durch die konzentrierte Beute mit offenem Maul hindurchzustoßen.

Buckelwale haben eine ganze Reihe von komplexen Fähigkeiten entwickelt, um ihren Nahrungserfolg zu verbessern. Die am besten bekannte Methode ist das kontrollierte Ausstoßen von Luft unter Wasser, wahrscheinlich in einem einzigen Stoß (was eine »Blasenwolke« bewirkt), während das Tier eine gerade Strecke (»Vorhang«) oder im Kreis (»Netz«) schwimmt. In jedem Fall wird dadurch eine physikalische Barriere errichtet, welche die Beute nur ungern durchschwimmt. Nachdem die Luft ausgestoßen wurde, schwimmt das Tier entlang des »Vorhanges« oder vertikal hinauf in das Zentrum des »Netzes«. Im letzten Fall ist der erste Hinweis auf einen erfolgenden Fischzug das erste Erscheinen der Luftblasen an der Oberfläche. Schließlich zeigt sich deutlich die Kreisform der Blasen und kurz danach beginnt die Beute, Krill oder Fische, innerhalb des Kreises im brodelnden Wasser über die Oberfläche zu springen. Schließlich durchbricht der Urheber dieser Massenpanik die Wasseroberfläche, um schließlich wieder ins Wasser zurückzugleiten, seine Beute auszufiltern und abzuschlucken.

Buckelwale fressen einzeln, in Paaren oder in Gruppen bis zu 24 Individuen, deren Zusammensetzung über Jahre konstant bleiben kann. Derartiges gemeinschaftliches Fressen ist bei Walen ungewöhnlich und am besten bei Buckelwalen ausgebildet.

Sozialverhalten

Alle Wale sind bis zu einem gewissen Grad soziale Tiere. Der Sozialisierungsgrad schwankt jedoch von Art zu Art. Einerseits finden wir die Flußdelphine, welche ein recht einfaches Sozialsystem zu haben scheinen. Sie bilden kleine Gruppen mit selten mehr als 10 Mitgliedern. Auf der anderen Seite trifft man viele ozeanische Delphinarten nur in riesigen Gruppen von Tausenden von Individuen.

Die Vorteile des Gruppenlebens

Das Zusammenleben mit anderen Tieren bringt Vor- und Nachteile. Mögliche Gründe für eine soziale Lebensweise schließen größeren Erfolg bei der Suche und dem Fang von Beute ein; weiterhin Vorteile bei der Fortpflanzung, beim Lernen, in der Abwehr von Gefahren und der Vervollständigung von Sinneswahrnehmungen.

Die Vervollständigung von Sinneswahrnehmungen (sensitive Integration) bedeutet den Anteil, den jedes Tier einer Gruppe mit seinen eigenen Sinnen zum Gesamtwahrnehmungsgrad der Gruppe beiträgt. Dieser Anteil spielt in den Bereichen Verteidigung und Nahrungssuche eine große Rolle. Zum Beispiel ist eine Gruppe von Hunderten oder Tausenden von Delphinen über ein mehrere Hektar großes Seegebiet verteilt. Entdeckt ein Individuum nun einen Fischschwarm oder einen Hai, kann es diese Information zum Nutzen aller direkt an die anderen Gruppenmitglieder weitergeben. Einem Einzeltier oder einer kleinen Gruppe könnte eine solche Information entgehen.

Die Größe und Verbreitung von Beute hat vermutlich einen gewichtigen Einfluß auf die Bildung von Gruppen. Ein Grund für die relativ kleinen Gruppen von Bartenwalen ist wohl, daß ihre Hauptbeute, der Krill, in Schwärmen vorkommt, die nicht groß genug sind, um mehr als einige Tiere ernähren zu können. Größere Gruppierungen würden die Nahrungskonkurrenz vergrößern, wobei immer nur wenige Tiere von einem Beutefund profitieren.

Soziale Einheiten

Bei allen Arten ist die engste soziale Bindung die zwischen Mutter und Kind. Langzeitliche Bindungen zum Vater sind bisher nicht nachgewiesen und wahrscheinlich sehr selten oder nicht vorhanden. Die Kälber hängen für mindestens 4 Monate völlig von ihrer Mutter ab. Bei einigen Zahnwalen können sie noch Jahre lang saugen.

Langzeitstudien an individuell erkennbaren Tieren ergaben unterschiedliche Gruppenstabilitäten der verschiedenen Arten. Schwert- und Pottwale bleiben häufig über viele Jahre in festen Gruppen zusammen, und wir wissen, daß sich die Mütter dieser Arten sehr lange um ihre Jungen kümmern. Erwachsene Schwertwalmännchen bleiben in einer Gruppe, während die männlichen Pottwale zwischen verschiedenen Gruppen wechseln und oft nur Tage bei einer bleiben. Neuere genetische Studien an Grindwalen aus dem Gebiet der Färöer beweisen, daß geschlechtsreife Männchen sich nur für wenige Monate in einer Gruppe aufhalten. Die enge Mutter-Kind-Beziehung führte zu Gruppen, die reine Mutter-Linien darstellen, da die Töchter in der Gruppe bleiben, während die Söhne nach der Geschlechtsreife fortwandern.

Dieselbe Gruppenstruktur herrscht beim Buckelwal, allerdings mit einem ganz anderen Typ von Gruppe. Hier bezieht sich die Mutterlinie auf den »Grundstock« von Tieren, die ein bestimmtes Nahrungsgebiet besetzten. Der Grund dafür kann am besten an einer speziellen nordatlantischen Population beispielhaft aufgezeigt werden. In den Sommermonaten finden auf einigen wenigen Flachwasserbänken vor Westgrönland einige hundert Buckelwale Nahrung. Im Winter wandern diese Wale zu den Westindischen Inseln, wo sich die Weibchen mit Männchen aus dem gesamten Nordatlantik paaren und ein Jahr später auch dort ihre Jungen gebären. Die Kälber folgen dann ihren Müttern nordwärts nach Grönland, wo sie selbständig werden und mit wenigen Ausnahmen immer wieder dorthin zurückkehren (unabhängig von ihren Müttern). Da männliche Buckelwale den Sommer normalerweise nicht vor Westgrönland verbringen, paaren sie sich meistens mit Weibchen anderer, viel größerer Nahrungsgemeinschaften, und ihr Nachwuchs erscheint sehr selten vor Westgrönland. Im Gegensatz dazu wandern die Jungen der westgrönländischen Weibchen im Sommer immer dorthin. Als Ergebnis finden wir eine weibliche genetische Linie, bei der sich im Gegensatz zu den in Gruppen lebenden Pott- und Grindwalen Mütter und Töchter nicht notwendigerweise wieder treffen müssen.

Was ist eine Gruppe?

Einige Wissenschaftler haben vorgeschlagen, daß alle Tiere, die in akustischem Kontakt zueinander stehen, als Gruppe bezeichnet werden sollten. Bei den weittragenden »Gesängen« der Wale führt dies aber zu dem Ergebnis, daß alle Individuen in einem riesigen Verbreitungsgebiet Mitglieder einer Gruppe wären. Deshalb beschränkt man die Definition auf Tiere, die ihre Aktivitäten aufeinander ausrichten. Eine Gruppe kann in ihrer Zusammensetzung über Monate oder Jahre stabil bleiben (Schwertwale) oder sich häufig in Größe und Individuen verändern (Ostpazifische Delphine).

Paarungsverhalten

Einen großen Einfluß auf Gruppengröße und Verhalten hat das Paarungsverhalten der jeweiligen Art. Keine Art scheint monogam zu sein, einige paaren sich polygyn und die meisten sind wahrscheinlich promiskuitiv. Polygyne Arten zeichnen sich häufig durch einen erheblichen Größenunterschied zwischen Männchen und Weibchen aus (Geschlechtsdimorphismus). Da immer verhältnismäßig wenige Männchen Zugang zu brünstigen Weibchen finden, kann die Rivalität zwischen ihnen enorm sein. Narben bei männlichen Pott- und Schnabelwalen sind auf solche Kämpfe zurückzuführen. Dann werden die Zähne als Waffen gegen den oder die Rivalen eingesetzt.

Promiskuität scheint die häufigste Art der Paarung unter den Walen zu sein, allerdings kommt sie in zwei verschiedenen Varianten vor. In der einen, von Buckelwalen angewendet, kämpft das Männchen um die exklusiven Paarungsrechte mit dem erwählten Weibchen und versucht, andere Männchen an darauffolgenden Paarungen zu hindern, indem es das Weibchen begleitet. In der anderen Form, von Glattwalen durchgeführt, versuchen die Männchen, so oft wie möglich mit so vielen Weibchen wie möglich zu kopulieren. Dabei »vertrauen« sie darauf, daß ihr Sperma das Sperma der anderen Männchen im Fortpflanzungstrakt des Weibchens »übertrumpft«. Bei den Glattwalen hat diese Methode zu einer sehr hohen Produktion von Sperma geführt, was zur Vergrößerung der Hoden auf ein Gewicht von mehr als 1 t geführt hat.

Unten: Die meisten Zahnwale sind wie diese übermütige Schule von Borneo-Delphinen soziale Lebewesen. Der Nutzen einer sozialen Lebensweise überwiegt immer ihre Nachteile.

Rechts: Eine Buckelwalmutter mit Kalb vor Hawaii. Das Paar ist in den ersten Lebensmonaten des Kalbes unzertrennlich.

Das individuelle Sozialverhalten

Tiere, die in großen Gruppen leben, besitzen eine Vielzahl von Verhaltensweisen, die eine Bindung zwischen den Individuen fördern. Wale reagieren sehr sensibel auf Berührungsreize. Daher spielt Körperkontakt eine wichtige Rolle. Stupsen, Streicheln und Schwimmen mit Körperkontakt sind häufige Verhaltensweisen. Die Jungen bestimmter Arten dürfen oft auf dem Rücken ihrer Mütter »reiten«; bei finnenlosen Schweinswalen gibt es einen Bereich mit rauher Haut, der gerade dafür genutzt zu werden scheint.

Die sinnliche Natur zeigt sich auch am Einbeziehen der Genitalregion in die aktiven Berührungen. Die wilden, aber geselligen männlichen Großen Tümmler, die neuerdings vor den Küsten Irlands, Großbritanniens und Nordfrankreichs auftauchen, scheinen ihren Penis als Tastorgan zu benutzen. Beobachtungen von Walgruppen im Meer sind lückenhaft oder fehlen bei fast allen Arten, es scheint aber wahrscheinlich, daß die täglichen Interaktionen bei gruppenbildenden Zahnwalen Sexual- und Pseudosexualverhalten einschließen. In Menschenhand kann dieses Verhalten auch zwischen gleichgeschlechtlichen Individuen beobachtet werden und darf nicht grundsätzlich mit den Verhaltenskreisen Werbung und Paarung in Zusammenhang gebracht werden. Es könnte ebenso einen Teil des Rangordnungsverhaltens darstellen.

Das Behaupten von Dominanz

Beobachtungen in Menschenhand zufolge stellt sich eine deutliche »Hackordnung« bei kleinen Walarten in nahezu derselben Art und Weise ein, wie sie auch bei Primaten, Vögeln und den meisten anderen höheren sozialen Tieren herrscht. Beobachtungen an freilebenden Großen Tümmlern deuten darauf hin, daß ähnliche Mechanismen auch außerhalb der Menschenobhut herrschen. Vorrangige Stellung wird durch Aufeinanderschlagen der Kiefer, Jagen, Beißen, Rammen und Schwanzschlagen gegen niederrangige Artgenossen demonstriert.

Grundsätzlich nimmt die Ranghöhe mit abnehmender Körpergröße ab. Die Hierarchie ist jedoch dynamisch und ändert sich mit äußeren Umständen wie Krankheit, Verschwinden eines Gruppenmitgliedes und einer Veränderung des Fortpflanzungsstatus.

Die Bedeutung des Spielens

Spielen ist besonders für junge Tiere ein wichtiger Faktor und bildet zweifellos einen Teil des Lernprozesses. Spielen kann Ausbrüche unberechenbarer Schwimmzüge um die Mutter, Sprünge, Kopfschütteln und eine Vielzahl anderer Übermütigkeiten enthalten. Ebenso kann es den Gebrauch eines Objektes, Seetangs oder eines toten Fisches etwa, enthalten, welches weggeschleudert oder auch auf der Schnauze oder einem Flipper balanciert wird. Sogar bei Erwachsenen dürften Sprünge aus dem Wasser oftmals nichts anderes als Spiel sein, das gleiche trifft wohl auch auf das Wellenreiten zu, wie man es bei Großen Tümmlern beobachten kann.

Fürsorgeverhalten

Fürsorge kann verschiedene Formen annehmen, die alle in irgendeiner Form anderen Gruppenmitgliedern zugute kommen. Diese Vorteile können direkter Natur sein, wenn z. B. das die Fürsorge empfangende Tier ein Verwandter ist und damit die gleichen Erbanlagen trägt wie der Helfer. Sie könnten indirekt sein, indem die scheinbar selbstlose Tat in Folge irgendwann einmal entsprechend »vergolten« wird. In jedem Fall kann Fürsorgeverhalten als Langzeitinvestition des Fürsorgenden in sich selbst interpretiert werden. Typische Beispiele dafür sind die Abwehr von Feinden, Geburtshilfe von »Hebammen« und das Verhalten, verletzte oder kranke Tiere an die Wasseroberfläche zu bringen, um ihr Ertrinken zu verhindern.

Letzteres ist äußerst fesselnd und wurde von Beobachtern und Wissenschaftlern in unterschiedlichster Weise gedeutet. Dieses Verhalten mag seinen Ursprung in der Hilfe haben, die Mütter ihren neugeborenen Säuglingen angedeihen lassen, wenn sie diese auf dem Oberkiefer an die Oberfläche tragen, um die ersten Atemzüge zu ermöglichen. Ähnliche Hilfe wird erwachsenen Artgenossen, aber auch Angehörigen anderer Arten, gelegentlich sogar Menschen, gewährt. Viele Menschen haben dies als Beispiel großer Freundschaft und selbstloser Zuneigung der Delphine gegenüber dem Menschen gedeutet. Zweifellos ist diese Deutung ein Wunschtraum – ein Beispiel für die Übertragung menschlicher Gefühle auf andere Lebewesen. Genau das gleiche Verhalten wird gegenüber anderen Tieren gezeigt, was beweist, daß die Fürsorge wahllos gewährt wird. Ein gutes Beispiel hierfür ist der Vorfall, bei dem ein weiblicher Delphin einen Leopardhai tötete und die nächsten 5 Tage damit verbrachte, die Leiche an der Oberfläche zu halten. Es gibt begründete Annahme, daß dieses Verhalten ein tief verwurzelter Instinkt ist, der durch ein Tier von etwa Delphingröße ausgelöst wird, das sich offensichtlich in Not befindet. Normalerweise ist der Hilfebedürftige ein Delphin, so daß der Instinkt seine Berechtigung hat.

Nicht-stimmliche Verständigung

Nicht-stimmliche Verständigung enthält das Schlagen auf die Wasseroberfläche mit verschiedenen Körperteilen – ganze oder Teilsprünge, Schwanzschläge, Schläge mit den Flippern – und Tonerzeugungen unter Wasser, wie das Ausstoßen von Luftblasen oder das Zusammenschlagen der Kieferhälften. Die meisten großen Walarten wurden schon bei Sprüngen beobachtet, wobei Glatt-, Grau- und Buckelwale dies regelmäßig ausüben. Das Springen wirkt oft ansteckend auf die Tiere desselben Gebietes und kann ohne jede kommunikative Absicht ausgeführt werden. Es kann einfach ein Zeichen für Übermut und Spiel sein.

Viele Delphine springen regelmäßig mit dem ganzen Körper aus dem Wasser. Sie führen dies normalerweise sehr graziös und ohne jede Lauterzeugung aus. Manchmal allerdings landen sie mit so großem Getöse auf dem Rücken oder einer Seite, daß man es unter Wasser bis zu 1 km weit hören kann.

Buckelwale springen häufiger bei rauher See, eine Taktik, die so gedeutet wird, daß die Tiere in der tosenden See gehört werden wollen, wenn normale stimmliche Lautgebung übertönt wird. Buckelwale benutzen ebenfalls Flipper und Schwanzfluke, um scharfe Schläge auf der Oberfläche zu erzeugen. Natürlich können solche Signale nur einfache Mitteilungen übertragen. Sie könnten »Ich bin hier!« oder »Verschwinde!« bedeuten. Bei Zahnwalen haben Schwanzschläge und Zähneklappen oft aggressive Bedeutung.

Stimmliche Verständigung

In einer Umgebung, in der stimmliche Verständigung mehr Informationen übertragen kann als optische, ist es nicht verwunderlich, daß Wale ein Kommunikationssystem mit Lautgebung unter Wasser entwickelt haben. Ohne eine solche Verständigung wären Tiere in Entfernungen von mehr als 100 m voneinander auch im klarsten Wasser isoliert, und unter gewissen Umständen verlören sich sogar Tiere, die nur wenige Meter voneinander entfernt sind.

Die Erzeugung von Lauten

Die Erzeugung von Tönen unter Wasser ist nicht so einfach wie es scheint. Landlebende Säugetiere, wie wir selbst, pressen Luft durch die Stimmbänder im Kehlkopf *(Larynx)*, wobei deren Vibrationen die Töne erzeugen. Ist die Luft erst einmal aus Mund oder Nase entwichen, ist sie verloren und muß durch Einatmen ersetzt werden. Im Gegensatz dazu kann der Buckelwal, der Urheber der berühmten »Walgesänge«, sich unter Wasser aufhalten und ununterbrochen mehr als 30 Minuten lang singen. Trotzdem besitzen Buckelwale keine besonders großen Lungen und können solch langanhaltende Klänge nur erzeugen, weil bei der Tonerzeugung keine Luft verlorengeht. Die Töne gehen ebenfalls vom Kehlkopf aus, aber die energieliefernde Luft wird wieder rückgeführt und nicht verbraucht.

Wir wissen noch nicht, wo genau die Töne im Zahnwalkopf entstehen. Tonaufnahmen zeigen, daß einige Delphinarten gleichzeitig zwei verschiedene Laute von unterschiedlicher Tonhöhe erzeugen können, was auf zwei unterschiedliche Arten der Tonerzeugung hindeutet. *Nares* und *Larynx* scheinen die beiden wahrscheinlichsten Entstehungsorte zu sein. Bartenwale scheinen Laute nur im Kehlkopf zu produzieren.

Die Aufgaben der Lauterzeugung

Die Lauterzeugung bei Walen hat zwei Hauptaufgaben. Eine ist die Echolot-Orientierung, das »Sonar« der Zahnwale. Die andere dient der Verständigung und wird von allen Walen genutzt. Bisherige Erkenntnisse deuten an, daß die Lautgebung einfacher Natur ist und nicht mit »Sprache« im menschlichen Sinne verglichen werden kann. Ein Tier kann Not und Aufregung mitteilen, vielleicht auch seine Identität und, indirekt, seinen Aufenthaltsort. Die Hauptaufgabe der sozialen Lauterzeugung scheint einfach die Information für andere Tiere zu sein, wer und wo man ist, um innerhalb einer Gruppe Kontakt und Individualabstand halten zu können. Vielleicht dient sie auch dazu, die Aktivität und Gemütslage mitzuteilen. Sogar die Gesänge der Buckelwale, mögen sie noch so komplex erscheinen, dienen einfach der territorialen Markierung und sexuellen Werbung, sehr ähnlich dem Gesang der Vögel.

Trotzdem haben Untersuchungen an Delphinen in Menschenhand ergeben, daß sie Fähigkeiten zu komplexeren Formen der Verständigung besitzen. Ein bekanntes Beispiel ist das eines Männchens, das in der Lage war, Futter zu erlangen, indem es das richtige von zwei Pedalen betätigte, wobei er Laute eines Weibchens hören konnte, in dessen Gehege zwei Lampen installiert waren, von denen jeweils eine zum Leuchten gebracht wurde. Die beiden Delphine konnten einander nicht sehen, und trotzdem drückte das Männchen das linke Pedal, wenn die linke Lampe im Gehege des Weibchens leuchtete, und das rechte Pedal bei der rechten Lampe. Die Information über die jeweils leuchtende Lampe wurde vom Weibchen in Lautgebung umgesetzt, die das Männchen in entsprechenden Pedaldruck umzuwandeln hatte.

Abgesehen von diesen individuellen Unterschieden verdichten sich die Annahmen, daß es »Dialekte« zwischen unterschiedli-

Stimmlicher Austausch zwischen Buckelwalpopulationen

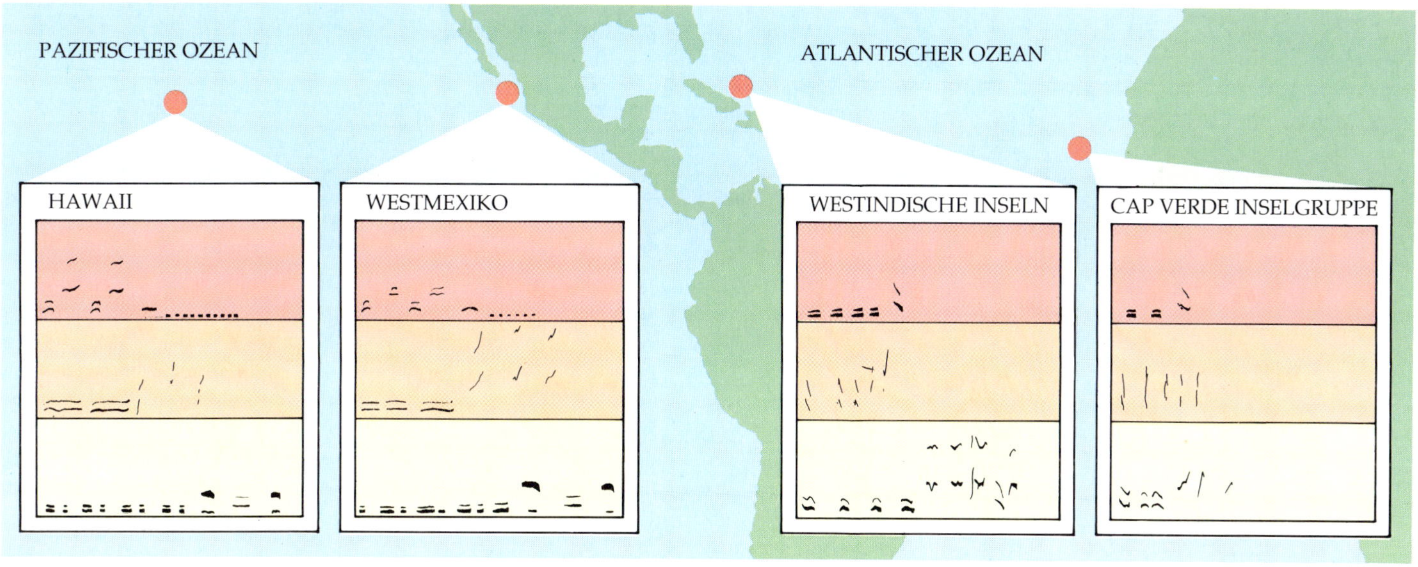

Links: Eine in Intervallen von einer halben Sekunde aufgenommene Folge von Bildern, die einen aus dem Wasser hervorbrechenden Buckelwal vor Westgrönland zeigt. In diesem Fall ist die See ruhig. Buckelwale springen jedoch häufiger bei rauher See als an windstillen Tagen.

chen Delphinschulen aus verschiedenen Gebieten gibt. Schwertwale aus der Gegend um Vancouver Island formen Laute, die sie als Angehörige einer bestimmten Gemeinschaft ausweisen. Ein bestimmter Laut eines Delphins kann für die Angehörigen seiner Gruppe eine bestimmte Bedeutung haben, für andere derselben Art aber nicht. Die vielleicht bekanntesten Waldialekte sind die Gesänge der Buckelwale. Diese unterscheiden sich nicht nur zwischen den Fortpflanzungsgebieten, sondern auch von Jahr zu Jahr.

Die Lautgebung der Zahnwale

Die Zahnwale können in zwei Gruppen unterteilt werden – die Pfeifer und die Nicht-Pfeifer. Das Pfeifvermögen beschränkt sich allgemein auf die Delphin- und kleinen Walarten, die in großen Sozialgruppen leben. Eine Gruppe von Delphinen kann nahezu ununterbrochen pfeifen, besonders in Zeiten der Aufregung und bei Streß, z. B. beim Wellenreiten, Fressen oder auf der Flucht vor Feinden. Sie können sich aber auch absolut lautlos halten, um Entdeckung zu vermeiden. Die Nicht-Pfeifer, einschließlich der Flußdelphine, Schweinswale und dem größten Zahnwal, dem Pottwal, verständigen sich mit pulsierenden Lauten, sehr ähnlich den Lauten, die zur Echo-Orientierung gebraucht werden. Pfeifer benutzen ebenfalls explosionsartig pulsierende Laute in ihrem Repertoire. Pottwale erzeugen Folgen von breitspektralen Tönen oder »Klicks«, die man als »Coda« bezeichnet. Man nimmt an, daß diese Codas den Pottwalen ermöglichen, genauen Aufschluß darüber zu erhalten, wo sich die einzelnen Individuen ihrer Gruppe aufhalten, da sie sich meist außerhalb der Sichtgrenze zueinander bewegen. Wahrscheinlich können auch andere Informationen übermittelt werden, etwa über das Nahrungsangebot, aber bisher konnte das nicht nachgewiesen werden. Mit Hilfe von Hydrophonen kann man die »Klicks« der Pottwale über 10 km weit hören, und man muß annehmen, daß andere Pottwale mindestens so gut hören können. Falls »Klicks« innerhalb einer bestimmten, akustisch besonders gut leitenden Wasserschicht, dem SOFARCHANNEL (= sound fixing and ranging channel = klangfesthaltender und -weiterleitender Kanal) erzeugt werden, könnten sie eventuell Hunderte, wenn nicht Tausende von Kilometern weit gehört werden.

Oben: Sonogramme von Buckelwalliedern aus vier verschiedenen Regionen, aufgenommen 1979. Themen aus Gebieten innerhalb desselben Ozeans sind ähnlich. Trotz der großen Distanzen zwischen den Aufzeichnungsgebieten innerhalb eines Ozeans (4.000 bis 5.000 km) existiert ein 'kultureller' Austausch zwischen den Populationen.

Die Lauterzeugung der Bartenwale

Die Bartenwale verfügen im Vergleich zu den Zahnwalen über ein sehr unterschiedliches Lautrepertoire. Die meisten pfeifen weder noch »klicken« sie. Ihre Lautgebung ist allgemein sehr tieffrequent, meist unterhalb 3 kHz, in jedem Fall aber unter 35 kHz, während einige Zahnwale Töne oberhalb 200 kHz wahrnehmen können. Im Vergleich dazu können Menschen bis etwa 15–20 kHz und Fledermäuse bis etwa 200 kHz hören.

Den Lauten von Bartenwalen hat man eine wunderbare Vielzahl von Umschreibungen gegeben, einschließlich Bellen, Stöhnen, Rülpsen, Rumpeln, Grunzen, Raspeln und Zwitschern. Jedes einzelne Element eines Klanges dauert weniger als eine halbe Sekunde. Bei Blauwalen kann ein »Stöhnen« länger als 30 Sekunden anhalten. Das Stöhnen, eine typische Lautform, wird normalerweise in Tonhöhen von 12–500 Hz ausgestoßen und kann aus einem einzigen Ton oder einer harmonischen Struktur bestehen. Finnwale bilden einen typischen Laut von etwa 20 Hz, der aufgrund seiner tiefen Frequenz theoretisch Hunderte von Kilometern weit in einer ruhigen See reichen kann.

Die am besten bekannten Bartenwal-Laute sind die Gesänge der männlichen Bukkelwale. Sie unterscheiden sich sehr deutlich von jeder anderen Lauterzeugung innerhalb der Walordnung und enthalten innerhalb eines Frequenzspektrums von 40 Hz – 5 kHz Folgen von wiederholten Geräuschen großer Variabilität. Die Klänge bilden eine geordnete Folge von Themen, welche sehr häufig in gleichen Mustern über Stunden wiederholt werden können. Die vielleicht überraschendste Entdeckung war die Tatsache, daß jedes Lied mit einem bestimmten Sänger, einer geographischen Region und dem Jahr, in welchem es gesungen wurde, in Zusammenhang gebracht werden kann.

Mosaiksteine des Lebens

Der grundsätzliche Lebenszyklus verläuft bei Walen genau so wie bei allen anderen Tieren. Sie werden lebend geboren (schlüpfen nicht aus einem Ei wie die Fische), erhalten Milch von ihren Müttern, durchleben ein Kindheits- und Jugendstadium und die Pubertät, pflanzen sich fort und sterben schließlich. Einige Arten leben, ähnlich dem Menschen, auch nach Beendigung ihrer Fortpflanzungsphase weiter. Wie wir noch sehen werden, gibt es im Verlauf des Lebens mitunter bemerkenswerte Unterschiede zwischen den Individuen einer Population wie auch zwischen verschiedenen Populationen insgesamt. Weiterhin können sich die typischen Merkmale von Einzeltieren und Populationen aufgrund äußerer Faktoren wie Verfügbarkeit von Nahrung oder Krankheiten ändern, so daß sich der äußere Eindruck ständig ändert. Der Name dieses Forschungszweiges über die typischen Eigenschaften der Lebensgeschichte von Populationen – Populationsdynamik – spiegelt die kontinuierliche Veränderung wider und gibt uns Antworten darauf, wie Populationen »funktionieren«.

Der Sexualzyklus

Beide Geschlechter unterliegen einem deutlich definierten Sexualzyklus. Bei den Männchen ist dieser ziemlich einfach strukturiert, indem er sich jährlich wiederholt. Bei den Weibchen dagegen ist er sehr komplex und braucht zur jeweiligen Vollendung 2-10 Jahre. Männchen sind jährlich paarungsbereit, auch wenn Weibchen, die in einem Jahr empfängnisbereit waren, im folgenden Jahr nicht brünstig werden. Es werden aber immer genügend paarungsbereite Weibchen vorhanden sein, unter ihnen jene, die im Vorjahr ihr letztes Junges entwöhnt haben.

Der männliche Zyklus wird von einem alles überragenden Faktor bestimmt, nämlich dem Trieb, Weibchen zu begatten, wenn diese in Brunst sind. Der männliche Zyklus ist daher eng an den weiblichen gekoppelt und erfordert eine Reihe von physischen und Verhaltensanpassungen, die das Männchen in Paarungsstimmung bringen, sobald das Weibchen den Höhepunkt seiner Brunst erreicht hat. Die Verhaltensänderungen können größere Aggression gegenüber anderen Männchen, den Drang, geeignete Weibchen zu begleiten sowie die Erzeugung von Lautfolgen, bekannt als »Gesänge«, einschließen (z. B. bei den Buckelwalen). Die einschneidendste physische Veränderung besteht in der Vergrößerung der Hoden und Nebenhoden, die das Männchen in die Lage versetzen, ausreichende Mengen Samen zu produzieren und zu speichern, um die erforderliche Anzahl von Weibchen befruchten zu können.

Der weibliche Zyklus besteht aus Eisprung, Empfängnis, Trächtigkeit, Geburt und Milchproduktion. Normalerweise schiebt sich zwischen dem Abstillen und einem neuen Eisprung eine Ruhepause ein. Allerdings ist dies nicht immer der Fall, denn Weibchen bestimmter Arten können schon wieder trächtig sein, während sie das letzte Kalb noch säugen. Der normale Zeitraum eines kompletten Zyklus beträgt 2–4 Jahre, bei einigen Arten allerdings (z. B. Schwertwal) kann dieser Zeitraum bis zu 8 oder sogar 10 Jahren ausgedehnt werden. Andererseits, wenn zwei Zyklen parallel nebeneinander auftreten, z. B. bei solchen Weibchen, die trächtig sind, während sie noch ein Kalb säugen, kann der Zeitraum zwischen zwei Geburten auf wenig mehr als die reine Tragzeit reduziert werden, 11–18 Monate, je nach Art.

Eisprung und Empfängnis

Nach dem Erreichen der Pubertät erreicht, kommen Weibchen regelmäßig in Brunst und sind paarungsbereit. Die Brunst tritt auf, wenn ein oder mehrere Eier aus den reifen Follikeln der Ovarien entlassen werden (Eisprung) und in die Gebärmutter wandern, wo sie im Falle einer erfolgreichen Paarung befruchtet werden. Eisprünge treten nicht in regelmäßigen Intervallen während des ganzen Jahres auf, sondern sind bei den meisten Walarten (besonders denen, die mindestens eine gewisse Zeit in hohen Breiten mit deutlicherer, jahreszeitlicher Gliederung leben) bis zu einem gewissen Grad an die Jahreszeiten gebunden. Bei den wandernden Arten, wie den meisten Bartenwalen, erfolgen die Eisprünge innerhalb der Population synchron, so daß die Geburten zu bestimmten Zeiten im Wanderzyklus auftreten, meist während des Aufenthalts in wärmeren Gewässern der Überwinterungsgebiete. Nichtwandernde (Bartenwal-) Arten mögen noch einige Reste jahreszeitlicher Rhythmik bewahrt haben, jedoch gibt es bei ihnen keine sehr deutlichen Aktivitätsspitzen, und daher erfolgen Eisprünge bei einigen Arten während des ganzen Jahres.

Ob ein bestimmtes Weibchen in Brunst kommt oder nicht, hängt vom Stadium ab, das sie gerade innerhalb ihres Sexualzyklus durchläuft (Reproduktionsstatus). Trächtige Weibchen haben keine Eisprünge, säugende normalerweise ebenfalls nicht. Bei einigen Arten allerdings ist eine neue Brunst kurz nach erfolgter Geburt nicht ungewöhnlich. Liegt eine verlängerte Stillzeit vor, wie bei vielen Zahnwalen, tritt häufig eine Brunst gegen Ende der Stillzeit auf.

In allen anderen Fällen wird das Weibchen nur brünstig, wenn es »ruht«, d. h. ihren vorangegangenen Zyklus beendet,

Der Fortpflanzungszyklus wandernder Bartenwale

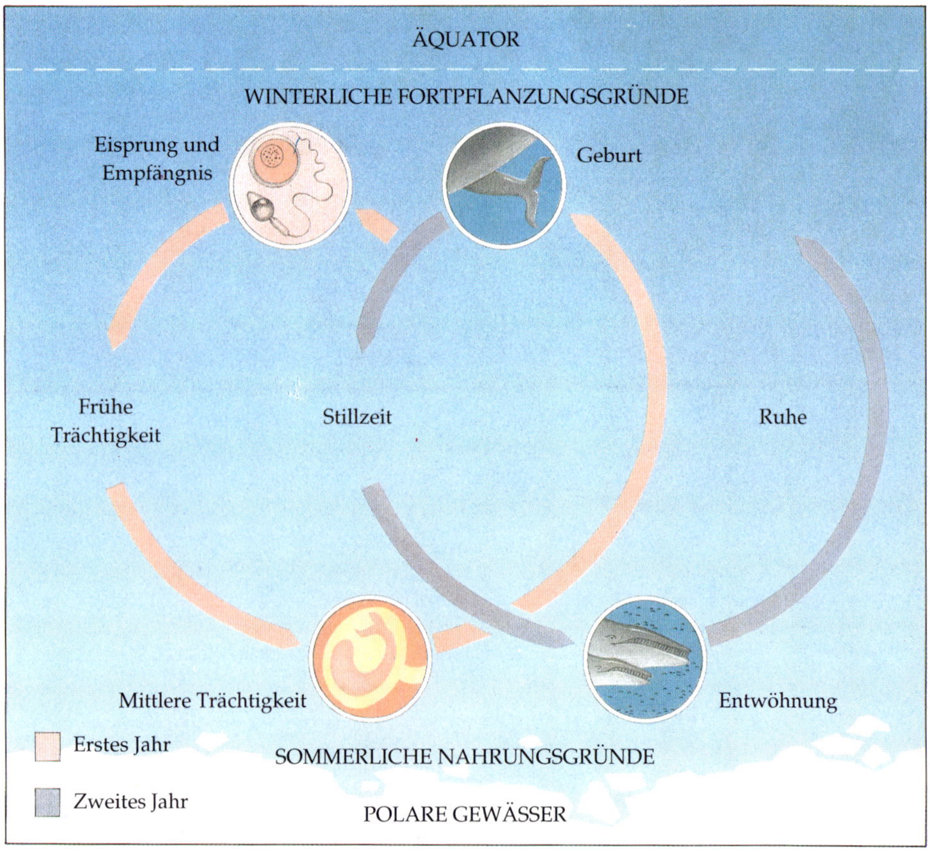

oder einen Fötus bzw. ein Kalb z. B. durch Krankheit verloren hat. Wenn ein Eisprung stattgefunden hat, das Ei aber aus irgendeinem Grund nicht befruchtet wurde, geben die Eierstöcke einige Wochen später ein weiteres Ei ab und wiederholen diese Prozedur, bis eine Befruchtung stattfindet oder die Paarungszeit vorüber ist.

Die Paarung erfolgt, indem der männliche Penis in die weibliche Vagina eingeführt wird, um den Samenstrom mit Millionen von Spermien sicher zum Ei zu lenken. Die Paarung wird wahrscheinlich mehrfach wiederholt. Bei einigen, eventuell den meisten Arten, paart sich das Männchen mit mehreren Weibchen und das Weibchen mit mehreren Männchen.

Trächtigkeit

Nach erfolgreicher Befruchtung pflanzt sich das Ei in der Wand eines der zwei Gebärmutterhörner ein, abhängig davon, aus welchem Eierstock das Ei stammt. Sehr selten werden zwei Eier befruchtet und pflanzen sich entweder in dem gleichen oder jedes in einem anderen Gebärmutterhorn ein. Mehrlinge sind selten und nahezu alle sterben noch vor der Geburt. Auf Mehrlinge entfallen weniger als 1% der Trächtigkeiten der meisten Bartenwale. Es gibt einen Nachweis von fünf und einen von sechs Föten bei Finnwalen. Wird einmal mehr als ein Kalb wirklich geboren, hat die Mutter nur ausreichend Milch für ein Junges. Allerdings gibt es mindestens einen Nachweis von einer erfolgreichen Zwillingsaufzucht bei Schwertwalen.

Wenn sich das befruchtete Ei *(Blastozyste)* in die Uteruswand eingenistet hat, beginnt es durch Zellteilungen zu wachsen. Danach ähneln die einzelnen Entwicklungsstadien denen des Menschen mit der Ausnahme, daß durch die längere Tragzeit der Wale die Einzelstadien eine längere Entwicklungszeit durchlaufen. Das Wachstum des Fötus verläuft kontinuierlich, allerdings nicht mit konstanten Zuwachsraten. Die Länge der Trächtigkeit, die Zeitigung, variiert je nach Art zwischen 10 und 16 Monaten. Vielleicht überraschend steht die Tragzeit nicht mit der Körpergröße der Mutter in Beziehung. So hat zum Beispiel das größte je auf der Erde existierende Lebewesen, der Blauwal, eine Tragzeit von höchstens 12 Monaten, während die relativ kleinen Belugas und Narwale ihre Jungen nach 14–15 Monaten gebären.

Die Embryonalentwicklung

Die meisten Informationen über die Embryonalentwicklung der Wale stammen von der Walfangindustrie, wo die Körperlänge der gefundenen Föten registriert wurden. Man weiß heute, daß die Embryonalentwicklung in zwei Abschnitten abläuft. Während der ersten Phase nimmt die Körperlänge nur langsam zu, allerdings mit steigender Zuwachsrate. In der zweiten Phase, die bis zur Geburt dauert, nimmt die Größe täglich konstant zu (wobei auch das Gewicht eine täglich steigende Zuwachsrate verzeichnet).

Die Gewichtszunahme gegen Ende der Trächtigkeit ist erstaunlich, besonders bei den größten Bartenwalen. Kälber von Blauwalen sind bei der Geburt 7 m lang und wiegen 2,5 t. Unter Berücksichtigung von Walfangdaten zeigte Richard Laws auf, daß Föten kurz vor der Geburt täglich 35 kg zunehmen. Natürlich muß die Körpermasse von der Mutter aufgebaut werden, die sich höchstwahrscheinlich in dieser Zeit gar nicht ernährt, denn sie hält sich in dieser Zeit in ihren Überwinterungsgründen auf. Folglich nimmt ihr eigenes Körpergewicht im gleichen Maße ab, wie das ihres Jungen zunimmt.

Die Geburt

Vor der Geburt hat der Fötus ein Drittel der Länge seiner Mutter erreicht und ist bereits seit Monaten vollständig entwickelt. Er steht kurz davor, den größten physischen Schock seines Lebens durchzumachen: anstelle des warmen und sicheren Mutterleibes mit Temperaturen von 37°C kommt er nun in Wasser, das im Fall der Belugas und Narwale nahe dem Gefrierpunkt liegt. Wenn die Geburt eingeleitet ist, erfolgt sie sehr schnell, obwohl es kaum Beobachtungen aus der Wildbahn gibt. Die meisten kleineren Zahnwale werden mit dem Schwanz voran geboren, während einige wenige Beobachtungen von Bartenwalgeburten vermuten lassen, daß bei diesen Arten normalerweise der Kopf zuerst erscheint.

Die Entwicklung des Jungtiers

Das junge Kalb wächst auch nach der Geburt sehr schnell weiter. Die Muttermilch ist außergewöhnlich fett- und energiereich und enthält 16–46% Fett im Vergleich zu nur 3–5 % bei Menschen und Kühen. Als Folge ist die Wachstumsrate der Walkälber

Oben: Fotos von Walgeburten sind selten. Auf diesem Bild ist das Erscheinen des Kopfes eines Grauwalkalbes zu sehen.

höher als bei den meisten Säugetierjungen. Zu den Veränderungen des Körpers innerhalb der ersten Lebenstage gehören eine teilweise Versteifung der Finne (bei den Arten, die eine haben) und der Schwanzfluke. Diese sind bei den Neugeborenen sehr weich, um die Geburt nicht zu behindern. Die meisten Arten verlieren zu diesem Zeitpunkt auch ihre Körperbehaarung, die am deutlichsten auf dem Rostrum des Fötus vorhanden war. Ansonsten unterscheiden sich junge Wale von den erwachsenen nur durch die Größe, vielleicht etwas in der Färbung und in sehr beschränktem Maße in den Körperproportionen.

Die Mütter säugen ihre Jungen mindestens vier Monate lang, können aber bei solchen Arten, die in sehr engen Familiengruppen leben, damit über Jahre fortfahren. Kälber dieser Arten trinken mitunter Milch von mehreren Weibchen, die wahrscheinlich alle miteinander verwandt sind. Diese »Tanten« bewachen das Junge, wenn die Mutter nach Nahrung taucht. Kälber, die nicht in solchen festgefügten Gruppen leben, haben während der ganzen Säuglingszeit eine sehr feste Bindung zu ihren Müttern. Solche Mütter tauchen in den ersten Lebensabschnitten ihrer Kälber nicht sehr tief.

Der Mechanismus, mit dem die Milch ohne Verluste an das Kalb übertragen wird, ist ziemlich ungewöhnlich. Nur wenige Wale können ihre Lippen formen, so daß das Kalb im allgemeinen die Zitze nicht greifen und daran saugen kann wie ein menschliches Kind. Der Austritt der Milch wird durch die Mutter bewirkt, die mit Hilfe von Muskeln rund um die Milchdrüse die Milch in das Maul des Kalbs spritzt. Dieses hält dabei die Zitze oft im Mundwinkel. Die tägliche Milchmenge variiert mit der Größe des Tieres und kann bei den größten Bartenwalarten über 100 l betragen.

Die Entwöhnung ist ein stufenweise fortschreitender Prozeß. Dabei nimmt das Kalb

seine erste feste Nahrung lange vor dem Zeitpunkt auf, an dem es das letzte Mal Milch von seiner Mutter erhält. Gegen Ende der Säugezeit nimmt sowohl die Menge als auch die Qualität der Milchproduktion ständig ab. Bei Arten mit verlängerter Säugezeit, wie Grind- und Pottwalen, können die Jungen über einen langen Zeitraum sowohl Milch trinken als auch Tintenfische fressen. So fand man beispielsweise bei einem vor Südafrika gefangenen, 13 Jahre alten Pottwal Spuren von Milch im Magen, obwohl das Tier wahrscheinlich schon vor seinem 1. Geburtstag damit begonnen hatte, auch Tintenfische zu fressen. Bei den wandernden Bartenwalen sind die Jungen zweifellos gezwungen, nach Ankunft in den sommerlichen Weidegründen so schnell wie möglich unabhängig von der Milch zu werden, da die Mutter für ihre nächste Schwangerschaft, die oftmals nur sechs Monate später eintritt, sowohl Energie sparen als auch schnellstmöglich neue aufbauen muß.

Die Kälber werden ohne Zähne oder Barten geboren. Die ersten Zahnkegel oder die ersten, gummiartig weichen Reihen von Barten erscheinen in den ersten Lebensmonaten. Eine Ausnahme ist der Pottwal, bei dem es bis zu neun Jahren dauert, bevor sich die ersten Zahnkuppen zeigen und wo es durchaus vorkommen kann, daß ein 30 Jahre altes Tier noch voll entwickelte Zähne im knöchernen Kiefer verborgen besitzt. Bei dieser Art beginnt die Abhängigkeit von fester Nahrung lange bevor sich die Zähne entwickeln, was beweist, daß ein Pottwal seine Beute ohne jeden Zahn im Maul fangen kann.

Der junge Wal wächst stetig während und nach der Saugperiode. Zumindest bei einigen Zahnwalen kann ein Wachstumsschub bei Eintritt der Pubertät festgestellt werden. Bei Arten mit großem Geschlechtsdimorphismus in bezug auf die Länge wird der Unterschied schon in den ersten Lebensjahren zunehmend deutlicher.

Die Fortpflanzungsphase

Sexuelle Reife – die Lebensphase, in der das Tier physisch in der Lage ist, sich fortzupflanzen – tritt zwischen 2 und 20 Jahren ein, abhängig von Art und Geschlecht des Wales. So werden z. B. beide Geschlechter des La-Plata-Delphins mit 2 Jahren geschlechtsreif, leben aber auch nicht viel länger als 20 Jahre. Im Gegensatz dazu werden Pottwale bis zu 50 Jahre alt und erleben eine lange reproduktive Phase, auch wenn ihre Reife nicht vor 9 Jahren bei Weibchen und nicht vor 20 Jahren bei Männchen eintritt. Auch wenn die sexuelle Reife biologisch schon eingetreten ist, ist ein männlicher Pottwal noch »sozial unreif« und muß etwa fünf weitere Jahre warten, bis er endlich Zugang zu brünstigen Weibchen findet und als »Haremsbulle« akzeptiert wird.

Durchaus nicht alle Individuen der gleichen Population werden im selben Lebensalter geschlechtsreif. Weibliche Indische Grindwale im Nordpazifik können beispielsweise erstmalig zwischen 7 und 9 Jahren brünstig werden, während Männchen die Geschlechtsreife erst mit 15–20 Jahren erlangen. Der Eintritt der Reife innerhalb einer Population kann sich im Laufe der Jahre verschieben. Der Grund könnte in der durch den Walfang bedingten Abnahme an Individuen liegen. In der Antarktis wurde bei weiblichen Bartenwalen eine sehr viel früher eintretende Reife beobachtet, nachdem der Bestand durch Walfang stark dezimiert worden war. Bei Seiwalen hat sich im Laufe der letzten 40 Jahre der Eintritt der Geschlechtsreife von 12 auf 9 Jahre verringert, während die Verjüngung beim Zwergwal von 14 auf 5 Jahre über einen gleichen Zeitraum erfolgte. Interessanterweise änderte sich die Körpergröße bei Eintritt der Pubertät nicht, was zur Annahme führte, daß Wale im Laufe der letzten Jahrzehnte sehr viel schneller wachsen. Dies könnte durch den relativen Zuwachs an verfügbarer Nahrung bedingt sein, da ein Großteil der Konkurrenz dem Walfang zum Opfer fiel.

Nach Eintritt der Geschlechtsreife bleiben die meisten weiblichen Wale bis zum Lebensende geschlechtsreif. Die Reproduktionsrate, d. h. die Häufigkeit mit der die Kälber aufeinander folgen, nimmt mit zunehmendem Alter der Mutter kontinuierlich ab. Trotzdem finden wir von der ersten Empfängnis ab niemals einen weiblichen Wal, der nicht entweder ein Junges führt oder einen Fötus austrägt. Bei einigen Arten, wie dem Beluga, ist ständig beides gleichzeitig der Fall.

Die Sterblichkeitsrate

Innerhalb einer stabilen Population wird für jedes Tier, das stirbt, ein Jungtier geboren. Übertrifft die Sterblichkeitsrate die Geburtenrate, nimmt die Population ab und umgekehrt. Wir haben uns schon damit befaßt, wie ein Walleben beginnt; gleichermaßen wichtig ist das Wissen darüber, wie es beendet wird.

Bei einer Tierfamilie wie den Walen, bei der der Mensch bis heute direkt und indirekt einen Großteil der Todesrate zu verantworten hat, ist es nur konsequent, die Sterblichkeitsrate als Summe der natürlichen Tode plus der durch den Menschen verursachten anzusehen. Naturbedingte Sterblichkeit ist in der Regel durch eine von zwei Ursachen bedingt: Tod durch einen Räuber oder Krankheit. »Unnatürliche«, durch den Menschen verursachte Tode liegen offensichtlich im Walfang vor, weniger offensichtlich aber auch durch die Verschmutzung der Meere, durch Unfälle mit Schiffen oder Verstrickungen im menschlichen Müll.

Natürliche Sterblichkeit

Abgesehen von Menschen kommen als natürliche Feinde der Wale nur Haie und einige Walarten selbst in Frage, z. B. die Schwertwale, die man daher auch als »Killerwale« oder »Mörderwale« bezeichnet. Es ist sehr schwierig, den natürlichen Feinddruck auf die Populationen zu ermitteln, er wird aber im Falle von erwachsenen Tieren als relativ klein angesehen. Nur bei den Jungtieren einiger Arten rechnet man mit größeren Todesraten durch Raubfeinde. Die besten Hinweise auf Attacken geben die Zahnspuren auf der Haut der Tiere, die ihnen entkommen konnten. Die Tatsache, daß ein Drittel aller Buckelwale einer kanadischen Population Narben von Schwertwalzähnen aufweisen, läßt vermuten, daß derartige Angriffe in einigen Gebieten sehr häufig stattfinden.

Eine weitere Todesursache ist, besonders bei kleinen Walarten, die Gegenwehr einer angegriffenen Beute. So wurden z. B. Große Tümmler vor Portugal beobachtet, wie sie in heftige Kämpfe mit einem großen Kraken verwickelt waren und dieser das Blasloch eines Delphins abdeckte –, mindestens ein Delphin kam auf diese Weise zu Tode. Ähnlich wurden einigen Delphinen schon die Stachel des Stachelrochens, der mitunter gefressen, mit dem aber auch gespielt wird, zum Verhängnis, indem sie die Lungen oder andere innere Organe zerstochen haben.

Über den Gesundheitszustand der Wale wissen wir relativ wenig. Daher sind Schätzungen über krankheitsbedingte Todesraten unzuverlässig. Trotzdem ist die Liste von bekannten Walkrankheiten sehr lang. Sie enthält eine ganze Reihe von Krankheiten, unter denen auch der Mensch leidet, wie etwa Krebs, Magengeschwür, Herzinfarkt, Lungenentzündung, Gelbsucht oder Gelenkgicht. Zusätzlich leiden Wale unter einer Großzahl von Innenparasiten, von denen einige die Anfälligkeit für Krankheiten und gar den Tod sehr fördern. Viele Krankheiten treten mit zunehmendem Alter häufiger auf oder werden, im Falle der Parasiten, mit zunehmendem Alter gefährlicher. Es ist daher wahrscheinlich, daß ein »natürlicher Tod« vornehmlich durch einen oder eine Anhäufung mehrerer dieser Faktoren verursacht wird. Wir kennen immer noch nicht die normalen Lebenserwartungen vieler Wale. Diejenigen allerdings, welche näher untersucht wurden, z. B. Individuen des Hafenschweinswales und des La-Plata-Delphins, können mit 10–15 Jahren als »alt« bezeichnet werden, während Pottwale, Baird-Wale und Schwertwale gelegentlich das biblische Alter von über 100 Jahren erreichen sollen. Die meisten Delphine scheinen eine Lebenserwartung von 20–40 Jahren zu haben, und auch die riesigen Blau- und Finnwale dürften kaum älter werden.

Durch Menschen verursachte Sterblichkeit

Bis kurz nach der Mitte des 20. Jahrhunderts war die bei weitem größte Bedrohung der Wale der von Menschen betriebene Walfang. Die Belastung war so ernst, daß dadurch zeitweise alle anderen Todesursachen weit übertroffen wurden und die Größe der bejagten Populationen rapide einbrach.

Die am schlimmsten betroffenen Arten waren die langsameren größeren Wale mit einer dicken Blubberschicht, die an der Wasseroberfläche trieben, wenn man sie erlegt hatte, also Glattwale (einschließlich des Grönlandwales) und der Pottwal. Der Grauwal wurden im frühen 19. Jahrhundert zur Beute, während die schnelleren Furchenwale bis zum ausgehenden 19. Jahrhundert sicher waren. Danach wurden Blau-, Buckel-, Finn- und Seiwale weltweit zu Hundertausenden, besonders aber in den nährstoffreichen antarktischen Gewässern getötet. Der kleinere Zwergwal wurde erst interessant, als die großeren Arten die Kapazitäten der Industrien nicht mehr auslasten konnten.

Einige kleinere Arten, etwa Enten- und Grindwale, Narwal und Beluga wurden zu verschiedenen Zeiten ebenfalls bejagt. Relativ wenige kleinere Zahnwale wurden Opfer großangelegter Fangzüge, aber auch hier gibt es Ausnahmen. 45.000 Dall-Hafenschweinswale wurden allein 1988 getötet.

Es gibt einige Hinweise, daß die Geburtenrate in stark reduzierten Walpopulationen angestiegen ist. Wenn dies zutrifft, könnte sich zwischen Geburten- und Sterberate wieder ein Gleichgewicht einstellen, allerdings auf einem viel niedrigeren Niveau als früher, als die Geburten nur die natürlichen Abgänge aufzufüllen hatten. Mit nur einigen Ausnahmen, namentlich bei einigen Beständen von Grau- und südlichen Glattwalen, braucht eine die Sterberate überflügelnde Geburtsrate eine sehr lange Zeit, um meßbare Ergebnisse zu bringen, sogar bei dem heute weitgehend angeordneten Schutz für die meisten Walarten.

Die heute vielleicht größte Gefahr, die

Oben links: Ein neugeborener Buckelwal schwimmt neben seiner Mutter.

Rechts: Parasiten sind sehr häufig in und auf Walen zu finden, hier die Seepocken und einige Walläuse auf der Haut eines Grauwales.

Unten: Es gibt nichts, was für ein Rudel hungriger Schwertwale zu groß wäre, nicht einmal ein Blauwal.

zu unterscheidbaren Rassen entwickelt?

Diese Angelegenheit wurde noch interessanter und komplexer, als in den 80er Jahren japanische Wissenschaftler ihre ersten Untersuchungen veröffentlichten, nach welchen Indische Grindwale, die vor Nordjapan gefangen wurden, sich in Größe und Fortpflanzungscharakteristiken deutlich von denen unterschieden, die man vor Südjapan gefangen hatte.

Die geographische Entfernung zwischen beiden Gruppen betrug nur einige Hundert Kilometer, und es gab keine physikalische Trennung. Nach den Unterschieden zu urteilen, gab es aber eine genetische Trennung. Unter derartigen Umständen, wo keine offensichtlichen gegenwärtigen Barrieren existieren, um die Entstehung von genetisch unterschiedlichen Populationen zu erklären, könnte es sein, daß historische Vorgänge, wie etwa die Öffnung eines Kanals, der zur Verbindung zweier bisher isolierter Gebiete geführt hat, einen Einfluß ausgeübt haben.

Die geographische Verbreitung des Indischen Grindwales ist pantropisch. Sein nächster Verwandter, der Gewöhnliche Grindwal, hat eine antitropische Verbreitung, welche die Tropen ausschließt, sich aber auf beide Erdhalbkugeln erstreckt. Folglich bewohnen diese beiden Walarten nahezu den gesamten Erdball mit nur geringen Überschneidungen. Beim Gewöhnlichen Grindwal führte die Tropenbarriere, welche einst die Vorfahren der nordatlantischen Population überwunden haben mußten (vielleicht in einer Periode weltweiter Abkühlung), zu zwei isolierten Gruppen, die recht unterschiedlich aussehen. Systematiker fragen sich daher zur Zeit, ob man nicht von zwei Unterarten sprechen sollte. Wäre die Trennung der beiden Populationen des Gewöhnlichen Grindwales noch früher eingetreten, könnte man heute vielleicht sogar von zwei unterschiedlichen Arten sprechen. Derartige Vorgänge liegen bei verschiedenen anderen »Paaren« von Walarten vor, wie etwa dem Nördlichen und Südlichen Entenwal, dem Baird-Wal und dem Südlichen Schwarzwal oder dem Nördlichen und Südlichen Glattdelphin.

Die zirkumpolare Verbreitung tritt bei Arten wie dem Stundenglas-Delphin auf, die eine kontinuierlich weltweite Verbreitung in hohen Breiten auf einer oder beiden Erdhälften aufweisen. Sie kommt auch bei solchen Arten vor, deren Verbreitung wie beim Beluga nicht gänzlich ununterbrochen ist.

Viele der kleineren Zahnwale leben in relativ kleinen Verbreitungsgebieten. Die meisten haben sehr nahe Verwandte in ähnlichen Habitaten und ökologischen Nischen in anderen Regionen. Die den Küsten am nächsten lebende Schweinswal-Familie *Phocoenidae* (6 Arten) und die Gattung ozeanischer Delphine *Lagenorhynchus* (6 Arten) stellen hierfür gute Beispiele.

Der bevorzugte Lebensraum einer Art hat einen bedeutenden Einfluß auf andere Aspekte des Lebens und die geographische

von Menschen für die Wale ausgeht und die für mehr Opfer pro Jahr verantwortlich ist als der Walfang auf seinem Höhepunkt, ist die Gefahr, sich in Fischereigeschirr zu verfangen und zu ertrinken. Hierbei gibt es zwei Varianten: Tiere verfangen sich zufällig in Netzen oder schlucken Köderhaken, ohne daß der Mensch es bemerkt, und die absichtliche und geplante Jagd mit Netzen auf diese Tiere. Im Ganzen betrifft dieser Tod kleinere Arten als die vom klassischen Walfang betroffenen. Die (bekannten) Todesraten für manche Populationen sind aber vergleichbar hoch und die tatsächliche Zahl von getöteten Tieren liegt sicherlich noch weitaus höher.

Der Mensch ist für eine weitere Hauptursache verantwortlich, die den Walen zum Verhängnis wird: die Vergewaltigung der Umwelt. Für die meisten Wale mit großer geographischer Verbreitung spielt dies eine weniger bedeutende Rolle, aber die in eng definierten Lebensräumen vorkommenden Arten wie Flußdelphine sind diesbezüglich sehr anfällig. Die Populationen des Indus-Flußdelphins und des Chinesischen Flußdelphins wurden durch Faktoren wie Verschmutzung, Begradigung und andere Zerstörungen, Dammbauten usw. fast völlig ausgerottet. In diese Reihe müssen auch die Fälle eingereiht werden, in welchen die Tiere Objekte menschlichen Ursprungs verschluckt haben, wie Bälle, Netze, Plastikteile u. ä. und daran zugrunde gingen.

Verbreitungsmuster

Es ist faszinierend, das derzeitige weltweite Verbreitungsmuster der Wale zu betrachten und zu ergründen, wie es zur heutigen Verteilung kam. Über Millionen von Jahren haben Kontinentalverdriftungen, globale Klimaveränderungen und die Evolution der Wale und ihrer Beute gleichermaßen Einfluß auf die Verbreitung der Tiere ausgeübt. In dieser Zeit haben Arten ganze Ozeane besiedelt und andere diese wieder verlassen. Wieder andere wurden durch physikalische oder ozeanographische Barrieren ge-

Oben: Sogar große Wale wie dieser Grauwal verfangen sich oft aussichtslos im Fischereigeschirr.

Gegenüber: Arten hoher Breitengrade müssen wandern. Die Sommergründe dieser Belugas sind im Win-ter mit Eis bedeckt.

trennt und so zu unterschiedlichen Arten oder Unterarten. Andere spezialisierten sich dermaßen, daß Veränderungen in der Umwelt zu ihrem Aussterben führten oder sich kleine isolierte Restpopulationen bildeten.

Den größten Einfluß auf die Verbreitung und Wanderungen der Wale hatten ihre Anpassungen an bestimmte Lebensräume und -weisen. Diese beeinflußten wiederum die Art der für sie erreichbaren Nahrung, die Fähigkeiten, entweder ihr ganzes Leben in einem bestimmten Gebiet verbringen zu können oder in jahreszeitlich unterschiedliche Regionen wandern zu müssen, die Art ihrer Ultraschall-Laute und ihre Neigungen zu Massenstrandungen.

Bei einigen Arten liegt eine einfache Verbreitung vor, deren Deutung nicht schwer fällt. Pottwale z. B. findet man mit Ausnahme der kältesten Gebiete weltweit, und die Individuen der einen Region gleichen denen einer anderen im wesentlichen. Das liegt vielleicht an der ausreichenden Mobilität und damit dem Austausch der Individuen zwischen den Gebieten. Im Gegensatz dazu ist der Indische Grindwal auf die wärmeren Gewässer der drei Hauptozeane begrenzt, wobei jene des Indischen und Pazifischen Ozeans durch Passagen zwischen Australien und Südostasien verbunden sind, während die des Atlantiks durch die beiden Amerikas und Afrika eingeschlossen sind. Dies wirft eine Reihe von Fragen auf. Sind beispielsweise irgendwelche Vermischungen aufgetreten durch kälteresistente Arten, die um Kap Hoorn geschwommen sein könnten? Sind die Arten im Atlantik oder im Pazifik/Indischen Ozean entstanden und haben sich die zwei Gruppen aufgrund ihrer Trennung voneinander vielleicht

Verbreitung von Walen. Generell neigen Küstenarten weniger dazu, lange, jahreszeitlich bedingte Wanderungen zu unternehmen, wohl aber dazu, unterscheidbarere Formen als ozeanische Arten zu bilden. Küsten- und flußbewohnende Tiere neigen dazu, sehr kleine Wohngebiete zu besetzen, die sie sehr genau kennen, was ihnen ermöglicht, vorhandene Nahrungsquellen optimal auszunutzen. Hochseearten bewohnen größere Wohngebiete, wandern täglich über größere Entfernungen (durchschnittlich 55 km, maximal 165 km bei Delphinen der Gattung *Stenella* des östlichen tropischen Pazifiks) und ernähren sich mehr nach dem Gelegenheitsprinzip.

Die Wanderungen der Bartenwale

Die ausgeprägtesten und starrsten Wanderungen aller Wale unternehmen die Bartenwale. Bei den meisten Bartenwalen spielt sich das Leben zwischen den kalten, nahrungsreichen Gewässern in hohen Breiten und den warmen Fortpflanzungsgründen in niedrigen Breiten sowie auf den Wanderungen zwischen diesen Gebieten ab. Diese Wanderungen sind notwendig, weil die Neugeborenen in den kalten Nahrungsgewässern nicht überleben können. Auch die Männchen müssen wandern, da der Sexualzyklus ein Jahr dauert und demnach die Geburten in denselben Gebieten stattfinden, wo auch die Brunst der Weibchen einsetzt. Die Nahrungsaufnahme beschränkt sich auf wenige Monate, so daß es notwendig ist, daß die Wale ausreichende Mengen von Zooplankton (Krill) oder Fischschwärme finden, um sich genügend Energiereserven aufbauen zu können. Während der Wanderungen und in den Fortpflanzungsgebieten – zusammen 6–9 Monate lang – wird kaum oder keine Nahrung aufgenommen. Daher haben die Arten, welche solche Wanderungen unternehmen, Anpassungen entwickelt, die es erlauben, große Energiereserven zu speichern. Tran wird im faserigen Blubber abgelagert, und Fett umbettet die Organe des Hinterleibes.

Obwohl der angeborene Drang zur Wanderschaft sehr groß ist und wahrscheinlich durch die zunehmende Tageslänge ausgelöst wird, verläßt eine Walpopulation ihr Gebiet nicht auf einmal. Die verschiedenen Alters- und Reifeklassen neigen dazu, zu unterschiedlichen Zeiten zu wandern, was dazu führen kann, daß Tausende von Kilometern lange Trecks die Wanderrouten durchschwimmen. Beim Grauwal verlassen zuerst die hochschwangeren Weibchen die arktischen Nahrungsgründe, um südwärts zu wandern. Ihnen folgen Weibchen, deren Schwangerschaft noch nicht so weit fortgeschritten ist, dann kommen noch nicht geschlechtsreife Weibchen, erwachsene Männchen und schließlich junge Männchen. Die Rückkehr aus den mexikanischen Lagunen führen tragende Weibchen an, gefolgt von erwachsenen Männchen, nicht tragenden Weibchen, Jungtieren und schließlich führenden Müttern mit ihren Säuglingen.

Einige Wale beenden ihre Reise schon vor dem eigentlichen Ziel. Grauwale tauchen im Hochsommer auch vor der Küste Oregons auf, wenn sich die meisten Artgenossen 3000 km weiter nordöstlich aufhalten. Walfänger berichteten von Buckelwalen, die sie im Winter vor der Nordküste Norwegens gesichtet hatten, wenn nahezu alle anderen nordatlantischen Buckelwale die karibische Sonne genießen. Der Seiwal ist bekannt für sein variables Wanderverhalten. Im Nordost-Atlantik erreicht die Mehrzahl der Population in einigen Sommern die Straße von Dänemark vor Westisland, während in anderen Jahren dort nur erwachsene Weibchen – oder überhaupt keine Wale – gesehen werden. Wir müssen annehmen, daß in solchen Jahren die Mehrheit der Tiere ausreichende Nahrungsgründe findet, ohne so weite Wanderungen unternehmen zu müssen.

Die Ausnahmen unter den Bartenwalen sind die Bryde-, Zwerg- und Zwergglattwale. Brydewale erscheinen nie in höheren Breiten und scheinen in tropischen und subtropischen Gewässern bei Temperaturen von 15–30°C genug Nahrung zu finden. Zwergglattwale ziehen kältere Gewässer vor. Zwergwale können Breitenwanderungen unternehmen, scheinen aber ganzjährig tolerant gegenüber nicht-extremen Temperaturen zu sein. Diese Arten unternehmen scheinbar keine weitreichenden Wanderungen.

Obwohl alle Furchenwalarten *(Balaenopteridae)* mit Ausnahme des Brydewales eine stetige Verbreitung vom Äquator bis in die kalten Meere beider Erdhälften aufweisen, gibt es deutliche Unterschiede in der Größe der nördlichen und südlichen Tiere, was darauf hindeutet, daß es wenig Austausch zwischen beiden Gruppen gibt. Der Grund dafür könnte sein, daß die Wanderungen auf den Erdhälften um jeweils sechs Monate verschoben stattfinden. Die sommerlichen Aufenthaltsorte der nördlichen Tiere liegen demnach vom Äquator entfernt, während zur selben Zeit der Winter auf der Südhalbkugel die Tiere veranlaßt, zum Äquator zu ziehen.

Die Wanderungen der Zahnwale

Keine Zahnwalart besitzt ein annähernd so ausgeprägtes Wanderverhalten wie die Bartenwale. Kleinere Breitenwanderungen werden von einigen Arten unternommen, und die arktischen Arten sind zu Wanderungen gezwungen, um dem Eis ihrer bevorzugten Nahrungsgründe zeitweise auszuweichen. Die meisten Arten unternehmen relativ begrenzte jahreszeitliche Wanderungen.

Mit am interessantesten sind die Wanderungen der Pottwale. Weibchen und jugendliche Pottwale bleiben das ganze Jahr über in tropischen und subtropischen Gewässern mit Temperaturen über 14°C. Während der meisten Zeit des Jahres leben erwachsene Männchen getrennt von diesen Gruppen und werden als »Junggesellentrupps« oder Einzelgänger beobachtet. Während des Frühjahrs und Sommers scheinen viele dieser Männchen polwärts in hohe Breiten zu wandern, wo sie wahrscheinlich Nahrung in größeren Mengen finden. Allerdings werden diese Annahmen durch Vergleiche von Männchen aus isländischen Gewässern und solchen vor den Azoren nicht bestätigt.

Während viele – eventuell die meisten – erwachsenen Männchen längere Wanderungen in kältere Gewässer unternehmen, bleiben doch etliche in denselben Gebieten wie die Weibchen und Jugendlichen. Warum sie wandern oder bleiben, wissen wir ebensowenig wie wir das Verhältnis von wandernden zu seßhaften Individuen kennen. Die Erkenntnisse, die wir über individuelle Wanderungen haben, werfen mehr Fragen auf, als dadurch beantwortet werden.

Andere bekannte Wanderungen von Zahnwalen verlaufen eher von und zur Küste als nord–südwärts und werden eher aus Gründen der Ernährung als solchen der Fortpflanzung durchgeführt.

Strandungen

Strandungen sind völlig natürliche Ereignisse, die immer wieder aufgetreten sind, seit die Vorfahren der Wale ihren Lebensraum zurück in das Wasser verlegt haben. Der Mensch hat mit Sicherheit seit Tausenden von Jahren Anteil an diesen Strandungen genommen, dabei hat er erst in den letzten Jahren auf kuriose Weise die praktischen Folgen solcher Strandungen ins Kalkül gezogen, nämlich die Tatsache, riesige Mengen von Nahrung, Fett und Tran ohne eigene Anstrengungen direkt vor die Haustür geliefert zu bekommen.

Bei Strandungen unterscheidet man Einzel- und Massenstrandungen und danach, ob noch lebende oder bereits tote Tiere auf die Strände geraten.

Einzelstrandungen

Es ist unabdingbar, daß ein Wal eines Tages sterben muß. Sein toter Körper kann dann für eine Zeit von Wochen oder gar Monaten an der Wasseroberfläche treiben. Während dieser Zeit kann er durch Strömungen oder Winde an die Küste getrieben und an Land gespült werden. Die meisten Wale, die eines natürlichen Todes sterben, sterben einzeln, was wiederum als Ergebnis eine Einzelstrandung zur Folge haben kann. Trotzdem erreichen die meisten Leichen niemals eine Küste. Vermutlich werden sie bereits auf See von verschiedenen Aasfressern vertilgt oder verwesen, zerfallen und sinken letztlich auf den Meeresgrund.

Lebendstrandungen von Einzeltieren sind meistens Folgen von Krankheit oder Verletzung. Falls sich der Zustand nicht bessert und das Tier nicht von einem kompetenten Helfer gefunden wird, der weiß, was zu tun ist, stirbt der Wal an Ort und Stelle.

Massenstrandungen

Massenstrandungen toter Individuen an einem Ort sind äußerst selten. Sie könnten durch Vergiftungen verursacht sein, wie es 1987/88 vor der Nordostküste der USA mit Großen Tümmlern geschehen ist. Gifteinleitungen von der Küste können viele flachwasserbewohnende Tiere in kürzester Zeit töten. Massensterben auf hoher See führt nur sehr unwahrscheinlich zu Massenstrandungen, weil die Unberechenbarkeit der Winde und Strömungen auf See die Leichen über ein weites Gebiet verstreut.

Massenstrandungen sind relativ seltene Ereignisse, sorgen aber für ein überproportional großes Interesse in den Medien. Das beeindruckende Schauspiel von zehn, zwanzig oder gar Hunderten von sich hilflos aufbäumenden und quiekend an Land wühlenden Walen veranlaßt jeden Beobachter, die unausweichliche Frage nach dem »Warum?« zu stellen. Nur gelegentlich gelingt es einem gestrandeten Wal, bei nächster Flut wieder ins offene Wasser zurückzuschwimmen. Aber die meisten dieser Tiere stranden wieder an der nächsten Küste. Nur sehr wenige Individuen, die bei einer Massenstrandung auf die Küste geworfen wurden, überleben diese Strapazen, selbst wenn sie sonst völlig gesund sind.

Welche Arten stranden wo?

Jedes Jahr wird von einer Reihe von Strandungen rund um den Globus berichtet, wobei selten mehr als insgesamt ein- oder zweitausend Tiere betroffen sind. Auf den ersten Blick erscheint diese Zahl sehr hoch, stellt aber in Wirklichkeit nur einen winzigen Bruchteil der Gesamtpopulationen dar, der diese Wale angehören. Obwohl die Folgen für das individuell betroffene Tier natürlich fatal sind, stellen Massenstrandungen grundsätzlich keine Bedrohung für die Tierarten dar.

Von den 78 Walarten sind nur 10 häufiger an Massenstrandungen beteiligt und weitere 10 selten. Die betreffenden Arten besitzen einige gemeinsame Eigenschaften, und diese führen wiederum zu den möglichen Ursachen für die Unfälle. Interessanterweise ist bisher keine einzige Massenstrandung von Bartenwalen bekannt. Bei den Zahnwalen spielt die Größe keine Rolle, aber sowohl der normale Lebensraum als auch die soziale Organisation scheinen Einfluß auf die Wahrscheinlichkeit zu haben, in großen Zahlen an Land zu geraten. Zahnwale, die normalerweise tiefe Ozeane bewohnen und in großen, sehr eng zusammengeschlossenen Gruppen leben, scheinen für dieses Phänomen besonders anfällig zu sein. Erstaunlicherweise sind an Massenstrandungen aber nur eine kleine Zahl von Arten, die dieser Beschreibung entsprechen, beteiligt. Unter ihnen befinden sich der Pottwal, einige Arten der Grind- und Schwertwale, wenige Schnabelwale und etwa 10 Arten ozeanischer Delphine. Einzelgänger oder Arten, die nur in kleinen Gruppen leben, sind naturgemäß von Massenstrandungen ausgenommen. Aber auch sonst kommen diese nur ausnahmsweise lebend an die Küste. Wale aus Küsten- oder Flachwasserbiotopen stranden nahezu niemals in Gruppen, und alle Schweinswale sind weitestgehend »immun« dagegen.

Massenstrandungen sind an jeder Küste mit entsprechendem Zugang möglich, jedoch haben sich bestimmte Strände als »Hauptschauplätze« herausgestellt. Der Strandbelag, sei es Sand, Kies oder Felsen, ist offensichtlich von geringerer Bedeutung als die Form der Küstenlinie. Generell scheinen Buchten und Flußmündungen Massenstrandungen mehr zu begünstigen als gerade Küsten, doch es gibt auch Ausnahmen. Innerhalb einer Serie von Strandungen Gewöhnlicher Grindwale vor Großbritannien Anfang der 80er Jahre waren die Unglücksorte topographisch völlig verschieden. In Ostengland schwammen die Wale beachtliche Entfernungen flußaufwärts, bevor sie starben. Sie waren Teil einer Gruppe, die im Laufe mehrerer Tage in einem Gebiet von vielen Kilometern auftrat, wobei einige Wale strandeten, von darauffolgenden Fluten wieder ins Wasser gespült wurden und erneut strandeten.

Warum stranden Wale lebend?

Die meisten Wale bleiben ein Leben lang auf See und kommen niemals mit dem Land in Berührung. Eine Minderheit existiert in flachen Küstengewässern, Flüssen oder Fluß-

Unten links: Der größte Wal, der an Massenstrandungen – hier in Oregon – beteiligt ist, ist der Pottwal.

Oben: Diese Strandung von Grindwalen auf den Shetland-Inseln fand in den 80er Jahren in Großbritannien statt.

mündungen. Lediglich Schwertwale, Belugas und Große Tümmler sind bekannt dafür, daß sie gelegentlich in so flache Gebiete einschwimmen, daß ihre Körpermasse nicht mehr durch den Wasserauftrieb gestützt wird. Aber selbst diese Tiere gehen nach nur Sekunden oder Minuten wieder in tieferes Wasser. Nur ab und zu sterben einige Belugas, weil sie von der Ebbe überrascht werden, während sie im Flußkies herumkratzen. Es ist extrem selten, daß Wale sich freiwillig Strandungen aussetzen. Wenn sie es aber trotzdem tun, ist der Ausgang meist tödlich. Daher bleibt die Frage, warum und wie es doch immer wieder geschieht.

Über Jahre hinweg haben Naturwissenschaftler und Philosophen immer neue Erklärungen versucht. Sollte die Annahme willensgestützter Handlungen zutreffen, wären die Tiere dann Selbstmörder, oder wollen sie nur ruhen? Wollen sie Ihre Haut am rauhen Substrat der Strände reiben oder suchen sie gar Sicherheit an Land? Falls aber doch Unfälle vorliegen, basieren sie auf einer Fehlorientierung, einer Fehlfunktion des Sonars im seichten Wasser? Oder haben sie gar versucht, eine altüberlieferte, jetzt aber durch geologische Veränderungen verschlossene Wanderroute zu durchschwimmen? Andere Vorstellungen gehen von einem Parasitenbefall des Innenohres, von einem Populationsdruck durch Überbevölkerung, Lärm und Störungen durch Schiffsverkehr, Meeresverschmutzung, Erdbeben, Stürmen und Mondphasen als Verursacher aus. Einige Hypothesen entziehen sich einer Überprüfung, während andere durchaus zu beobachten waren. Viele können verworfen werden, nachdem man die Verläufe von Massenstrandungen rund um die Welt ausgiebig untersucht hat. Die qualifiziertesten Meinungen gehen davon aus, daß in der Regel mehrere Faktoren für Massenstrandungen verantwortlich sind, da diese sonst viel häufiger auftreten müßten.

Trotzdem ist in den letzten Jahren eine plausible Hypothese immer wieder herangezogen worden, die eine Begründung für sonst unerklärliche Charakteristika von Strandungen gibt. Diese Annahme geht davon aus, daß die meisten Lebendstrandungen, besonders die, welche mehr als ein gesundes Tier betreffen, aufgrund einer gestörten Navigationsfähigkeit auftreten. Man glaubt heute, daß Wale für ihre Navigation das Erdmagnetfeld benutzen. In diesem Falle kann es geschehen, daß sie dabei in »Küstenfallen« geraten, aus denen ozeanische Arten wegen Erfahrungsmangel nicht entweichen können.

Neuere Studien haben winzige Kristalle von Magnetit im Schädel und Gehirn mindestens einiger Walarten nachgewiesen. Diese Substanz reagiert auf Magnetfelder. Daher ist es zumindest vorstellbar, daß Wale das Erdmagnetfeld wahrnehmen und zur Navigation benutzen können. Diese Fähigkeit wäre natürlich besonders für ein marines Tier sehr nützlich, da Unterschiede in der Intensität des Magnetfeldes in den Ozeanen dem Tier theoretisch erlauben würden, seinen Weg durch die Meere zu finden, ohne Fähigkeiten zur Himmelsnavigation oder jeder anderen Orientierungshilfe besitzen zu müssen.

Der Vorschlag, diese Theorie von Untersuchungen an gestrandeten Tieren zu beweisen, ist Dr. Margaret Klinowska von der Universität Cambridge zu verdanken. Sie untersuchte die magnetischen Zustände der bekannten Orte von Lebendstrandungen entlang der Küste Großbritanniens. Die Orte von Todstrandungen zeigten keinerlei Gemeinsamkeiten, während lebende Wale nur dort an die Strände kamen, wo Linien gleicher Magnetstärke die Küstenlinie rechtwinklig kreuzten. Die Folgerung aus dieser Erkenntnis lautet, daß die Tiere den Magnetlinien folgten, in der gleichen Art wie wir etwa der Kammlinie eines Berges, und einfach auf die Küste »stolperten«, wo diese die Magnetfelder durchkreuzt. Arten, die nur auf der Hochsee leben und daher keinerlei physikalische Barrieren zu befürchten haben, können sich dieses Vertrauen auf eine unsichtbare Karte leisten.

Die Magnetnavigations-Theorie erklärt, warum Hochsee-Arten häufiger lebend stranden als Küstenformen. Sie erklärt auch, warum viele Wale und Walgruppen, die nach einer Strandung mühevoll von Menschen wieder in tiefere Gewässer verbracht wurden, oftmals genau an der gleichen Stelle erneut stranden. Sie vertrauten ganz einfach weiter auf eine Fähigkeit, die sie normalerweise gefahrlos rund um die Erde führt und die bis dahin einwandfrei funktionierte. Alles in allem scheint dies der wahrscheinlichste Einzelgrund für Lebendstrandungen zu sein, er wird auch von vielen Walforschern anerkannt. Die Theorie wurde durch Studien an der Ostküste der USA bekräftigt, nach welchen dort ebenfalls Übereinstimmungen gewisser magnetischer Charakteristika der Küsten mit wiederholt aufgetretenen Strandungen festgestellt wurden.

Allerdings sind weitere Faktoren zweifellos von großer Bedeutung. So wird beispielsweise eine Gruppe von Grindwalen, die sich unerwartet in flachen Gewässern aufhalten, die Hochsee leichter finden, wenn die Küstenlinie gerade ist, als wenn sie sich in einer Bucht befänden. Zunehmende Geräusche im Wasser und bedingt durch Unwetter aufgewühltes Sediment eignen sich dazu, ihre Ultraschall-Orientierung zu verwirren und vergrößern die Wahrscheinlichkeit einer Strandung, falls sich die Gruppe bereits in Küstengewässern befindet. Ein Sturm allein ist so gut wie nie die Ursache für eine Strandung.

Enge soziale Bindung innerhalb der Gruppe ist eines der Charakteristika aller Arten, die zu Massenstrandungen neigen, und oft ist gerade dies der Grund, warum die ganze Gruppe anstatt weniger Einzeltiere auf Land gerät. Trotzdem haben immer einige, wenn nicht die meisten Gruppenmitglieder, die Chance zu entkommen. Und doch scheint die Anwesenheit auch nur eines Tieres im seichten Gewässer Anlaß genug für alle anderen zu sein, in die Falle und damit in den Tod zu folgen.

In Teilen Neuseelands und Australiens

Wie geometrische Felder Strandungen zu beeinflussen scheinen

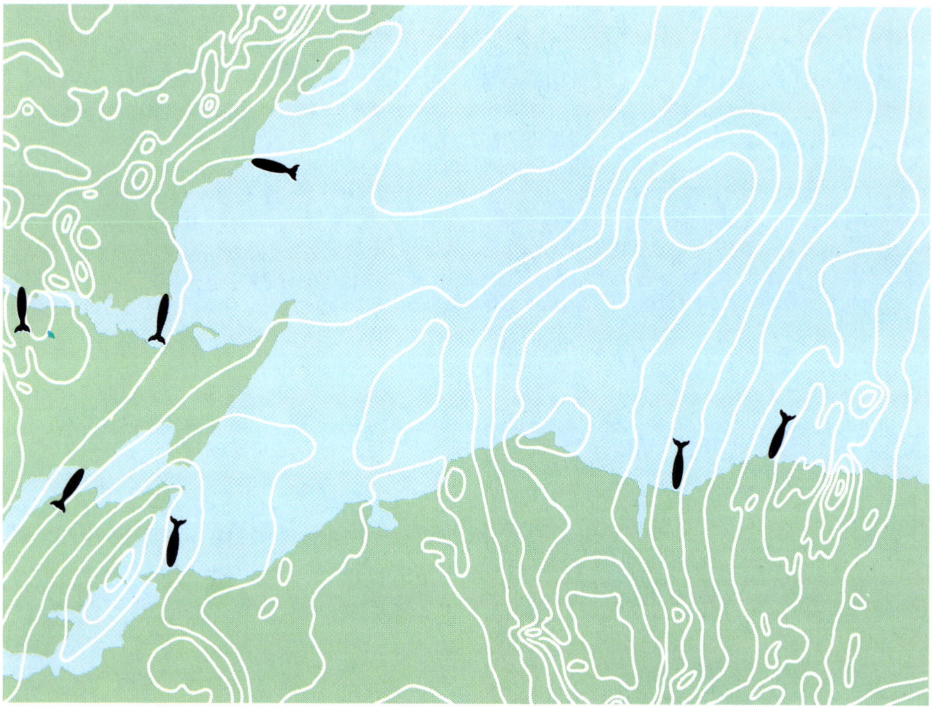

Oben: Auf dieser Karte eines Gebietes im schottischen Moray Firth zeigen die weißen Linien das Erdmagnetfeld und die schwarzen Symbole Strandungsorte, die dort sind, wo das Erdmagnetfeld nahezu rechtwinklig auf die Küste stößt.

hat man diesen Drang gekonnt »überlistet«, nachdem man die Sinnlosigkeit erkannt hatte, die sich aus der Befreiung eines Tieres nach dem anderen ergab. Indem man die Tiere im flachen Wasser festhielt, bis alle Gruppenangehörigen wieder im Wasser waren und sie dann gemeinsam ins Meer zurücktrieb, bestand eine viel größere Erfolgschance, daß kein Wal zurückkehrte.

Nicht alle Massenstrandungen enden notwendigerweise mit dem Tod aller Gruppenmitglieder, nicht einmal dann, wenn die Tiere ihrem Schicksal überlassen werden. Manchmal bleiben nur ein oder zwei Individuen auf dem Strand zurück und die anderen finden den Weg wieder in das Meer. Es könnte sein, daß die gestrandeten Individuen krank waren und ihre Verwandten – denn das sind die anderen Tiere vermutlich – sie erst dann zurückließen, als sie ihre Rufe nicht mehr wahrnehmen konnten.

Auch von »Beinahe-Strandungen« liegen Beobachtungen vor. Offensichtlich verwirrte und verirrte Wale werden in Flachgewässern gesichtet oder können sogar teilweise gestrandet sein, sind aber nach 24 Stunden der Erholung wieder fit und verschwunden. Hier spielt die Küstenform eine große Rolle, je nachdem, ob sie ein Wiederentweichen unterstützt oder behindert.

Massenstrandungen lebender Wale können nicht verhindert werden, geschehen meistens zufällig und werden nicht durch einen einzigen Faktor verursacht, jedoch scheinen Navigationsfehler in den meisten, wenn nicht allen Fällen beteiligt zu sein.

Tiere, die lebend stranden, verenden meistens, können aber in sehr seltenen Fällen durch die nächste Flut auch wieder zurückgespült werden.

Wenn man einen gestrandeten Wal findet

Wenn Sie auf einen gestrandeten Wal treffen, wird das Tier meistens bereits tot sein, oftmals schon jenseits jeder Bestimmbarkeit, und es gibt nichts mehr zu tun, als den Fund einer zuständigen Stelle zu melden. Die Strandung von mehreren Individuen oder eines großen Wales kann gesundheitliche Probleme aufwerfen, besonders dann, wenn diese Funde in der Nähe menschlicher Siedlungen auftreten. In diesem Fall sorgen die zuständigen amtlichen Stellen für eine Beseitigung der Kadaver.

Falls das oder die Tiere noch am Leben sind, könnten Sie die erste Person sein, die den Fund entdeckt hat und helfen, das Leiden des Tieres zu verringern oder es gar zu retten. Sie werden mit Sicherheit Hilfe brauchen und sollten wissen, daß außer in glücklichen Umständen, wenn Experten zur Stelle sind und entsprechendes Rettungsmaterial schnell herbeigeschafft werden kann, die menschlichste Hilfe in einer fachlichen Euthanasie des Tieres liegt. Diese darf nur durch dafür zugelassene Fachleute (Tierarzt) ausgeführt werden. Trotzdem können lebende Tiere manchmal doch noch gerettet werden. In einigen Ländern, besonders dort, wo Lebendstrandungen relativ häufig vorkommen, gibt es Hilfsorganisationen, wie etwa auch Großaquarien, die sehr schnell reagieren können und entweder ein krankes Tier für einige Zeit aufnehmen, um es zu pflegen, oder dabei helfen können, den Wal wieder in tieferes Wasser zu bringen. Im Frühjahr 1989 gelang es »Sea World« in Florida, sogar einen jungen Brydewal vom 7 m Länge aufzunehmen, gesund zu pflegen und später wieder in die See zu entlassen.

Der Erfolg hängt immer von schnellem, gutüberlegtem Handeln und richtiger Einschätzung der Lage ab. Die folgenden Richtlinien können Ihnen helfen, das Richtige zu tun und geeignete Schritte einzuleiten.

Praktisch auszuführende Schritte

Zuerst untersuchen Sie, ob das oder die Tiere leben oder tot sind. Dies ist normalerweise eindeutig. Im Zweifel beobachten Sie, ob Atmung durch das Blasloch stattfindet. Wenn länger als 15 Minuten nichts zu sehen oder zu hören ist – vergessen Sie nicht, daß Wale ihren Atem für lange Zeit anhalten können – ist das Tier tot. Seien Sie vorsichtig und treten nicht zu nahe, besonders in Schwanznähe, bevor Sie nicht absolut sicher sind, daß das Tier tot ist. Ein Schlag mit der Schwanzfluke kann ernsthafte Verletzungen zufügen.

Der Umgang mit lebenden Tieren

Wenn das Tier lebt, versuchen Sie so schnell wie möglich Hilfe zu holen. Ein gestrandeter Wal kann durch physiologischen Streß innerhalb von Minuten sterben. Informieren Sie die nächstmögliche amtliche Stelle, die eine Hilfsorganisation und einen Tierarzt benachrichtigen kann. Polizei und Wasserschutzpolizei helfen gern und wissen auch, ob ein entsprechendes Institut in der Nähe ist, das praktisch und mit Rat helfen kann. Falls keine Hilfe erreichbar oder aus irgendwelchen Gründen unzureichend ist, bleibt keine Wahl, als der Natur ihren Lauf und das Tier friedlich sterben zu lassen. Versuchen Sie, Zuschauer vom Ort fernzuhalten, da die Nähe von Menschen das Tier zusätzlich verängstigt.

Während Sie auf Hilfe warten und während der Hilfsprozeduren müssen Sie den Wal feucht und kühl halten. Sind mehr als vier Helfer vorhanden, ist es oft möglich, einen einzelnen, kleineren Wal in einer provisorischen Trage in flaches Wasser zu hängen. Können die Tiere nicht bewegt werden, gießen Sie Seewasser über sie, oder besser, bedecken Sie die Körperoberseite mit einem nassen Tuch. Halten Sie grundsätzlich das Blasloch von Wasser, Sand und Tüchern frei.

Ob Hilfe versucht oder das Tier human eingeschläfert wird, hängt von vielen Faktoren ab, einschließlich der Anzahl von Tieren, ihrem Gesundheitszustand, der Größe, der Anwesenheit örtlicher, meereskundlicher Einrichtungen und ob schweres Hebegeschirr vor Ort gebracht werden kann oder nicht. Es ist wichtig zu bedenken, daß Versuche zur Rettung von gestrandeten Walen diese unter erheblichen Streß setzen können, was ihren Tod zur Folge haben könnte. Ähnlich kann auch das Zurücksetzen eines nur kleinen Teils einer Gruppe – meistens der kleinsten und damit jüngsten Tiere – sehr wahrscheinlich in schrecklichen Schockzuständen der »befreiten« Wale enden, was ebenfalls den Tod der ihren Müttern entrissenen Jungtiere zur Folge hätte.

Darum seien Sie nicht überrascht, wenn ein Tierarzt oder eine andere sachkundige Person entscheidet, daß der schnelle, schmerzlose Tod eine humanere Lösung darstellt als jeder Rettungsversuch. Versuchen Sie zu akzeptieren, daß eine solche Entscheidung oft unvermeidlich ist und nicht leichtfertig getroffen wird. Versuchen Sie niemals, die Tiere eigenmächtig zu töten. Abgesehen von unnötigen Schmerzen der Wale, riskieren Sie die Gesundheit von Zuschauern (Anm. d. Ü.: in Deutschland machen Sie sich überdies strafbar).

Falls ein Rettungsversuch durchgeführt werden soll, befolgen Sie die Anweisungen der Person, die diese Entscheidung getroffen hat und daher wissen muß, was zu tun ist. Behalten Sie immer im Gedächtnis, daß es besser ist, wenn möglich alle Tiere beieinander zu lassen.

Die Wale sollten erst bewegt werden, nachdem man sie auf eine Zeltbahn oder Trage gelegt hat. Ziehen Sie ein Tier niemals am Flipper – er könnte brechen oder auskugeln – und ziehen Sie niemals ein Tier am Schwanz durch das Wasser, es könnte ertrinken oder später an einer Lungenentzündung erkranken, weil das Blasloch voll Wasser gelaufen ist.

Ist eine Rettungsaktion erst einmal im Gange oder wurde abgebrochen und die Tiere human getötet, vergessen Sie nicht, sobald als möglich Aufzeichnungen und eventuell Fotos zu machen, um diese Wissenschaftlern zur Verfügung zu stellen. Untersuchungen jeder Strandung helfen, das Bild ihrer Ursachen zu vervollständigen und können, im Fall der Lebendstrandungen, bessere Vorbereitungen für eventuelle Rettungsaktionen ermöglichen.

Wenn die Tiere tot sind

Sogar, wenn es zu spät ist, einem gestrandeten Wal zu helfen, gibt es immer Personen, die daran interessiert sind, so genau wie möglich von dem Vorfall zu erfahren. Diese sind für jede Information dankbar und besonders über genaue Aufzeichnungen aller Daten, die man am Fundort vorgefunden hat.

In vielen Ländern existieren zentrale Organisationen, die normalerweise in Museen oder meereskundlichen Instituten stationiert sind und alle verfügbaren Informationen über Walstrandungen sammeln und auswerten. Die meisten küstennahen Museen oder Wasserschutzpolizeiposten geben Ihnen Hinweise, wohin Sie Ihre Aufzeichnungen schicken können. Es folgt eine Liste von benötigten Informationen in Reihenfolge ihrer Wichtigkeit:

* Tierarzt
* Die Anzahl gestrandeter Tiere (möglichst mit Geschlechts- und Längenangabe)
* Datum und Ort des Fundes, möglichst mit geographischen Angaben
* Lebend- oder Todstrandung
* Etwaige, offensichtliche Gründe für die Strandung, z. B. Verstrickung in Fischereigeschirr
* Angaben über andere Tiere, die zum Zeitpunkt der Strandung beobachtet wurden
* Die Anzahl der ins Tiefwasser zurückgebrachten Tiere und derjenigen, die den Strand selbständig verlassen haben

Einige Fotos von einzelnen Tieren sind immer hochwillkommen und helfen, die Art- und Geschlechtsbestimmung zu bestätigen.

Oben: Lebendstrandungen von kleineren Walen, wie etwa diesem Gemeinen Delphin, können mit der Rettung enden, wenn sachkundige Helfer schnell erreichbar ist.

Rechts: Der Tod einer Gruppe von Walen auf einem Strand kann zur nicht unbedeutenden Gefahr für die Gesundheit werden. Örtliche Verwaltungen versuchen in der Regel so schnell wie möglich, die Kadaver zu beseitigen oder zu vergraben. Diese in Australien gestrandeten Grindwale werden so rasch wie möglich vergraben.

WALBEOBACHTUNG

Die öffentliche Nachfrage, Wale »aus erster Hand« zu erleben, ist in den letzten Jahren außerordentlich gestiegen. Dafür gibt es zwei verschiedene Möglichkeiten. Man kann erstens eine Reise zu einem Ozeanarium oder Freizeitpark machen, wo Wale in Menschenhand gehalten werden. Dies ist relativ einfach, in nahezu jedem Land möglich und garantiert, daß man die Tiere aus großer Nähe zu sehen bekommt. Zweitens kann man auch versuchen, Wale in ihrem natürlichen Lebensraum zu beobachten. Hierzu muß man an eine geeignete Küste reisen und braucht dann ein Boot, das einen in ein möglichst walreiches Gebiet bringt. Diese Möglichkeit steht sehr viel weniger Menschen offen, ist anstrengender und, was ihren Erfolg anbetrifft, weniger sicher. Es ist allerdings die einzige Möglichkeit, einen großen Wal zu sehen und vermittelt ein Erlebnis, das man sein Leben lang nicht vergessen wird. Die Chance, einen wirklich wilden Wal zu sehen, hat schon viele Menschen das Risiko eingehen lassen, viel Geld zu bezahlen für die Aussicht auf Seekrankheit, stürmisches Wetter und – das Schlimmste von allem – nicht ein einziges Tier zu Gesicht zu bekommen.

Die Beobachtung wildlebender Wale

Die Chance, einen Wal vom Schiff oder von der Küste aus beobachten zu können, hängt sehr davon ab, wo auf der Welt man ist und zu welcher Jahreszeit. Menschen aus Südkalifornien, die in Häusern mit Blick auf das Meer leben, sind an den Anblick von Grauwalen im Frühjahr gewöhnt. Den Bewohnern der Westinseln von Schottland wiederum ist der Anblick von Zwergwalen und einer Reihe anderer kleiner Wale vertraut, die nur einen Steinwurf weit vor ihrer Küste kreuzen. Aber natürlich sind derartige Plätze große Ausnahmen. Beobachter der Küstengewässer in den meisten Gebieten Kontinentaleuropas können steinalt werden, ohne je einen Wal zu Gesicht zu bekommen.

Nur an wenigen Küsten der Erde gibt es überhaupt keine Cetaceen, aber die Häufigkeit, mit der sie gesichtet werden, variiert erheblich. Küstenbewohnende Delphine lernen, wo sie zu bestimmten Zeiten am wahrscheinlichsten Nahrung finden und werden damit in ihrem Verhalten sehr berechenbar. Die Zeit, die man sich dafür nimmt, herauszufinden, wo man am wahrscheinlichsten Wale antrifft, wird nicht vergeudet sein. Die ansässigen Fischer wissen diesbezüglich am besten Bescheid.

Große Tümmler sind die am weitesten verbreiteten und bekanntesten Delphine der Küstenregionen. Ortstreue Populationen können regelmäßig von Land aus z. B. in der Safo-Mündung südlich von Lissabon (Portugal) im Moray Firth (Ostschottland) und nahezu überall im Golf von Mexiko und vor Florida beobachtet werden.

Die vielleicht (in den USA) bekannteste – und ungewöhnlichste – Gruppe von Delphinen dieser Art sind die »Monkey Mia« Delphine, Große Tümmler aus der Shark-Bay (Westaustralien). Täglich kommt eine Gruppe von etwa 10 Delphinen in die sehr seichten Gewässer. Sie haben sich vollkommen daran gewöhnt, daß Menschen dort um sie herumlaufen und -schwimmen. Zehntausende von Touristen besuchen diesen Ort jährlich und füttern die Delphine mit Fischen. Der Touristenrummel an diesem Ort hat seit den 70er Jahren zugenommen, seit die Geschichten von der Freundlichkeit der Delphine weit über Australien hinausdrangen. Daraufhin wurden Wildhüter eingestellt, in der Hoffnung, dieses Phänomen, das bereits in der dritten

Unten links: Die berühmten »Monkey Mia« Tümmler aus Westaustralien sind ungezähmte Wildtiere, die täglich in einem bestimmten Gebiet in flache Küstengewässer einschwimmen.

Rechts: Regelmäßige Schiffstouren führen Besucher zu den Fortpflanzungslagunen der Grauwale in Mexiko, wo einige Tiere sehr neugierig und völlig zahm geworden sind.

Delphingeneration andauert, erhalten zu können.

Auch in Westirland, Wales, Südwestengland und Nordwestfrankreich traten in den letzten Jahren wilde, aber sozialisierte Delphine auf. Für mehrere Monate und sogar Jahre tauchten eine Reihe »exzentrischer« einzelgängerischer Großer Tümmler vor diesen Küsten auf, die offensichtlich die Gesellschaft von Menschen mehr schätzten als die ihrer Artgenossen. Die Delphine wurden zu lokalen Berühmtheiten, erhielten Namen und erlaubten sogar Schwimmern und Tauchern, sie im Wasser zu begleiten.

Walbeobachtungsreisen

In einigen Teilen der Welt, besonders in den USA und Kanada, hat sich das Walbeobachtungsfieber zu einem lukrativen Geschäft entwickelt. Mehrere Male pro Tag fahren spezielle Schiffe zu Stellen auf das Meer, wo sich normalerweise große Wale aufhalten und aus nächster Nähe beobachtet werden können. Die am häufigsten dort anzutreffenden Walarten sind Grau-, Bukkel-, Finn- und Glattwale. Wer allerdings Glück hat, kann einen kurzen Blick auf einen Blau-, Sei-, Pott- oder Schwertwal erhaschen, das ist allerdings abhängig von der Beobachtungsstelle und der Jahreszeit. Nicht kommerzielle Walbeobachtungen dieser Art sind zur Zeit in Europa möglich, obwohl es neuerdings auch kommerzielle Touren zur Beobachtung von Pottwalen vor der norwegischen Küste und den Azoren gibt, wo durch diese Bestrebungen eine »Ersatzindustrie« für den eingestellten Walfang aufgebaut werden soll. Einige große Walarten kommen in Australien und Neuseeland regelmäßig dicht an die Küsten, jedoch gibt es dort kaum organisierte Beobachtungsfahrten. Trotzdem kann man natürlich hier wie überall örtliche Segel- und Fischerboote mieten, um in Eigeninitiative zu den Beobachtungsstellen zu fahren.

Beobachtung von Walen in Menschenhand

Alljährlich sind Millionen von Besuchern vom Anblick der Delphine und anderer kleiner Wale begeistert, deren Vorführungen sie in unzähligen Delphinarien verfolgen können. Dies ist eine Erscheinung unserer Zeit und nimmt ständig an Beliebtheit zu (Anm. d. Ü.: nicht in Deutschland). Der Einfluß dieser Einrichtungen auf ein breiteres Interesse der Menschen an Walen ist unverkennbar.

Obwohl in Europa Delphine über kurze Zeitabstände schon seit 1860 gehalten wurden, konnten erst seit 1938 die ersten Delphine länger in St. Augustine (Florida) am Leben erhalten werden. Man wählte damals Große Tümmler, weil sie eine geeignete Größe hatten, sich in ihrem Verhalten anpassen konnten und in dieser Gegend ohnehin vorkamen. An anderen Orten folgte man dem Beispiel erst in den 50er Jahren. In den USA wurden weitere derartige Einrichtungen gebaut und in Europa wurde das Delphinarium Harderwijk (Holland) eröffnet.

1965 konnte man erstmalig Delphinarien in Japan, der Bundesrepublik Deutschland und Spanien besuchen, und 1968 stellte Belgiens Königlich Zoologische Gesellschaft 2 Walarten aus, darunter der Amazonas-Sotalia aus Südamerika. Im folgenden Jahr öffnete die erste Ausstellung Großbritanniens, und während der 70er Jahre nahm die Zahl der Delphinarien in ganz Europa, Nordamerika und Japan rapide zu.

Im allgemeinen haben sich bisher nur die reicheren Industrienationen aufwendige Delphinarien geleistet. Eine Ausnahme bilden einige südostasiatische Zentren, die sich auf einheimische Arten spezialisiert haben.

Zur Zeit existieren weltweit viele derartige Einrichtungen, über 100 allein in Nordamerika, Die bei weitem meisten Delphinarien sind kommerziell orientiert und führen die Tiere einem zahlenden Publikum vor. Einige wenige dienen allerdings ausschließlich der Forschung und Rehabilitation kranker oder gestrandeter Tiere und militärischen Zwecken.

Die bei weitem häufigste Art in Menschenhand ist der Große Tümmler, der sich als sehr anpassungsfähig für die durchweg anderen Lebensverhältnisse in Menschenhand erwiesen hat. Seine Zucht gelingt seit Jahrzehnten immer wieder überall in der Welt. Die nächsten in der Publikumsgunst sind die Schwertwale sowie die pazifischen Weißseitendelphine, gefolgt von Arten der Gattung *Stenella* und dem Beluga, auch Weißwal genannt.

Der größte, regelmäßig in Menschenhand gehaltene Wal ist der Schwertwal, der trotz seines Namens biologisch ein großer Delphin ist. Jüngere Exemplare größerer Arten, wie Grau-, Pott- und Brydewale, wurden über Zeiträume von einigen Wochen bis Monaten gehalten und dann nach einer Zeit der Erholung ins Meer zurückgebracht. Bei diesen Tieren handelte es sich aber meist um zufällig in Menschenhand gelangte Individuen, die entweder krank oder verwaiste Jungtiere waren.

Fang, Transport und Eingewöhnung

Im Fall einiger häufig gehaltener Arten ermöglichen Zuchtprogramme die Versorgung der Delphinarien mit Tieren, aber die meisten der über die letzten 50 Jahre gehaltenen Wale wurden in freier Wildbahn gefangen. Manchmal handelte es sich um gestrandete Tiere, normalerweise wurden sie aber in offenen Gewässern gefangen. Der Fang erfolgt normalerweise mit Netzen, entweder einzeln in Ringnetzen oder als Gruppe mit einer Art Schleppnetz.

Einmal gefangen, werden die Tiere einer tierärztlichen Untersuchung unterzogen, um zu gewährleisten, daß sie bei guter Gesundheit sind (Anm. d. Ü.: so weit man dies beurteilen kann!), bevor sie vorsichtig in einen Wassercontainer gesetzt oder in eine Zeltbahnschlinge gelegt werden, um den Transport in das Empfängerdelphinarium anzutreten. Während des Transportes ist es unbedingt erforderlich, das Tier kühl und ruhig zu halten. Hat der Wal seinen Bestimmungsort erreicht, gibt man ihm Zeit, sich in Ruhe, abseits vom Publikum, einzugewöhnen und untersucht seinen Gesundheitszustand sehr sorgfältig. Antibiotikagaben und andere Medikamente können eingesetzt werden, um aufkommenden Krankheiten vorzubeugen.

Unglücklicherweise verursachen der Streß durch den Fang und Eingewöhnungsschwierigkeiten immer wieder Verluste innerhalb der ersten Tage oder Wochen, so daß diese Zeit als die kritischste angesehen werden muß. Verläuft alles programmgemäß und beginnt sich das Tier an seine fremde Umgebung und eine Nahrung aus toten Fischen zu gewöhnen, muß es langsam mit der Anwesenheit von menschlichen Zuschauern vertraut werden, bevor mit dem Training für eine Vorführung begonnen werden kann.

Das Überleben in Menschenhand

Ein Tier in Menschenhand zu pflegen bedeutet in den meisten Fällen, einen konstanten Kampf gegen Krankheiten auszufechten, besonders dann, wenn die neue Ersatzumgebung so grundverschieden von der natürlichen ist wie bei den Walen. Frühere Versuche zur Walhaltung waren zum Scheitern verurteilt, weil die Wasserbecken grundsätzlich zu klein und zu schlecht gefiltert waren und weil wir nur sehr wenig über Walkrankheiten wußten. Im Laufe der Zeit haben sich alle Voraussetzungen zur Walhaltung stetig verbessert, so daß heute viele Arten über längere Zeiträume gehalten werden können.

Die Wasserqualität

Moderne Einrichtungen bedienen sich meist eines von zwei Haltungssystemen. Im »offenen« System wird ständig frisches, natürliches Seewasser durch die Anlagen gepumpt, während »geschlossene« Systeme in einer Umwälzung dasselbe Wasser immer wieder aufbereiten. Offene Systeme erfordern eine genaue Analyse des benutzten Wassers und bergen die Gefahr, daß Verunreinigungen eingeschleppt werden, die zu Krankheit oder Tod der Tiere führen können. Geschlossene Systeme erfordern große, teure Filteranlagen und genaueste Beachtung der Schwankungen von Salzgehalt und pH-Wert des Wassers, die große gesundheitliche Probleme aufwerfen können. Ein Großer Tümmler produziert täglich 1,4 kg Kot und 4 l Urin, die das Filtersystem neben anderen Verunreinigungen beseitigen muß. Wassergefährdende Stoffe sind z. B. abgestoßene Haut, Nahrungsreste, organische Verunreinigungen, wie etwa Falllaub oder gelegentlicher anorganischer Unrat wie Verpackungsmaterialen oder Plastiktassen.

In einer künstlichen Umgebung sind die Tiere ganz anderen Gesundheitsrisiken ausgesetzt als in ihrer natürlichen Umwelt. Tod

Oben links: Dieses Grauwalkalb namens Gigi wurde für ein Jahr in Kalifornien gehalten, bis es erfolgreich freigelassen wurde.

Links: Trotz ihres populären Namens sind Schwertwale eigentlich große Delphine. Sie sind sehr anpassungsfähig an die Haltungsbedingungen in Menschenobhut.

Gegenüber: Die Haltung in Menschenobhut bietet die Gelegenheit zur Betrachtung aus allernächster Nähe.

und Verletzungen durch Räuber sind nahezu ausgeschaltet, während Infektionen und Störungen des Stoffwechsels durch unsachgemäße Haltung und Fütterung sehr viel häufiger auftreten. Regelmäßige und gewissenhafte tierärztliche Betreuung sind daher in allen guten Einrichtungen selbstverständlich.

Die Fütterung von Walen in Menschenhand

Eine kontrollierte Fütterung spielt bei der Haltung gesunder Wale eine wesentliche Rolle. Das Körpergewicht kann durch Veränderung der Menge und der Futterfischarten gesteuert werden. Frisch gefangene Tiere müssen lernen, toten Fisch als Nahrung zu akzeptieren, dies gelingt allerdings in erstaunlich kurzer Zeit. Futterfisch wird nach eingehender Qualitätsprüfung meist tiefgefroren gekauft und zum Verfüttern portionsweise aufgetaut.

Verhaltensstörungen

Eine Krankheit, die nicht sehr leicht bekämpft werden kann, sind psychische Störungen, die man unter gewissen Bedingungen sowohl bei Walen wie auch vielen anderen Tieren in Menschenhand beobachten kann. Die Störung zeigt sich meist als Verhaltensabnormität, wie etwa ständig wiederholte Bewegungsabläufe (Stereotypie), Aggression, Selbstverletzungen oder Einstellung der Lautäußerungen. »Hospitalismus«, wie die Erscheinungen manchmal genannt werden, kann u. U. geheilt werden, wenn das Tier intensiver durch den Trainer beschäftigt wird oder mehr Gesellschaft durch Artgenossen erhält. Sehr häufig aber siecht der Delphin einfach dahin und stirbt letztlich an einer Infektion. Auch Appetitmangel und darauffolgende Gewichtsabnahme, die zu Anfälligkeit und Schwäche führt, ist eine zu beobachtende Schwierigkeit. Grundsätzlich leben Wale in Menschenhand viel kürzer als ihre Artgenossen in den Ozeanen.

Die Streitfrage

Es gibt keinen Zweifel, daß das Interesse einer breiten Öffentlichkeit und die Bereitschaft zum Schutz der Wale insgesamt erst durch den engen Kontakt, den Delphinarien zwischen Mensch und Walen vermitteln können, möglich wurden. Erst die öffentliche Aufmerksamkeit und Sympathie für Wale haben die Handlungsbereitschaft und -fähigkeit der Politiker zur Beendigung des Walfanges und anderer negativer Einflüsse des Menschen auf die Walpopulationen ermöglicht. Ironischerweise führt genau diese verstärkte Anteilnahme und Ereiferung für den Walschutz dazu, daß der Ruf nach Schließung aller Einrichtungen zur Haltung von Walen in Menschenhand laut wurde. Die »Anti-Haltungs-Lobby« bezieht sich auf sehr hohe Sterberaten, mitunter bis 100%, während aller Stadien der »Gefangennahme« bis zur öffentlichen Ausstellung der Tiere. Sie argumentieren, daß selbst die teuersten und erfahrendsten Einrichtungen so grundsätzlich unterschiedliche Lebensbedingungen bieten, daß dort gehaltene Wale grundsätzlich unter Reizarmut und Streß leiden.

Menschen, die die Haltung von Walen in Menschenhand befürworten, führen dagegen finanzielle Gründe und das Argument der Arbeitsplatzerhaltung an. Die Haltung von Walen ist (Anm. d. Ü.: in den USA) ein großes Geschäft, das Tausende von Menschen ernährt. Befürworter sind aber auch Wissenschaftler, deren Arbeit unmöglich würde, wenn sie z. B. keine Delphine in kontrollierter Umgebung mehr studieren könnten.

Und auch Artenschützer wissen, daß bei Verlust des öffentlichen Kontaktes von Mensch und Wal das breite Interesse an diesen Tieren sinkt, privates Geld versiegt und sehr viel mehr öffentliche Mittel zum Schutz der wildlebenden Wale und ihrer Lebensräume ausgegeben werden müßten.

Es gibt bei der Beantwortung dieser Streitfrage kein »richtig« oder »falsch« die Frage ist, ob der Streß und der eventuell frühe Tod einiger Hundert Tiere pro Jahr dadurch ausgeglichen wird, daß die wilden Verwandten von der positiven Einstellung des Menschen, verursacht durch die »gefangenen« Artgenossen, profitieren. Ob die Zunahme an Wissen über diese Tierfamilie die Opfer rechtfertigt und der erzielte finanzielle Gewinn von Betreibern und Angestellten der Delphinarien für das angestrebte Ziel, der Erhaltung der wildlebenden Arten, hinzunehmen ist, dies haben Sie zu entscheiden.

WALFORSCHUNG

Obwohl wir eine ganze Menge über einige Walarten wissen, sind unsere Kenntnisse über die meisten Arten lückenhaft und bei etlichen praktisch nicht vorhanden. Es gibt keinen Zweifel darüber, daß die Cetologie weit hinter den Kenntnissen über Vögel und Landsäuger zurückliegt.

Ein Hauptgrund für diesen Wissensmangel ist, daß der Lebensraum und das Verhalten der Wale nur sehr wenig Kontakt mit Menschen zulassen. Die meisten kommen weit entfernt vom Land vor, und alle verbringen einen Großteil ihrer Zeit unter Wasser. Es ist kein Zufall, daß die uns am besten bekannten Arten, der Buckelwal, die Glatt- und Schwertwale und der Große Tümmler, zumindest in einem Teil ihres Verbreitungsgebietes in küstennahen Gewässern leben. Reine Tiefseearten, wie die Schnabelwale, bleiben für uns rätselhaft und Objekte wilder Spekulationen. Sogar heute noch, am Ende des 20. Jahrhunderts, müssen wir davon ausgehen, daß es noch unbekannte Walarten gibt, die es zu entdekken und beschreiben gilt.

Das Studium von Walen in Menschenhand

Viele Forschungszweige haben von der Arbeit an Tieren in Menschenhand profitiert, so z. B. Verhaltensforschung, Medizin, Kommunikationsforschung, Physiologie, sowie Untersuchungen über die Fortpflanzung und »Intelligenz« von Tieren. Obwohl die Haltung in Menschenhand das Verhalten der Wale offensichtlich beeinflußt, haben wir sehr viel, was uns sonst verborgen geblieben wäre, von solchen Tieren gelernt. Soziale Verhaltensweisen lassen sich ganz einfach viel leichter durch eine Aquarienscheibe beobachten als durch eine Tauchermaske in der offenen See, und selbstverständlich ist auf diese Weise die Beobachtungsdauer praktisch unbegrenzt. Wissenschaftler waren so in der Lage, die verschiedenartigen Beziehungen zwischen Mitgliedern einer Gruppe zu untersuchen. Sie haben Aggressionen, Beschwichtigungen, Verhalten bei Krankheit und Tod in der Gruppe, Paarung, Spiel, Neugier, Angst, Frust und alle anderen alltäglichen Verhaltenskreise analysiert, die uns bei einer land- oder schiffsgebundenen Untersuchung verborgen geblieben wären. Einige Delphine, unter denen uns der Große Tümmler *(Tursiops truncatus)* am besten bekannt ist, haben sich so gut an ein Leben in Menschenhand angepaßt, daß Paarung, Schwangerschaft, Geburt und Jungenaufzucht nicht nur von erfahrenen Wissenschaftlern, sondern sogar von der Öffentlichkeit verfolgt werden konnten.

Bis man Wale in Menschenhand halten konnte, stammte unser weniges Wissen über sie von toten Tieren, die entweder gestrandet oder getötet worden waren. Um die sehr kostspieligen Tiere so lange wie möglich am Leben zu erhalten, wenn sie sich erst einmal in unserer Obhut befangen, war es notwendig, mehr über sie zu wissen. Anfänglich lebten Delphine kaum länger als ein paar Monate nach dem Fang und viele starben in den ersten Stunden und Tagen den Schocktod. Heute halten wir Wale der Größen vom Commerson-Delphin (bis 1,75 m) bis zum Schwertwal (bis 9,75 m) über viele Jahre, und für diese Erfolge sind die Fortschritte im Verständnis der grundlegenden Physiologie, Chemie des Blutes, Ernährung, Schockanfälligkeit, Infektionen und Krankheiten verantwortlich.

Nur unter den kontrollierten Bedingungen in einem Wasserbecken sind genaue Untersuchungen der Bewegungsabläufe und Aufzeichnungen des relativen Energieverbrauchs bei unterschiedlichen Aktivitäten durchzuführen. Die Tiere wurden zu diesem Zweck dressiert, das Becken mit verschiedenen Geschwindigkeiten zu durchschwimmen und dabei in einen Trichter hinein auszuatmen, was den Wissenschaftlern erlaubt, die Atemluft und damit den Energieverbrauch zu analysieren. Die Pulsfrequenz und Blutchemie können dabei ebenso überwacht werden. So erhält man Aufschluß darüber, wie die Tiere es fertigbringen, langzeitige Aktivitäten auszuführen, ohne die Luft in den Lungen austauschen zu müssen.

Zwei weitere Bereiche der Walforschung, nämlich Intelligenz und Sinnesleistungen, können besonders gut an gehaltenen Tieren untersucht werden. Die Schwierigkeiten, die der Begriff »Intelligenz« in bezug auf die Wale mit sich bringt, wurden schon beschrieben. Einige Wissenschaftler haben versucht, dieses Problem zu lösen, indem sie die Tiere mit praktischen Problemen konfrontierten, deren Lösungen unterschiedliche Grade von abstraktem Denken, Geschick und Lernfähigkeit erfordern. Andere haben den Grad der Intelligenz daran zu messen versucht, wie sich Delphine in einer Gruppe verhalten und miteinander kommunizieren. Eine der fortgeschrittensten Arbeiten der letzten Jahre befaßte sich damit, den Grad der Komplexität einer Sprache, welche Delphine erlernen können, zu untersuchen.

Das Studium der Sinneswahrnehmungen erwies sich als ein wenig einfacher. Bei vielen Arten wurde Empfindlichkeit für Laute verschiedener Frequenzen und Lautstärken nachgewiesen und auch der Gesichtssinn ist relativ einfach zu überprüfen. Die Tastempfindlichkeit kann durch tägliche Verhaltensbeobachtungen untersucht werden oder indem man die Augen eines Delphins abdeckt und damit seinen Gesichtssinn ausschaltet. Diese Methode wird auch angewandt, um den Sinn, der für den Menschen am wenigsten zugänglich ist, die Ultraschall-Ortung, zu erforschen. Die sorgfältige Dressur von verschiedenen kleinen Walen hat bewiesen, daß die Tiere zum Beispiel ohne Gebrauch des Gesichtssinnes zwischen hohlen und Vollkugeln, großen und kleinen Bällen und sogar zwischen ver-

Unten: Ein Forscher nimmt mit einem Hydrophon am Rande eines Eisspaltes in der Antarktis die Laute eines Schwertwales auf.

Oben: Ein Wissenschaftler macht eine Aufnahme von der Schwanzfluke, ein anderer wird mit einer Armbrust eine Hautprobe entnehmen.

schiedenen Fischarten auf mehrere Meter Entfernung unterscheiden können.

Walforschung im Meer

Obwohl Verhaltensuntersuchungen in Delphinarien von unschätzbarem Wert sind, gibt es keinen Zweifel darüber, daß sehr viele Verhaltensweisen der kleineren Wale und das gesamte Repertoire der großen Arten befriedigend, wenn überhaupt, nur im Meer untersucht werden können. Die Nahrungsaufnahme im Meer erfolgt z. B. in Wassertiefen, die in einem Delphinarium nicht geboten werden können, und natürlich an lebender Beute. Das Studium der Nahrungsgewohnheiten wurde von Wissenschaftlern im Wasser, von Schiffen und aus der Luft verfolgt und mit den Erkenntnissen aus Magenuntersuchungen gefangener oder gestrandeter Tiere verglichen. Als Ergebnis liegt ein ganz brauchbares Bild von dem vor, was die meisten Walarten fressen und wo bzw. wie sie ihre Beute fangen.

Während der 70er Jahre basierten Beobachtungen hauptsächlich auf zufälligen Begegnungen mit individuell unbekannten Tieren oder Gruppen, die man meist nur für ein paar Minuten verfolgen konnte, bis man sie wieder verlor. Das folgende Jahrzehnt erlebte einen wichtigen Schritt vorwärts. Man erkannte, daß Tiere einiger Arten aufgrund äußerer Merkmale und Färbungsvarianten eindeutig identifizierbar waren und über lange Zeiträume verfolgt werden konnten. Diese Tatsache hatte einen revolutionären Einfluß auf die Walforschung und ergab bereits Ergebnisse von größtem Wert und Interesse für etliche Forschungszweige. Im Bereich der Verhaltensforschung konnten dadurch viele Einzelfragen untersucht werden, z. B. die Gruppenstabilitäten, natürliche Lebenserwartungen, Geburtenintervalle, welche Alters- und Geschlechtsklassen welche Gruppen verlassen oder sich ihnen neu anschließen, Unterschiede der Nahrungsgewohnheiten von Gruppen oder die Größe und Nutzung eines Wohngebietes. Die meisten dieser Untersuchungen wurden geduldig über Jahre durchgeführt, meistens von Wissenschaftlern aus kleinen Booten heraus. Mosaikartig wurden kleinste Kenntnisse über Einzelindividuen zu einem Gesamtbild zusammengefügt.

Obwohl viele Individuen tatsächlich durch Beobachtung identifiziert werden können, besonders diejenigen mit auffälligen Markierungen wie großen Narben, sind die meisten Unterscheidungsmerkmale sehr fein. Wissenschaftler haben herausgefunden, daß Fotos der Tiere oder von bestimmten Körperpartien eine genaue Identifikation von Individuen ermöglichen. Für einige Arten wurden daher fotografische Kataloge angefertigt, und die Ausbeute jeder neuen Saison wird sehr sorgfältig mit dem vorhandenen Bildmaterial verglichen. Diese neue Forschungstechnik wird ganz einfach als »Foto-ID« (= Fotoidentifikation) bezeichnet.

Eine der ersten »Feldstudien«, die außerhalb der Gemeinde von Walbegeisterten Anerkennung und Aufmerksamkeit erlangte, waren die Untersuchungen von Roger und Katherine Payne über die Gesänge der Buckelwale. Beeindruckt von der Länge und komplexen Struktur versuchten die Paynes herauszubekommen, ob sie aus eindeutigen, wiedererkennbaren Mustern aufgebaut sind. Durch die Bearbeitung von Tonaufzeichnungen der Gesänge verschiedener Fortpflanzungsgebiete und sorgfältige Analyse mit Sonographen, die akustische Strukturen in bildliche umsetzen, erkannten die Wissenschaftler, daß nicht nur viel mehr Muster existierten, sondern daß diese auch viel komplexer vorlagen, als man es vermutet hatte. Ihre Arbeit und die parallel verlaufende Foto-ID führte zu einem bisher nicht erreichten Wissen über das Verhalten und die soziale Struktur der Buckelwale.

Wie viele Wale gibt es?

Diese Frage interessierte Walfänger und Wissenschaftler seit Jahrhunderten gleichermaßen. Die Tiere, die man zählen möchte, verbringen die meiste Zeit ihres Lebens fernab vom Land und die meisten von ihnen unterhalb der Wasseroberfläche. Sie können von Jahreszeit zu Jahreszeit und Jahr zu Jahr erhebliche Strecken wandern, wobei sie möglicherweise in einem Jahr an bestimmter Stelle in riesigen Zahlen auftauchen und im nächsten nahezu verschwunden sind. Einzelne Individuen des Bestandes können voneinander über Tausende von Kilometern getrennt sein (wie bei Grauwalen), können niemals zur selben Zeit im selben Gebiet auftreten (wie beim Pottwal), und die Population kann über Millionen von Quadratkilometern verteilt vorliegen (die meisten ozeanischen Arten).

Man beschritt verschiedene Wege, um eine Antwort zu erhalten. Einige wenige Arten wie Grau- und Grönlandwal schwimmen zu bestimmten Zeiten nahe am Land oder Packeis vorbei, so daß man sie visuell oder akustisch zählen kann. Die Zahl der gesichteten Exemplare muß immer durch die Anzahl derjenigen korrigiert werden, die bei Nacht passieren, unter Wasser oder zu weit draußen vorbeischwimmen. Allerdings kommt man doch mit einiger Vorsicht zu brauchbaren Ergebnissen. Andere Arten besitzen sehr voraussagbare Verhaltensweisen, indem z. B. dieselben Individuen Jahr für Jahr über einen längeren Zeitraum in dieselben küstennahen Gebiete zurückkehren oder dort sogar seßhaft sind und von Land oder Schiffen aus gezählt werden können. Normalerweise sind Zählungen aber viel schwieriger. Während sorgfältige Beobachtungen des Verhaltens, der Wanderungen und saisonalen Verteilung das Gebiet einer möglichen Suche verkleinert und die Genauigkeit von Schätzungen erhöht, ist der glücklichste Umstand für eine Bestandsschätzung, daß die Population, die gerade von Interesse ist, in einem bestimmten, fest definierten Gebiet lebt, auch wenn dieses sehr groß sein sollte.

Der Unterschied zwischen einer »Zählung«, bei der alle Individuen gesehen werden, und einer »Schätzung«, wenn der Gesamtbestand aus einem bestimmten Prozentsatz gesichteter Tiere hochgerechnet wird, ist bedeutend. Zählungen von Walbeständen sind aus vielerlei Gründen unmöglich. Das beste Ergebnis, das überhaupt zu erreichen ist, stellt eine Schätzung dar, innerhalb deren Bandbreite die wahre Zahl zu finden ist, z. B. 10.000 Tiere mit einer Abweichung von 4.000 nach oben und unten. Bestandsschätzungen in einem abgegrenzten Gebiet geschehen entweder durch Markierung oder durch akustische oder visuelle Zählung der Tiere.

Markierung: Die Vorgabe ist in diesem Fall, einen bestimmten Anteil des Bestandes so zu markieren, daß er in Zukunft wiedererkannt werden kann. Wenn gewisse Annahmen zutreffen, wird der Anteil an markierten Tieren in einer späteren Teilpopulation die Größe der Gesamtpopulation widerspiegeln und eine Schätzung ermöglichen. In einem sehr einfachen Beispiel erläutert heißt dies: Wenn 100 Wale an einem Tag markiert wurden und einen Monat später 10

Rechts: Alle Buckelwale können eindeutig durch das Schwarz-Weiß-Muster an der Unterseite ihrer Fluke und durch die Form der Flukenhinterkante identifiziert werden. Diese Fotos wurden alle vor Westgrönland aufgenommen.

Die Identifizierung einzelner Wale im gesamten Bereich ihres Vorkommens ermöglicht es, Untersuchungen über Wanderungen, Bestandsgrößen, Lebenserwartungen, Fortpflanzung und Verhalten durchzuführen.

dieser markierten Tiere in einer erneuten Zählung von 200 Individuen auftauchen, ergibt eine Schätzung (200/10)x100=2.000 Wale in dieser bestimmten Population.

Markierungen können auf unterschiedliche Weise ausgeführt werden, müssen aber dauerhaft sein. Nur voll implantierte Marken, wie die während der »Discovery«-Untersuchungen in den 20er Jahren benutzten, erfüllen diese Anforderung einwandfrei. Die fortlaufend numerierten Metallhülsen, die »Discovery«-Marken, wurden mit einem Gewehr in den Wal geschossen. Sie hatten allerdings den Nachteil, daß sie äußerlich nicht sichtbar waren und ihre Informationen nur ein einziges Mal übermittelten, nämlich dann, wenn der Wal getötet worden war. Glücklicherweise löst die Foto-ID dieses Problem.

Visuelle und akustische Schätzungen: Diese Schätzungen sind geeignet, die Anzahl und Entfernung von Tieren aufzuzeichnen, die sich innerhalb der Reichweite eines Beobachters (visuell) oder eines Hydrophons (akustisch) aufhalten. Die so erhaltenen Informationen dienen als Grundlage für eine Schätzung des Gesamtbestandes dieser Region. Visuelle Beobachtungen werden normalerweise von einer beweglichen Basis aus, gewöhnlich einem Boot oder Flugzeug, durchgeführt. Sie können aber auch von Land aus stattfinden, wenn man weiß, daß die Wale am Beobachtungspunkt vorbeischwimmen. In jedem Fall werden nur die Tiere erfaßt, die an die Oberfläche kommen. Daher müssen Korrekturen auf der Basis des Verhältnisses von verbrachter Zeit über und unter Wasser durchgeführt werden. Dieses Verhältnis ändert sich von Art zu Art. Akustische Untersuchungen verlassen sich auf die Möglichkeit, Tiere allein durch ihre Lautäußerungen zu entdecken sowie ihre Entfernung vom Hydrophon messen zu können. Bei den Untersuchungen bedient man sich »passiver« Hydrophone, die entweder hinter einem Schiff oder an einem Anker befestigt werden können. Alle Untersuchungsergebnisse müssen im Hinblick darauf, daß die Fähigkeit der Aufzeichnung mit der Entfernung der Tiere abnimmt, korrigiert werden. In vielen Fällen gibt das Ergebnis mehr eine Schätzung über die Anzahl von Tieren pro Gebietseinheit als eine absolute Populationszahl. Die endgültige absolute Zahl von Individuen kann dann durch Multiplikation dieser Dichteschätzung mit der absoluten Gebietsgröße, in welchem man den Bestand zu finden glaubt, ermittelt werden. Zum Beispiel: 0,1 (Populationsdichteschätzung von 1 Tier pro 10 qkm) x 5.000 (Anzahl qkm des Verbreitungsgebietes) = 500 geschätzte Tiere.

Wanderungen und lokale Ortswechsel

Wir haben schon erwähnt, daß einige Arten nahe an der Küste entlangwandern, so daß ihre Route relativ leicht zu verfolgen ist. Unglücklicherweise machen es uns die meisten Arten nicht so leicht, so daß wir andere Techniken anwenden müssen, ihnen nachzuspüren. Gelegenheitsbeobachtungen von Booten und aus Flugzeugen haben dazu beigetragen, unser Bild in vielen Fällen zu vervollständigen. Luft- und seestationierte Beobachtungen können immer dann angewandt werden, wenn eine Zusammenballung von Walen geortet wurde.

Neben der Foto-ID ist auch die Radiotelemetrie geeignet, Wanderungen von Walen zu erforschen. Radiotelemetrie wird dabei eingesetzt, obwohl ihr Haupteinsatzgebiet immer noch im einfachen Verfolgen der Wanderrouten besteht. Diese Technik basiert auf in die Tiere eingepflanzten Sendern, deren Signale an eine oder mehrere Empfangsstationen übermittelt werden. Die Signale werden in Intervallen abgegeben, d. h. nicht als andauernder Ton und in Frequenzen zwischen 30 und 401 MHz abgestrahlt. Empfänger befinden sich normalerweise auf Schiffen, in Flugzeugen, an Land und neuerdings auf Satelliten. Mit dierser Technik erhält man Informationen von einem Tier in seinem natürlichen Lebensraum, die anderweitig unerreichbar blieben. Die übermittelten Informationen bestehen normalerweise aus der Position des Tieres, können aber auch Einzelheiten über das Verhalten, die Physiologie und die Umwelt enthalten.

Erstmals wurden Radiosender in den 60er Jahren an freilebenden Walen befestigt. Zu dieser Zeit waren solche Sender groß, schwer und nur für Kurzstreckenbetrieb eingerichtet. Durch Anpeilen der Sender aus drei Positionen war es möglich, die Position des Tieres in regelmäßigen Abständen aufzuzeichnen, was eine zeitlich aufeinanderfolgende Reihe von Orten, per Definition eine Spur, ergab.

Mit fortschreitender Mikroelektronik wurden die Sender immer kleiner, bis es in der Mitte der 70er Jahre William Watkins vom Ozeanographischen Institut in Woods Hole (Massachusetts) gelang, kleine röhrenförmige Sender zu konstruieren, die er mit einem modifizierten Gewehr in den Blubber von Walen schoß, so daß die Antenne außerhalb des Wales blieb. Dies war ein großer Schritt vorwärts, weil es nun nicht mehr nötig war, den Wal zum Anbringen eines Senders einzufangen. Watkins verfolgte Wanderungen von Buckel- und Finnwalen bis zu 28 Tage lang, wurde dann aber mit demselben Problem konfrontiert, das auch alle anderen Wissenschaftler bei der Anwendung ähnlicher Methoden erleben mußten: Die Sender wurden durch das Walgewebe abstoßen.

Zu ungefähr der gleichen Zeit wurden erste revolutionäre Schritte in einem anderen Bereich der Telemetrie unternommen. Dabei werden die Radiosignale einem Satelliten übermittelt, der diese an Bodenstationen weitergibt, von wo aus die Informationen den Wissenschaftler über Telefonleitungen erreichen. Am Anfang war die satellitenunterstützte Telemetrie mit Problemen behaftet, heute setzt man sie erfolgreich bei Tieren in der Größe von Großen Tümmlern bis Pott-, Glatt- und Buckelwalen ein.

Heute setzt man »konventionelle« Telemetrie, d. h. direkt vom Sender zu einem Empfänger anstatt über einen Satelliten, sogar bei den kleinsten Schweinswalen ein. Die Methode ist aber sehr kostenintensiv, wenn Schiffe oder Flugzeuge für Peilungen benötigt werden. Satellitenunterstützte Telemetrie vermeidet viele derartige Nachteile, da die Tiere dem globusumspannenden Sa-tellitennetz nicht entrinnen können und daher ein Verfolgen mit Boot oder Flugzeug unnötig wird. Dadurch sind die täglichen Kosten vergleichsweise gering. Bis wir allerdings eine geeignete Methode gefunden haben, daß entweder implantierte Sender nicht nach relativ kurzer Zeit vom tierischen Gewebe abgestoßen werden, oder wir eine Möglichkeit entwickelt haben, einen Sender längerfristig auf nasser, glitschiger Haut zu befestigen, ist die Lebensdauer der Sender relativ kurz.

Das Studium gestrandeter und gefangener Wale

Die Arbeit an gestrandeten oder gefangenen toten Tieren bedeutet zunächst die Begutachtung, das Messen und Einsammeln von Proben am Fundort, dann die sich anschließende Analyse der Maße und Proben im Labor.

Abhängig von den Umständen kann die erste Phase sehr übelriechend und unbequem ausfallen. Die »Bearbeitung« eines typischen Kadavers dauert, je nach Größe des

Tieres und dem zur Verfügung stehenden Arbeitsgerät, zwischen 20 Minuten und einigen Stunden. Ein Schweinswal kann leicht von zwei Menschen bearbeitet werden, für große Wale braucht man allerdings bis zu 10 Helfer und schweres Gerät wie Winden, um den Blubber zu entfernen. Derartige Untersuchungen enthalten normalerweise Vermessungen von außen und von innen (wie die Dicke der Blubberschicht), die Bestimmung des Geschlechtes und Reproduktionsstatus (ob das Tier z. B. tragend oder führend war), Untersuchungen auf Parasiten, zum Gesundheitszustand und eine ganze Reihe von Proben, die tiefgefroren oder anderweitig konserviert werden müssen.

Dann beginnt die eigentliche Arbeit. Zähne oder im Falle von Bartenwalen Ohrzapfen müssen präpariert und unter einem Mikroskop auf ihre Schichtung untersucht werden, um das Alter des Tieres festzustellen. Blubber, Muskulatur, Leber und anderes Gewebe werden chemisch untersucht, um Aufschluß darüber zu erhalten, wie hoch die Belastung durch Schwermetalle und chlorierte Kohlenwasserstoffe ist. Entsprechend hohe Konzentrationen können ihrerseits helfen, den vorliegenden Gesundheitszustand zu interpretieren.

Haut, Leber und anderes Gewebe wird gebraucht, um genetische Untersuchungen durchzuführen. Eine Vielzahl neuer Methoden gestattet die Analyse der DNA des Tieres, die seine einzigartige genetische Identität trägt. Enzyme dienen dazu, die DNA an jeder beliebigen Stelle »aufzubrechen«, um den »genetischen Code« zu entziffern. Dieser Code hilft dabei, die Verwandschaftsverhältnisse zweier Individuen einer Gruppe, zweier Gruppen einer Population und einer Population innerhalb der Art aufzudecken. Die vielleicht bekannteste Methode dieses Arbeitsgebietes ist die des »DNA-Fingerprinting« (=»Desoxyribonucleinsäure-Fingerabdruckverfahren«), welches eine unverwechselbar einmalige Charakterisierung eines Individuums zulaßt und das die Identifikation von Eltern, Jungtieren, Großmüttern, Onkeln usw. in Familiengruppen von Walen ermöglicht.

Die Eierstöcke enthalten eine kontinuierliche »Aufzeichnung« aller bisher eingetretenen Brunsten eines Weibchens und, indirekt, wie viele Kälber sie geboren hat. Unter Berücksichtigung von Informationen aus dem Uterus und den Milchdrüsen zeigen die Ovarien den Fortpflanzungsstatus des Tieres beim Eintritt des Todes an. Diese Informationen über alle Weibchen einer Untersuchungsreihe ermöglichen unter Berücksichtigung ihres Alters Schätzungen über so wichtige Details wie das Durchschnittsalter zum Zeitpunkt der Pubertät, den Zeitraum zwischen zwei Geburten, die Trag- und Säugezeiten und die generelle Reproduktionsrate. Mikroskopische Untersuchungen des Hodengewebes geben uns Aufschluß über den Fortpflanzungsstatus der Männchen, die Möglichkeit, indirekt ihr Alter bei Eintritt der Pubertät zu schätzen und Aufschluß über die zeitliche Steuerung und den Umfang der jahreszeitlich bedingten Paarungen zu erhalten.

Der Mageninhalt hält grundlegende Informationen über die Art und Größe der Nahrung bereit. Für die Wissenschaft ist es sehr günstig, daß Fische und Kopffüßer sehr harte Kalkgebilde in ihren Köpfen besitzen, Otolithen und Statolithen genannt, die unverdaulich sind und sich von Art zu Art unterscheiden. Die Kieferapparate der Tintenfische und Kraken, »Schnabel« genannt, haben ähnliche Eigenschaften. So kann auch die Untersuchung eines nahezu leeren Magens guten Aufschluß über die Zusammensetzung der Mahlzeiten liefern.

Das Zusammentragen der Auswertungen von großen Individuenzahlen kann relativ genaue und detaillierte Eindrücke aus vielen Bereichen der Biologie der Gruppen geben, aus denen die gefangenen Wale stammen. Einige Wissenschaftler nehmen dabei in Kauf, Wale für Forschungszwecke zu töten, aber nur sehr wenige vertreten den sogenannten »wissenschaftlichen Walfang.« Nichts spricht allerdings gegen die wissenschaftliche Auswertung von gestrandeten Walen.

Die Verfolgung eines Belugas durch satellitengestützte Telemetrie

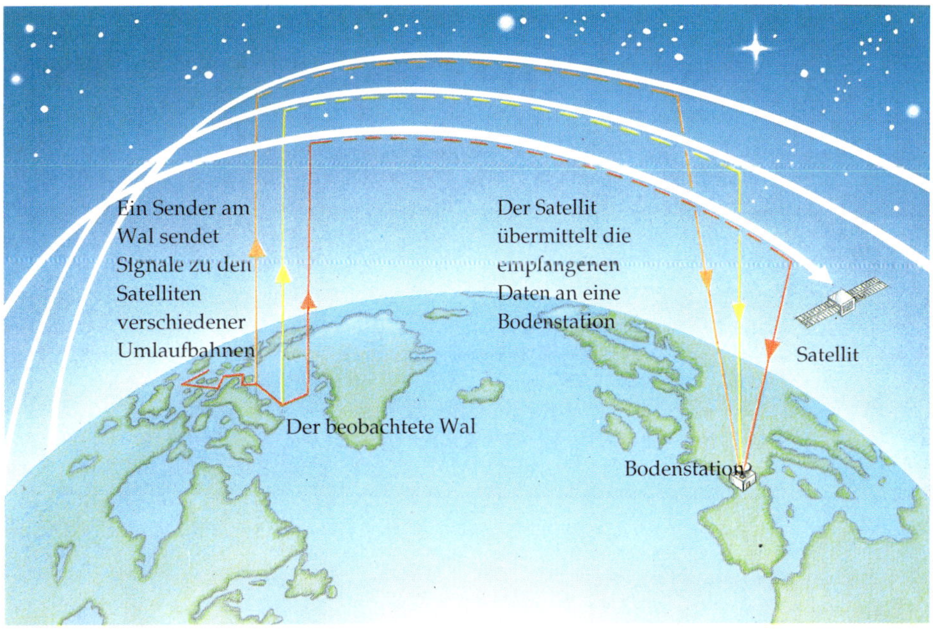

Die Skizze oben verdeutlicht eine moderne Technik in der Walforschung. Im Laufe dieser Untersuchung wurde ein Beluga, dem man einen Radiosender aufgepflanzt hatte (Foto rechts), telemetrisch über eine Strecke von 500 km verfolgt und auf 2 km genau geortet.

Der Einfluss der Fischerei

Der moderne Mensch ist ein sehr effizienter Nutznießer mariner Ressourcen. Mit seinen hochentwickelten Fanggeräten und den riesigen, seegängigen Schiffen kann er monatelang auf See bleiben, die tägliche Fangausbeute tieffrieren, und kein Winkel des Globus entzieht sich seiner Reichweite. Da einige Wale dieselben Beutetiere jagen wie der Mensch, ist es kein Wunder, daß die beiden »Beutegreifer« in solchen Gebieten, die von beiden in Anspruch genommen werden, oftmals miteinander in Konkurrenz treten.

Die Nahrungskonkurrenz mit der Fischerei

Hierbei handelt es sich um die am wenigsten offensichtlichen Wechselbeziehungen zwischen Mensch und Wal, die auch am schwersten zu beweisen oder nach ihrer Quantität einzuschätzen sind. Verursacht werden sie dadurch, daß Fischer und Wale dieselben Beutearten angreifen oder dadurch, daß einer von beiden die Beute oder den Räuber der Zielart des anderen bejagt. Falls die Raubfeinde einer Beuteart angegriffen werden, sind diese Wechselbeziehungen positiv, wird aber die Beuteart des anderen bejagt, haben beide bis zu einem gewissen Grad darunter zu leiden. Diese Wechselbeziehungen machen auf sehr einfache Art die komplizierten Vernetzungen in einem Ökosystem deutlich, wo die Handlungen eines Systemmitgliedes Auswirkungen auf alle anderen Faktoren haben.

Ein Beispiel dafür ist, wie in den 70er Jahren die Buckelwale gezwungen wurden, in den Küstengewässern vor Neufundland (Kanada) ihrem Beutefang nachzugehen (und sich in der Folge sehr häufig in Kabeljau-Netzen verfingen), weil ihre natürliche Beute in den Hochseegewässern, die Lodde, vermutlich wegen Überfischung sehr selten geworden war. Ein weiteres Beispiel, das wegen seines möglicherweise weitreichenden Effektes von großer Bedeutung ist, stellt die sich stetig weiterentwickelnde Fischerei auf antarktischen Krill *(Euphausia superba)* dar. Wale, Robben und Seevögel aus dieser Region hängen direkt oder indirekt von dieser einen Art Zooplankton ab. Daher ist es sehr wahrscheinlich, daß eine sich ausweitende Fischerei ab einem gewissen Grad die natürlichen Nutznießer des Krills bedroht.

Operative Wechselbeziehungen mit der Fischerei

Unter operativ verstehen wir jene Wechselbeziehungen, die durch Fischfangaktionen bzw. das dazu benutzte Geschirr entstehen. Diese Interaktionen sind gleichermaßen nachteilig für Menschen und Wale. Wir können hier die versehentlichen Verstrikkungen von Walen in Fischereigeschirr wie auch das aktive Töten von Walen zur Abwehr vermeintlicher oder tatsächlicher Gefahren für Fischer einschließen. Auf der anderen Seite können Wale Fischfangeinrichtungen zerstören, Fische von Angeln oder aus Netzen rauben oder Fischschwärme einfach vertreiben. Das direkte Töten von Walen hat oft aufgeregte Presseberichte und internationale Verurteilungen zur Folge. Es ist aber eine nüchterne Tatsache, daß in den letzten 30 Jahren sehr viel weniger Wale ihr Leben lassen mußten, weil sie zur Nahrungs- oder Futtergewinnung gejagt wurden, als es durch Ertrinken bzw. Ersticken in Fischereinetzen der Fall war. Schätzungen über die Größenordnung derartiger Verluste sind rar, weil die verantwortlichen Industrien peinliches Stillschweigen über ihre Aktivitäten wahren. Trotzdem kann man die hierin verwickelten Tiere in Millionen rechnen, sicherlich 5–10 Millionen Wale in 30 Jahren.

Nahezu alle professionellen Fischfangmethoden, mit welchen Netzarten auch immer ausgeführt, fangen und töten Wale zu einem gewissen Prozentsatz. Bis zur Einführung moderner synthetischer Materialien waren zufällige Verstrickungen von Walen in Netzen für die Populationen von geringer Bedeutung. Mit der Einführung von Nylonseilen und -netzen jedoch und größeren Netzen, die durch hydraulische Winden an Bord gezogen werden, hat sich die Situation dramatisch zuungunsten der Wale verändert. Sogar heute noch könnten vermutlich die durch die meisten Fischereimethoden verursachten Waltode noch durch die Populationen selbst ausgeglichen werden, aber der weltweite Einsatz von Nylontreibnetzen sowie die Entwicklung zum Fang ganzer Thunfischschwärme, die immer in Gesellschaft mit Delphinen auftreten, haben im östlichen, tropischen Pazifik Todesraten in einem derartigen Ausmaß zur Folge, daß etliche Populationen kleinerer Walarten merklich geschrumpft sind.

Der Fischfang mit Treibnetzen ist heute überall in Küstengewässern wie auf der Hochsee verbreitet und zielt auf viele Fisch- und Tintenfischarten ab. Die Netze bilden eine vertikale Mauer aus Maschen, in welche die angestrebte Fischbeute, aber auch viele andere Tierarten hineinschwimmen. Der Fang vermengt sich, sinkt ab und wird heraufgeholt, sobald das nächste Fischereifahrzeug vorbeikommt. Die Fangfläche der Treibnetze ist atemberaubend. Im Pazifischen Ozean werden in einer Nacht Zehntausende von Kilometern Netze gesetzt. Die meisten Netze werden wieder geborgen und jeder unerwünschte Beifang über Bord geworfen. Einige allerdings, als »Geisternetze« bekannt geworden, gehen verloren und treiben über Wochen oder Monate weiterfangend im Meer, bis das Gewicht der eingeschlossenen Tiere den Auftrieb der Schwimmer übertrifft und das Netz zu Boden sinkt. Am Grund begräbt es dann noch bodenlebende Fische und Wirbellose unter sich.

Aus Gründen, die wir nicht kennen, die aber vielleicht mit der Nahrungssuche zusammenhängen, schwimmen Gelbflossen-Thunfische in einem riesigen Gebiet westlich von Zentralamerika nahezu ununterbrochen unter Delphinschulen. Die Fischer wissen dies seit Jahrzehnten und nutzen diesen Umstand bei der Ortung von Thunfischschwärmen. Seit 1959 setzt man zum Fang Beutelnetze (Drehwaden) ein, die wie eine kreisförmige Netzwand um die Beuteschwärme herumgezogen werden. Dann wird ein Seil am Grund des Netzes angezogen, so daß sich dieses beutelartig zusammenzieht. Die neuen Netze waren groß genug, um eine ganze Delphinschule einzuschließen. Die Fischer vergrößerten ihren Fangerfolg dadurch, daß sie Ausschau nach den Delphinen hielten, ihre Netze setzen und Netz, Fische und Delphine einholten. Manchmal wurden auch Versuche unternommen, die Delphine wieder frei zu lassen, und man entwickelte einen Methode, das Netz unter ihnen hindurchzuziehen. Trotzdem ertranken sehr viele von ihnen.

Der Effekt auf die Delphine während des ersten Jahrzehnts der modernen Fischerei war verheerend. Hunderttausende wenn nicht Millionen waren betroffen und starben, viele wurden zu Tode gequetscht, wenn das Netz über Rollen eingezogen wurde. Zu der Zeit fuhren die meisten dieser Schiffe unter US-Flagge, so daß die amerikanische nationale Fischereibehörde Verordnungen erließ, die die Todesrate von Delphinen verringern sollten. Diese Richtlinien schrieben Maschenweiten vor, die den Walen ein leichteres Entkommen ermöglichen sollten und Vorschriften, nach welchem das »Unterziehen« der Netze unter Delphinschulen korrekt auszuführen war. Es wurde auch ein Überwachungssystem mit einer Art Polizei und regelmäßigen Schätzungen der Delphinverluste eingeführt. Die »Inter-American Tropical Tuna Commission« (Interamerikanische Tropische Thunfisch Kommission) betrieb ebenfalls ein unabhängiges Beobachtungsprogramm, mit welchem es die durch die internationale Fischfangflotte verursachten Delphinverluste aufzeichnete.

Die in diese Massaker verwickelten Delphine gehören allen ozeanischen Arten an, die alle in großen Schulen auftreten. Die hauptsächlich Leidtragenden sind die verschiedenen Unterarten des Ostpazifischen Delphins, der Schlankdelphin und der Gemeine Delphin. Als sich die Fischerei geographisch weiter ausbreitete, wurde der

Oben: Millionen von Delphinen starben, weil sie unbeabsichtigt mit Thunfischschwärmen in Beutelnetze gerieten.

Weißbauch-Spinner-Delphin zum Hauptopfer. Der Ostpazifische Spinner hatte inzwischen derartig abgenommen, daß die US-Verordnungen nun ausdrücklich das Setzen von Netzen um Delphinschulen verboten.

In den vier Jahren zwischen 1985 und 1988 wurde die durch diese Fischerei verursachte Todesrate auf 60.000–130.000 Delphine pro Jahr geschätzt. Ungefähr 50–60% waren Schlankdelphine, 15–30% Ostpazifische Delphine, 10–25% Gemeine Delphine und weniger als 5% andere Arten. Trotz der sehr hohen Verlustraten sieht man keine der beteiligten Arten als unmittelbar gefährdet an. Der am stärksten betroffene Ostpazifische Delphin liegt zur Zeit bei etwa 20% seiner ursprünglichen Individuenzahl, was etwa 600.000–800.000 Tiere ausmacht.

Unfälle in Fischereigeschirr

Wenn sich ein großer Wal in Fischereigeschirr verfängt, ist das Geschirr in der Regel zerstört und hat sich so um das Tier verwikkelt, daß Leinen oder Netzteile an ihm hängenbleiben, selbst wenn der Wal freikommt. Normalerweise stirbt der Wal direkt oder indirekt, weil er z. B. in der Nahrungsaufnahme behindert wird. Manchmal jedoch überlebt ein Tier und trägt Teile des Netzes über Jahre mit sich herum.

Während der 70er Jahre verfingen sich zahlreiche Buckelwale in Kabeljau-Netzen vor Neufundland in Kanada. Sie waren gezwungen, in Küstennähe zu jagen, da die Hochseebestände der Lodde, ihrer Hauptbeute, zusammengebrochen waren. In dieser Zeit verloren die Fischer Hunderttausende von Dollar an Fischereigeschirren und viele Buckelwale mußten sterben. Andere Beispiele sind die Hafenschweinswale, die sich in Lachsnetzen vor Westgrönland verfangen (etwa 1.500 Tiere pro Jahr), verschiedene Delphinarten, die sich in Netzen vor Sri Lanka verfangen (eine Schätzung geht von 42.000 Tieren pro Jahr aus) und 2.000 durch die italienische Schwertfisch-Industrie getötete Delphine. Der Pazifische Hafenschweinswal wurde ernsthaft durch Stellnetzfischerei bedroht, was ihn in die unmittelbare Gefahr der Ausrottung brachte, obwohl diese Fischerei seit mehr als einem Jahrzehnt bis zur Bedeutungslosigkeit zurückgegangen ist. Der Baiji oder Chinesische Flußdelphin wurde Opfer diverser fischereilicher Einrichtungen, darunter auch der Hakenleinen. Beide Arten wurden auf weniger als 500 Individuen reduziert.

Wenn die Zerstörungen ihres Geschirrs überhandnehmen oder die Fischer glauben, daß Wale für die geringer werdenden Ausbeuten verantwortlich sind, unternehmen sie mitunter auch direkte Gegenmaßnahmen. Diese können für die Wale ungefährlich sein wie die von den Lachsfischern in der Bristol-Bay (Alaska) benutzten Ultraschallgeräte, um Belugas von den Lachsgründen fernzuhalten. Manchmal sind diese Maßnahmen auch brutal, wie etwa Beispiele der Angel-Fischerei auf der japanischen Insel Iki aus den späten 70er und frühen 80er Jahren beweisen. Die Fischer glaubten, daß die zahlreich vorhandenen Delphinschulen und kleineren Wale rund um Iki für den enormen Schwund an Gelbschwanzmakrelen verantwortlich waren. Ihre Lösung des Problems war, die Wale auf den Strand zu treiben und abzuschlachten. 1976 töteten sie auf diese Weise 55 Tiere. 1977 waren es schon 934 und 1980 wurde ein Höhepunkt mit 1.819 getöteten Walen erreicht. Der größte Einzelfang bestand aus über 1.000 Delphinen. Wie überall erkennt man heute auch dort, daß der Niedergang der Fischbestände hauptsächlich vom Menschen durch Überfischung verursacht worden ist, so daß das unsinnige Abschlachten von Delphinen eingestellt wurde.

Die Auswirkungen der Meeresverschmutzung

Der rapide Anstieg der durch Menschen verursachten Belastungen in marinen Organismen während der zweiten Hälfte des 20. Jahrhunderts hat auch die Diskussion um die möglichen Rückwirkungen auf die Wale vorangetrieben. Die Schadstoffe, die in diesem Zusammenhang von größtem Interesse sind, sind organische Chlorverbindungen (z. B. PCB's, DDT und DDE) und Schwermetalle wie Blei, Zink und Cadmium. Normalerweise werden diese Gifte direkt im Meer verklappt oder über die Flüsse eingebracht. Umweltgifte werden in aller Regel von Organismen aufgenommen, die am Anfang der Nahrungsketten stehen, wie Algen etwa, und reichern sich, je höher wir in der Nahrungskette steigen, in den Geweben der Wirbellosen und Wirbeltiere stetig an, denn jeder Räuber fällt irgendwann einem noch größeren zum Opfer. Die Tiere am Ende der Nahrungskette, einschließlich Wale und Robben, enthalten die höchsten Konzentrationen und sind daher für schädliche Nebenwirkungen am anfälligsten.

Der Arktische, Antarktische und Pazifische Ozean sind grundsätzlich weniger stark belastet, während halboffene Meere im Bereich von Industrienationen, wie Nord- und Ostsee, sehr hohe Belastungen aufweisen. Die Wale spiegeln in aller Regel die Belastung des Gebietes wider, in dem sie ihre Nahrung finden und sind daher gute Indikatoren für die Umweltverschmutzung. Unglücklicherweise haben wir noch sehr wenig Einblick in die Prozesse der Anreicherung von Schadstoffen und deren Auswirkungen auf Individuen und ganze Populationen. Zur Zeit gibt es keine Anhaltspunkte dafür, daß Schwermetalle irgendwelche gesundheitlichen Probleme für Wale darstellen. Organische Chlorverbindungen jedoch und besonders die polychlorierten Biphenyle (PCB's) können das Immunsystem beeinträchtigen und werden in Verbindung mit den niedrigen Reproduktions- und hohen Krankheitsraten der Belugas in der St.-Lawrence-Mündung (Ostkanada) in Verbindung gebracht. Sie könnten auch hormonale Störungen bei einigen kleineren Walarten, wie dem Dall-Hafenschweinswal, zu verantworten haben.

Teil Zwei

In diesem Teil des Buches werden alle 78 bisher bekannten Walarten beschrieben. »Bekannt« bedeutet wissenschaftlich beschrieben und eindeutig mit der anerkannten wissenschaftlichen Nomenklatur aus Gattungs- und Artnamen gekennzeichnet. Dabei sollte man aber immer wissen, daß Systematik ein Hilfsmittel darstellt, das sich ständig verändert, sobald neue Informationen oder neue Deutungen alter Erkenntnisse veröffentlicht werden. Die 78 Walarten werden heute auf 10 natürliche Gruppen verteilt. Diese Gruppen bezeichnen wir in der Systematik als Familien, bei Zusammenfassung von zwei oder mehr Familien als Überfamilie. Den systematischen Gepflogenheiten folgend werden die 11 Bartenwale der Unterordnung *Mysticeti* vor den 67 Zahnwalen der Unterordnung *Odontoceti* beschrieben.

Die Beschreibung jeder Art folgt einem festgelegtem Schema, wobei der Text unter jeweils sich selbst erklärenden Überschriften erscheint. Diejenigen Arten, die innerhalb der letzten 60 Jahre Ziel intensiver Bejagung waren oder an Massenstrandungen in Ländern, die Walforschung betreiben, beteiligt sind, sind uns am besten bekannt. Zusätzlich wurden Informationen von Tieren berücksichtigt, die in Menschenhand gehalten wurden, naturgemäß Individuen kleinerer Walarten. Fehlt eines der Teilkapitel aus den einzelnen Artbeschreibungen, bedeutet dies, daß über diesen speziellen Aspekt keine Informationen vorliegen.

Einige Arten kommen nur in sehr begrenzten Gebieten vor, andere dagegen weisen eine nahezu weltweite Verbreitung auf. Einige Arten sind standorttreu, während andere in unterschiedlichen Gebieten zu unterschiedlichen Jahreszeiten leben und teilweise lange Wanderungen unternehmen. Unsere Kenntnisse über die Verbreitung der unterschiedlichen Arten reichen von relativ umfangreich bis nahezu nicht existierend. Der Grad der Sicherheit unseres Wissens über die Verbreitung einer Art spiegelt sich in der abgebildeten Karte wider, in deren Legende und natürlich auch im beschreibenden Text. Die meisten Karten enthalten eine Mischung aus sicherem Wissen und »berechtigter« Spekulation, die auf der Kenntnis gewisser Vorlieben mancher Arten für bestimmte Lebensräume beruhen.

Eine Umrißzeichnung jeder Art mit einem menschlichen Taucher im selben Maßstab zum Vergleich vermittelt eine Größenvorstellung von den Tieren. Da sich die Individuen im Laufe ihres Lebens äußerlich etwas verändern und in jeder Population immer auch dünnere, dickere, längere oder kürzere Tiere vorkommen, wurde in den Umrißzeichnungen ein »typischer« erwachsener Vertreter abgebildet.

Eine oder mehrere Fotografien dienen der Illustration jeder Art. Eine Ausnahme bildet der Pazifische Schnabelwal, der bisher noch nie gesehen wurde. Ganzaufnahmen lebender Tiere wurden bevorzugt, sie liegen aber nur für wenige Exemplare vor. Grundsätzlich wurden jene Arten, von denen hier kein Foto abgebildet wird, bisher überhaupt noch nicht fotografiert oder nur als (schon teilweise zerfallener) Kadaver eines gestrandeten Tieres bzw. kaum erkennbar auf See. In diesen Fällen wurde Zeichnungen der Vorzug gegeben, die sich auf veröffentlichte Beschreibungen lebender oder gestrandeter Tiere stützen.

Dieses seltene Foto wurde von einem Wissenschaftler im klaren Wasser vor Hawaii aufgenommen und zeigt Große Tümmler, die im Vergleich zu einer Buckelwalmutter mit ihrem Kalb winzig sind.

Glattwale

BALAENIDAE · NEOBALAENIDAE

Diese Gruppe umfaßt drei Gattungen: *Balaena*, *Eubalaena* und *Caperea*. *Balaena* (vertreten durch eine Art *B. mysticetus*, den Grönlandwal) und *Eubalaena* (vertreten durch 2 Arten schwarzer Glattwale) werden in der Familie Balaenidae zusammengefaßt. Die dritte Gattung, *Caperea* (vertreten durch eine lebende Art, *C.marginata*, den Zwergglattwal), wurde ebenfalls als Angehöriger der Balaenidae angesehen. Heute jedoch geben ihm einige Systematiker den Rang einer eigenen Familie, der Neobalaenidae. *Balaena* ist auf die nördliche Halbkugel beschränkt, *Caperea* auf die südliche und *Eubalaena* ist auf beiden Erdhälften zu finden.

Alle Glattwale haben folgende Eigenschaften: eine glatte Körperunterseite ohne ventrale Rillen, eine ausgeprägte Kopfform mit kräftig gewölbtem, kurzen Oberkiefer und gebogenem Unterkiefer; Unterlippen, die Seiten und Front des Oberkiefers umschließen und lange, schmale, elastische Barten (bis zu 9mal länger als breit) mit feinen Fasern. Alle drei Gattungen ernähren sich von Ruderfußkrebsen (*Copepoda*) und Leuchtkrebsen (*Euphausiacea*). Allen drei Arten gemeinsam ist die Verschmelzung aller Halswirbel und andere Eigenarten des Knochenbaus sowie eine langsame Schwimmweise. Selbstverständlich gibt es Abstufungen der Eigenschaften zwischen den drei Gattungen. Bei *Balaena* z. B. nimmt der Kopf ein Drittel der Körperlänge in Anspruch, bei *Eubalaena* ein Viertel, während er bei *Caperea* weniger als ein Viertel ausmacht.

Balaena und *Eubalaena* ähneln sich am meisten, und in der Tat wurden sie in der Geschichte der Walsystematik häufig einer gemeinsamen Gattung zugeordnet. Zu beiden gehören große, untersetzte Arten mit einer Körperlänge bis zu 20m und ohne Rückenfinne. Beide stoßen an windstillen Tagen einen typischen, V-förmigen Blas aus. Wegen ihrer enormen Größe (und damit einem hoher Gehalt an Tran), den langen Barten, der langsamen Schwimmgeschwindigkeit und der Tatsache, daß sie an der Wasseroberfläche treiben, wenn sie getötet werden, wurden beide Gattungen überjagt. Dieser extensive Walfang führte dazu, daß zwischen dem 15. und frühen 20. Jahrhundert eine Population nach der anderen ausgerottet wurde. Außer einer *Balaena*-Population von etwa 8.000 Tieren bestehen alle übriggebliebenen Bestände von *Balaena* und *Eubalaena* aus weniger als 1.000 Tieren, und das nach über 50 Jahren des Schutzes vor kommerziellem Walfang.

Im Gegensatz dazu ist *Caperea* ein kleiner Wal von weniger als 7 m Länge mit einer relativ stromlinienförmigen Gestalt und einer Rückenfinne, der zu keiner Zeit durch kommerziellen Walfang bedroht wurde.

Eine Gruppe von Grönlandwalen beim Ausfiltrieren von Krill. Alle Bartenwale besitzen einen gebogenen Oberkiefer, um die langen Barten aufnehmen zu können.

Grönlandwal

Balaena mysticetus

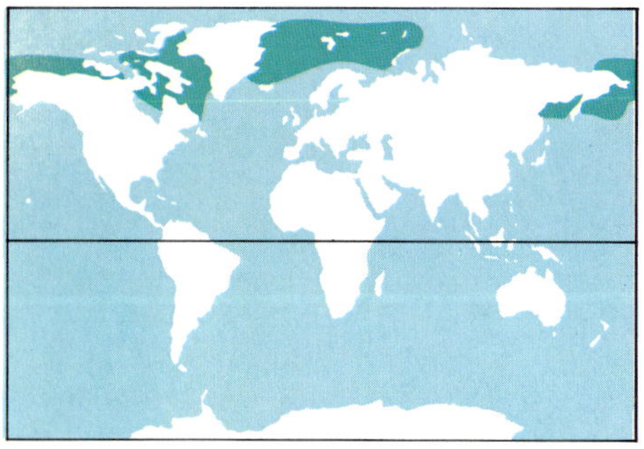

■ Maximale Ausbreitung

Systematik: Der Grönlandwal wurde erstmalig von Linné 1758 beschrieben. Er gab ihm den Namen *Balaena mysticetus* (= Bärtiges Seeungeheuer). Es sind keine Unterarten bekannt.

Populäre Bezeichnungen: Den Namen Grönlandwal erhielt das Tier wegen seines häufigen Vorkommens in grönländischen Gewässern, wo es heute aufgrund extremer Bejagung ausgerottet ist.

Beschreibung: Der Grönlandwal ist ein großer, massiver Wal mit großem Kopf und ohne Rückenfinne. Die Durchschnittsgröße eines erwachsenen Tieres erreicht 14–15 m, wobei Weibchen etwa 0,6 m länger werden als die Männchen. In der Vergangenheit wurden Tiere gefangen, die bis zu 19 m Körperlänge aufwiesen.

Angaben über Körpergewichte sind meistens von zweifelhafter Genauigkeit. Analog zu den nahe verwandten Glattwalen dürfte ein Durchschnittsgewicht von 50–60 t für erwachsene Tiere zutreffend sein, allerdings wog ein kürzlich gefangenes, 11 m langes Exemplar nur 14,8 t.

Die Kälber werden blauschwarz geboren, während Erwachsene überwiegend schwarz mit einem cremefarbenen Kinnfleck am vorderen Unterkiefer sind. Viele Individuen besitzen eine hellere Zone an der Schwanzwurzel.

Die Barten dieser Art sind die längsten aller Bartenwale. Sie erreichen in der Mitte des Kiefers 4,3 m. Insgesamt besitzt das Tier an jeder Kieferhälfte 350 solcher Bartenplatten. Die Barten sind dunkel, die spärlichen Haare schimmern hell bis weiß. Die kleinen Augen sitzen am Kiefergelenk. Die Flipper sind relativ klein und rundlich. Es gibt keine Kehlfalten. Es sind keine geographischen Rassen bekannt.

Identifizierung auf See: Ein großer Wal ohne Rückenfinne kann immer nur ein Grönlandwal oder ein Nordkaper sein. Beide kann man anhand von Hautunregelmäßigkeiten (Seepocken und Walläuse) am Kopf (Grönlandwale haben keine) und eines weißen Kinnflecks, den nur die Grönlandwale besitzen, voneinander unterscheiden. Der Blas ist neblig-buschig und wird aus den beiden Nasenlöchern in abweichenden Richtungen bis zu 6 m Höhe ausgeblasen.

Lebensraum: Der Grönlandwal ist der größte von drei Cetaceen, die ausschließlich in arktischen und subarktischen Gewässern leben und sich an ein Leben in unmittelbarer Nähe der Eiskante angepaßt haben (die beiden anderen sind der Narwal und der Beluga). Sehr häufig trifft man Grönlandwale im seichten Küstengewässer an. Allerdings folgen sie auch Eisspalten in jeder beliebigen Wassertiefe.

Verbreitung und Wanderung: Grönlandwale sind beschränkt auf die kälteren Gewässer der nördlichen Hemisphäre in unmittelbarer Nähe des Eises. Die einst zirkumpolaren Tiere wurden durch intensiven Walfang im Nordatlantik weitgehend ausgerottet und werden dort nur noch sporadisch im Gebiet von Svalbard gesichtet. Ihre heutige Verbreitung beschränkt sich hauptsächlich auf die Davis-Straße, kanadische Gewässer nördlich und westlich von Labrador sowie westlich von Alaska und in der Bering-, Chukchi- sowie Ochotsksee.

Wanderungen erfolgen nordwärts im Frühjahr, Rissen und Spalten im zurückgehenden Eis folgend und südwärts im Herbst, wenn die See wieder zufriert. Am meisten wissen wir über die Wanderungen der Population, die in der Beringsee überwintert. Die Wale trennen sich häufig nach Geschlecht oder Alter und wandern nord- und ostwärts entlang der Küste Alaskas in die reichen Nahrungsgründe der Beaufort-See. Im Herbst erfolgt die Rückwanderung sehr eilig, um Separationen der Gruppe durch auftretendes Eis zu vermeiden. Von den meisten Walen vermutet man, daß sie innerhalb weniger Kilometer vom Festlandeis entfernt ihre Nordwanderung unternehmen. Grönlandwale schwimmen auf der Wanderung mit einer konstanten Geschwindigkeit von 2–7 km/h.

Nahrung und Nahrungsaufnahme: Von Grönlandwalen nahm man sehr lange an, daß sie ausschließlich Oberflächenfiltrierer seien, die mit geöffnetem Maul den Wasserspiegel abseien, bis sich genügend Plankton in ihren Barten angesammelt hat und sie zum Abschlucken veranlaßt. Neuere Untersuchungen haben dagegen bewiesen, daß diese Art sehr häufig in mittleren Wassertiefen und sogar hinunter bis 30 m und mehr nach Nahrung sucht. Es wurde sogar von Walen berichtet, die Substrat am Meeresgrund aufgenommen haben und mit Schlickresten in den Barten an die Oberfläche kamen. Bei im Frühjahr erlegten Walen hat man aus dem Benthos (Bodengrund) stammende Nahrung im Magen gefunden.

Mit ihren sehr feinen Bartenfransen können Grönlandwale extrem kleines Plankton einschließlich Copepoden, Steropoden und Mysis aus dem Wasser filtern. Allerdings ist ihre normale Nahrung größer als z. B. die Euphausiden.

Verhalten: Im Frühjahr begegnet man meistens kleineren Gruppen von 3 oder weniger Grönlandwalen, während auf Herbstwanderungen schon bis zu 50 Individuen beieinander gesichtet wurden. Obwohl lokale Grönlandwalpopulationen denselben Wanderwegen folgen können und dabei notwendigerweise häufig große Gruppen bilden, handelt es sich nicht um eine ausgesprochen soziale Art. Aktivitäten über der Wasseroberfläche, wie etwa Sprünge oder auch das Schlagen mit Flippern und Fluke, sind nicht häufig. Trotzdem wurde ein Wal beobachtet, der 57mal in 96 Minuten sprang.

Die Tauchzeiten liegen normalerweise zwischen 4 und 15 Minuten, allerdings wurden auch schon Tauchzeiten von mehr als 30 Minuten beobachtet. Kälber tauchen weniger häufig und kürzer.

Zumindest auf den Wanderungen geben Grönlandwale Laute von sich. Dabei produzieren sie eine Vielzahl von frequenzmodulierten Lauten, hauptsächlich im Bereich zwischen 50–300 Hz. Töne über 3.500 Hz wurden in einer Intensität von 156 db mit einem Hydrophon aus einer Entfernung von 100–150 m aufgezeichnet.

Grönlandwale sind bekannt dafür, daß sie Atemlöcher in Eisdecken bis 30 cm Dicke brechen können. Manchmal kann man ihre Wanderroute erkennen, indem man die Markierung des Weges anhand des aufgebrochenen Eises verfolgt. Es gibt Hinweise darauf, daß Wale mit Hilfe ihrer Laute die Dicke einer Eisdecke und deren Beschaffenheit erkunden. Sehr selten stranden Grönlandwale an Land, und Massenstrandungen sind völlig unbekannt.

Fortpflanzung und Entwicklung: Es ist nur relativ wenig über dieses Tier bekannt. Bisher am effektivsten waren Untersuchungen, die im Zusammenhang mit der Waljagd der Eskimos von amerikanischen Biologen in Alaska durchgeführt wurden. Leider waren die Untersuchungsergebnisse nur sehr spärlich und zu wenige Tiere konnten überhaupt untersucht werden, so daß große Unsicherheit bezüglich der meisten Parameter dieser Wale herrscht. Einen gewissen Rückschlag mußte man hinnehmen, als man erkannte, daß es keinerlei überzeugende Me-

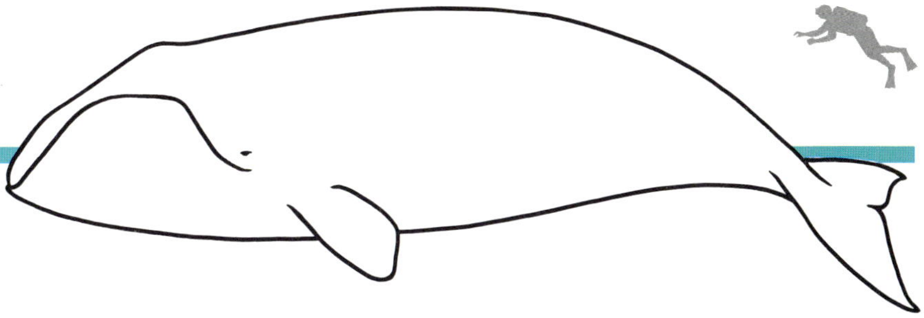

thode gibt, das Alter von Grönlandwalen zu ermitteln. Daher konnten Aussagen über eine Reproduktionsrate nur indirekt gemacht werden. Die Sterblichkeitsrate bleibt weiterhin völlig unbekannt.

Über das Sozialverhalten der Grönlandwale wissen wir nur wenig, allerdings scheinen sie ohne Paarbindungen zu leben. Die Paarungsaktivitäten finden einen Höhepunkt im März. Die Kälber werden nach einer geschätzten Tragzeit von 12–16 Monaten geboren und messen dann bereits 4 m. Bis vor kurzem nahm man an, daß immer nur ein Jungtier geboren würde. Zwei Beobachtungen von Walfängern berichten aber von Müttern mit je zwei Kälbern, so daß Zwillingsgeburten zumindest möglich erscheinen. Die Geburten finden von Februar bis März am äußersten südlichen Rand des Verbreitungsgebietes statt, so daß die Jungen in den Genuß von dichten Zooplanktonschwärmen, hauptsächlich Krill, kommen, wenn sie etwa 6 Monate alt sind. Die Mutter säugt die Jungen vermutlich etwa 1 Jahr lang. In dieser Zeit wachsen die Kälber auf 7 m Länge heran. Erwachsene Weibchen gebären etwa alle 2–7 Jahre, was heißt, daß sie eine lange Ruhepause durchmachen. Man nimmt an, daß die Männchen mit etwa 11,5 m, die Weibchen mit 13–14 m Körperlänge geschlechtsreif werden.

Weltbestand: Bis vor etwa 10 Jahren hielt man den Grönlandwal für die bedrohteste Großwalart, die in vielen ihrer Lebensräume bis zur Ausrottung bejagt worden ist. Die derzeitige Population zwischen Spitzbergen und Ostgrönland ist in der Tat sehr klein. In der Davis-Straße und im Gebiet der Hudson Bay werden Grönlandwale regelmäßig gesichtet. Mit den heute angewandten, genaueren Zählmethoden schätzt man den Bestand zwischen Beaufort- und Beringsee auf rund 8.000 Individuen. Der gesamte Weltbestand liegt nicht mehr bei etwa 9.000–12.000 Tieren. Heute geht man von einer unmittelbaren Bedrohung nicht mehr aus.

Der Einfluß des Menschen: Grönlandwale haben Jahrhunderte lang nicht unerheblich unter dem Menschen zu leiden gehabt. Die heutigen Bejagungsquoten sind gering, während noch im 19. Jahrhundert Zehntausende erlegt wurden und damit ihre Populationen sehr schnell zusammenschrumpften, nicht zuletzt aufgrund ihrer leichten Voraussagbarkeit und der Leichtigkeit des Fanges. Heute sind Grönlandwale überall mit Ausnahme von Alaska geschützt, wo den im ewigen Eis lebenden Eskimos die Jagd auf höchstens 50 Tiere pro Jahr bis zum Ende dieses Jahrhunderts gestattet ist. Eingestuft als eingeborene Jäger sind die Eskimos von den strikten Verboten des amerikanischen Gesetzes zum Schutz mariner Säugetiere und des Gesetzes zum Schutz gefährdeter Tiere ausgenommen. Es gibt ein stilles Übereinkommen über Wale, die »verwundet und verloren« wurden. Die von der Internationalen Walfangkommission gesetzte Quote bezieht sich heute auf verwundete und nicht auf getötete Wale. Mit zunehmend verbesserten Walfangmethoden ist die Quote der verwundeten, nicht aber gefangenen Wale, die in der Folge verenden, drastisch gesunken. Bisher ist noch niemals ein Grönlandwal in Menschenhand gehalten worden.

Links: Ein erwachsener Grönlandwal ruht an der Wasseroberfläche. Die rauhen Bedingungen seines arktischen Lebensraumes werden durch die dünne Eisschicht auf seinem Rücken verdeutlicht. Diese eindrucksvollen Tiere wandern im Frühling mit konstanter Geschwindigkeit nach Norden und folgen dabei den Aufbrüchen im Eis.

Glattwal

Eubalaena ssp.

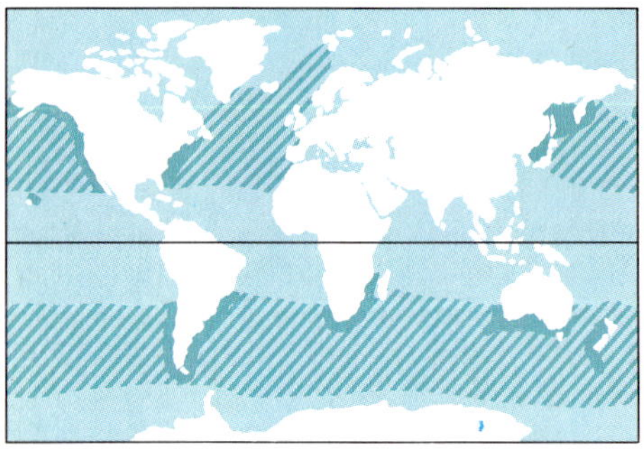

■ Bekannte Verbreitung ⁄⁄ Mögliche Verbreitung

Systematik: Der Gattungsname *Eubalaena* besagt »richtiger Wal«; *Eu* (= richtig, echt) *Balaena* (= Wal). Man erkennt zwei Arten an: den Nordkaper, *E. glacialis* (glacialis bedeutet »eisig« oder »des Eises«) und den Südlichen Glattwal, *E. australis* (australis bedeutet »südlich« oder »des Südens«).

Populäre Bezeichnungen: Im englischen Sprachraum wurden diese Wale als »Right Whales« (= die richtigen Wale) bezeichnet. Diese Bezeichnung rührt von den frühen europäischen Walfängern her, weil diese Wale einfach die »richtige« Beute waren, denn sie schwammen sehr langsam, trieben nach Tötung an der Oberfläche und lieferten gute Ausbeuten an Tran und »Fischbein« (Barten). Ein weiterer Name ist Biscaya-Glattwal, weil im 11. Jahrhundert der europäische Walfang bevorzugt im Golf von Biscaya begonnen wurde.

Beschreibung: Glattwale sind große, untersetzte Cetaceen, ähnlich dem Grönlandwal, aber allgemein etwas kleiner als dieser. Der Kopf ist groß und nimmt bis zu einem Viertel der Körperlänge ein. Sie besitzen keine Rückenfinne oder ventrale Rillen, die Flipper sind breit und spatelförmig.

Erwachsene erreichen Längen von 13,5 bis 17 m, wobei gelegentlich größere Tiere beobachtet worden sein sollen. Weibchen werden etwas länger als gleichaltrige Männchen (etwa 0,2 m bei erwachsenen Tieren) und Glattwale des Nordpazifiks sind größer als die anderer Regionen. Man schätzt vollerwachsene Exemplare auf 40 bis 80 t Gewicht, basierend auf einer kleinen Anzahl gefangener und in Stücken ausgewogener Glattwale des Nordpazifiks.

Der Kopf besitzt einen schmalen, gewölbten Oberkiefer (Rostrum) und einen deutlich gebogenen Unterkiefer. Das bemerkenswerteste Merkmal ist der Besitz von hornigen Wucherungen der Haut. Die größte sitzt auf der Schnauzenspitze und wird als »Mütze« bezeichnet. Hautwucherungen findet man auch hinter den Blaslöchern, über den Augen und an den Unterlippen. Die Form der Auswüchse ist charakteristisch für jedes Individuum und ermöglicht eine eindeutige Identifikation.

Am Kopf besitzen die Tiere relativ viele Haare, bis zu 300 wurden an der Spitze des Unterkiefers gefunden und etwa 100 am Oberkiefer. Haare sitzen ebenfalls auf den Hautwucherungen.

Es existiert eine bemerkenswerte Vielfalt an Färbung bei den »schwarzen« Glattwalen, sie reicht von blauschwarz bis hellbraun. Die meisten Tiere besitzen mindestens einige weiße Flecken, besonders an der Körperunterseite; es wurden auch einige Albinos und Teilalbinos gesichtet.

Die Barten sind lang und schmal, die längsten Platten erreichen fast 3 m. Es gibt 200–270 Barten an jeder Kieferhälfte, die dunkelgrau bis blauschwarz sind, obwohl einige an der Vorderseite des Maules blasser und sogar weiß sein können. Bei jüngeren Tieren können diese Platten heller ausfallen. Die feinen Bartenfransen sind grau bis schwarz.

Bemerkenswert scheint die Tatsache, daß ein wesentlich größerer Anteil nordatlantischer Glattwale durchgehende Hautwucherungen von der Spitze des Rostrums bis hinter die Blaslöcher besitzt. Unterschiede zum Beispiel in der Anordnung der Wucherungen an den Lippen oder Rückenblessen kommen ebenso bei Tieren der südlichen Erdhälfte vor.

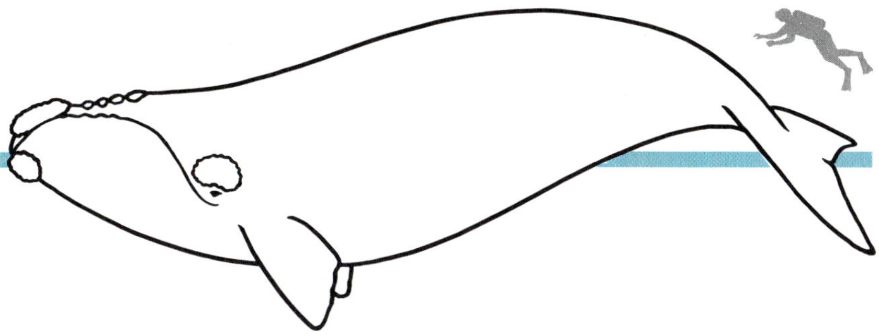

Identifizierung auf See: Die einzige Art, mit der Glattwale verwechselt werden können, ist der Grönlandwal, der einen ähnlichen Umriß und einen V-förmigen Blas besitzt. Nur Glattwale haben jedoch Hautwucherungen. Obwohl sich die Verbreitung der Glatt- und Grönlandwale im Nordpazifik flächenmäßig überschneidet, kommen sie doch nicht zur gleichen Zeit im gleichen Gebiet vor. Wenn der Glattwal die nördlichsten Gebiete seines Lebensraumes durchzieht, ist der Grönlandwal schon viel weiter nach Norden gewandert.

Lebensraum: Obwohl Glattwale gelegentlich schon in polaren Gewässern gesehen worden sind, beschränkt sich ihre Verbreitung im Sommer normalerweise auf gemäßigte und subpolare Meere. Alle bisher beobachteten Geburten haben in Küstennähe stattgefunden, meist in flachen Buchten. Allerdings sind unsere Informationen so lückenhaft, daß hierüber keine absolute Aussage gemacht werden kann.

Verbreitung und Wanderung: Glattwale waren einst in allen Ozeanen verbreitet. Obwohl man grundsätzlich annimmt, daß Glattwale den allgemeinen Wandermustern der Bartenwale folgen – zwischen Nahrungsgründen in hohen Breiten und Fortpflanzungsgebieten niedriger Breite –, gibt es wenige direkte Beweise für oder gegen diese Annahme.

Der südliche Glattwal lebt zirkumpolar zwischen 20 und 55° südlicher Breite. Informationen über bestimmte Populationen sind sehr rar. Zusammenballungen werden im Winter vor den West- und Südwestküsten Australiens und Neuseelands beobachtet, desgleichen vor den Südwest- und Südostküsten Südamerikas und Südafrikas. Beobachtungen stammen auch aus den Gewässern um gemäßigte und subantarktische Inseln. Es gibt nur wenige Informationen über die sommerlichen Nahrungsgründe. Sehr begrenzte neuere Daten lassen annehmen, daß im Sommer die meisten Glattwale nördlich der 55°-Grenze auftreten, obwohl einige Individuen viel weiter südlich als 63° südlicher Breite gesehen worden sind.

Im Nordpazifik wurden Glattwale an der Ostseite südlich bis zur Kalifornischen Bucht und nördlich bis zum Golf von Alaska und der Beringsee gefangen. Man nimmt an, daß die Tiere, die den Sommer so weit nördlich verbringen, im Winter nach Süden wandern. Allerdings gibt es sehr wenige Aufzeichnungen aus dem Winter. Auf der Westseite wurden Fänge sowohl an der West- als auch der Ostküste Japans gemacht. Diese Fänge könnten von zwei separaten Populationen stammen, die beide in der Nähe der Ryukyu-Inseln gebären. Die Westküstenwale wandern anschließend nordwärts in die Ochotsksee, während die Ostküstenwale in die Nähe der Kurileninseln und in die Beringsee (möglicherweise auch in den Golf von Alaska) wandern. Jedoch wurde bisher kein westliches Fortpflanzungsgebiet im Nordpazifik gefunden.

Im Nordatlantik wurden Glattwale an der Westseite südlich bis zum Golf von Mexiko und nördlich bis zur neufundländischen Küste und Labrador gefangen. Neuere Daten zeigen Konzentrationen in der Bucht von Fundy und südlich von Neu-Schottland. Im Frühling beobachtet man Ansammlungen vor Cape Cod. Auf der Ostseite des Nordatlantiks haben Fänge südlich bis zu den Azoren und Nordwestafrika und nördlich bis Südostgrönland, Spitzbergen und Nordnorwegen stattgefunden. Die Fortpflanzungsgründe lagen vermutlich in der Nähe der Cintra-Bucht (Nordwestafrika) und dem Golf von Biscaya. Es gibt nur sehr wenige neuere Beobachtungen von Glattwalen in diesem Teil des Nordatlantiks, und es gibt keine bekannte Anhäufung von Tieren dort. Wir können nicht sagen, ob die wenigen Beobachtungen von östlichen Tieren oder von vagabundierenden Tieren aus dem Westatlantik stammen.

Nahrung und Nahrungsaufnahme: Obwohl Nahrungsaufnahme an der Oberfläche beobachtet wurde, suchen Glattwale ihre Nahrung normalerweise untergetaucht, manchmal sogar am oder in der Nähe des Meeresgrundes. Sie sind Nahrungsspezialisten, die vorzugsweise kleine planktonische Organismen wie Ruderfußkrebse und, in weniger starkem Ausmaß, Leuchtkrebse nehmen. Auf diese Nahrung lassen schon die feinen Bartenfransen schließen. Mitunter wurde gemeinsame Nahrungsaufnahme beobachtet.

Verhalten: Trotz ihres massigen Körpers und ihrer geringen Geschwindigkeit (maximal 9–11 km/h) sind Glattwale erstaunlich aktiv, wobei sie relativ häufig springen, mit dem Schwanz aus dem Wasser und mit den Flippern auf die Oberfläche schlagen. Eine andere Eigenart, die häufig bei Südlichen Glattwalen beobachtet wird, ist das Kopfstehen, bei dem das Tier senkrecht, kopfunter im Wasser steht und die Fluke hoch über die Oberfläche hinausstreckt.

Beim langsamen Schwimmen atmen Glattwale sehr regelmäßig einmal alle 1–2 Minuten. Bei zunehmender Geschwindigkeit werden die Tauchgänge unregelmäßiger und dauern 0,5–5 Minuten. Nur selten tauchen Glattwale länger als 15 Minuten. Tonaufnahmen unter Wasser beweisen, daß Glattwale eine Reihe von Lauten aussenden, wobei der am häufigsten ausgestoßene

Links: Ein Südlicher Glattwal bricht durch die Wasseroberfläche. Den Lärm hört man viele Kilometer weit.

Unten: Unterwasseraufnahme eines Glattwales. Jeder Wal kann durch seine Ablagerungen am Kopf identifiziert werden.

Rechts: Eine Mutter mit ihrem Kalb in flachem Wasser. Glattwale wandern von ihren kälteren Nahrungsgründen zum Gebären in wärmere, geschützte Gewässer, wo ihre Jungen eine bessere Überlebenschance haben. Die Kälber werden nach 4–8 Monaten vor Beginn der Rückwanderung in der Nahrungsgründe entwöhnt. Die Form des Mundspalts und die Ablagerungen am Kopf sind typische Merkmale der Gattung. Diese Ablagerungen sind faserige Auswüchse von Keratin.

ein sehr lauter, tieffrequenter Ton ist, der etwa 1,5 Sekunden anhält. Sie produzieren auch ein einfaches sowie ein frequenzmoduliertes »Stöhnen«.

Fortpflanzung und Entwicklung: Sowohl absolut als auch relativ besitzen Glattwale die größten Hoden und den längsten Penis aller großen Wale. Das größte Hodenpaar wog annähernd 14mal soviel wie ein entsprechendes Paar vom Blauwal. Der Penis erreicht 14,3% der Körperlänge, während dies beim Blauwal nur 9,4% sind.

Evolutionstheorien gehen davon aus, daß Männchen darum wetteifern, eine möglichst große Nachkommenschaft zu zeugen. Beobachtungen, wie mehrere Männchen ein und dasselbe Weibchen begatten, sind relativ häufig, während aggressive Auseinandersetzungen relativ selten beobachtet werden. Langzeitliche soziale Bindungen scheinen auf die Beziehungen zwischen Mutter und Kind beschränkt zu sein. Diese sammeln sich oft in Buchten und seichten Gewässern.

Für die südliche Hemisphäre geht man von einer Geburtszeit zwischen Ende Juli und Mitte November mit Spitzen im August und September aus. Die wenigen vorliegenden Informationen von der nördlichen Halbkugel lassen Geburten zwischen Dezember und April vermuten. Die Kälber messen bei der Geburt 4,5–6 m. Die Tragzeit ist unbekannt, man geht aber analog zu anderen Bartenwalen von 12 Monaten aus. Die Informationen von individuell bekannten Tieren deuten auf eine Geburtenfolge von 3 Jahren hin. Nach Untersuchungen aus Argentinien erreichen Weibchen die Pubertät mit 7–15 Jahren, wenn sie 12,5–13,5 m lang sind. Man schätzt die Größe der Tiere bei Eintritt der Geschlechtsreife im Nordpazifik für Männchen auf 14–15 m und für Weibchen auf 13–15 m. Die Entwöhnung findet wahrscheinlich statt, wenn die Kälber mit ihren Müttern die Nahrungsgründe erreicht haben und etwa 4-8 Monate alt sind.

Weltbestand: Weil nahezu alle Fänge vor Beginn des 20. Jahrhunderts stattgefunden haben, wurden nur wenige biologische Informationen überliefert. Die aktuellsten Kenntnisse haben wir geringen Fängen zu wissenschaftlichen Zwecken, die in den 60er Jahren vor Japan gemacht wurden, und den zunehmenden Langzeitstudien an freilebenden, individuell bekannten Walen zu verdanken.

Obwohl man gelegentlich lokale Ansammlungen beobachten kann, muß davon ausgegangen werden, daß Glattwale nirgendwo häufig sind. Der gegenwärtige Bestand kann in drei Gruppen unterteilt werden: 1. Die Bestände mit Populationen von mindestens 400–600 Individuen (Südafrika, Argentinien), 2. Bestände mit Populationen von 100–300 Tieren (Nordwestatlantik und -pazifik, Südwestaustralien, Südostaustralien/Neuseeland) und 3. Bestände, von denen man annimmt, daß sie unmittelbar vor dem Aussterben stehen (Nordostatlantik und -pazifik).

Glücklicherweise zeigen drei Populationen – die von Südafrika, Argentinien und Südwestaustralien – mit einer Zuwachsrate von 7% pro Jahr Anzeichen von Erholung. Obwohl der Walfang dieser Arten verboten ist, ist es trotzdem notwendig, kritische Gebiete weiter zu schützen oder neu unter Schutz zu stellen.

Der Einfluß des Menschen: Der Glattwal war der erste Wal, der durch den Menschen gejagt wurde. Vermutlich begann man schon im 10. Jahrhundert vor der Küste Japans und Mitte des 11. Jahrhunderts im Golf von Biscaya. Als der Walfang zu Beginn dieses Jahrhunderts auf die hohe See verlegt wurde, wurden die Bestände stark reduziert. Über 100.000 Tiere wurden allein im 19. Jahrhundert getötet. Seit 1935 sind Glattwale vollständig geschützt.

ZWERGGLATTWAL

CAPEREA (NEOBALAENA) MARGINATA

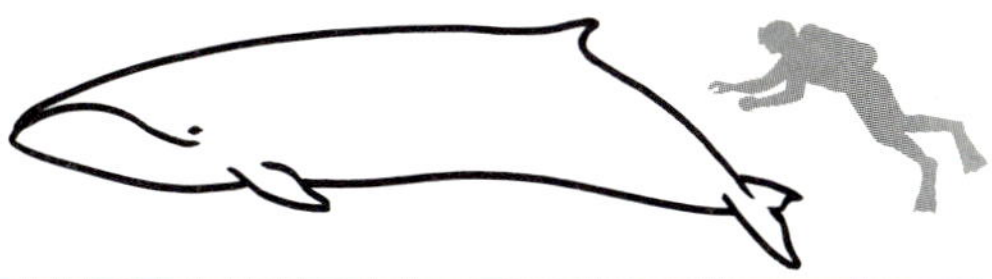

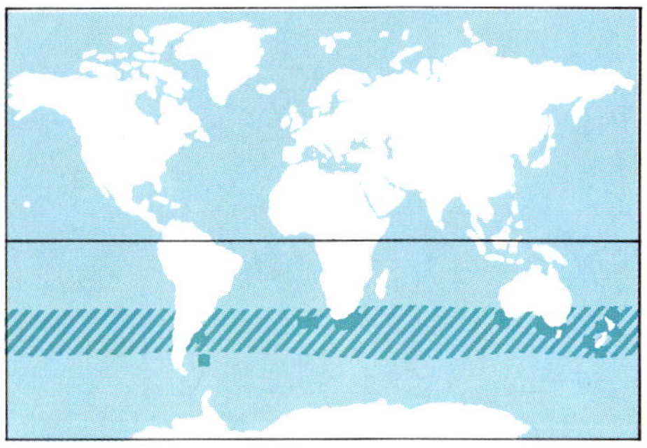

■ Sichtungen / Strandungen ▨ Mögliche Verbreitung

Systematik: Der Zwergglattwal wurde 1846 von John Edward Gray, Kustos der Zoologischen Abteilung des Britischen Museums, als neue Gattung der Familie Balaenidae beschrieben. In jüngerer Zeit haben Systematiker so große Unterschiede zwischen dieser Art und den anderen Glattwalen herausgestellt, daß es gerechtfertigt erschien, den Zwergglattwal in eine eigene Familie, die Neobalaenidae, zu stellen. Der wissenschaftliche Name *Caperea marginata* (*Caperea* bedeutet »runzelig«, *marginata* »eingegrenzt sein«) bezieht sich auf zwei seiner physischen Merkmale, die schrumpelige Oberfläche der Gehörknochen und den dunklen Randstreifen auf den Barten.

Populäre Bezeichnungen: Der Name Zwergglattwal rührt von der Größe des Tieres her im Vergleich zu den Angehörigen der Gattungen *Eubalaena* und *Balaena*.

Beschreibung: Der Zwergglattwal besitzt einen stromlinienförmigeren Körper als die anderen Glattwale. In dieser Hinsicht, und weil er keine Rückenfinne hat und sehr schmale, rundlichere Flipper, ähnelt er viel mehr den Furchenwalen.

Die meisten Informationen dieser nicht bejagten Art verdanken wir weniger als 100 gestrandeten Exemplaren und einigen Beobachtungen lebender Tiere. Das größte weibliche Tier bisher wies eine Länge von 6,45 m auf, das längste Männchen eine von 6,09 m. Vermutlich liegt also ein Geschlechtsdimorphismus bezüglich der Länge vor. Nur zwei Tiere wurden bisher (zerlegt) gewogen. Ein Weibchen von 6,21 m wurde auf ein Gewicht von 3,5 t und ein Männchen von 5,47 m Länge auf 3,1 t geschätzt.

Wie die anderen Glattwale besitzt auch diese Art einen stark gebogenen Unterkiefer sowie ein schmales, gebogenes Rostrum. Diese Biegungen nehmen mit zunehmendem Alter zu.

Der Körper ist am Rücken grau oder schwarz und hellt sich zum Bauch hin bis auf ein helles Grau oder Weiß auf. Aus Südafrika ist ein albinotisches Exemplar bekannt. Die Flipper sind dunkel, wie auch die Oberseite der breiten Fluke, welche auf ihrer Unterseite grau ist. Man vermutet, daß Jungtiere blasser sind.

Die 210–230 Barten auf jeder Kieferhälfte sind gelblichweiß mit braunem Streifen an der äußeren Kante. Sie sind schmal und besitzen feine Fransen. Die längsten messen bis 70 cm.

Identifizierung auf See: Der gebogene Kiefer des Zwergglattwals ist das charakteristischste Merkmal dieser Art. Daher ist der Zwergglattwal, wenn sein Kopf nicht sichtbar ist, kaum vom Zwergwal zu unterscheiden.

Lebensraum: Zwergglattwale scheinen in allen Ozeanen der Südhalbkugel zwischen 5–20° C (von 30–52° südlicher Breite) vorzukommen.

Verbreitung und Wanderung: Die wenigen Strandungen und noch selteneren Beobachtungen auf See machen es sehr schwer, irgendwelche Schlüsse über Wanderungen dieser Art zu ziehen. Die meisten Strandungen erfolgten im Frühjahr und Sommer an den Küsten Südaustraliens, Tasmaniens und Südafrikas. Auch wenn diese Tatsache vermuten läßt, daß Zwergglattwale im Frühling in Küstengewässer einwandern, kann der Grund auch sein, daß gestrandete Wale eher im Frühjahr und Sommer als zu den anderen Jahreszeiten an den Küsten gefunden werden.

Nahrung und Nahrungsaufnahme: Die wenigen vorhandenen Informationen zeigen, daß sich Zwergglattwale von Ruderfußkrebsen ernähren.

Verhalten: Es gibt nur wenige Beobachtungen von lebenden Individuen. Ein Grund dafür könnte ihr wenig »auffälliges« Verhalten sein. Sie tauchen für relativ kurze Zeiten (0,6–4 Minuten) und verbringen keine längeren Zeiten an der Oberfläche. Der Blas ist oft sehr dünn und die Rückenfinne häufig nicht aufgerichtet. Trotz ihres furchenwalähnlichen Aussehens scheinen sie langsame Schwimmer zu sein, die nicht schneller als 9 km/h werden. Diese Wale werden gewöhnlich alleine, in Paaren oder in Gruppen von 5–8 Tieren auf einer Fläche von 5–8 qkm gesehen.

Fortpflanzung und Entwicklung: Wir wissen sehr wenig von dieser Art. In Analogie zu anderen Arten und nach den wenigen Daten, über die wir verfügen, scheint es, daß die Jungen mit etwa 2 m Körperlänge geboren werden. Entwöhnt werden sie mit 5–6 Monaten bei einer Länge von etwa 3,5 m. Die Geburten finden möglicherweise während des Herbstes oder Winters statt, jedoch gibt es auch Hinweise auf eine verlängerte Fortpflanzungszeit.

Der Einfluß des Menschen: Diese Art wurde nicht bejagt. Neben natürlichen Ursachen ist die einzige durch den Menschen verschuldete Todesursache ein gelegentliches Verstricken einzelner Individuen in Fischernetzen vor Südafrika.

Unten: Der Zwergglattwal wird nur selten gesichtet. Den größten Teil unseres Wissens über diese Art haben wir aus Strandungen in Südafrika und Australien.

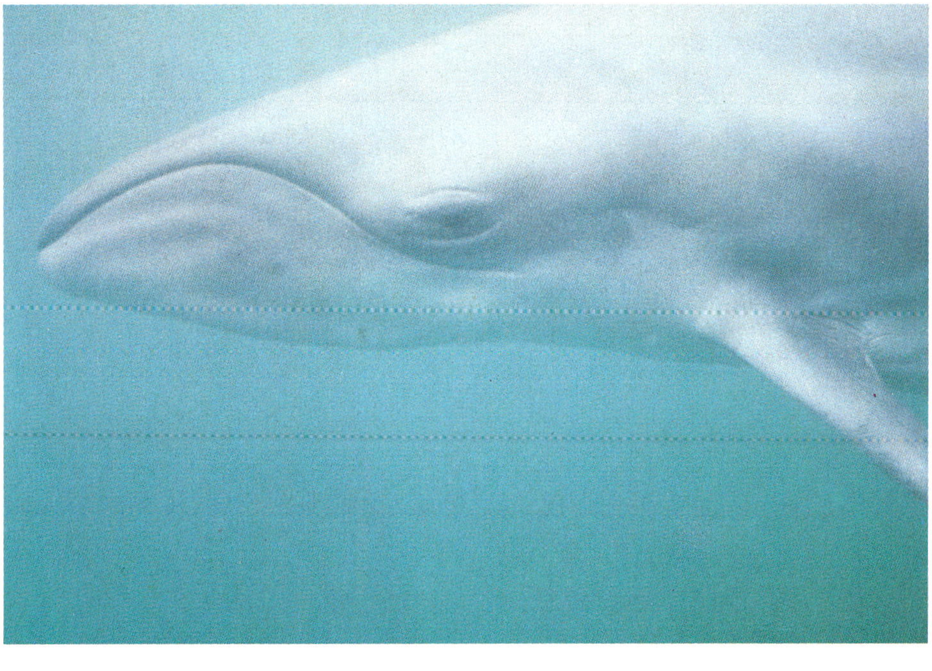

GRAUWAL

ESCHRICHTIUS ROBUSTUS

Eine neue systematische Familie wurde 1951 von Ellerman und Morrison-Scott für einen existierenden großen Bartenwal, den Grauwal *(Eschrichtius robustus)*, vorgeschlagen. Trotz einiger Gemeinsamkeiten sowohl mit den größeren Glattwalen (der Familie Balaenidae) als auch den Furchenwalen (der Familie Balaenopteridae) ist diese Art deutlich anders als alle anderen Wale, so daß sie nicht ohne weiteres einer existierenden Familie zugeordnet werden konnte.

Die stammesgeschichtliche Abstammung des Grauwales ist unbekannt, da Fossilien und Halbfossilien nur für den Zeitraum bis vor 100.000 Jahren existieren. Daher unterscheiden sich die ältesten bekannten Vorfahren des Grauwales nicht von der heutigen Form. Unter den heutigen Bartenwalen steht diese Art einmalig da, weil sie ihre Nahrung hauptsächlich am Meeresboden sucht und kleine Organismen aus dem Sediment flacher Meere filtert. Ungewöhnlich für Bartenwale weist er eine Tragzeit von über einem Jahr auf, aber wie die anderen auch wandert er zwischen Nahrungs- und Fortpflanzungsgründen. Es gibt eindeutige Beweise, daß Grauwale während des 17. und 18. Jahrhunderts im Nordatlantik gelebt haben, dort aber vermutlich durch den Walfang ausgerottet wurden. Heute leben sie nur noch im Nordpazifischen Ozean.

Grauwale bei der charakteristischen Nahrungsaufnahme im Schlick des Meeresbodens. Grauwale sind die einzigen Cetaceen, die sich hauptsächlich von Organismen des Bodensediments ernähren.

Grauwal

ESCHRICHTIUS ROBUSTUS

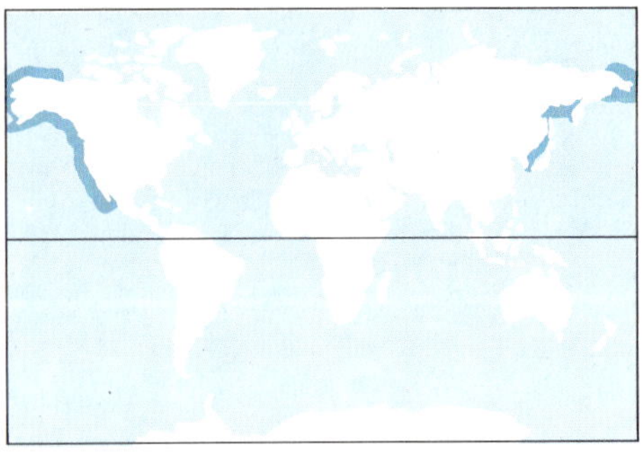

Bekannte Verbreitung

Systematik: Die erste anerkannte Beschreibung dieser Art stammt ironischerweise nicht von einem lebenden Wal aus dem Pazifik, sondern von einem Halbfossil, das man in Schweden ausgegraben hat. Wilhelm Lilljeborg nannte seinen Fund 1861 *Balaenoptera robusta*. Im selben Jahrzehnt jedoch entdeckte John Gray die großen Unterschiede zwischen dieser Art und den Furchenwalen und gab ihr den neuen Gattungsnamen *Eschrichtius*, im Gedenken an den dänischen Zoologen Daniel Eschricht.

Populäre Bezeichnungen: Der Name Grauwal spiegelt die Färbung des Tieres wider. Der Name wurde international anerkannt.

Beschreibung: Dieser große Wal erreicht eine durchschnittliche Körperlänge von 13 m bei Männchen und 14,1 m bei Weibchen. Das größte bisher vermessene Exemplar war ein Weibchen von 15 m. Erwachsene Tiere wiegen zwischen 14 und 35 t.

Der Grauwal wirkt untersetzter als die Furchenwale, ist aber schlanker als die großen Glattwale. Er besitzt einen relativ kleinen, schmalen, triangulären Kopf, spitze, spatelförmige Flipper und eine Reihe von Beulen entlang der Rückenlinie des hinteren Körperdrittels. Die Verkrümmung des Oberkiefers liegt zwischen jener der Furchenwale und der Glattwale. Er besitzt 2–4 kurze (1,5 m) Kehlfurchen und 140–180 rauhe, gelblichweiße Bartenplatten, die von jeder Seite des Gaumens herabhängen. Die Schwanzfluke ist eingekerbt und mißt von Ecke zu Ecke 3 m.

Die Körperfarbe ist graumeliert, und auf der Haut sitzen unregelmäßig verteilt Seepocken und Walläuse.

Identifizierung auf See: Der Blas ist senkrecht, laut, 3–4,5 m hoch und wurde als »herzförmig« beschrieben, wenn man ihn von vorne oder hinten betrachtet. Die Kopfform, Färbung und die Abwesenheit einer echten Rückenfinne erleichtern die Identifizierung.

Lebensraum: Diese Art lebt grundsätzlich in Küstennähe und zwar auf dem Kontinentalschelf und oftmals in der Brandungszone in Gewässern von weniger als 10 m Tiefe. Grauwale sind gegenüber Temperaturwechseln im Oberflächenwasser äußerst tolerant.

Verbreitung und Wanderung: Obwohl er noch bis zum 17. und 18. Jahrhundert im Nordatlantik vorkam, ist der Grauwal heute auf den Nordpazifik beschränkt. Zwei Bestände oder Populationen sind bekannt, eine westliche von Korea im Süden bis zur Ochotsksee im Norden, eine östliche von Mexiko im Süden bis zur Bering-, und Beaufortsee im Norden.

Die jährlichen Wanderungen der Grauwale gehören zu den am besten bekannten und längsten aller Wale. Bis in die allerjüngste Zeit nahm man an, daß die 12.000 bis 20.000 km lange Rundwanderung der ostpazifischen oder kalifornischen Population die längste Wanderbewegung eines Säugetieres überhaupt sei. Es gibt neuerdings aber Hinweise, daß Buckelwale des südöstlichen Pazifiks noch größere Strecken zurücklegen. Der größte Teil der Wanderung von Alaska oder Sibirien nach Mexiko findet in Landnähe statt, wobei die Hauptbewegungen nach Süden im Herbst und Frühwinter und die Rückwanderungen im Frühjahr bis Frühsommer durchgeführt werden. Nicht alle Tiere absolvieren die gesamte Strecke; einige Individuen wurden »außerhalb der Saison« entlang der Küsten Britisch Kolumbiens, Washingtons, Oregons und Kaliforniens gesehen.

Nahrung und Nahrungsaufnahme: Einmalig unter allen Cetaceen sucht der Grauwal seine Nahrung hauptsächlich am Bodengrund oder im Benthos: Dort findet er eine Vielzahl von winzigen, bodenlebenden

Oben: Ein Grauwal während eines Beobachtungssprunges. So kann er oberhalb des Wasserspiegels alles beobachten.

Unten: Grauwal mit ihrem Kalb. Die Kälber bleiben während der langen Nordwanderung nach Alaska dicht bei ihren Müttern.

Organismen, welche er mit seinen Barten aus der obersten, 2 cm dicken Schlamm- oder Sandschicht ausfiltert.

Beobachtungen lassen vermuten, daß nahrungsreiches Sediment in das Maul gesogen und durch die Barten hinausgedrückt wird, wobei die Zunge wie ein Kolben arbeitet. Die Nahrungsaufnahme findet meist in der rechten Seitenlage statt. Man nimmt an, daß das Tier eine Strecke zweimal abschwimmt: einmal, um Sediment und Organismen mit der Schnauze aufzuwirbeln und zum zweiten Mal, um die aufgewirbelten

Unten: Grauwale können in ihren Fortpflanzungsgebieten sehr zutraulich werden.

Partikel aufzunehmen und auszufiltern.

Die häufigste Beute in den nördlichen Nahrungsgründen sind kleine, garnelenähnliche Kleinkrebse (Amphipoda) vielerlei Arten, aber auch vielborstige Würmer (Polychaeten) und Weichtiere (Mollusken) werden genau so wie kleine Schwarmfische oder in Schwärmen auftretende Kopffüßer (Tintenfische) genommen, wenn sich die Gelegenheit dazu ergibt. Der größte Teil der Nahrungsaufnahme findet in der nördlichen Hälfte des Verbreitungsgebietes statt, aber sowohl auf der Wanderung als auch in den Fortpflanzungsgründen nehmen die Wale noch Nahrung zu sich. Während des Höhepunktes der Nahrungsaufnahme fressen erwachsene Tiere täglich 1–1,25 t Nahrung. Dies entspricht dem drei- bis vierfachen Volumen des Magens.

Verhalten: Die Gruppengröße ist mit bis zu 3 Individuen typischerweise klein. Allerdings können sich auf Wanderungen bis zu 16 Tiere zusammenschließen. In und in der Nähe der Fortpflanzungsgebiete sind Mutter-Kind-Gruppen und Verbände von 2–3 sozial aktiven Individuen die Norm. Gute Nahrungsbedingungen können in den Nahrungsgebieten Hunderte von Individuen auf einer Fläche von wenigen Quadratkilometern zusammenführen, jedoch sind diese Zusammenballungen lose und dem Zufall unterworfen. Typische Schwimmsequenzen enthalten eine Folge von 5–6 Atemzügen, gefolgt von einem flachen Abtauchen über etwa 3–5 Minuten. Die Schwanzfluke erhebt sich gelegentlich vor dem Abtauchen aus dem Wasser.

Es gibt Lautgebungen in einem Frequenzbereich von 15 Hz bis 20 kHz, die häufigsten Tonhöhen liegen zwischen 15 Hz und 2 kHz. Stöhnlaute, Pfiffe, Zwitschern, Raspeln, Knurren, »Bongs«, Rumpeln und Klicklaute wurden schon beschrieben.

Fortpflanzung und Entwicklung: Die Empfängnis findet während einer dreiwöchigen Periode auf der Südwanderung Ende November bis Anfang Dezember statt. Zwei bis drei Wale tauchen dann gemeinsam mit rollenden Bewegungen und gemeinsam aufeinander abgestimmtem Schwimmen aus dem Wasser auf. Die Kopulation dauert 30–60 Sekunden, wobei das Paar häufig auf der Seite liegend an der Oberfläche treibt.

Grauwale werden mit einer Länge von etwa 4,6 m und einem Gewicht um 500 kg geboren. Die sexuelle Reife tritt vermutlich mit durchschnittlich 8 Jahren im Bereich von 5–11 Jahren bei einer Länge von 11,1 m (Männchen) und 11,7 m (Weibchen) ein. Die physische Reife, der Zeitpunkt, an dem das Wachstum zum Stillstand kommt, tritt mit etwa 40 Jahren ein.

Der Reproduktionszyklus ist eng an den Wanderzyklus gebunden. In der kalifornischen Population werden nahezu alle Kälber während einer kurzen Zeitspanne von 5–6 Wochen von Ende Dezember an in den warmen, geschützten Gewässern der Fortpflanzungslagunen in der Baja California am Südende der Wanderroute geboren. Die Tragzeit beträgt etwa 13,5 Monate. Grauwale kommen sehr selten unmittelbar nach einer Geburt oder nach dem Entwöhnen eines Kalbes wieder in Brunst. Mit nur wenigen Ausnahmen beenden die Weibchen die Stillzeit (etwa 7 Monate) und »ruhen« dann für rund 3,5 Monate.

Weltbestand: Bedingt durch ihren küstennahen Lebensraum gehört die Bestandsgröße der Grauwale zu der am besten erforschten aller Wale. Vom westlichen Bestand nahm man an, daß er kurz vor der Ausrottung stand. Neuere Untersuchungen gehen aber von Bestandszahlen im hohen Zehner- oder niedrigen Hunderterniveau aus. Aber auch diese Zahlen könnten noch zu gering sein, um ein Aussterben zu verhindern. Eine Erholung des Bestandes kann nur durch absoluten Schutz überhaupt noch ermöglicht werden. Einige der hier gesichteten Tiere könnten obendrein »Vagabunden« aus dem östlichen Pazifikbestand sein, der sich relativ gut vom Walfang erholt hat. Man vermutet von 2,5% pro Jahr und schätzt den Bestand auf 15.000–22.000 Individuen.

Der Einfluß des Menschen: Die westliche Population bestand vermutlich nur aus einigen tausend Individuen, als der Walfang im 17. Jahrhundert einsetzte. Moderne, landgestützte Walfangmethoden in Korea erlegten zwischen 1910 und 1933, als der Bestand schon nahezu ausgelöscht war, etwa 1.500 Tiere.

In Amerika begann der Walfang der östlichen Population des Grauwales 1846, als man die Fortpflanzungslagunen entdeckte. Danach ging die Schlachterei auch auf die Nahrungsgebiete über. Ungefähr 11.000 Grauwale wurde 1874 allein vor Kalifornien und Mexiko getötet. Der Walfang ließ nach, als der Bestand zusammenbrach, aber Fabrikfangschiffe fingen zwischen 1914 und 1946, als der Art endlich internationaler Schutz zugestanden wurde, immer noch etwa 1.000 Tiere. Seit dieser Zeit wurden bis 1989 ungefähr 5.500 Grauwale durch Eingeborene oder zu wissenschaftlichen Zwecken gefangen. Die Fangquote für Einwohner Sibiriens beträgt zur Zeit noch durchschnittlich 170–180 Tiere pro Jahr und für die Inuits von Alaska einige wenige jährlich.

Ein Kalb lebte 1971 in Kalifornien für etwa 1 Jahr in Menschenhand, bis es wieder ausgesetzt wurde.

FURCHENWALE

FAMILIE BALAENOPTERIDAE

Der Name ›Furchenwale‹ bezieht sich auf die vielen Furchen an der Körperunterseite der Wale, die sich entlang des Unterkiefers bis zum Unterleib hinziehen. Diese Furchen gestatten es der ventralen Haut (der Haut der Körperunterseite), sich überdurchschnittlich auszudehnen, wenn die Wale riesige Mengen von nährstoffhaltigem Wasser in das Maul aufnehmen, um es danach durch die Barten wie durch ein Sieb wieder hinauszupressen. Alle 6 Arten der Familie *Balaenopteridae* weisen dieses Merkmal auf, über das kein anderer Wal verfügt. Alle besitzen auch eine Rückenfinne, ein breites, leicht gebogenes Rostrum und kurze Barten.

Die Balaenopteriden sind allesamt große Wale. Sogar der kleinste unter ihnen, der Zwergwal (*Balaenoptera acutorostrata*) kann eine maximale Körperlänge von 10 m und ein Gewicht von 13 t erreichen. Der größte Vertreter ist der Blauwal *(B. musculus)*, das größte Lebewesen, das je auf der Erde gelebt hat.

Die Familie wurde 1864 von John Gray beschrieben und benannt und enthält zwei Gattungen. Die eine, *Balaenoptera*, enthält 5 Arten mit großer Übereinstimmung im Körperbau: den Blau-, Finn- *(B. physalus)*, Sei- *(B. borealis)*, Bryde- *(B. edeni)* und Zwergwal. Die andere Gattung, *Megaptera*, enthält nur eine Art, den Buckelwal *(M. novaeangliae)*. Der Buckelwal ist ebenfalls einer der »großen Wale«, unterscheidet sich von den anderen aber durch seinen untersetzteren Körperbau und riesige Flipper, die 33% der Körperlänge erreichen können.

Alle Furchenwale sind in allen Ozeanen verbreitet. Lediglich der Brydewal bewohnt ausschließlich tropische und subtropische Regionen. Alle 6 Arten bewohnen vorwiegend Hochseebiotope, erscheinen aber zeitweise in Küstengewässern, wo noch ausreichende Tiefen vorhanden sind. Außerdem gibt es einige Populationen des Brydewales (die einzige nicht wandernde Art), die dauerhaft Küstengewässer bewohnen. Buckelwale suchen für die Geburt seichte Gewässer auf.

Zwergwale zwischen Eisbergen. Die kleinste Art der Familie wandert bis unmittelbar an den Rand des Polareises.

Blauwal

BALAENOPTERA MUSCULUS

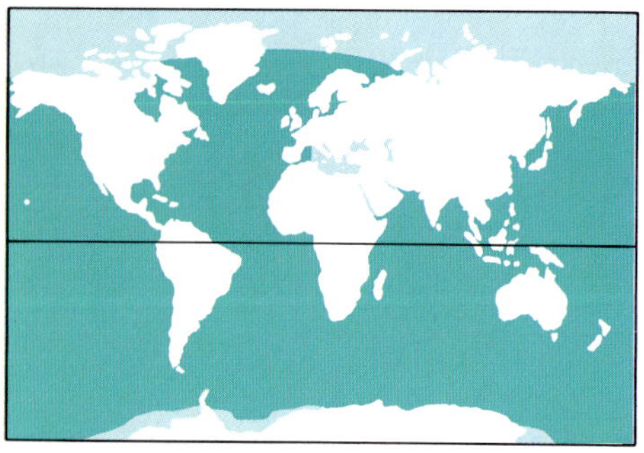

■ Bekannte Verbreitung

Systematik: Der Blauwal wurde 1758 von Linné beschrieben und *Balaenoptera musculus* benannt. 1963 wurde eine Unterart, der Zwergblauwal (*B. m. brevicauda*) entdeckt.

Populäre Bezeichnungen: Der Blauwal wird im angelsächsischen Sprachraum auch als »Schwefelbauch« bezeichnet, was von seiner gelblich-braunen Unterseite herrührt. Die Färbung wird durch Diatomeen (Kieselalgen) verursacht, die sich in polaren Gewässern auf der Haut festsetzen.

Beschreibung: Der Blauwal besitzt eine stromlinienförmige, schlanke Gestalt mit einer kleinen Rückenfinne am letzten Viertel der Rückenlinie. Die Schwanzfluke ist breit und eingekerbt. Die Flipper sind schlank, enden spitz und haben eine Länge von etwa 14% der Körperlänge. Im Vergleich zu anderen Furchenwalen ist der Kopf relativ breit, mit einem nahezu flachen Rostrum, auf dem in der Mitte vom Blasloch nach vorne eine dachfirstartige Kante verläuft. Das Blasloch besteht aus paarigen Nasenlöchern, die vorne und seitwärts von einem fleischigen Wall umgeben sind. Dieses an eine Kappe erinnernde Merkmal ist typisch für die Furchenwale, aber bei den anderen Arten nicht so ausgebildet. Von jeder Oberkieferhälfte hängen 270–395 Barten herab, die breiter als lang (die längsten erreichen 1 m) und einheitlich schwarz mit groben Fransen sind, ein Merkmal, das eine Identifizierung relativ einfach macht. Die Kehle weist 55–88 ventrale Furchen auf, die sich bis zum Nabel erstrecken.

Die Färbung ist dunkelblaugrau mit meliert-fleckigem Eindruck. Die Unterseite der Flipper ist meist blaß.

Der Blauwal ist das größte lebende Tier der Erde. Wie bei anderen Furchenwalen gibt es einen Geschlechtsdimorphismus, die Weibchen werden 5–6% länger als die Männchen. Aufzeichnungen belegen, daß weibliche Blauwale etwa 31 m Länge erreichen und zum Ende der Nahrungssaison mehr als 200 t wiegen können. Die Durchschnittsgröße erwachsener Tiere liegt bei 25 m (Männchen) und 26,2 m (Weibchen) bei einem Körpergewicht zwischen 100 und 200 t. Diese Maße basieren hauptsächlich auf Fängen aus den südlichen Ozeanen. Nördliche Individuen sind minimal kleiner.

Wie sein Name schon andeutet ist der Zwergblauwal kleiner als der Blauwal. Erwachsene Weibchen erreichen Längen von 21,6–21,9 m, obwohl sie bis zu 24 m lang werden können. Allerdings gibt es andere Unterschiede in Größe und Proportionen zwischen Blau- und Zwergblauwal, die erst bei näherer Betrachtung der Kadaver zutage treten. Die Barten sind deutlich kürzer als beim Blauwal, und Kopf sowie Rumpf erscheinen, bedingt durch eine Verkürzung der Schwanzregion, relativ größer zum Rest des Körpers. Erstaunlicherweise hat der Zwergblauwal aber eine höhere Anzahl von Schwanzwirbeln.

Identifizierung auf See: Der Blas steigt senkrecht bis zu 9 m in die Höhe. Er erscheint etwa einmal alle 1–2 Minuten, wenn das Tier ruht, erhöht sich aber auf 6 Atemstöße pro Minute nach einer ausgedehnten Jagd. Tauchzüge dauern durchschnittlich 3 bis 10 Minuten, können aber 20 Minuten und mehr andauern. Die Schwimmgeschwindigkeit während der Nahrungsaufnahme beträgt 2–6,5 km/h und erreicht auf Wanderungen 5–14 km/h mit Spitzen von bis zu 30 km/h, wenn die Tiere aufgeschreckt werden. Gelegentlich hebt der Blauwal beim Abtauchen die Fluke aus dem Wasser. Aufgrund ihrer Position am hinteren Körperende ist die Rückenfinne nicht immer sofort zu sehen, wenn der Wal an die Oberfläche kommt.

Jeder Furchenwal von mehr als 24 m Länge ist mit größter Sicherheit ein Blauwal. Die Unterscheidung zwischen Blau- und Zwergblauwal kann auf See in Gebieten, wo die Tiere gemeinsam vorkommen, ein Problem sein.

Lebensraum: Die Art bewohnt die Hochsee und ist daher selten in Küstennähe zu beobachten. Lediglich in polaren Gebieten folgen sie im Sommer kontinuierlich dem sich zurückziehenden Eis. Dieses Verhalten kann teilweise in Strandung oder Isolation von Individuen enden, die in kleinen Seegebieten vom Eis eingeschlossen werden, wenn sich die Witterung plötzlich ändert. Dies wird häufiger aus dem St.-Lorenz-Golf (Kanada) berichtet. Der Blauwal scheint gegenüber großen Temperaturschwankungen sehr tolerant zu sein.

Verbreitung und Wanderung: Blauwale leben in allen Ozeanen der Welt, vom Äquator bis in die Polarregionen beider Erdhälften. Beobachtungen markierter Tiere haben regelmäßige Wanderungen zwischen Gebieten niedriger und hoher Breiten aufgezeigt, wobei die Tiere während des Jahres Tausende von Kilometern zurücklegen. Es scheint ein Jahreswanderzyklus zu polaren Nahrungsgründen im Sommer und Fortpflanzungsgebieten niedriger Breiten im Winter vorzuliegen. Dieses Muster ist für die Südhalbkugel gut belegt, aber weniger bekannt für den Nordpazifik und Nordatlantik. Die Wanderrouten sind weitgehend unbekannt. Blauwale bleiben bestimmten Nahrungsgründen treu. Mit we-

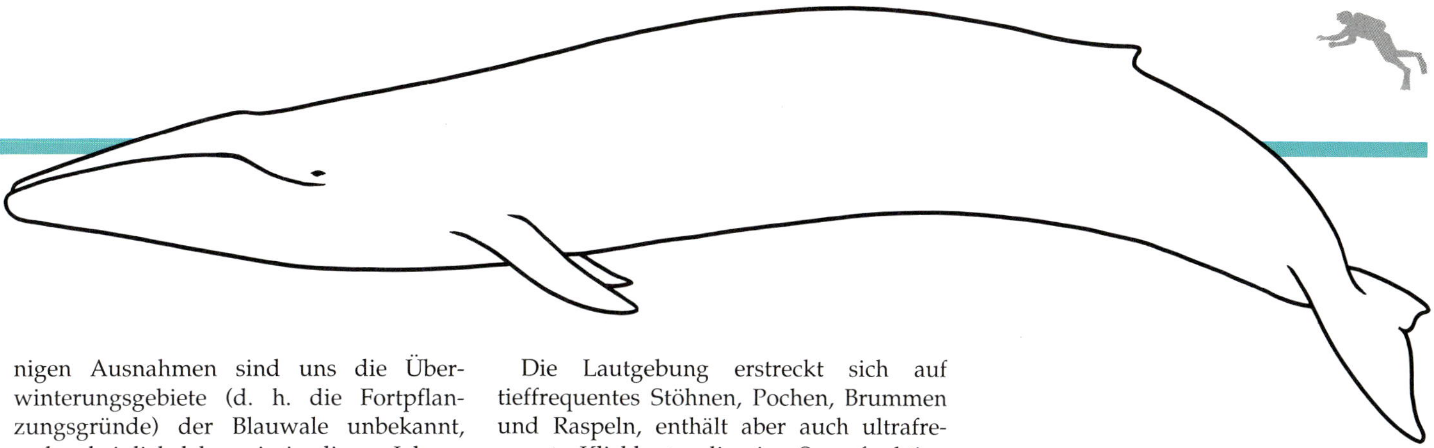

nigen Ausnahmen sind uns die Überwinterungsgebiete (d. h. die Fortpflanzungsgründe) der Blauwale unbekannt, wahrscheinlich leben sie in diesen Jahreszeiten im offenen Ozean.

Der Zwergblauwal bewohnt einige wechselnde Gebiete hauptsächlich auf der südlichen Halbkugel, u. U. aber auch im nördlichen Indischen Ozean. Eine relativ große Population scheint standorttreu in der Subantarktis zu leben. Andere Gruppen dieser Unterart wurden vor Chile und den Kerguelen gesehen, wobei diese Gruppen sich nicht zu vermengen scheinen.

Nahrung und Nahrungsaufnahme: Trotz der rauhen Bartenfransen hat sich der Blauwal in der Antarktis auf die Jagd von schwarmbildenden Leuchtkrebsen spezialisiert. Mit großer Sicherheit befindet er sich bezüglich dieser saisonabhängig verfügbaren Nahrung in direkter Konkurrenz zu anderen Furchenwalen, wie Finn-, Zwerg- und Seiwal. Die sehr zeitigen Frühjahrswanderungen und seine unmittelbare Nähe zur Eiskante, wo er sofort an die vom zurückweichenden Eis freigegebenen Nahrungsquellen gelangen kann, unterstreicht die Bedeutung dieser Beuteart für den Blauwal. Sogar wenn Schwarmfische vorhanden sind, werden im Norden wie Süden Leuchtkrebse bevorzugt. Nur sehr gelegentlich werden auch Ruderfußkrebse genommen, in bestimmten Jahreszeiten vor der Baja California auch dort in dichten Schwärmen auftretende kleine Zehnfußkrebse. Der Hauptmagenabschnitt eines erwachsenen Blauwales faßt bis zu einer Tonne Leuchtkrebse.

Verhalten: Der Blauwal lebt nicht gesellig, Einzelgänger oder Mutter-Kind-Gruppen sind die Regel. In den Nahrungsgründen kann sich allerdings eine größere Anzahl von Tieren treffen, die aber keinen sozialen Kontakt zu haben scheinen. Die Wale tauchen offenbar nicht sehr tief, höchstens bis zu 200 m, wobei sie ihre Aktivitäten auf diejenigen Wasserschichten begrenzen, in welchen ihre Hauptbeute vorkommt.

Man nimmt an, daß die Wanderungen in einer gewissen Ordnung ablaufen, wobei Erwachsene die Jungtiere anführen. Die Organisation erscheint allerdings sehr locker. Trächtige Weibchen wandern grundsätzlich als erste im Frühjahr in die nahrungsreichen polaren Gewässer und sind wahrscheinlich unter den letzten, die diese wieder verlassen.

Die Lautgebung erstreckt sich auf tieffrequentes Stöhnen, Pochen, Brummen und Raspeln, enthält aber auch ultrafrequente Klicklaute, die eine Sonarfunktion haben könnten. Zusätzlich könnten Sprünge und Schwanzschlagen hörbare Kontaktlaute zwischen Individuen darstellen.

Fortpflanzung und Entwicklung: Bei Eintritt der Geschlechtsreife sind Männchen etwa 22,6 m und Weibchen um 24 m lang.

Links außen: Auf dieser seltenen Aufnahme nähert sich ein Taucher einem Blauwal, der vor Südkalifornien mit der Nahrungsaufnahme beschäftigt ist.

Unten: Nur aus der Luft kann die immens große und doch stromlinienförmige Gestalt eines Blauwales vollständig betrachtet werden.

Links: An der marmoriert blaugrauen Färbung und der kleinen gedrungenen Finne kann man Blauwale auf See von verwandten Arten unterscheiden.

Unten: Die Blaslöcher des Blauwales stehen deutlich erhöht über dem Oberkiefer.

Das Körpergewicht beträgt dann durchschnittlich 70% der maximalen Körpermasse. Der Zwergblauwal ist bei Eintritt der Geschlechtsreife mit 19 m deutlich kleiner, jedoch sind die Schätzungen nicht sehr exakt. Die Geschlechtsreife tritt bei beiden Arten mit möglicherweise 5–6 Jahren ein. (Diese Altersbestimmung basiert auf Wachstumsmustern der Barten und Ohrzapfen, wurden aber für den Blauwal noch nicht exakt bestätigt.) Die Lebenserwartung liegt bei 80 Jahren, wird aber nur von wenigen Individuen erreicht. Die physische Reife tritt mit 25–30 Jahren ein.

Das Paarungsverhalten ist unbekannt, doch geht man von Gelegenheitspaarungen aus. Die Tragzeit dauert um die 11 Monate. Das Blauwalkalb wird mit einer Länge von 7 m geboren und wiegt etwa 2,5 t. Die Geburten finden in gemäßigt warmen bis subtropischen Gewässern im Winter statt. (Zwergblauwale sind bei Geburt kleiner und ähneln mit ihren etwa 6,3 m den Finnwalkälbern.) Das Kalb wird 6–7 Monate gesäugt und mißt zur Zeit der Entwöhnung ca. 12,8 m. Die Entwöhnung fällt mit den Wanderungen in die kälteren, produktiveren polaren Gewässer im Frühjahr/Sommer zusammen. Das Geburtenintervall beträgt normalerweise 2 Jahre. Es gibt Hinweise, daß der Zwergblauwal im Gegensatz zur größeren Unterart zwei Paarungszeiten pro Jahr aufweist, nämlich eine Hauptbrunst im Winter und außerdem eine Nebenpaarungszeit im Sommer.

Die Todesrate der südlichen Population schätzt man auf 5%. Die Haupttodesursachen stellen neben Krankheiten und Infektionen sowie früherer Bejagung durch den Menschen heute Angriffe von Haien und Schwertwalen auf Jungtiere, kranke und verwundete Erwachsene dar.

Weltbestand: In den 20er Jahren wurde die Bestandsgröße der Blauwale auf 220.000 Individuen im Süden (einschließlich 10.000 Zwergblauwalen) und 8.000 Tiere im Norden geschätzt. Die Todesraten des Blauwales waren während der Hochphase des Walfangs in den 30er Jahren vernichtend hoch. Heute liegen die Schätzungen für die Südhalbkugel bei 10.000–20.000 Tieren, was nur noch etwa 5% der Ausgangspopulation entspricht. Davon sind etwa 6.000 Exemplare Zwergblauwale. Auf der Nordhalbkugel nennt die neueste Schätzung etwa 3.000 Tiere. Beobachtungen gehen aber davon aus, daß in bestimmten Gebieten, besonders im östlichen Nordatlantik, die Zahlen ansteigen.

Der Einfluß des Menschen: Die gnadenlose Zerstörung der Blauwalbestände in diesem Jahrhundert wurde zum Symbol für die weltweite Ausbeutung der Wale durch den Menschen. Sobald im ausgehenden 19. Jahrhundert schnellere Schiffe und »heiße« Harpunen (mit Sprengköpfen versehen) zur Verfügung standen, waren alle Furchenwale jagbar. Die Hauptfänge auf Blauwale wurden in den sommerlichen Nahrungsgründen gemacht, in den kälteren Gewässern des Nordatlantiks, Nordpazifiks und besonders des Antarktischen Ozeans. Allein in der Saison 1930/31 wurden nahezu 30.000 Tiere abgeschlachtet. Während der 30er Jahre wurden von den Walfangnationen freiwillige Fangquoten für Furchenwale eingeführt. Sie wurden in »Blauwaleinheiten« gerechnet, wobei ein Blauwal 2 Finnwalen, $2^1/_2$ Buckel- oder 6 Seiwalen gleichgesetzt wurde. Diese Quoten trugen nichts zum Schutz der niedergehenden Blauwalpopulationen bei und wurden wieder abgeschafft.

Beschränkungen des Walfangs wurden 1946 durch die Unterzeichnung der Internationalen Walfang-Konvention (International Whaling Convention) möglich, der Schaden war aber bereits angerichtet. Dennoch wurden aus rein kommerziellen Gründen selbst dann noch die überwältigenden Auswirkungen der Überjagung von Blauwalen zwei Jahrzehnte lang ignoriert, bis die Bestände soweit zusammengeschrumpft waren, daß ein Fang sich kommerziell nicht mehr lohnte. Als 1966 die Art endlich weltweit unter Schutz gestellt wurde, waren in nur einem Jahrhundert mehr als ein Drittel von einer Million Blauwale getötet worden. Viele Bestände sind derartig dezimiert worden, daß eine Erholung unmöglich ist.

FINNWAL

BALAENOPTERA PHYSALUS

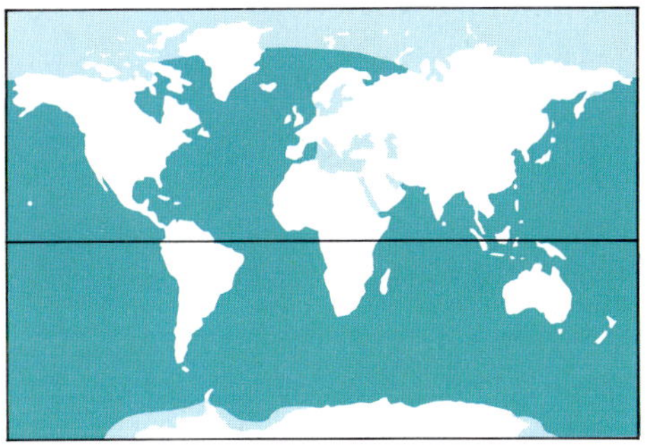

■ Bekannte Verbreitung

Systematik: Der Finnwal wurde 1758 als *Balaenoptera physalus* von Linné beschrieben. Es sind keine Unterarten bekannt.

Populäre Bezeichnungen: Nahezu alle populären Bezeichnungen dieses Wales enthalten die Silbe »Fin«, so zum Beispiel Finhval (Norwegen), Finnhvaler (Island) und Finval (UdSSR). Im angelsächsischen Sprachraum bezeichnet man den Wal als fin whale, finn, finback, common rorqual (Gemeiner Furchenwal) oder »razorback« (Rasierklingenrücken), was auf die scharfkantige Rückenlinie des Wales hinweist.

Beschreibung: Der stromlinienförmige Finnwal ist nach dem Blauwal der zweitgrößte Wal. Die sichelförmige Rückenfinne, am hinteren Drittel der Rückenlinie sitzend, ist mehr nach hinten gebogen als beim Sei- und Zwergwal. Die breite, dreieckige Schwanzfluke ist mäßig tief gekerbt. Der Kopf läuft nicht allzu scharf spitz zu mit einem breiten Rostrum, das genau in seiner Mittellinie durch eine dachfirstartige Kante geteilt wird, die vom Blasloch bis zur Spitze des Rostrums verläuft. Wie bei den anderen Furchenwalen sitzt vor den paarigen Nasenlöchern ein Wulst. Zwischen 55 und 100 Bauchfurchen laufen entlang der Kehle bis zum Nabel und darüber hinaus. An jeder Kieferhälfte hängen 260–475 Barten mit einem feineren Fransensaum als beim Blauwal. Die maximale Länge der Barten beträgt 90 cm.

Die Färbung ist hauptsächlich dunkelgrau bis bräunlich-schwarz, Kehle, Bauch sowie Unterseite der Flipper und Schwanzfluke sind weiß. Der Kopf besitzt eine asymmetrische Pigmentierung, die Weißfärbung reicht über den rechten Unterkiefer hinaus bis in die Mundhöhle. Die Barten weisen ebenfalls asymmetrische Färbung auf, das erste Drittel der rechten Seite ist weiß bis cremefarben. Die übrigen Barten sind dunkelgrau mit einigen vertikalen gelben Streifen. Die Fransensäume variieren von creme nach beige. Die blasse Färbung erstreckt sich in einigen Fällen auf den rechten Oberkiefer. Die linken Ober- und Unterkiefer stellen dazu einen recht dunklen Kontrast dar. Einige Finnwale besitzen ein blasses, winkelförmiges Abzeichen hinter dem Kopf.

Die durchschnittliche Körpergröße von Erwachsenen der südlichen Hemisphäre beträgt 21 m (Männchen) und 22,3 m (Weibchen). Bei gleichaltrigen Tieren sind die Weibchen immer größer. Auf der Nordhalbkugel bleiben die erwachsenen Tiere etwas kleiner, etwa 19 m (Männchen) und 20,5 m (Weibchen). Das größte vermessene Tier war ein Weibchen von 26 m. Erwachsene Finnwale können zwischen 45 und 75 t wiegen.

Identifizierung auf See: Seine Größe hilft, diesen Furchenwal von den Sei-, Bryde- und Zwergwalen zu unterscheiden. Zusätzlich trägt er seine Rückenfinne nicht so aufgerichtet wie diese Arten. Der Hauptunterschied zwischen Blau- und Finnwal auf See ist das unmittelbare Auftauchen der Rückenfinne nach dem Ausblasen der Luft bei letzterem. Beim Blauwal sitzt die Finne so weit hinten am Rücken, daß sie erst kurz vor dem Abtauchen sichtbar wird. Der Seiwal taucht in so flachem Winkel auf, daß normalerweise Kopf und Finne gleichzeitig erscheinen. Der Auftauchwinkel des Finnwales ist steiler, so daß zuerst nur der Kopf sichtbar wird. Wenn man nahe genug an das Tier herankommt, wird auch die

Unten: Ein nahezu bewegungsloser Finnwal an der Wasseroberfläche.

Links: Nur Finnwale weisen eine unsymmetrische Färbung am Kopf auf. Die weiße Färbung erstreckt sich über den rechten Unterkiefer und die rechten, vorderen Bartenplatten.

Unten rechts: Die Form der Rückenfinne und die Größe des Finnwales ermöglichen eine einwandfreie Identifizierung auf See.

Körperfarbe und die unsymmetrische Kopffärbung sichtbar. Der Blas des Finnwales wirkt wie ein schlanker, auf den Kopf gestellter Kegel und kann 6 m Höhe erreichen.

Die Identifikation gestrandeter Tiere ist wegen des unsymmetrischen Kopfes und der Bartenfärbung, die auch bei Jungtieren schon vorhanden ist, sehr leicht.

Lebensraum: Der Finnwal ist grundsätzlich ein Bewohner der offenen Ozeane, wird aber in einigen Gebieten auch in Küstengewässern angetroffen. Warme Gewässer in gemäßigten oder subtropischen Gebieten stellen die ideale Umgebung für die Geburt der Jungen dar, wohingegen die kalten, nahrungsreichen Gewässer der hohen Breiten die Grundlagen zur Anlegung eines reichen Energiedepots bereithalten, welches einen Großteil des Energiebedarfs der Wale in den Wintermonaten deckt.

Verbreitung und Wanderung: Der Finnwal wird in allen Ozeanen angetroffen. Er ist von den Tropen bis in beide Polarregionen verbreitet, dabei ist er ein typischer Vertreter der pelagischen Fauna, der nur sehr selten in Küstennähe gesichtet wird. Aufgrund seiner saisonal ausgerichteten, wandernden Lebensweise, die ihn im Winter in niedrige Breiten und im Sommer in hohe Breitengrade treibt, verbringt das Tier jährlich Tausende von Kilometern auf der Wanderung. Die Wanderbewegungen verlaufen in Nord-Süd-Richtung mit nur geringer Längsverteilung. Finnwale ordnen sich nach Alter und Reifegrad; Jungtiere neigen dazu, tragenden Weibchen und anderen Erwachsenen zu folgen. Sie nehmen am Ende der Wanderung auch Seegebiete in etwas niedrigerer Breite als die Erwachsenen ein. Auch wenn Finnwale in polare Gewässer einwandern, sieht man sie, im Gegensatz zu Blau- und Zwergwalen, nicht in unmittelbarer Nähe der Eisränder.

Nahrung und Nahrungsaufnahme: Der Finnwal ist darauf spezialisiert, schwarmbildende Leuchtkrebse zu »schlucken«. In der Antarktis stellt *Euphausia superba* und im Nordatlantik *Meganyctiphanes norvegica* den Hauptanteil der Beute. Vor Nordnorwegen, Island und einigen anderen Gebieten wird auch bis zu einem gewissen Grad Fisch, einschließlich der Lodde (*Mallotus villosus*) und des Herings (*Clupea harengus*) genommen. Es wurde auch von Ruderfußkrebsen und sogar Kopffüßern als Nahrung berichtet. Bei der Nahrungsaufnahme legt sich der Finnwal häufig auf die Seite. Seine asymmetrische Färbung könnte innerhalb des Nahrungsverhaltens eine Rolle spielen. Im Sommer stellt die Nahrungsaufnahme die elementare Haupttätigkeit dar, um Energiereserven für Zeiten aufzubauen, in denen die geeignete Beute nur gering oder gar nicht vorhanden ist. Im Winter wird sie bis auf ein Zehntel der Sommermengen reduziert. Energiereserven werden in Form von Fett (Tran) in der Schwanzmuskulatur; als Eingeweidefett und im Blubber gespeichert.

Verhalten: Finnwale leben geselliger als andere Furchenwale, sie treten oft in Gruppen von 6–10 Tieren auf. Trotzdem sind häufiger Paare oder Einzeltiere zu beobachten. In den Nahrungsgründen können oft 100 und mehr Tiere beobachtet werden. Bei der Nahrungsaufnahme lassen Finnwale sich nicht stören, nicht einmal von vorbeifahrenden Schiffen.

Der Finnwal taucht auf maximal 300 m ab und kann etwa 10–15 Minuten unter Wasser bleiben. Die Intervalle zwischen den Atemzügen liegen unter normalen Umständen durchschnittlich bei einem oder zwei pro Minute. Sie erhöhen sich auf 6–8 pro Minute, wenn das Tier gejagt wird.

Finnwale springen mit dem ganzen Körper aus dem Wasser und fallen sehr laut in Seitenlage auf die Oberfläche zurück. Ob dies eine Art der Werbung oder Kommunikation mit Artgenossen darstellt, ist unbekannt. Sehr häufig tritt ihre Fluke über die Wasseroberfläche, wenn sie abtauchen. Die Lautgebung enthält niedrigfrequentes Stöhnen und Pochen in einem Bereich zwischen 20 und 80 Hz sowie Grunzlaute von 40 bis 200 Hz. Hochfrequente Klicklaute von 16 bis 228 kHz könnten der Echoorientierung dienen.

Fortpflanzung und Entwicklung: Der Finnwal weist einen zweijährigen Reproduktionszyklus mit einer Tragzeit von 11 Monaten auf. Im Winter wird ein einziges Kalb mit einer Länge von 6,4 m und einem Gewicht von 1,75 t geboren. Das Junge wird in den Sommernahrungsgründen im Alter von 6–7 Monaten entwöhnt und mißt dann 11,5 m bei einem Gewicht von 13,25 t.

Anhand der Ohrzapfen (aus dem äußeren Gehörgang) kann man das Alter von Finnwalen gut bestimmen. Finnwale werden nur ausnahmsweise bis 94 Jahre alt. Das Wachstum beenden sie mit 25–30 Jahren. Die Geschlechtsreife tritt mit 6–12 Jahren ein, abhängig von der jeweiligen Population. Die Wale sind zu diesem Zeitpunkt auf der Südhalbkugel 19 m (Männchen) und 20 m (Weibchen) lang. Die Artgenossen der Nordhalbkugel bleiben mit 17,5–18 m bzw. 18,3-19 m hinter den entsprechenden Altersgruppen des Südens zurück.

In vielen südlichen Beständen konnte man feststellen, daß die Geschlechtsreife bereits früher erreicht wurde. Man erklärte sich das mit der Zunahme an verwertbarer Nahrung, denn die in Nahrungskonkurrenz stehenden Blau- und Buckelwale waren durch den Walfang stark reduziert worden. Eine vergleichbare Zunahme des Prozentsatzes an trächtigen Weibchen wurde ebenfalls bei einigen Populationen beobachtet.

Schätzungen der natürlichen Todesrate

von 3,5% bei Männchen und 4,5% bei Weibchen wurden allgemein anerkannt. Der Walfang in der südlichen Hemisphäre hat die natürlichen Todesraten ohne Zweifel in immense Höhen getrieben. Die kontinuierliche Überbejagung des Finnwales führte praktisch zur Auslöschung der südlichen Bestände.

Weltbestand: Grundsätzlich nimmt man an, daß der Weltbestand des Finnwales durch drei geographisch getrennte Gruppen repräsentiert wird: Die Populationen der Südhalbkugel, des Nordatlantiks und des Nordpazifiks. Die Populationen vermischen sich nicht äquatorüberschreitend. Auf der Südhalbkugel hat man für den Walfang 6 Bestände in Übereinstimmung mit ihrem örtlichen Vorkommen definiert. Im Norden wurden mehrere Bestände beschrieben, hauptsächlich aufgrund ihrer Nähe zu Ländern oder Küstenregionen zu bestimmten Zeiten des Jahres, von wo aus Walfangoperationen stattfanden. Die letzteren Bestände sind sehr klein und enthalten wohl nur noch einige tausend Tiere.

Die heutigen Bestandsschätzungen von 85.000–100.000 Individuen für die südliche Hemisphäre betragen nur noch weniger als ein Viertel der Bestände aus der Vor-Walfangzeit mit ca. 400.000–500.000 Exemplaren. Auf der Nordhalbkugel liegen die Verhältnisse nur unbedeutend besser, man geht von einem Bestand mit 20.000 Tieren aus im Vergleich zu 58.000 Individuen vor der Ausbeutung durch Walfang.

Der Einfluß des Menschen: Finnwale wurden in der Ära des »modernen« Walfangs überall erheblich reduziert und sind in etlichen Gebieten bedroht. Während des Höhepunktes des Walfangs auf Finnwale Ende der 50er und Anfang der 60er Jahre lagen die Fänge bei 30.000 Exemplaren jährlich. Der bei weitem größte Anteil dieser Zahl stammte von der Südhalbkugel. Die Finnwale der Südhalbkugel wurden durch 1976 eingeführte Reglementierungen der Internationalen Walfang-Kommission vor weiterer Ausbeutung geschützt, auch die nordpazifischen Arten erfuhren ähnlichen Schutz. Trotz des totalen Verbotes kommerzieller Fänge im Jahre 1986 fuhr Island bis 1989 fort, weiterhin jährlich bis zu 80 Finnwale aus »Forschungsgründen« zu töten. Obwohl die Art gefährdet ist, gibt es keine verläßlichen Beweise dafür, daß der Finnwal als Art kurz vor dem Aussterben stünde. Dennoch müssen wohl viele Jahrzehnte verstreichen, bis der Bestand der südlichen Hemisphäre sich so weit erholt hat, daß die ursprüngliche Größe wieder erreicht ist.

Seiwal

Balaenoptera borealis

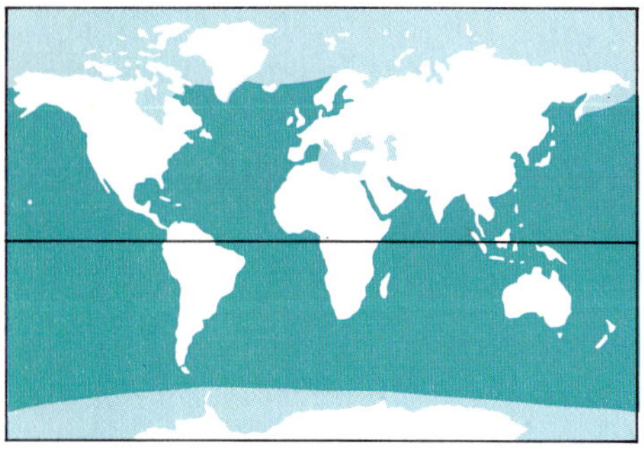

■ Bekannte Verbreitung

Systematik: Der Seiwal wurde 1828 von dem französischen Zoologen René Lesson beschrieben. Trotz einiger Bearbeitungen zuvor und danach wurde der von ihm vergebene Name *Balaenoptera borealis* weitgehend anerkannt. Der Artname *borealis* bezieht sich auf den Norden. Es sind keine Unterarten bekannt.

Populäre Bezeichnungen: Der Name »Sei« stammt von der Angewohnheit des Wales, zusammen mit der »seje« (dem Köhler oder Seelachs, *Pollachius virens*) vor der nordnorwegischen Küste aufzutauchen. Andere gebräuchliche Namen sind unter anderem Köhlerwal, Pollackwal, Sardinenwal und Japan-Finnwal.

Beschreibung: Obwohl robuster gebaut als sein Verwandter, der Finnwal, ist der Seiwal vom Aussehen ein typischer Furchenwal – schlank, mit gut entwickelten, spitz auslaufenden Flippern, die 10% der Körperlänge erreichen können. Im hinteren Körperdrittel sitzt am Rücken die gut ausgebildete, leicht gekrümmte Rückenfinne. Den Schwanz bildet eine große, eingekerbte Fluke. Der Kopf und die Kiefer sind recht schlank, das Rostrum leicht gewölbt. Der Kopf nimmt 1/5 bis 1/4 der Körperlänge ein, abhängig vom Alter des Tieres. Die Furchen sind kurz, ihre Anzahl variiert zwischen 38 und 60, liegt aber durchschnittlich bei 50. Am Unterkiefer können einige kurze Tasthaare sitzen. 318–340 Barten hängen beiderseits vom Gaumen herab. Die etwa 78 cm langen Barten besitzen einen weißlichen Fransensaum, deren Fransen feiner und filigraner wirken als bei anderen Furchenwalen.

Der Körper ist dunkelgrau mit blasserer Pigmentierung der Bauchseite, Bauch und Flanken können recht große blasse und marmorierte Flecken zeigen. Die Barten sind normalerweise einheitlich dunkel, sehr selten auch cremefarben.

In der südlichen Hemisphäre werden Männchen etwa 15 m und Weibchen etwa 16 m lang (Maximum bei 18,3 m). Auf der Nordhalbkugel bleiben die Tiere um 10% kleiner und erreichen ungefähr 13,6 m bzw. 14,5 m. Grundsätzlich werden Weibchen bis 6,5% größer als Männchen. Das Gewicht von Erwachsenen variiert zwischen 20 und 25 t.

Identifizierung auf See: Wie bei den anderen Furchenwalen gibt es zwei Nasenlöcher auf dem Kopf. Der Blas erscheint als mäßig schlanke Wolke mehr oder weniger vertikal über dem Tier, gewöhnlich einmal alle 1–2 Minuten, wenn sich der Wal an der Oberfläche aufhält. Tauchgänge können bis zu 20 Minuten dauern. Beim Schwimmen erreichen die Tiere während der Nahrungsaufnahme 2–6,5 km/h und auf Wanderungen 5 bis 14 km/h. Wenn sie gejagt werden, können Seiwale eine konstante Geschwindigkeit von 20–25 km/h für länger als eine Stunde aufrechterhalten. Die besten Unterscheidungsmerkmale zwischen Sei- und anderen Furchenwalen sind Form und Position der Rückenfinne und die etwas andere Kopfform. Diese hilft bei der Unterscheidung des Seiwals vom ähnlichen Brydewal.

Lebensraum: Es handelt sich beim Seiwal um eine pelagische Art, die normalerweise nicht in Küstennähe angetroffen wird. Der Seiwal folgt in den Ozeanen Temperatur- und Strömungslinien sowie dem Festlandssockel, besonders in Gebieten mit aufwärtstreibendem Plankton. Er bevorzugt dabei eine Oberflächentemperatur des Wassers von 8–25°C. Der Brydewal überschneidet sich nur in solchen Regionen mit dem Seiwal, wo die Wassertemperaturen zwischen 20 und 25°C liegen.

Verbreitung und Wanderung: Seiwale leben in nahezu allen Ozeanen dieser Erde. Trotzdem meidet der Seiwal extreme Biotope und ist weniger häufig in polaren Gewässern anzutreffen als andere Furchenwale. Meist liegt seine Grenze in den subarktischen und subantarktischen Gewässern, die er bevorzugt im Sommer zur Nahrungsaufnahme aufsucht. Nur die größten Tiere treten ab und zu in echten polaren Gewässern auf, und dann meistens

Unten: Ein Seiwal kommt zum Luftholen an die Oberfläche. Er tritt während des Sommers nur in kälteren Gewässern auf.

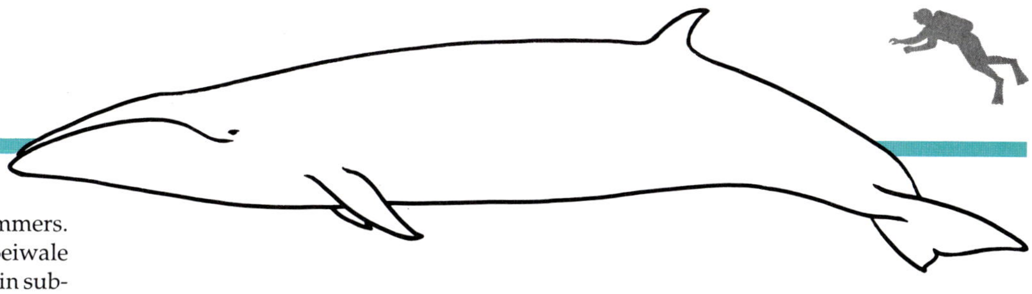

mitten im oder gegen Ende des Sommers. Die überwiegende Mehrzahl der Seiwale wird in gemäßigten, einige aber auch in subtropischen Gewässern angetroffen. Wanderungen in höhere Breiten finden saisongebunden statt und sind an die Fortpflanzung gekoppelt. Die nördlichen und südlichen Populationen kommen deutlich getrennt vor und unterscheiden sich voneinander.

Funde von markierten Tieren zeigen, daß die Tiere in jeder Saison über viele Tausend Kilometer zwischen Gebieten hoher und niedriger Breiten wandern. Sie haben die ausgeprägte Tendenz, immer in dasselbe Gebiet zurückzukehren, wo die Markierung vorgenommen worden ist.

Nahrung und Nahrungsaufnahme: Beobachtungen haben gezeigt, daß das Nahrungsverhalten des Seiwals wenig spezialisiert ist. Die Art nimmt alles, was vor Ort in ausreichender Menge zur Verfügung steht, solange die Beuteorganismen in Schwärmen auftreten. Die feinen, dichten Fransen an den Barten ermöglichen es den Seiwalen, sogar die kleinsten Ruderfußkrebse auszufiltern, aber auch Schwarmfische bis 30 cm Länge und Tintenfische können mit Leichtigkeit aufgenommen werden. Der Seiwal ist in der Lage, die beiden typischen Bartenwal-Filtermethoden, das Schluckfiltern und das Oberflächenfiltern, miteinander zu kombinieren. Meist schwimmt er in Seitenlage durch einen Schwarm Fische. Die häufigste Nahrung in der Antarktis ist der Leuchtkrebs *Euphausia superba*, während in den hohen Breiten der Nordhalbkugel der Leuchtkrebs *Meganyctiphanes norvegica* und Ruderfußkrebse die Hauptbeute ausmachen.

Verhalten: Normalerweise schwimmen Seiwale in kleinen Gruppen von 3–5 Tieren. Es scheint eine gewisse Gliederung nach Alter, Geschlecht und Fortpflanzungsstatus vorzuliegen. In gemäßigten Gewässern bestehen die Gruppen hauptsächlich aus Jugendlichen und säugenden Weibchen, während in höheren Breiten erwachsene Tiere vorherrschen. Die zahlenmäßige Überlegenheit eines Geschlechts variiert in höheren Breiten. Fänge aus der Vergangenheit haben ergeben, daß auf der Südhalbkugel die Männchen vorherrschen, während tragende Weibchen im Nordatlantik vor Irland in der Überzahl sind. Das Verhältnis zwischen den Geschlechtern und den unterschiedlichen Reproduktionsstadien wechselt von Monat zu Monat und spiegelt das Wanderverhalten wider.

Normalerweise taucht der Seiwal kürzer als 20 Minuten und geht wahrscheinlich selten tiefer als 300 m. Die Fluke wird normalerweise nicht über die Wasseroberfläche gebracht. Unter Wasser verständigt sich der Seiwal wie die anderen Furchenwale durch pulsierende, niedrigfrequente Laute im Bereich von 12–500 Hz und von 0.4–36 Sekunden Dauer sowie durch Pulsketten mit Spitzen von 3 kHz, in denen jeder Einzelimpuls 4 Millisekunden andauert.

Die Art strandet äußerst selten. Funde rühren normalerweise von Tieren her, die bereits auf See verendet sind und mit der Strömung an den Strand getrieben wurden. Es gibt keine Berichte von Massenstrandungen.

Fortpflanzung und Entwicklung: Nur sehr wenig ist über das Paarungssystem der Seiwale bekannt. Wie auch Blau- und Finnwale weist der Seiwal einen zweijährigen Fortpflanzungszyklus auf. Die Trächtigkeit dauert etwa 11,5 Monate, es wird im Winter ein Jungtier geboren, das 6–7 Monate gesäugt wird. Das Kalb mißt bei der Geburt 4,5 m und wiegt 780 kg. Nach der Entwöhnung in höheren Breiten im Sommer ist es 8 m lang und wiegt 3,8 t.

Die Lebenserwartung mag bei 70 Jahren liegen, jedoch hat die Ausbeutung der Art auch bei den Seiwalen die tatsächliche Lebensdauer erheblich verkürzt. Beide Geschlechter werden mit 8–11 Jahren fortpflanzungsfähig, abhängig von der jeweiligen Population, wenn sie etwa 92–95% der endgültigen Körpergröße und 70–85% des endgültigen Gewichtes erreicht haben. Mit 25–30 Jahren sind die Tiere ausgewachsen.

Schätzungen der Todesrate sind sehr unterschiedlich und liegen bei 6–15%. Diese Schätzungen enthalten die absolute Todesrate (inklusive Walfang); die natürliche Sterberate mag näher an 6–8% heranreichen. Abgesehen vom Menschen und möglicherweise einigen Todesfällen durch Angriffe von Haien und Schwertwalen auf Jungtiere und verletzte oder kranke Erwachsene, gibt es nur eine bekannte Bedrohung für Seiwale. Es handelt sich dabei um eine Pilzinfektion, die die Barten der Tiere im östlichen Nordpazifik zerstört, was die Nahrungsaufnahme so stark behindern kann, daß der Tod eintritt.

Weltbestand: Der gegenwärtige Stand etlicher Seiwalbestände, besonders im Nordatlantik, ist unbekannt und wird das vermutlich auch bleiben. Diese Bestände sind im Vergleich zu den südlichen Beständen relativ klein (in der Größenordnung von etwa 1.400–2.200 Tieren der kanadischen Population). Der Seiwal tritt in verschiedenen Gebieten unvorhersagbar auf. Bisher haben alle Untersuchungsmethoden zur Populationsdynamik einschließlich Markierungen nur unverläßliche Zahlen über Bestandsgrößen erbracht.

1974 bestand die Population im Nordpazifik aus etwa 13.000 Individuen, 1963 noch aus 63.000 Exemplaren. Im Süden ist man seitens des Walfangmanagements von 6 Populationen ausgegangen, historisch entstanden aus Gebieten, in denen der Buckelwal vorkam und die folglich für alle Furchenwale angenommen wurden, die man rund um die Antarktis jagte. Heute weiß man, daß es beachtliche Bewegungen über die »Bestandsgrenzen« hinweg gibt. 1979 schätzte man den gesamten südlichen Bestand auf etwa 24.000 Tiere. Vor 1930 waren es schätzungsweise noch etwa 100.000 Individuen. Neuere Schätzungen von 1985 gehen von einem Gesamtbestand auf der Erde von etwa 50.000 Individuen aus, vor Beginn des Walfanges lag diese Zahl bei 170.000 Tieren.

Der Einfluß des Menschen: Traditionell war der Seiwal nicht das Hauptziel der Walfangexpeditionen. In den südlichen Ozeanen wurden Seiwale meistens im Umkreis von einigen Hundert Kilometern rund um die Süd-Shetlands, Süd-Georgien und die Falklandinseln, in der Ross-See und vor Südafrika gefangen. Einige wenige fing man in der subantarktischen und antarktischen Hochsee. Später wurden die Seiwale hauptsächlich in der Hochsee gejagt. Mitte der 60er Jahre, war der Seiwal außerordentlich stark reduziert, was an der Dezimierung und späteren Unter-Schutzstellung der Blau-, Buckel- und Finnwale in den südlichen Ozeanen lag. Mitte der 70er Jahre waren die Seiwale »ausgefischt«. Ab der Saison 1978/79 wurde allen Beständen absoluter Schutz gewährt. Auch die nordpazifischen Seiwale wurden stark dezimiert. Im Nordatlantik wurden Seiwale von vielen Nationen bejagt, darunter die Färöer, Grönland, Island, Irland, Norwegen, Schottland und Spanien. 1979 wurden weltweit alle Seiwalbestände unter Schutz gestellt, mit Ausnahme des Bestandes der Straße von Dänemark westlich von Island, wo ein jährlicher Fang von 85 Walen erlaubt blieb. Zwischen 1986 und 1988 wurde eine weitere Fangquote von 10–40 Seiwalen vor Island zu wissenschaftlichen Zwecken erlaubt.

BRYDEWAL

BALAENOPTERA EDENI

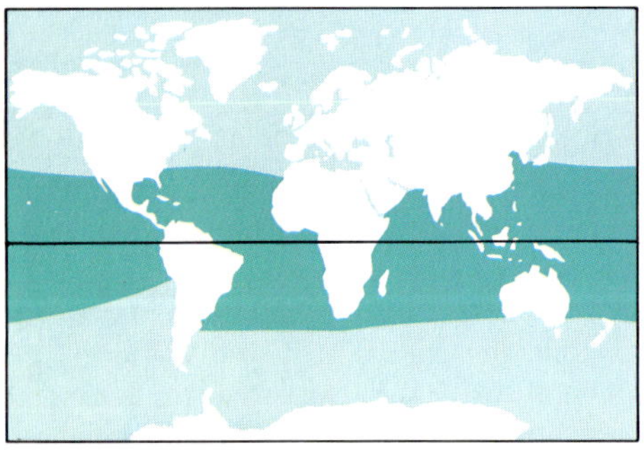

■ Mögliche Verbreitung

Rechts: Ein Brydewal unmittelbar vor dem Auftauchen. Das Tier hat schon mit dem Ausatmen begonnen, so daß die Lungen innerhalb eines sehr kurzen Zeitraumes nahezu vollständig entleert und wieder gefüllt werden können.

Unten rechts: Dieses seltene Foto eines Brydewales unter Wasser zeigt deutlich die arttypischen sekundären Leisten am Kopf.

Systematik: Der Brydewal wurde 1878 von Anderson beschrieben und benannt. 1912 beschrieb Olsen eine Art, die er vor der südafrikanischen Küste beobachtet hatte. Er nannte sie *B. brydei* nach dem norwegischen Konsul in Südafrika, Johan Bryde. Unter Umständen galten beide Beschreibungen derselben Art, daher nahm man nach wissenschaftlicher Gepflogenheit den erstbenannten Namen an, wenngleich sich die populäre Bezeichnung von der späteren Beschreibung herleitet. Es sind bisher keine Unterarten anerkannt, obwohl eine Zwergform aus der südlichen Hemisphäre nahe der Salomon-Inseln beschrieben wurde.

Beschreibung: Der Brydewal ähnelt in Gestalt und Größe dem Seiwal, mit dem er sehr häufig verwechselt wurde. Der Brydewal ist gedrungener und kürzer als der Seiwal. Die durchschnittliche Körpergröße beträgt 13,7 m (Männchen) und 14,5 m (Weibchen). Die Weibchen der küstennahen Formen vor Südafrika erreichen maximal 15,6 m Länge. Das Durchschnittsgewicht beträgt 16–18,5 t, maximal 20–25 t. Kleinere Küstenformen des Brydewals erreichen 13 m bzw. 13,8 m. Die Zwergform der Salomon-Inseln bleibt mindestens 1 m kürzer.

Die gut ausgebildete, sichelförmige Rückenfinne sitzt am hinteren Körperdrittel der Rückenlinie. Die Schwanzfluke ist breit mit einer Mittelkerbe, der Schwanzstiel ist seitlich zusammengedrückt. Die Flipper laufen spitz aus und erreichen 10% der Körperlänge. Etwa 40–70 Bauchfurchen verlaufen vom Unterkiefer zum Nabel. Vom Oberkiefer hängen 250–365 grobe Barten herab, die mit einer maximalen Länge von 60 cm relativ kurz sind.

Die Körperfärbung ist dunkelgrau mit ein wenig Weiß an Kinn und Kehle. Gelegentlich ist die Färbung zwischen Kopfende und Rückenfinne etwas blasser und reicht mitunter auf die Flanken hinunter. Durch Parasiten oder kleine Haie verursachte Pockennarben geben dem Körper ein marmoriertes Aussehen. Die Barten sind schwarz oder dunkelgrau mit Ausnahme einiger vorderer Platten, die cremefarben ausfallen können. Die Fransen sind blaß.

Identifizierung auf See: Das Haupterkennungsmerkmal des Brydewals sind die drei Hautleisten, die von der Spitze des Rostrumrückens bis auf Höhe des Blasloches verlaufen. Dieses Merkmal unterscheidet Brydewale von allen anderen Furchenwalen. Der Blas steigt als schlanke Wolke 3 bis 4 m auf. Kopf und Blas erscheinen an der Wasseroberfläche vor der Rückenfinne in steilerem Winkel als gewöhnlich beim Seiwal. Gestrandete Individuen können von anderen Furchenwalen sehr leicht durch die Kopfleisten unterschieden werden.

Lebensraum: Die Art wird sowohl in Küsten- als auch Hochseebiotopen angetroffen, zwischen standorttreuen Küstenbewohnern und wandernden Hochseeindividuen gibt es deutliche Unterschiede. Brydewale bevorzugen warmes Wasser mit Temperaturen über 20°C.

Verbreitung und Wanderung: Die Art ist weltweit in gemäßigt warmen und subtropischen Gewässern verbreitet und wird gewöhnlich unterhalb 30° Breite auf beiden Erdhälften angetroffen. Der Brydewal ist keine ausnahmslos wandernde Art. Viele Küstenpopulationen scheinen standorttreu zu sein, während Hochseeformen relativ kurze Strecken wandern, hauptsächlich beeinflußt durch Nahrungsverteilung und -vorkommen. Wanderungen verlaufen, anders als bei den übrigen Furchenwalen, mehr von und zur Küste als in Nord-Süd-Richtung.

Vor Südafrika scheint es eine Gliederung innerhalb der Populationen zu geben, in der sich die Mutter-Kalb-Paarungen absondern.

Nahrung und Nahrungsaufnahme: Der Brydewal nimmt an Nahrung, was immer an schwarmbildender Beute vorhanden ist. Er nutzt häufig die Aktivitäten anderer Räuber aus, indem er durch auf- und zusammengescheuchte Fischschwärme schwimmt. In fischreichen Gewässern wird er deshalb häufig gemeinsam mit Schwärmen von SEEVÖGELN gesehen, wie auch mit anderen Walen, ROBBEN und HAIEN. Die Art nimmt Fische und schwärmende Leuchtkrebse. Die Nahrungsaufnahme geschieht durch »Schluckfiltern« oder Verfolgung von Fischschwärmen im Zickzackkurs, meist in Seitenlage schwimmend. Die gefüllte erste Magenkammer eines erwachsenen Brydewal faßt etwa 120–165 kg Nahrung, was einer Tagesration entspricht.

Verhalten: Brydewale leben nicht gesellig und werden meist allein oder in Paaren angetroffen. Die größten Gruppen enthalten 10–23 Tiere und sind gewöhnlich lose Vergesellschaftungen, die einige Quadratkilometer Fläche einnehmen. Zusammenballungen sind eher zufällig und wohl durch gemeinsame Aktivitäten veranlaßt.

Der Brydewal scheint aktiver zu sein als die meisten anderen Furchenwale. Dies wird durch häufige Sprünge über die Wasseroberfläche deutlich. Das Tauchverhalten variiert je nach verfügbarer Nahrung. Die Tauchtiefen reichen von gerade unter der Oberfläche bis 300 m Tiefe. Die Tauchdauer beträgt normalerweise 1–2 Minuten, kann aber bis 19 Minuten andauern.

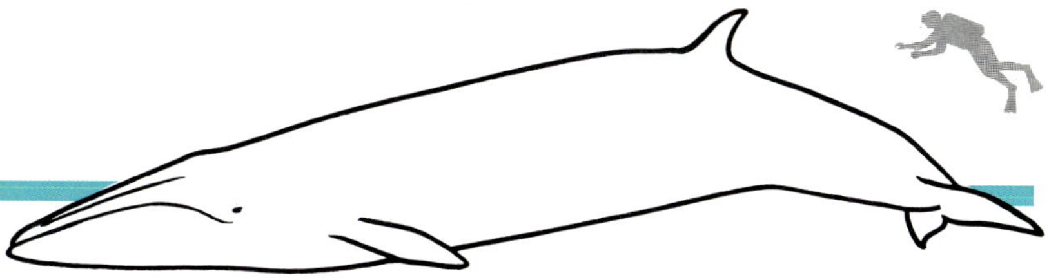

In der Regel folgen einem Tauchgang 4–7 Atemzüge. Während der Nahrungsaufnahme erreichen die Wale eine Geschwindigkeit von 2–7 km/h, bei Ortswechseln können sie aber Geschwindigkeiten zwischen 20 und 25 km/h erzielen. Lautgebung wurde im Bereich von 70–245 Hz aufgezeichnet (mit einer Tonlänge von 0,4 sec.). Außerdem werden Laute im Bereich zwischen 3 und 30 kHz abgegeben.

Fortpflanzung und Entwicklung: Es gibt grundsätzlich kleine klar definierte Fortpflanzungszeit bei den Brydewalen. Küstenpopulationen scheinen während des ganzen Jahres zu gebähren. Hochseeformen können gewisse Schwerpunkte in bestimmten Monaten aufweisen, insgesamt ist die Fortpflanzungszeit aber sehr in die Länge gezogen. Dies stimmt mit dem gering ausgeprägten Wanderverhalten und der Nahrungsaufnahme während des ganzen Jahres überein. Das einzige Kalb mißt bei der Geburt 3,95–4,15 m. Die Tragzeit dauert etwa 12 Monate. Vermutlich wird das Kalb 6 Monate gesäugt. Nach der Entwöhnung wiegt das Jungtier 2,5 t und ist 7,1 m lang.

Männchen erreichen, abhängig vom Standort, die Geschlechtsreife bei einer länge von 11,6–12,4 m und in einem Alter von 8–11 Jahren. Weibchen scheinen im gleichen Alter bei einer Länge von 12 bis 12,8 m geschlechtsreif zu werden. Die Lebenserwartung der Art liegt bei 50 Jahren und mehr. Die Schätzungen der Todesrate variieren mit den Populationen und der Geschichte ihrer Verfolgung. Schätzungen der natürlichen Sterberate liegen unter 3% in der südlichen Hemisphäre bei unberührten Beständen und bei 8,5% für die Bestände des Nordpazifiks.

Weltbestand: Der gegenwärtige Status des Brydewals ist umstritten. Die meisten Bestände und Populationen mögen noch in völlig unberührtem Zustand existieren, aber die tatsächliche Größe dieser Bestände ist unbekannt. Auf der Südhalbkugel schätzt man 30.000 Wale, im Norden 60.000. Mindestens 17.000–24.000 Individuen werden gegenwärtig allein für den Nordpazifik geschätzt.

Wegen des küstennahen Lebensraumes und des gering ausgeprägten Wanderverhaltens scheinen etliche, klar voneinander abgegrenzte Populationen aus standorttreuen Tieren zu existieren. Anhäufungen wurden regelmäßig vor den Küsten von Südafrika, Westafrika, Madagaskar, den Seychellen, Westaustralien, Salomon-Inseln, Fiji, Chile, Peru, Hawaii und den Bonin-Inseln vor Japan gesehen. Grenzen zwischen den Beständen können nicht klar definiert werden; dies trifft zumindest für Teile der südpazifischen und nordatlantischen Populationen zu.

Der Einfluß des Menschen: Die längste Geschichte hat die Jagd auf Brydewale vor den Küsten Japans. Viele wurden zusammen mit Seiwalen gefangen, ohne als eigenständige Art erkannt worden zu sein. Als erst einmal die Artunterschiede bekannt waren und die Fänge auf Seiwale in den 60er Jahren anfingen unrentabel zu werden, etablierte sich von Japan aus ein Hochseewalfang, der für den Nordpazifik bedeutend wurde. Bis 1980 verfolgten Japan und die Sowjetunion diesen Hochseewalfang auf Brydewale zusammen mit küstennahen Operationen von Japan und Korea. Schließlich betrieben 1984/85 nur noch die Philippinen küstennahen Walfang. Einzig die japanischen Küstenfänge dauerten bis 1986 an. Südafrika, das ebenfalls Brydewale gejagt hatte, stellte den Fang nach 1967 ein. Bis Mitte der 80er Jahre wurden einige küstennahe Fänge im Südpazifik von Peru durchgeführt, und auch Chile fing 1983 einige wenige Wale.

Brydewale wurden nur im Nordpazifik systematisch bejagt. Im Vergleich zu anderen Furchenwalen wurde diese Art viele Jahre als Fangquelle weitgehend übersehen. (Anm. d. Ü.: Man konnte sie nicht unterscheiden, wahrscheinlich wurden sie aber als »Seiwale« gefangen.) Als man ihr Potential erkannte, waren die Anstrengungen zur Beendigung des Walfangs allerdings schon voll im Gange. Alles in allem nimmt man an, daß Brydewale weder gefährdet sind noch unter dezimierten Beständen leiden.

ZWERGWAL

BALAENOPTERA ACUTOROSTRATA

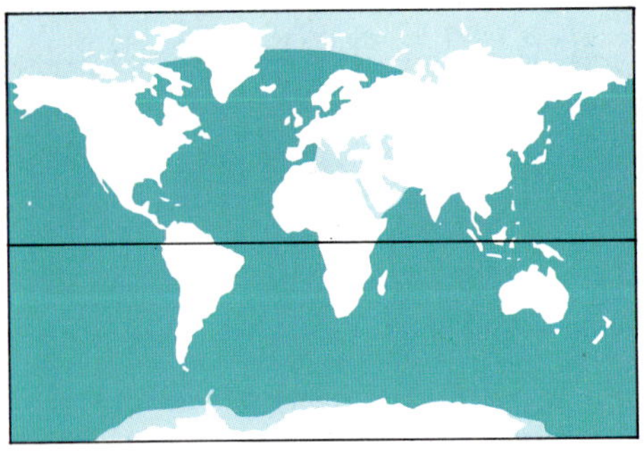

■ Bekannte Verbreitung

Systematik: Der Zwergwal wurde 1804 von Lacépède beschrieben und mit dem Namen *Balaenoptera acutorostrata* belegt, wobei der Artname auf die spitze Schnauzenform hinweist. Von Burmeister wurde 1867 eine Unterart auf der Südhalbkugel beschrieben und *B. a. bonaerensis* benannt. Die Unterart unterscheidet sich hauptsächlich durch das Fehlen eines weißen Bandes auf den Flippern. In neuerer Zeit wurde von einer kleineren Variante des südlichen Zwergwales von den Küsten vor Südafrika und Australien berichtet. Diese Form hat Weiß auf den Flippern und wurde bisher nicht als Unterart anerkannt.

Populäre Bezeichnungen: Die gebräuchlichen populären Namen weisen alle mehr oder weniger auf die Größe des Wales hin. Im angelsächsischen Sprachraum wird der Zwergwal als »mink whale« bezeichnet, was sich vom norwegischen »minkehval« ableitet. Dort sind auch »Kleiner Furchenwal« (lesser rorqual) und »Spitzkopf-Finnwal« (sharpheaded finner) gebräuchlich.

Beschreibung: Der Zwergwal ist der kleinste Vertreter der Familie *Balaenopteridae*. Der Körperbau ist im Vergleich zu den größeren Bartenwalen relativ robust. Der Kopf ist sehr spitzschnäuzig und das Rostrum ziemlich flach, abgesehen von der zentralen Hautleiste, die vom Blasloch nach vorne verläuft. Die Rückenfinne sitzt am hinteren Drittel der Rückenlinie und ist relativ groß und sichelförmig. Die Schwanzfluke ist breit mit einer Mittelkerbe. Die Flipper enden spitz und erreichen etwa 12% der Körperlänge. Die Barten variieren in der Farbe von dunkel-grauschwarz im hinteren Kieferbereich bis cremig-gelb weiter vorne und besitzen immer einen weißlichen Saum. An jeder Kieferhälfte sitzen 230–360 Barten, abhängig vom geographischen Vorkommen. Die maximale Bartenlänge beträgt nur etwa 30 cm. Es gibt 50–70 Ventralfurchen, die von der Spitze des Unterkiefers bis unmittelbar vor den Nabel verlaufen.

Die Körperfärbung ist dunkel-schiefergrau mit blasserem Grau bis Weiß an Kehle und Bauch. Mitunter gibt es ein blasses Abzeichen direkt hinter dem Kopf, das an eine Kappe erinnert, von dem aus sich eine blaßgraue Färbung hinunter auf die Flanken zieht. Jeder Flipper besitzt ein deutlich abgesetztes, leuchtendweißes Band, das quer über seine Oberfläche verläuft. Dieses Merkmal fehlt Zwergwalen aus der Antarktis häufig (dem ›bonaerensis‹-Typ). Die Unterseite der Flipper ist weiß.

Männchen werden auf der Südhalbkugel bis 8 m und Weibchen bis 8,2 m lang. Die Artgenossen der nördlichen Hemisphäre bleiben etwas kleiner. Erwachsene werden selten schwerer als 8 t, obwohl Weibchen mit der maximalen Größe von 10,7 m auf 13,5 t Gewicht kommen können.

Identifizierung auf See: Der Blas erhebt sich 2–3 m hoch und ist meist nur bei gutem Wetter mit geringem Wind sichtbar. Der Wal hebt beim Tauchen seine Fluke nicht aus dem Wasser, obwohl er den Körper dabei deutlich krümmt. Die Rückenfinne ist in der Regel während des Blasens zu sehen. Wenn der Zwergwal aufgeregt ist, kann er Schwimmgeschwindigkeiten von bis zu 30 km/h erreichen. Im Gegensatz zu vielen Furchenwalen beobachtet der Zwergwal seine Umgebung recht genau, schwimmt oft nahe an Schiffe heran und macht Erkundungssprünge. Dieses Verhalten und die geringe Körpergröße machen es einfach, die Art zu identifizieren, wenn man ihr auf See begegnet.

Verbreitung und Wanderung: Der Zwergwal wird von den polaren Eiskanten bis in die Tropen angetroffen. Obwohl er ursprünglich eine Hochseeform ist, kommt er auch in nahe Küstengewässer. Man weiß von keinen regelmäßigen Wanderungen der Art zwischen hohen und niedrigen Breiten, obwohl bestimmte Breitenabweichungen im Aufkommen zu bestimmten Jahreszeiten zu vermerken sind. Einige Zwerg-

Unten: Unter Wasser sehen Zwergwale kräftiger aus als die größeren Furchenwale.

Rechts: Die meisten Sichtungen von Zwergwalen beschränken sich auf den Anblick von Rücken und Finne.

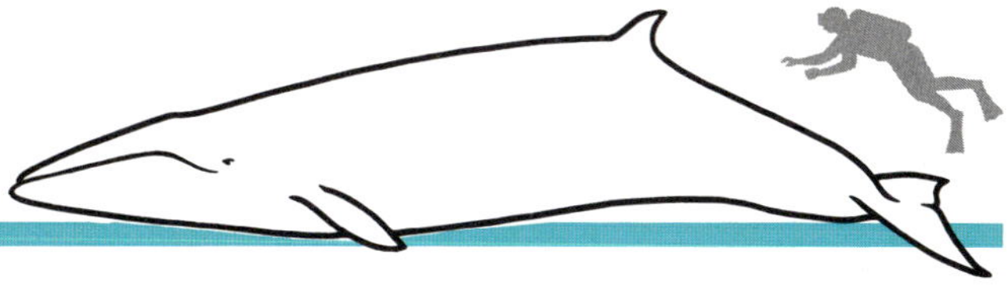

Links: Zwergwale verschiedener Populationen unterscheiden sich in ihrer Färbung. Dieses Tier aus dem nordwestlichen Atlantik zeigt einen besonders gut entwickelten weißen Fleck auf dem Flipper.

wale scheinen während des ganzen Jahres in relativ kleinen Gebieten in gemäßigten oder subtropischen Gebieten zu bleiben. In einigen Gebieten, z. B. vor den Küsten Washingtons und Britisch-Kolumbiens, ist es möglich, bestimmte Zwergwale an der Form ihrer Rückenfinne zu identifizieren. Viele dieser Tiere entfernen sich nicht sehr weit aus diesen Küstengewässern. In polaren Gewässern folgt die Art Eisspalten, man trifft sie häufig sehr nahe an der Eiskante an. Mitunter wird von Zwergwalen berichtet, die sich in ›Polynyas‹ in der Antarktis »verfangen« haben und gelegentlich dort überwintern.

Es gibt zu bestimmten Zeiten des Jahres eine deutliche sexuelle Gliederung entlang der geographischen Breite mit Tieren verschiedener vorherrschender Reproduktionsstufen. Veränderungen im Vorhandensein dieser Klassen ändern sich mit den Jahreszeiten, abhängig von den Fortpflanzungsbedingungen, mit höheren Dichten in gemäßigten Gewässern im Winter. Die Erwachsenen nehmen im Vergleich zu Jungtieren Gebiete in höheren Breiten ein. Es gibt drei unterscheidbare Bestände: In der südlichen Hemisphäre, im Nordpazifik und im Nordatlantik.

Nahrung und Nahrungsaufnahme: Zwergwale scheinen nur sehr wenig Nahrung in tropischen und subtropischen Gewässern aufzunehmen. Auf der Südhalbkugel sind Leuchtkrebse die bevorzugte Beute. Auch im Norden nehmen sie dieses Plankton, aber zusätzlich eine große Bandbreite von Schwarmfischen.

Verhalten: Zwergwale treten häufig als Einzelgänger oder in Gruppen von 2–3 Individuen auf. Größere Gruppen stehen meist im Zusammenhang mit der Nahrungsaufnahme. Wenn sie in Eisseen in der Antarktis angetroffen werden, kann man sich den Tieren sehr leicht nähern und sie sogar füttern. Der Blas erscheint in Folgen bis zu achtmal in Intervallen von weniger als einer Minute. Typische Tauchgänge dauern nur einige Minuten, da die Wale zur Nahrungsaufnahme nicht sehr tief tauchen müssen. Laute, die der Kommunikation untereinander dienen, wurden als Grunzer, Klicklaute und Ratschlaute im Bereich von 80 Hz – 20 kHz beschrieben, wobei einige Signale nur 30 msek. andauern.

Fortpflanzung und Entwicklung: Auf der Südhalbkugel erreichen männliche Zwergwale die Geschlechtsreife mit 7,2 m und Weibchen mit 8 m Länge. Auf der Nordhalbkugel messen die Männchen nur etwa 6,9 m, die Weibchen 7,3–7,45 m. Das Körpergewicht beträgt bei Eintritt der Geschlechtsreife 4–5 t. Paarungsmuster sind für diese Art nicht gut dokumentiert. Die Paarungszeit liegt im Spätwinter, der Höhepunkt liegt rund 2 Monate später als beim Blau-, Sei- und Finnwal. Die Tragzeit dauert 10 Monate, das einzige Kalb wird im Winter in niedrigen Breiten geboren. Das Neugeborene ist 2,8 m lang (2,6 m im Nordatlantik) und wiegt ungefähr 300 kg. Die Saugzeit beträgt nur 4 Monate. Zur Zeit der Entwöhnung ist das Kalb 4,5 m lang. Das Zwergwalkalb wird offensichtlich nicht in den nahrungsreichen polaren Gewässern entwöhnt, sondern in den weniger ergiebigen Gebieten niedrigerer Breiten.

Das Lebensalter von Zwergwalen der Südhalbkugel wurde mit Hilfe der Ohrzapfen geschätzt. Seit den 40er Jahren ist der Eintritt der Geschlechtsreife von 14 auf 6–7 Jahre gefallen. Dies könnte erklärt werden durch höhere individuelle Wachstumsraten, bedingt durch eine reduzierte Nahrungskonkurrenz aufgrund der Dezimierung der größeren Furchenwale. Zwergwale können ausnahmsweise ein Alter von 60 Jahren erreichen.

Todesraten im Süden werden auf 9–10% geschätzt und liegen höher als bei anderen Furchenwalen.

Weltbestand: Der für die Südhalbkugel geschätzte gegenwärtige Bestand ist mit etwa 380.000 Walen höher als vor der Zeit des Walfanges. Die Population ist vermutlich aufgrund der Reduktion zwischenartlicher Konkurrenz angewachsen. Die gegenwärtige Gesamtpopulation mag größer sein als 400.000 Individuen. Die individuenstärksten Ansammlungen befinden sich innerhalb eines Gebietes zwischen 130° Ost bis 170° West.

Auf der Nordhalbkugel beträgt die Gesamtpopulation etwa 125.000 Tiere. Es herrschen jedoch große Unsicherheiten über drei Populationen im Nordatlantik. Eine Schätzung geht von einer Bestandsgröße von 41.000 Individuen aus.

Der Einfluß des Menschen: Bis in die 70er Jahre war der Zwergwal keine bedeutende Beute für die Walindustrie. Vom örtlich begrenztem Küstenwalfang abgesehen wurde die Art erst danach als kommerziell und ökonomisch wertvoll eingestuft. Große Fänge wurden von Japan und der Sowjetunion in der Antarktis bis 1986 durchgeführt. Seit dieser Zeit wurden einige Fänge mit Genehmigung zu wissenschaftlichen Zwecken besonders durch Japan getätigt.

Der Zwergwal war der erste Furchenwal, der je in Menschenhand gehalten wurde, wenn auch nur für einige Wochen. Der Wal entfloh, indem er die Sperrnetze zur offenen See durchbrach.

Buckelwal

Megaptera novaeangliae

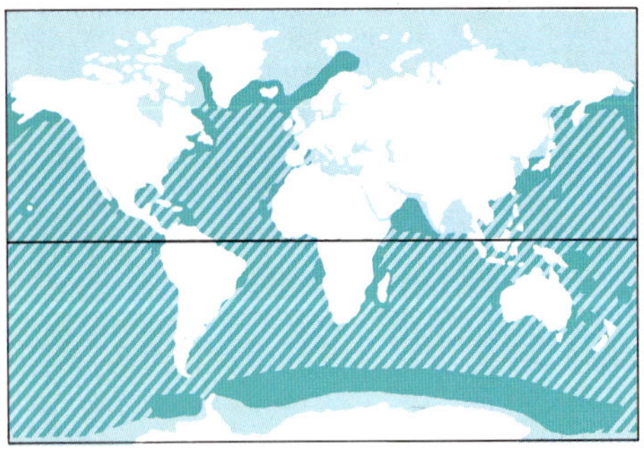

■ Saisonal anwesend ⁄⁄ Mögliche Verbreitung

Systematik: Obwohl er den anderen Mitgliedern der Bartenwalfamilie Balaenopteridae ähnelt, unterscheidet sich der Buckelwal von den übrigen Furchenwalen doch so deutlich in Form und Verhalten, daß es gerechtfertigt erscheint, ihn in eine eigene Gattung, *Megaptera*, (= großer Flügel) zu stellen. Dieser Name bezieht sich auf die ausgeprägten Flipper, die größten aller Walarten, Den Artname *novaengliae* (= Neu England) bestimmte der deutsche Naturforscher Borowski, der dabei frühere Beschreibungen der Art berücksichtigte.

Populäre Bezeichnungen: Der Name »Bukkel«-Wal bezieht sich auf die Eigenschaft des Tieres, unter Bildung eines Buckels abzutauchen. Er ist unter den Namen »Humpbackwhale« in England/USA und »Baleine à bosse« oder »Megaptère« in Frankreich bekannt.

Beschreibung: Die durchschnittliche Körperlänge eines erwachsenen Tieres beträgt 12,9 m für Männchen und 13,7 m für Weibchen, das größte Tier wies eine Länge von 18 m auf. Das Gewicht schwankt zwischen 25 und 30 t. Der Körper wirkt kräftiger als bei anderen Furchenwalen, die Flipper sind mit etwa 23–33% der Körperlänge die längsten der Familie. Buckelwale besitzen 12–36 Furchen, von denen die längsten vom Kinn bis zum Nabel verlaufen.

Die obere Hälfte des Körpers ist schwarz oder blauschwarz gefärbt, während Furchen, Flanken und Unterseiten der Fluke und Flipper weiß oder schwarz sein können, abhängig von der geographischen Rasse und individueller Variation. Einmalig sitzen an den Vorderkanten der Flipper Beulen und Scharten, die von Seepocken besetzt sein können. Der Kopf wirkt, von oben besehen, rundlich, und das Rostrum ist flach, abgesehen von charakteristischen Tuberkeln, auf welchen Seepocken sitzen können. Die paarigen Blaslöcher sind typisch für die Familie und sitzen auf der Mittellinie des Kopfes. Die Rückenfinne ist in Form und Größe sehr variabel und erhebt sich von einer kleinen Plattform aus Blubber. Sie kann jede Form zwischen einem langgezogenen Dreieck und einer gebogenen Sichel annehmen, ragt aber nur selten deutlich auf. Die Finne kann durch Narbengewebe fast weiß sein, zumindest entlang der Vorderkante.

Die Schwanzfluke ist groß, tief eingekerbt und besitzt eine unregelmäßig geformte Hinterkante. Der Rücken ist immer sehr dunkel, während die Unterseite alle Schattierungen von Schwarz bis Weiß annehmen und dabei individuell einmalige Muster aufweisen kann. Die Körperoberfläche kann zernarbt und teilweise mit gelben Diatomeen bedeckt sein.

Die Barten sind dunkelbraun oder grau gefärbt. Jede Reihe besteht aus 270–400 Barten, die am hintersten Ende 80–100 cm lang werden können. Die Fransen sind ziemlich grob.

Identifizierung auf See: Der Buckelwal ist unverwechselbar. Die Kombination der dunklen Farbe mit der Form der Rückenfinne, dem einstrahligen, aufrechten Blas (manchmal buschig) und der Eigenart, die Fluke vor einem Tauchgang aus dem Wasser zu heben, unterscheidet ihn von jedem anderen Wal dieser Größe. Falls sie weiß sind, können die Flipper oft als geisterhafter grünlicher oder bläulicher Schatten erkannt werden, bevor man den dunklen Körper wahrnimmt. Obwohl die Rückenfinne sehr unterschiedlich ist, kann sie doch nicht mit der irgendeines anderen Wales verwechselt werden, und auch die Tuberkeln am Kopf sind ein charakteristisches Merkmal. Dieser Wal ist einer der ausgelassensten aller Cetaceen. Er springt sehr häufig oder schlägt mit Flippern oder Fluke gewehrknallartig auf die Wasseroberfläche, so daß es kilometerweit zu hören ist. Buckelwale sind langsame Schwimmer und häufig neugierig.

Lebensraum: Buckelwale verbringen einen Großteil des Jahres in flacheren Gewässern als andere Furchenwale. Sie unternehmen aber Wanderungen von Tausenden von Kilometern durch offene Ozeane, um zwischen Sommer- und Wintergebieten zu wechseln.

Verbreitung und Wanderung: Es handelt sich um eine weitverbreitete Art, die saisonbedingt in allen Ozeanen vom Nord- bis zum Südpol vorkommt. Mit einer möglichen Ausnahme unternehmen alle Populationen beträchtliche Wanderungen von vielen Tausenden von Kilometern zwischen den sommerlichen Nahrungsgründen in kalten Gewässern und den tropischen oder subtropischen Warmwassergebieten im Winter. Grundsätzlich nimmt man an, daß die Art den Äquator nicht überquert, so daß die nördlichen und südlichen Bestände unvermischt bleiben. Allerdings haben die im nördlichen Indischen Ozean, nördlich des Äquators lebenden Buckelwale aufgrund der asiatischen Landmasse keinerlei Zugang zu Nahrungsgründen höherer Breiten. Sie müssen entweder in die Antarktis wandern oder dort seßhaft bleiben und sich in biologisch produktiven Bereichen des Indischen Ozeans ernähren. Unter Vorbehalt dieser Ausnahme ist es wahrscheinlich, daß die nördlichen und südlichen Bestände durch den sechsmonatigen Zeitunterschied ihres Fortpflanzungszyklus getrennt sind, wie dies auch bei den anderen Furchenwalen der Fall ist.

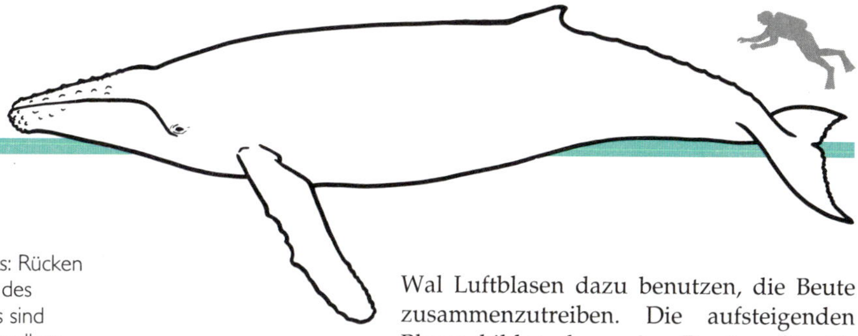

Unten links: Rücken und Finne des Buckelwals sind unverwechselbar. Dieses Tier befindet sich unmittelbar vor einem Tauchgang.

Links: Die Unterseite der Fluke eines Buckelwales kann jede Färbung zwischen völlig weiß und absolut schwarz annehmen.

Unten: Besonders junge Buckelwale können manchmal extrem neugierig sein. Dieses Tier nimmt aus nächster Nähe an einem ruhigen Tag in der Antarktis eine Yacht in näheren Augenschein.

Im allgemeinen verfügt jeder der Hauptozeane über ein oder mehrere Warmwasser-Fortpflanzungsgebiete sowohl auf der West- als auch auf Ostseite. Der Nordpazifik weist sich durch ein zentrales Fortpflanzungsgebiet aus (Hawaii). Nordpazifische Buckelwale nutzen verschiedene, getrennte Fortpflanzungsgründe, die Tausende von Kilometern auseinander liegen. Einzelne Exemplare wurden einen Winter vor Hawaii, den nächsten vor Mexiko gesehen, was vielleicht ein Ergebnis der Tatsache ist, daß Hawaii erst sehr kurz (seit weniger als 200 Jahren) als Fortpflanzungsgebiet besiedelt wurde. Im Gegensatz dazu teilen sich alle Buckelwale des Nordatlantiks ein Überwinterungsgebiet bei den Westindischen Inseln und teilen sich dann auf, um in verschiedenen Regionen des Nordens nach Nahrung zu suchen. Mit nur wenigen unbedeutenden Ausnahmen kehren sie immer wieder an die gleichen Stellen zurück. Diese Unterschiede sind insofern von Bedeutung, weil sie den Grad des Austausches genetischer Information beeinflussen.

Nahrung und Nahrungsaufnahme: Buckelwale fressen gewöhnlich in einer Wassertiefe bis zu 50 m. In der Antarktis besteht die Hauptnahrung aus der garnelenähnlichen *Euphausia superba* (eine Krill-Art). Nördliche Buckelwale verzehren ebenfalls einen großen Anteil Krill, nehmen aber auch Schwarmfische einschließlich Hering, Sandaal, Lodde und Makrele.

Wie viele andere Furchenwale ist der Buckelwal mehr ein »Schluckfiltrierer« als ein »Schöpfer«. Für diese Art der Nahrungsaufnahme muß die Beute in hoher Konzentration vorliegen. Das Nahrungsverhalten spiegelt diese Notwendigkeit wider. Der Wal stößt mit geöffnetem Maul in einen Nahrungsschwarm hinein und taucht dann oft ab, wobei Wasser und Nahrung aus dem Maul herausquellen. Der Vorstoß kann an der Oberfläche stattfinden und wird dann horizontal durchgeführt. In der Regel schwimmt das Tier dabei im Kreis. Er kann aber auch vertikal erfolgen, dann kann der Wal Luftblasen dazu benutzen, die Beute zusammenzutreiben. Die aufsteigenden Blasen bilden dann eine Barriere für die Beute. Gruppen von bis zu 24 Walen können ihr Beuteverhalten synchronisieren, wobei die Gruppengröße wahrscheinlich auf die horizontale Ausbreitung des Beuteschwarmes ausgerichtet ist.

Verhalten: Buckelwale finden sich oft zu größeren, lose verbundenen Gruppen von einigen -zig Individuen zum Zwecke ge-

Links: Eine Buckelwalkuh mit ihrem Kalb in den Überwinterungsgründen. Die Kälber bleiben normalerweise bis zu 10-12 Monaten nach ihrer Geburt bei der Mutter.

Rechts außen: Vor Westgrönland nähert sich ein Buckelwal der Kamera und zeigt seinen typischen Blas. Die charakteristischen Tuberkeln am Kopf dieser Art sind deutlich sichtbar.

meinsamer Fortpflanzung oder gemeinsamer Beutesuche zusammen. Innerhalb dieser Gruppe bewegen sich die Wale entweder unabhängig oder in enger Gemeinschaft mit 1–3 weiteren Artgenossen. Die stabilste Verbindung ist die Mutter-Kind-Paarung. Diese Gemeinschaft hält für mindestens 10 bis 12 Monate, während die meisten anderen Gruppierungen, besonders diejenigen der Paarungszeit, von nur kurzer Dauer zu sein scheinen und nicht länger als einige Tage oder gar Stunden halten. Die Ausnahme von dieser Regel stellt die Langzeitvergesellschaftung zwischen einigen Individuen in den Nahrungsgründen dar. Wissenschaftler haben bewiesen, daß Buckelwalgruppen aus bestimmten Individuen bestehen können, die sich jedes Jahr wieder zusammenfinden, vielleicht, weil sie eine effektive, gemeinsame Art des Beutefanges entwickelt haben.

In den Fortpflanzungsgründen ist dann das Sozialverhalten eines solchen Wales ein völlig anderes. Die Nahrungsaufnahme hört auf, alle Konzentration richtet sich auf Paarung, Geburt sowie Jungenaufzucht. Die zuvor so sanften Kreaturen ändern ihren Charakter. Die Männchen werden im Kampf um das Begleitrecht eines brünstigen Weibchens extrem aggressiv gegeneinander. Sie drohen, reißen die Mäuler auf, drängen ab, rammen und versuchen letztlich den Rivalen zu verletzen. Trotzdem sind die bei diesen Aktionen zugefügten Wunden nur oberflächlich, sie hinterlassen aber Narben auf der Rückenhaut. Die veränderte Art der Sozialbeziehungen in den Fortpflanzungsgründen läßt darauf schließen, daß Buckelwale ein zufälliges, nicht partnerbezogenes Fortpflanzungssystem haben, wobei Tiere beiderlei Geschlechts sich mit verschiedenen Partnern paaren.

Ein anderes Verhaltensmuster, das mit der Paarung in Verbindung gebracht wurde, ist das »Singen«. Hierbei handelt es sich um komplexe Lautmuster, die ausschließlich von Männchen unter Wasser dargeboten werden. Die Buckelwallieder enthalten wiederholte »Silben«, denen lautmalende Bezeichnungen wie »Tschirps«, »Jups« und »Whups« gegeben wurden, und die zu »Phrasen« zusammengefügt werden. Die Phrasen wiederum werden zu »Themen« aneinandergereiht. Mehrere dieser Themen bilden Lieder, die zwischen 6 und 35 Minuten lang sein können. Diese Lieder werden oftmals völlig gleichlautend über viele Stunden wiedergegeben, lediglich von kurzen Atempausen unterbrochen.

Die Schwimmgeschwindigkeit variiert bemerkenswert, je nach äußerem Anlaß. Wandergeschwindigkeiten erreichen 1,5 bis 11 km/h (Durchschnitt 2–5 km/h), Spitzengeschwindigkeiten bei erregten Walen allerdings reichen bis 27 km/h. Die Tauchmuster spiegeln das Vorkommen der Beute nahe der Oberfläche wider. Tauchgänge zum Zwecke der Nahrungsaufnahme dauern selten länger als 15 Minuten. Normalerweise werden sie alle 3–9 Minuten durch Atemsequenzen unterbrochen, die jeweils bis zu 4 Minuten andauern. Die Atemfrequenz beträgt gewöhnlich 50–80 Atemzüge pro Stunde. Die Tauchgänge dauern in den Überwinterungsgründen bis zu 30 Minuten.

Fortpflanzung und Entwicklung: Die Fortpflanzung ist synchronisiert und jahreszeitlich gebunden und fällt mit dem Aufenthalt der Tiere in wärmeren Gewässern im Winter zusammen. Sowohl Paarung als auch Geburt finden hier statt. Die Tragzeit dauert 11-11,5 Monate. Neugeborene Tiere messen im Durchschnitt 4,3 m und saugen für 6–10 Monate. Am Ende dieser Zeit sind sie 7,5–9 m lang.

Buckelwale werden mit 4–7 Jahren bei einer Länge von etwa 11,5 m (Männchen) und 12 m (Weibchen) geschlechtsreif. Kälber werden jedes bis jedes 3. Jahr (Durchschnitt jedes 2. Jahr) geboren, so daß ein Weibchen gleichzeitig ein Kalb säugen als auch wieder tragend sein kann. Das Wachstum ist mit etwa 15 Jahren abgeschlossen, wenn die Männchen eine Länge von durchschnittlich 12,9 m und die Weibchen von 13,7 m erreicht haben. Ausgehend von zwei Zuwachsschichten pro Jahr in den Ohrzapfen war das älteste von 3.600 untersuchten Individuen aus australischen Gewässern 48 Jahre alt. Nur 5% dieses äußerst stark ausgebeuteten Bestandes erreichen jedoch überhaupt 20 Jahre. Bei den derzeitigen Schutzbestrebungen kann aber ein größerer Anteil damit rechnen, mindestens so alt zu werden.

Weltbestand: Alle Bestände dieser Art wurden durch Walfang reduziert, die meisten wurden an den Rand der Ausrottung gebracht. Einige Bestände haben sich erfolgreich erholt, während andere auf sehr niedrigem Niveau verharren. Vor dem Eingriff des Menschen lebte die Mehrzahl der Buckelwale in der südlichen Hemisphäre und ernährte sich von den reichlichen Krillbeständen im Antarktischen Ozean. Zu dieser Zeit lebten wohl gut 100.000 Tiere südlich des Äquators. Heute geht man davon aus, daß weniger als 5.000 Tiere existieren, die den Winter vor Südamerika, Südafrika, Australien und einigen Pazifikinseln verbringen.

Die ursprüngliche Bestandsgröße im Nordpazifik betrug wahrscheinlich höchstens 15.000 Tiere. Heute schätzt man den Bestand auf etwa 2.000, die vor Hawaii oder Westmexiko überwintern, plus weitere 150 Individuen von der westlichen Seite des

Nordpazifiks. Die nordatlantische Population ist gegenwärtig mit 5.000–6.000 Individuen die größte überhaupt.

Der Einfluß des Menschen: Der Buckelwal war einer der ersten, der unter dem modernen Walfang zu leiden hatte. Da er ein langsamerer Schwimmer mit berechenbarem Auftreten war, wurden die Buckelwalbestände schnell durch den Walfang dezimiert. Buckelwale wurden in den sommerlichen Nahrungsgründen genauso wie in den winterlichen Fortpflanzungsgebieten und auf den Wanderungen dazwischen bejagt.

Im Nordatlantik gab es das erste konzentrierte Walschlachten dieser Tierart und bereits gegen Ende des 19. Jahrhunderts waren die Bestände auf ein sehr niedriges Niveau zusammengeschrumpft. Darauf nahm man sich des Nordpazifiks und der reichen Gründe im Süden an, wo die meisten Buckelwale lebten. In den ersten 40 Jahren des 20. Jahrhunderts wurden mehr als 100.000 Buckelwale südlich des Äquators abgeschlachtet, hauptsächlich in den Nahrungsgründen rund um die Antarktis. Um 1920 fielen die Fangquoten rapide von früheren 14.000 Individuen pro Jahr auf weniger als 2.000 Exemplare jährlich. Zwischenzeitliche Perioden neu aufflackernder Fangaktivitäten in den 30er und 50er Jahren waren weitgehend dafür verantwortlich, daß weitere 50.000 Wale zwischen 1940 und 1963 aus den sich gerade von früheren Schlachtereien erholenden südlichen Beständen getötet wurden. Der völlige Schutz für die Art wurde 1956 (für den Nordatlantik), 1963 (für die südliche Hemisphäre) und 1966 (für den Nordpazifik) ausgesprochen.

Spätere, örtliche Jagden hielten bis vor kurzem noch vor Westgrönland (etwa 15 Tiere pro Jahr, Ende 1985) und Tonga (bis 10 Tiere pro Jahr, Ende 1978) an. Bis zu 3 Buckelwale dürfen bis heute aus offenen Booten vor Bequia (Westindische Inseln) getötet werden, aber diese Quote stellt für den Bestand keine Bedrohung dar. Außer dem Walfang gibt es keine bedeutende Bedrohung, die vom Menschen ausgeht, obwohl das Verfangen in Fischereigeschirr vor Neufundland viele Tode von Buckelwalen verursacht. Hier hat man die Zahl von ertrunkenen Walen drastisch durch Rettungsprogramme reduziert, die von der örtlichen Universität mit den Fischern erarbeitet wurden.

Links: Ein schluckfiltrierender Buckelwal schließt gerade sein Maul, nachdem er zuvor eine riesige Menge nahrungsreichen Wassers in den Mundraum aufgenommen hat.

Unten: Das aus dem Wasser Springen ist relativ häufig bei Buckelwalen zu beobachten Bemerkenswert sind die langen Flipper.

Pottwale

PHYSETERIDAE · KOGIIDAE

Diese Gruppe, der man den Status einer Überfamilie (Physeteroidea) zugesprochen hat, besteht aus drei Arten. Es sind der Pottwal (*Physeter macrocephalus*), der Zwergpottwal (*Kogia breviceps*) und der Kleinstpottwal (*Kogia simus*). Es gibt große Unterschiede bezüglich der Größe und Körperform zwischen *Physeter* und *Kogia*, die etliche Systematiker dazu veranlaßte, die kleinere Gattung *Kogia* in eine eigene Familie (*Kogiidae*) zu stellen.

Alle drei Pottwale bewohnen offene Ozeane und nähern sich nur sehr selten den Küsten. Strandungen lebender Tiere kommen in größeren Gruppen nur bei *Physeter* aufgrund dessen sozialer Organisation vor. *Physeter* ist ein Kosmopolit, der in allen Meeren außer den kältesten Regionen auftritt. Die Verbreitung der beiden kleineren Arten ist uns nur unvollständig bekannt. Wahrscheinlich leben sie aber in tropischen bis gemäßigt warmen Gewässern aller Ozeane. *Physeter* unternimmt Wanderungen in Nord-Süd-Nord-Richtung, über die wir aber nur wenig Genaues wissen, während uns *Kogia* diesbezüglich völlig unbekannt ist.

Der Größenunterschied zwischen den Arten dieser Überfamilie ist derartig, daß *Physeter* mit einer Maximallänge von 20 m der bei weitem größte Zahnwal ist, während *Kogia simus* mit seinen höchstens 2,7 m der kleinste »große« Wal überhaupt ist. Die drei Arten haben einige Besonderheiten gemeinsam, wie etwa eine relativ große »Melone« auf dem Rostrum, einen unterständigen, relativ schmalen Unterkiefer, zurückgebildete Zähne im Oberkiefer und ein recht einfaches Atmungssystem. Sie unterscheiden sich in der Größe und in der Form der Rückenfinne – aufrecht und sichelförmig bei *Kogia* bzw. untersetzt bei *Physeter*.

Ein Pottwal jagt in einem dichten Schwarm von Tintenfischen. Er ist der bei weitem größte Zahnwal.

Pottwal

Physeter macrocephalus

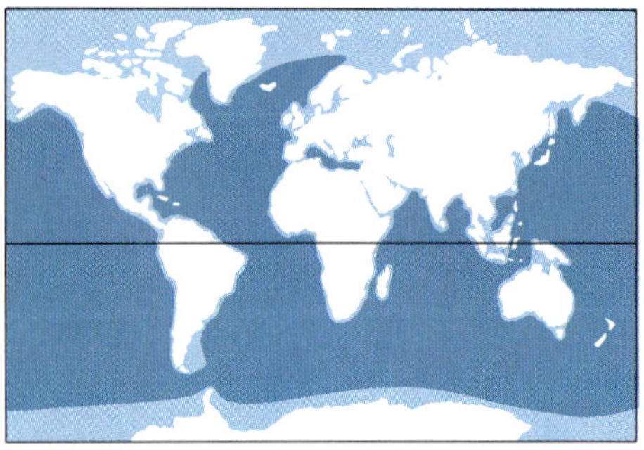

■ Maximale Verbreitung

Systematik: Linné führte die Gattung Physeter ein, vom griechischen *Physeter* (= Bläser, Strudel). Eventuell wollte er damit auf den unpaaren, sehr kräftigen Blas anspielen. Gegenwärtig wird nur eine Art anerkannt. Frühere, ungenaue Beschreibungen führten dazu, daß die Systematiker von bis zu 4 Arten ausgegangen sind. Zur Zeit hält noch immer die Diskussion darüber an, ob der Artname richtigerweise *macrocephalus* (= großer Kopf) oder *catodon* (= nur am Unterkiefer Zähne besitzend) lauten sollte. Es gibt keinen Hinweis darauf, daß irgendwo auf der Erde Unterarten existieren.

Populäre Bezeichnungen: Im angelsächsischen Sprachraum wird der Pottwal als »Sperm whale« (= Samenwal) bezeichnet, was von der milchig wachsartigen Substanz in seinem Kopf herrührt, die der Samenflüssigkeit in den Hoden ähnelt, so daß die Walfänger die beiden Substanzen gleichsetzten. Daher die Bezeichnung ›Spermwal‹, die mitunter auch im Deutschen übernommen wird. Diese Substanz »Walrat« wird bis heute aus diesem Grunde auch als »Spermaceti« (= Walsamen) bezeichnet.

Beschreibung: Es handelt sich um den bei weitem größten Zahnwal, bei dem zusätzlich der Geschlechtsdimorphismus bezüglich der Größe am ausgeprägtesten vorliegt. Die Männchen erreichen durchschnittliche Längen von 15 m und können in Extremfällen bis 20,5 m lang werden. Die Weibchen erreichen nur selten 13 m und sind durchschnittlich nur 11 m lang. Der Unterschied in den Körpergewichten ist noch ausgeprägter. Erwachsene Männchen erreichen durchschnittlich 45 t, während Weibchen nur etwa 20 t wiegen. Das größte glaubhaft verwogene Exemplar war ein Männchen von 18,1 m Länge und einem Gewicht von 57 t.

Pottwale sind dunkelbraun oder dunkelgrau gefärbt. Viele besitzen einen weißen oder hellgrauen Fleck an der Bauchseite. Die Mundhöhle sowie die Lippen sind rosa oder cremefarben. Ältere Männchen weisen am Kopf oft viele längliche Narben auf. Diese stammen von Kämpfen mit anderen Männchen und von den Haken und Saugnäpfen ihrer Lieblingsbeute, den Kalmaren. Bei einigen Männchen bedeckt das weiße Narbengewebe fast die gesamte flache Vorderseite des Kopfes, und die vielen Falten und Kratzer können von gelben Diatomeen oder weißen Walläusen bedeckt sein.

Das Profil des Pottwales unterscheidet sich von dem aller anderen Wale. Der rechteckige Kopf, der schon bei Kälbern ein Viertel der Körperlänge ausmacht, wächst unproportional bis auf ein Drittel der Gesamtlänge bei erwachsenen Bullen heran. Der Unterkiefer ist zylindrisch und ist bei erwachsenen Tieren mit etwa 50 rundlichen, kegelförmigen Zähnen in zwei nahezu parallelen Reihen besetzt. Hierbei handelt es sich, abgesehen von Stoßzähnen, um die größten Zähne im Tierreich, wobei jeder mehr als ein Kilogramm wiegen kann. Die oberen Zähne liegen nur rudimentär vor. Die Haut fühlt sich hart und glatt an. Die Rückenfinne ist normalerweise sichtbar, bleibt aber sehr niedrig und stellt nur den vordersten einer Reihe von Buckeln entlang der hinteren Rückenlinie dar.

Die Flipper sind kurz und gedrungen, während die Schwanzfluke aus zwei großen Dreiecken besteht und sehr kräftig wirkt. Die Hinterkante der Fluke kann aufgrund von Verletzungen unregelmäßig verlaufen. Das einzelne, schlitzförmige Blasloch sitzt ganz vorne am Kopf an der oberen linken Kante.

Identifizierung auf See: Pottwale kann man in der Regel zuerst an ihrem unpaaren, buschigen Blas erkennen, welcher nach vorne links gerichtet ist. Er kann bis 5 m hoch

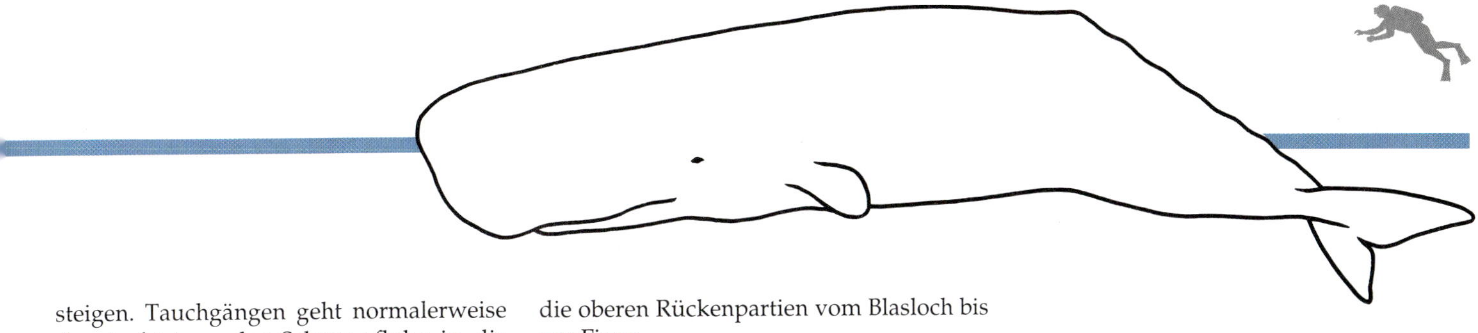

steigen. Tauchgängen geht normalerweise das Aufsteigen der Schwanzfluke in die Luft voraus. Das Tier kann bis zu 90 Minuten untergetaucht bleiben und taucht oft an derselben Stelle wieder auf. Oft verharren Pottwale zwischen zwei Tauchgängen für 5-15 Minuten bewegungslos an der Oberfläche oder schwimmen dort sehr langsam. Dabei blasen sie 20–60mal in regelmäßigen Abständen. Man kann dabei nur sehr wenig von den Tieren sehen, normalerweise nur die oberen Rückenpartien vom Blasloch bis zur Finne.

Lebensraum: Pottwale sind Hochseetiere, die normalerweise nur in Landnähe kommen, wenn sie krank sind oder wenn das Wasser sehr schnell an Tiefe zunimmt, wie dies sehr häufig an vulkanischen Inseln der Fall ist. Männchen tolerieren einen weiten Temperaturbereich, von den tropischen Warmgewässern bis zu frostigen Polarregionen. Weibchen und Jugendliche verbleiben allerdings in Gewässern mit Oberflächentemperaturen über 15°C.

Verbreitung und Wanderung: Diese Art lebt in allen Weltmeeren vom Äquator bis zu den polaren Gewässern. Sie schwimmt sehr selten in halboffene Meeresgebiete, trotzdem sind Pottwale auch im Mittelmeer sehr gut bekannt. Eine Eigenschaft, die sie von allen anderen Walen unterscheidet, ist die getrennte Verbreitung von Männchen und Weibchen, wobei nur große Männchen in Breiten höher als 45° auf beiden Hemisphären einwandern. Diese Trennung ist so ausgeprägt, daß unter den mehr als 2.000 Pottwalen, die seit 1948 vor Island (63–67° nördlicher Breite) gefangen wurden, nicht ein einziges Weibchen war. Saisonale Wanderungen bedeuten, daß Teile von Populationen im Sommer in höhere Breiten beider Hemisphären wandern und im Winter wieder in niedrige Breiten zurückkehren. Obwohl man einzelne Individuen tausende Kilometer entfernt von Orten wiedergefunden hat, wo sie einmal markiert worden waren, sind eindeutig festgelegte Wanderungen kompletter Populationen bisher nicht beobachtet worden. In den meisten warmen Hochseegebieten trifft man Pottwale wäh-

Links: Eine Gruppe von Pottwalen in der Nähe der Azoren Verhaltens-beobachtungen ergaben Aufschlüsse über die Sozialstrukturen und Populationsdynamik, die man an Tieren in Menschenobhut niemals erlangen könnte.

Oben: Verletzungen an der Hinterkante der Fluke (auf diesem Foto an der linke Hälfte) ermöglichen den Wissenschaftlern, individuelle Pottwale eindeutig zu identifizieren.

Rechts: Ein großes Männchen bläst in den kalten Gewässern der Davis-Straße westlich von Grönland.

Links: Trotz ihrer Größe und ihrem Ruf, sehr aggressiv zu reagieren, wenn sie harpuniert werden, können Menschen mitunter sehr dicht an Pottwale heranschwimmen, wenn sie sich langsam bewegen.

Unten: Pottwale werden nach einer Tragzeit von 14–15,5 Monaten mit einer Länge von etwa 4 m geboren. Sie können über mehrere Jahre gesäugt werden.

Unten rechts: Ein Pottwal springt in der Nähe der Galapagos-Inseln aus dem Wasser.

rend des gesamten Jahres an, ihre Verbreitung ist aber alles andere als gleichmäßig.

Nahrung und Nahrungsaufnahme: In den meisten Gebieten ihres Vorkommens ernähren sich Pottwale fast ausschließlich von Cephalopoden (Kopffüßer wie Kalmare und Kraken). In einigen wenigen Gebieten bilden Fische einen wesentlichen Bestandteil der Nahrung. Die Beute wird in ansehnlicher Tiefe gejagt, meist unterhalb 400 m, und zwar im freien Wasser. Im Mageninhalt wurden allerdings auch bodenlebende Fische und Kalmare nachgewiesen, was auch auf eine Nahrungsaufnahme am Boden hinweist. Im Gegensatz zu immer wieder auftauchenden Gerüchten werden nicht hauptsächlich die sagenumwobenen Riesentintenfische gejagt, sondern Kalmare mittlerer Größe mit einer Mantellänge von 0,2–1 m. Trotzdem werden mitunter auch Riesenkalmare der Gattung *Architeuthis* genommen. Zur Fischbeute zählen Rochen, Haie, Tiefseeangler, Dorschverwandte und Goldbarsche. Größere Pottwale nehmen größere Beute, einen höheren Fischanteil und jagen möglicherweise in größeren Tiefen. Mit Sicherheit tauchen sie für längere Zeiten.

Pottwale fressen während des ganzen Jahres sowohl am Tag als auch nachts. Man nimmt an, daß sie täglich 3–3,5% ihres Körpergewichtes an Nahrung aufnehmen. Das entspricht bei einem erwachsenen Männchen etwa 1,5 t.

Eventuell gibt es bei Pottwalgruppen bis zu einem gewissen Grad eine koordinierte Nahrungssuche. Neuere Untersuchungen deuten an, daß Individuen mitunter in Reihen nebeneinander jagen und ihren Abstand voneinander durch Lautgebung einstellen.

Fortpflanzung und Entwicklung: Als einer der am intensivsten bejagten Wale ist der Pottwal auch einer, dessen grundsätzliche Biologie wir am besten kennen. Trotzdem ist vieles noch unklar und bisher bloße Spekulation. Es handelt sich um eine langlebige Art mit niedriger Fortpflanzungsrate und lang andauernder Jungenbetreuung. Die Weibchen gebären nur alle 3–15, durchschnittlich alle 4–6 Jahre ein Kalb. Ältere Tiere weisen längere Intervalle auf. Pottwale pflanzen sich saisonal gebunden fort, jedoch ist die Paarungs- und damit die Fortpflanzungszeit nicht fest synchronisiert. Die meisten Paarungen finden in beiden Hemisphären im späten Frühling oder frühen Sommer statt, so daß die meisten Jungen im Sommer und Herbst geboren werden.

Das einzige Jungtier wird nach einer Tragzeit von 14–15,5 Monaten mit einer Länge von etwa 4 m geboren. Das Junge wird 1,6–3,5 Jahre gesäugt, bei älteren Müttern länger. Die Kälber nehmen erste feste Nahrung bereits mit einem Jahr auf, saugen aber zeitweise noch bis zum 10. Lebensjahr und länger. Das Wachstum bis zur Entwöhnung verläuft schnell. Die Zähne erscheinen allerdings erst, wenn das Jungtier sich bereits mehrere Jahre hauptsächlich von Fisch und Kalmar ernährt. Weibchen werden mit etwa 10 Jahren geschlechtsreif (im Bereich von 7–13 Jahren) und messen dann zwischen 8,3 und 9,2 m. Die Männchen erreichen die Pubertät mit 7–11 und die volle Geschlechtsreife mit 18–21 Jahren, wenn sie 11–12 m lang sind. Erst wenn sie 20–25 Jahre alt sind, sind sie kräftig genug, um Zugang zu brünstigen Weibchen zu finden. Diese verzögerte »soziale Reife« bei Männchen ist ein weiteres typisches Merkmal für polygyne Tiere. Das Wachstum kann bei Männchen bis zu einem Alter von 35–60 Jahren andauern.

Verhalten: Man nimmt an, daß die soziale Grundeinheit der Pottwale die Familie mit typischerweise 10–20 Mitgliedern ist. Diese besteht aus einer Anzahl von Weibchen mit Jungen unterschiedlichen Alters. Von Weibchen nimmt man an, daß sie ihr Leben lang in solchen Gruppen bleiben können, während Männchen normalerweise bei herannahender Pubertät Junggesellengruppen bilden. Mit zunehmendem Alter werden sie immer weniger sozial, bis sie unter Umständen schließlich zu einem der »ehrwürdigen« einsamen Bullen werden, die man häufiger in kalten und polaren Gewässern antrifft. Mitunter wird auch von Gruppen berichtet, die aus Hunderten und sogar Tausenden von Pottwalen bestehen und ein Gebiet von vielen Quadratkilometern einnehmen.

Das Paarungssystem ist polygyn. Es ist jedoch sehr wenig über das Sozialverhalten der Männchen bekannt. Neuere Studien zeigen, daß große Männchen selten in Begleitung gesehen werden und dann nur für kurze Zeit. Dies steht ganz im Gegensatz zu früheren Auffassungen, nach denen Haremsbullen eine Gruppe von Weibchen ständig gegen andere Bullen abgrenzen und verteidigen. Auseinandersetzungen zwischen Bullen zeigen die Zahnspuren auf den Köpfen alter Männchen, und Walfänger berichteten von heftigen Kämpfen zwischen Tieren, die manchmal zu ernsten Verletzungen führten. Trotzdem stehen wohl die meiste Zeit des Jahres die Pottwalschulen unter einem Matriarchat.

Die Lautgebung besteht aus pulsierenden Klicklauten. Sie werden eventuell sowohl zur Echoorientierung wie auch für die Verständigung genutzt. Die Klicklaute liegen zwischen 0,2 und 32 kHz, meistens bei 10 bis 16 kHz und dauern 2–30 ms. Sie werden in Intervallen von 0,01–10 Sekunden wiederholt. Einige wiederholte Klick-Folgen, Codas genannt, enthalten eventuell bestimmte Botschaften für andere Wale.

Der Pottwal taucht wahrscheinlich von allen Walen am tiefsten und längsten. Erwachsene Männchen tauchen länger als Weibchen und bleiben bis zu 90 Minuten unter Wasser (typischerweise 20–50 Minuten). Wir wissen von Tauchtiefen bis 1.100 m, indirekte Beweise deuten aber auf Tauchtiefen von mindestens 3.200 m hin. Die meisten Tauchgänge reichen von 300 bis 600 m.

Weltbestand: Schätzungen über Bestandszahlen sind generell wenig vertrauenswürdig und Gegenstand heftiger Diskussionen. Mit Sicherheit war der Pottwal der häufigste Wal überhaupt, und wahrscheinlich ist er es trotz intensiven Walfangs noch immer. Eine neuere Schätzung geht von etwa 2 Millionen Pottwalen aus, von denen die Hälfte im Nordpazifik lebt. Die moderne Walfängerei wirkte sich auch auf die Alters- und Geschlechtsstruktur der Bestände aus, da man gezielt auf große Männchen Jagd gemacht hat.

Der Einfluß des Menschen: Der Pottwal hat am intensivsten und längsten unter menschlicher Ausbeutung durch Walfang gelitten. Erste kommerzielle Jagden begannen im frühen 18. Jahrhundert. Von 1690 bis 1987 wurden jährlich mindestens einige Pottwale getötet. Während des gesamten Zeitraumes wurden viele Hunderttausende Individuen in allen Ozeanen erlegt, mit einer Spitzenquote von 29.300 Tieren 1963/64. Die ersten Einschränkungen wurden 1971 durch die Internationale Walfangkommission verhängt und nach 1984 wurde jeder kommerzielle Fang verboten. Einige wenige Individuen werden heute noch zufällige Opfer der internationalen Fischerei.

Pottwale wurden hauptsächlich wegen ihres Trans, der überwiegend im dicken Blubber eingelagert ist, und wegen des Walrates im Kopf gejagt. Außerdem gewinnt man von ihm das Ambra, eine wachsartige Substanz im Darm, die ursprünglich für die Parfümindustrie von Bedeutung war. Nahezu kein Pottwal wurde zu Nahrungszwecken getötet. Sein schwarzes, fettiges Fleisch gilt als ungenießbar.

ZWERGPOTTWAL

KOGIA BREVICEPS

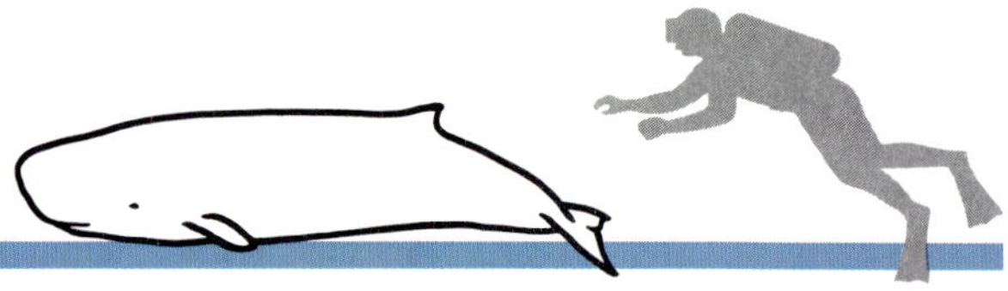

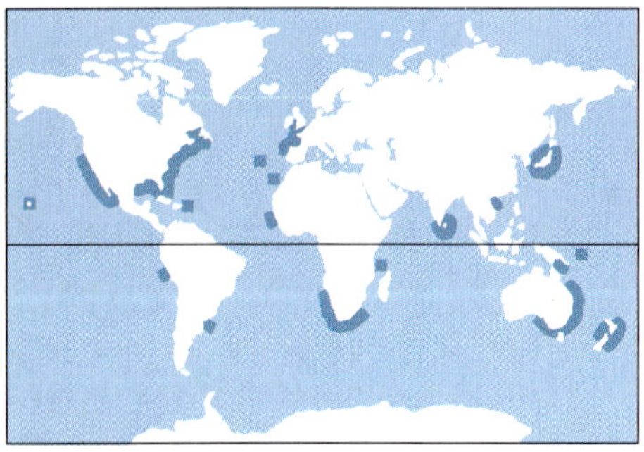

■ Bekannte Vorkommen

Systematik: *Kogia breviceps* wurde 1838 von Compte de Blainville benannt. Man nimmt an, daß sich der Gattungsname vom englischen Wort »codger« (= Sonderling, Kauz) ableitet oder sich aber auf Cogia Effendi, einem frühen türkischen Walbeobachter, bezieht. Der Artname *breviceps* bedeutet »kurzköpfig«.

Beschreibung: Diese kleinen, kräftigen Wale erreichen bei beiden Geschlechtern Maximallängen von 3,3 m und wiegen bis zu 400 kg. Der Kopf beträgt höchstens 15% der Körperlänge und besitzt eine große aufgewölbte Schnauzenregion, die das Walratorgan enthält. Junge Tiere weisen ein spitzes Schnauzenprofil auf, während dieses bei Erwachsenen rechteckig ist. Das kurze, enge Maul sitzt charakteristisch für diese Familie unten am Kopf (unterständig) und ist im Unterkiefer mit zwei Reihen von je 12 bis 16 gebogenen, nadelscharfen Zähnen besetzt. Die Rückenfinne ist klein und leicht gebogen und mißt weniger als 5% der Körperlänge. Die Flipper besitzen konvex gebogene Kanten, die sich zu einer abgerundeten Spitze verjüngen. Die Fluken sind breit und verjüngen sich zu den äußeren Spitzen. Die obere Hälfte des Kopfes und Körpers, Schwanzstieles und die Oberseiten der Fluke und Flipper sind dunkel bläulich grau und hellen allmählich zur fahlweißen bzw. leicht rosa gefärbten Unterseite von Kopf, Körper, Flippern und Fluke auf. Hinter dem Auge verläuft eine weißliche Linie abwärts vom äußeren Ohr zur blassen Kehle.

Identifizierung auf See: Auf See können Zwergpottwale nur mit Schnabelwalen verwechselt werden (die ebenfalls kleine Rückenfinnen besitzen) und natürlich mit dem Kleinstpottwal (*Kogia simus*). Schnabelwale kann man durch ihre größere Gestalt, ihre schnelleren Bewegungen und aus näherer Entfernung an ihren verlängerten Schnauzen erkennen. Die kürzere Rückenfinne des Zwergpottwales ist das beste Unterscheidungsmerkmal zum Kleinstpottwal (Anm. d. Ü.: der in Europa derselben Art zugerechnet wird). Das Verhältnis von Finnenhöhe zur Strecke zwischen Kopf- und Finnenspitze beträgt beim Zwergpottwal 5–9% und beim Kleinstpottwal 9–16%.

Lebensraum: Es handelt sich bei dieser Art um Bewohner der Ozeane, die wohl über oder nahe dem Kontinentalabhang leben.

Verbreitung und Wanderung: Diese Wale scheinen in gemäßigten, subtropischen und tropischen Meeren weitverbreitet zu sein. Im Nordatlantik liegen Beobachtungen von Irland und Holland südwärts bis zum Senegal, den Azoren, Madeira und den Kanarischen Inseln vor, ferner von Neuschottland bis Kuba und zum Golf von Mexiko. Vereinzelt wurde der Zwergpottwal im Südatlantik und im Indischen Ozean beobachtet. Die restlichen Daten stammen von verstreuten Beobachtungen aus dem Indopazifik.

Unten: Ein Zwergpottwal in einem Marinepark in Florida. Das winzige, unterständige Maul ist deutlich sichtbar.

Nahrung und Nahrungsaufnahme: Zwergpottwale ernähren sich hauptsächlich von einer großen Vielfalt an ozeanischen Kalmaren und Sepien, ergänzt durch geringe Mengen von Fischen und Tiefseegarnelen. Über dem Kontinentalabhang erfolgt die Nahrungsaufnahme in Tiefen von 200 m und mehr, wobei im Magen von führenden Weibchen Sepien gefunden wurden, die auf eine Aufnahme dieser Beute am Boden des Kontinentalschelfs deuten.

Verhalten: Die wenigen Beobachtungen von Zwergpottwalen lassen vermuten, daß es sich um träge Tiere handelt, die langsam an die Oberfläche aufsteigen und einen undeutlichen Blas erzeugen. Sie können regungslos im Wasser liegen, wobei der Rücken und die Finne über die Oberfläche ragen.

Fortpflanzung und Entwicklung: Die begrenzten Informationen, die wir lediglich gestrandeten Individuen verdanken, deuten an, daß Weibchen bei Längen von 2,7 bis 2,8 m geschlechtsreif werden. Die Kälber werden nach einer Tragzeit von ca. 11 Monaten mit etwa 1,2 m Länge geboren. Sie werden vermutlich mindestens ein Jahr gesäugt, was wir aus dem Fund von 2 m langen Jungtieren zusammen mit laktierenden Weibchen schließen. Die Tatsache, daß laktierende Weibchen schon wieder trächtig sein können, läßt die Fähigkeit, jährlich zu gebären, möglich erscheinen. Männchen werden bei Längen von 2,3–3 m geschlechtsreif.

Weltbestand: Diese Wale findet man recht häufig vor den südöstlichen Küsten der Vereinigten Staaten, wo sie die am zweitmeisten gestrandeten Individuen stellen. Ferner sind sie relativ häufig vor der südafrikanischen Küste. Es gibt bisher keine Schätzungen über Bestandszahlen.

Der Einfluß des Menschen: Kleine Mengen Zwergpottwale wurden von frühen Walfängern getötet; in neuerer Zeit auch durch Japaner und Indonesier aus kleinen Fangbooten zu Nahrungszwecken. Diese Fangquoten haben wahrscheinlich keinerlei Einfluß auf die Populationsentwicklung. Viel größere Bedeutung haben mit Sicherheit die unbeabsichtigten Fänge von Zwergpottwalen und anderen kleinen Cetaceen in Stellnetzen, z. B. vor Sri Lanka.

Kleinstpottwal

Kogia simus

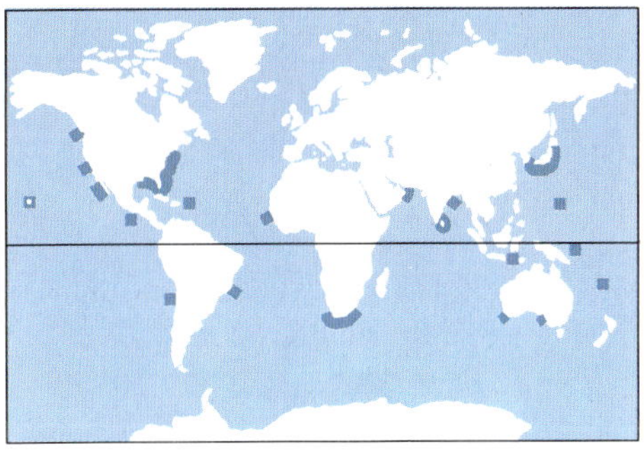

■ Strandungen und Sichtungen

Systematik: Obwohl schon 1866 von dem englischen Anatomen Owen beschrieben, wurde der Kleinstpottwal erst ein Jahrhundert später als eigenständige Art anerkannt (Anm. d. Ü.: Es existiert keine einheitliche deutsche Populärbezeichnung; er wird im deutschen Sprachraum ebenfalls meist als »Zwergpottwal«, »Owen-Zwergpottwal« oder »Rattenschweinswal« bezeichnet). Seit dieser Zeit kennt man ihn als sehr wandelbare Art (Anm. d. Ü.: Daher halten ihn viele Systematiker, für eine Küsten-Varietät des Zwergpottwales). Der Artname *simus* bezieht sich auf die typische »Stupsnase« dieser Wale.

Beschreibung: Dieser kleinste aller Wale erreicht nur eine Maximallänge von 2,7 m erreicht und wiegt etwa 210 kg. Sie ähneln den Zwergpottwalen sehr, sowohl in der grundsätzlichen Form als auch in der Färbung. Das Schnauzenprofil der Kleinstpottwale ist stumpf und quadratisch. Er hat eine oder mehrere kurze, unregelmäßige Falten an der Kehle hinter dem winzigen Maul, das mit 7–12 Zähnen auf jedem Unterkieferast besetzt ist. Bis zu 3 Zahnpaare können an den Oberkieferspitzen vorhanden sein. Die Rückenfinne ist groß, mit breiter Basis und konkaver Vorderkante.

Identifizierung auf See: Auf See verhindert der quadratische Kopf und die langsamen Bewegungen des Kleinstpottwales eine Verwechslung mit Delphinen. Aus größerer Nähe unterscheiden ihn Größe, Form von Schnauze und Kopf und Färbung von Delphinen mit verlängerten Schnauzen oder stumpfschnauzigen Arten sowie vom Kleinen Schwertwal oder auch vom Breitschnabeldelphin.

Gestrandete Kleinstpottwale können vom Zwergpottwal am besten durch die Entfernung zwischen Schnauzenspitze und Blasloch (weniger als 10% der Körperlänge) und durch die Größe der Rückenfinnen unterschieden werden.

Lebensraum: Mageninhalte deuten darauf hin, daß diese Wale die Kante des Kontinentalschelfs bewohnen. Vor Südafrika könnte die Verbreitung der Kleinstpottwale in Beziehung zu den Mischwassergebieten der Agulhas- und Benguela-Ströme stehen; ferner könnte die Agulhas-Bank als Jungenaufzuchtsgebiet dienen.

Verbreitung und Wanderung: Kleinstpottwale sind weit, wenn auch sporadisch, in gemäßigten und tropischen Meeren verbreitet. Im Nordatlantik gibt es Meldungen von Virginia bis Texas, den Kleinen Antillen und vom Senegal. Zahlreiche Meldungen aus Südafrika reichen von der Atlantikküste bis zum Indischen Ozean, wo es ebenfalls Meldungen aus Oman, Sri Lanka, Indien und Lomblen in Indonesien gibt. Ferner stammen Daten von West- und Südaustralien. Beobachtungen aus dem pazifischen Raum sind auf ein bis zwei Meldungen beschränkt. Diese Wale stranden während des ganzen Jahres in Südafrika, was vermuten läßt, daß dort eine Population standorttreu lebt.

Nahrung und Nahrungsaufnahme: Kleinstpottwale nehmen sehr ähnliche Nahrung auf wie Zwergpottwale. Das Auftreten der Beutearten läßt eine Nahrungsaufnahme in etwa 250 m Tiefe vermuten. Vor Südafrika sind unzählige winzige Sepien eine wichtige Beute für Mütter mit Jungtieren.

Verhalten: Die sehr begrenzten Informationen deuten an, daß das Verhalten des Kleinstpottwales dem des Zwergpottwales sehr ähnlich ist. Strandungen und Beobachtungen lassen vermuten, daß Gruppen dieser Tiere Weibchen mit Kälbern und Jugendliche oder erwachsene Männchen und Weibchen enthalten, wobei die Gruppengröße auf weniger als 10 Individuen begrenzt ist. Japanische Walfänger berichten, daß diese Art vor dem Abtauchen kotet, wenn sie aufgeschreckt wird. Kleinstpottwale speichern eine große Menge Kot im vergrößerten Dickdarm, vielleicht, um eine Tarnwolke ausstoßen zu können, wenn sie verfolgt werden. Diese Annahme erhielt weitere Bestätigung durch die Beobachtung einer Walmutter mit Jungem, die sich und ihr Kind in eine Fäkalienwolke einhüllte, als sie sich gestört fühlte.

Fortpflanzung und Entwicklung: Südafrikanische Individuen beiderlei Geschlechts scheinen bei einer Länge von 2,1–2,2 m die Geschlechtsreife zu erreichen. Kälber sind bei Geburt etwa 1 m lang, die Tragzeit beträgt ungefähr 9 Monate. Geburten finden über mehrere Monate im Sommer statt, die Kälber werden gesäugt, bis sie etwa 1,5 m lang sind. Man weiß nichts über den Zeitpunkt der erstmaligen Fortpflanzung und über die Zwischenräume aufeinanderfolgender Geburten.

Weltbestand: Es gibt keine Informationen über die Größe und Verteilung der Bestände, obwohl häufige Strandungen vermuten lassen, daß die Art vor der Südspitze Afrikas häufig ist. Die wenigen Beobachtungen lassen nicht automatisch darauf schließen, daß es sich um eine seltene Art handelt.

Der Einfluß des Menschen: Einige Kleinstpottwale wurden vermutlich zusammen mit Zwergpottwalen von frühen Walfängern erbeutet. In neuerer Zeit wurden einige Tiere durch japanische und karibische Walfänger getötet. Die Auswirkung von Opfern der Standnetzfischerei auf die Populationen sind vermutlich bemerkbar, jedoch zahlenmäßig schwer zu erfassen. Gestrandete Tiere, die man zur Erholung in Delphinarien brachte, haben selten mehr als einige Tage überlebt.

Unten: Es wurden bisher nur sehr wenige Kleinpottwale gesichtet, denn sie sind von geringer Größe und ziemlich scheu.

Narwal, Beluga und Irawadi-Delphin

Monodontidae

John Gray vom Britischen Museum beschrieb diese Familie der Narwalarten 1821. Bis in die jüngste Zeit hat man dieser Familie nur zwei Gattungen mit jeweils einer Art zugeschrieben. Diese sind der Narwal (*Monodon monocerus*) und der Beluga (*Delphinapterus leucas*). Im Jahr 1973 schlug der japanische Wissenschaftler Toshio Kasuya vor, die Gattung *Orcaella*, vertreten durch eine einzige Art, den Irawadi-Delphin (*O. brevirostris*), aus der Familie Delphinidae in diese zu überführen.

Abgesehen von Ähnlichkeiten des Schädelbaues weisen zwei oder alle drei Arten auffälligere Gemeinsamkeiten auf. Der Narwal und der Beluga sind sehr ähnlich in Größe und Form und besitzen keine Rükkenfinne. Diese wird ersetzt durch eine fibrinöse Leiste unmittelbar hinter dem Mittelpunkt der Rückenlinie und ist vermutlich eine Anpassung an das Schwimmen unter einer Eisdecke. Die Flipper beider Arten sind klein, rund und wölben sich bei Erwachsenen an ihren Enden aufwärts. Irawadi-Delphine haben wie Narwal und Beluga die Eigenschaft, den Kopf gegen den Körper verdrehen zu können, was darauf hindeutet, daß alle oder doch fast alle Halswirbel frei beweglich sind. Keine Art besitzt irgendwelche Kehlfurchen.

Der Beluga und der Irawadi-Delphin sind die einzigen Wale, die ihren Gesichtsausdruck deutlich verändern können. Diese nach menschlichem Empfinden liebenswerte Eigenschaft hat möglicherweise die Funktion, auf Beute eine direkte Saugwirkung ausüben zu können.

Die Tatsache, daß *Orcaella* eine tropische Art ist, wurde als Argument gegen die gegenwärtige Meinung vorgebracht, daß verwandtschaftliche Beziehungen zu den arktischen Gattungen *Delphinapterus* und *Monodon* vorliegen könnten. Fossile Funde belegen jedoch, daß sich die letzteren Gattungen sekundär an kalte Klimate angepaßt haben, nachdem ihr Ursprung in mehr südlichen Regionen zu suchen ist. Man vermutet, daß sie innerhalb der letzten 12 Millionen Jahren während einer Kälteperiode eingeschlossen wurden und in der Folge grundlegende evolutionäre Veränderungen durchgemacht haben.

Eine Gruppe von Narwalen. Die Männchen entwickeln den sagenumwogenen, einhornähnlichen Stoßzahn.

Narwal

Monodon monoceros

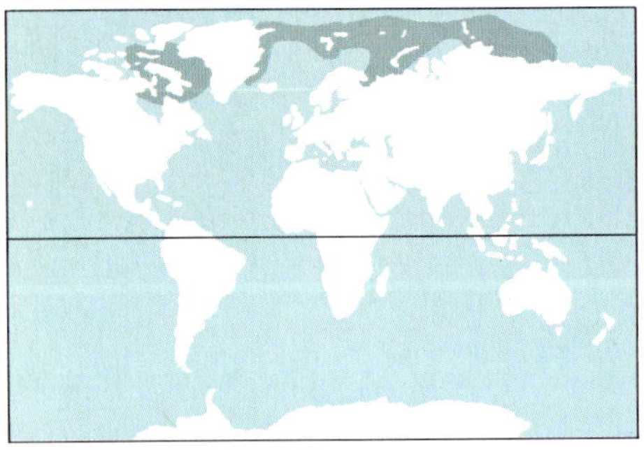

■ Mögliche Verbreitung

Systematik: Es bestehen große systematische Ähnlichkeiten zwischen Narwal, Beluga *(Delphinapterus leucas)* und Irawadi-Delphin *(Orcaella brevirostris)*. Es gibt einige Diskussionen über den Grad der Verwandtschaft zwischen diesen drei Arten, wobei aber von allen Wissenschaftlern der Narwal in eine eigene Familie, Monodontidae, gestellt wird. *Monodon monoceros* bedeutet »ein Zahn, ein Horn«.

Populäre Bezeichnungen: Im europäischen Sprachraum wird er als Narwal oder Narwhal bezeichnet, was im Norwegischen so viel bedeutet wie »Wal mit aufgedunsenem Körper« (aufgrund der an einen ertrunkenen Menschen erinnernden Farbgebung). Eventuell ist es auch eine Ableitung aus dem germanischen Begriff für »Wal mit schmalem, vorspringenden Teil«.

Beschreibung: Die Körperform ist untersetzt, ohne Rückenfinne, mit kurzen Flippern, die sich bei älteren Tieren aufwärts wölben (besonders bei Männchen) und mit einer Schwanzfluke, die völlig anders aussieht als bei anderen Walen. Die Fluken verändern ihre Gestalt mit zunehmendem Alter, wobei sich die Vorderkante zunehmend konkav und die Hinterkante zunehmend konvex verbiegt. Die übliche Schwanzform erwachsener Männchen ist halbkreisförmig mit hintenliegendem Bogen.

Auch die Färbung verändert sich mit dem Alter. Kälber werden grau oder graubraun geboren. Mit zunehmendem Alter entstehen an der Unterseite weißliche Flecken, die sich teilweise vergrößern und auf die Flanken übergreifen. Erwachsene Tiere sind häufig hellgrau marmoriert mit dunklen Flecken und einer dunklen Fläche um Gesicht und Blasloch, die nach hinten in eine dunkle Linie ausläuft. Die Lippen wölben sich etwas auf und das Blasloch liegt in der Nähe der Rückenlinie.

Der berühmte Stoßzahn, verantwortlich für die Mythen von Einhörnern, ist in Wirklichkeit ein modifizierter Zahn. Die Föten besitzen noch mehrere Paare von Zahnanlagen, die mit Ausnahme des vordersten linken Zahnes im Oberkiefer der Männchen aber normalerweise rudimentär bleiben. Dieser wächst nach vorne durch die Oberlippe hindurch. Sehr selten entwickelt sich bei Männchen der rechte vordere Zahn zum Stoßzahn, und auch den Weibchen können manchmal ein oder sogar zwei Stoßzähne wachsen. Die Zähne sind von der Wurzel betrachtet immer linksspiralig gewunden, warum das so ist, weiß man allerdings nicht. Durchschnittlich werden die Stoßzähne 2 m lang (Maximum 3 m) und wiegen etwa 8 kg (Maximum 10,5 kg).

Kanadische Narwale werden mit einer Länge von 1,6 m geboren und messen als ausgewachsene Männchen 4,5–4,7 m. Weibchen werden 3,8–4,2 m lang. Das Körpergewicht beträgt bei der Geburt 80 kg und erhöht sich auf 1,5–1,6 t (Männchen) und 800 bis 900 kg (Weibchen).

Identifizierung auf See: Innerhalb seines Verbreitungsgebietes kann ein Narwal nur mit einem Beluga verwechselt werden und dann auch nur, wenn die Sichtverhältnisse schlecht sind. Der Blas ist schwach und gewöhnlich wenig auffällig. In Gruppen schwimmende Tiere tauchen oft gemeinsam auf, atmen mehrere Male mit kurzen Zwischenräumen, bevor sie wieder für 7–20 Minuten zur Nahrungsaufnahme abtauchen. Wanderungen sind durch höhere Schwimmgeschwindigkeiten gekennzeichnet, finden näher an der Oberfläche statt und sind durch kürzere Tauchzeiten charakterisiert.

Lebensraum: Narwale leben in arktischen und subarktischen Gewässern nahe des Eises. Sie schwimmen während des Sommers in flache Buchten und Flußmündungen und sind häufig in tiefen Fjorden anzutreffen.

Verbreitung und Wanderung: Die Verbreitung des Narwales ist mit Unterbrechungen zirkumpolar im Norden. Sie erscheinen regelmäßig von der zentralkanadischen Arktis ostwärts bis zur zentralen UdSSR, sind jedoch nur unregelmäßig oder selten vor der ostsibirischen Küste, Alaska und der westkanadischen Arktis. Im größten Teil ihres Verbreitungsgebietes bleiben Narwale das ganze oder die meiste Zeit des Jahres nördlich des Polarkreises und werden selten südlich des 60. Breitengrades gesehen. Im Winter werden wegen des schlechten Wetters und Lichts nur wenige gesichtet. Sie müssen vor der ab Oktober voranschreitenden Eisdecke zurückweichen, können aber auch in eisfreien Eisseegebieten, die man Polynyas oder Savssats nennt, bleiben. Viele überwintern vermutlich in der Davis-Straße, Hudson-Bay oder Hudson-Straße, der Grönlandsee, Barentsee und eventuell der Straße von Dänemark.

Wanderungen werden bei dieser Art durch das Voranschreiten oder Abtauen des Eises veranlaßt. Tausende von Individuen werden manchmal auf der Wanderung in den Lancaster-Sund von Kanada oder in den Ingelfeld-Fjord von Westgrönland beobachtet.

Nahrung und Nahrungsaufnahme: Narwale fressen hauptsächlich Fisch, Kalmar und Garnelen. Bevorzugte Fischarten sind Polardorsche *(Boreogadus)*, Grönlandheilbutt *(Reinhardtius)* und Grönlanddorsch *(Arctogadus)*. Die häufigste Beuteart unter den Kalmaren ist der Köderkalmar *(Gonatus fabricii)*. Die Vielfalt an Beute, die in den Mägen von Narwalen gefunden wurde, läßt auf verschiedene Nahrungsgewohnheiten schließen und erfolgt in Tiefen bis zu Hunderten von Metern. Die glatte Spitze der meisten Stoßzähne läßt vermuten, daß

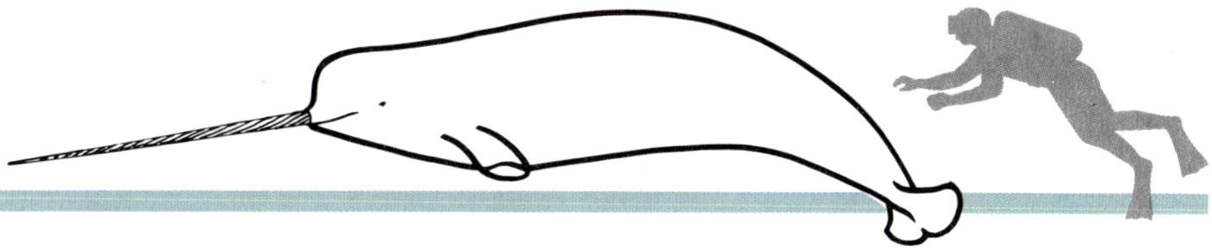

Unten links: Zwei Narwalmännchen begleiten ein Kalb in den Gewässern des Scoresbysunds vor Ost-Grönland.

Oben: Eine Gruppe männlicher Narwale. Der Stoßzahn ist eigentlich ein langgezogener Vorderzahn des Oberkiefers.

der Zahn eventuell dazu benutzt wird, Beute aufzustöbern.

Verhalten: Narwale werden gewöhnlich in kleinen Gruppen von 2–10 Tieren gesehen, wobei solche Gruppen oft als Teile viel größerer Schulen wandern, die Tausende von Individuen enthalten können und ein Gebiet von vielen Quadratkilometern einnehmen. Mutter-Kind-Bindungen sind sehr fest, und es gibt sowohl in den kleineren Gruppen als auch in Teilen der großen Schulen deutliche Gliederungen nach Alter und Geschlecht. Narwale und Belugas wandern und jagen oft gemeinsam.

Die Rolle der Stoßzähne innerhalb des Narwalverhaltens gab Anlaß zu mancher Vermutung und Sage. Man vermutete, daß er zur »Speerfischerei« benutzt würde, als akustische Lanze, zum Aufgraben des Meeresbodens oder als Angriffswaffe gegen Rivalen und Feinde. Die neuesten Erkenntnisse gehen davon aus, daß es sich um ein sekundäres Geschlechtsmerkmal handelt, sehr ähnlich den Geweihen von Hirschen. Das Paarungssystem ist wahrscheinlich polygyn, was wiederum auf Rivalitäten zwischen Männchen schließen läßt. Der Stoßzahn könnte als sichtbares Instrument im Imponierverhalten, als Droh- und Kampfwaffe dienen. Stoßzahnspitzen werden manchmal in Köpfen oder sogar im zerbrochenen Ende des Stoßzahnes gefangener Narwale gefunden, so daß Duelle durchaus möglich erscheinen. Männchen sieht man häufiger in Kommentkämpfen mit gekreuzten Stoßzähnen oberhalb des Wassers. Von dieser Ausnahme abgesehen zeigen Narwale kaum Aktivitäten über Wasser.

Die Lautgebung der Narwale beschränkt sich auf engbandige Lautstöße im Frequenzbereich von 1,5 bis mindestens 24 kHz. Wissenschaftler haben sowohl schnell wiederholte Klicklaute mit bis zu 300 Lauten pro Sekunde (eventuell zur Echoorientierung) als auch längere Töne bis 0,1 Sekunde Dauer (möglicherweise zur Verständigung) aufgezeichnet. Charakteristische, pulsierende Töne werden häufig wiederholt und eventuell zur individuellen Erkennung benutzt.

Fortpflanzung und Entwicklung: Weibchen werden mit 5–8 Jahren (bei einer Durchschnittslänge von 3,4 m) und Männchen mit 11–13 Jahren (bei Längen von etwa 3,9 m) geschlechtsreif. Die Tragzeit dauert 14–15 Monate, die Kälber werden etwa 20 Monate gesäugt. Paarung und damit die Geburten sind saisonal gebunden. Geburten finden von Juli bis August im Hochsommer statt. Die meisten erwachsenen Weibchen gebären alle drei Jahre ein Junges, 20% auch alle zwei Jahre. Ungefähr 7 Kälber pro Jahr werden in einer Population von 100 Individuen geboren. Die Altersbestimmung ist bei Narwalen schwierig, weil es keine regelmäßigen Dentinablagerungen am Stoßzahn oder den rudimentären Zähnen gibt. Die zuverlässigste Schätzung des Höchstalters geht von 50 Jahren aus.

Abgesehen vom Menschen sind die einzigen Feinde des Narwales Schwertwale und EISBÄREN. Die dadurch verursachten Verluste sind für den Bestand aber unbedeutend.

Weltbestand: Es gibt vermutlich 4 geographisch getrennte Bestände von Narwalen, wobei eine einigermaßen realistische Einschätzung der Bestandsgröße nur für einen vorliegt. Die hocharktische kanadisch/grönländische Population verbringt den Sommer in einem Gebiet, das sich von der zentral-kanadischen Arktis (rund um die Somerset-Inseln) zum Ingelfeld-Fjord in Westgrönland erstreckt. Wahrscheinlich halten sich mindestens 20.000–30.000 Tiere im kanadischen Bereich und mindestens 4.000 Individuen im grönländischen Bereich auf. 1.200 Tiere wurden in der nördlichen Hudson-Bay gezählt.

Schätzungen über den Bestand von Ostgrönland/Svalbard und Nordwesteuropa bis Sibirien sind zu ungenau, man kann jedoch von mindestens einigen Tausend ausgehen.

Der Einfluß des Menschen: Narwale werden von den Inuit hauptsächlich wegen ihrer Stoßzähne und der Haut gejagt. Die Stoßzähne werden an Touristen und Sammler verkauft, die sehr dicke Haut gilt als Delikatesse, die roh mit einer dünnen Schicht anhaftenden Fettes gegessen wird. Narwale werden vom Eis, aus Booten oder in Kanada und Grönland aus traditionellen Kajaks gejagt. Neuere Jagdquoten belaufen sich auf 300–550 in Kanada, 500 in Westgrönland und 60 in Ostgrönland. Zahlen aus anderen Gebieten sind unbekannt. Frühere Fänge im hocharktischen Bestand waren zeitweise sehr zahlreich und müssen die Population sehr dezimiert haben. Zu gewisser Zeit betrugen allein die kanadischen Fänge 3.000 Tiere pro Jahr. Gelegentlich verfingen sich große Zahlen in den Savssats (eisfreie Gebiete im Eismeer) und wurden getötet. Gut 2.000 Tiere wurden in einer Reihe von Savssats nahe der grönländischen Disko-Bay im Winter 1914/15 getötet.

Nur wenige Narwale wurden bisher in Menschenhand gehalten. In neuerer Zeit starben 7 Exemplare innerhalb von 4 Monaten nach dem Fang.

Beluga (Weisswal)

Delphinapterus leucas

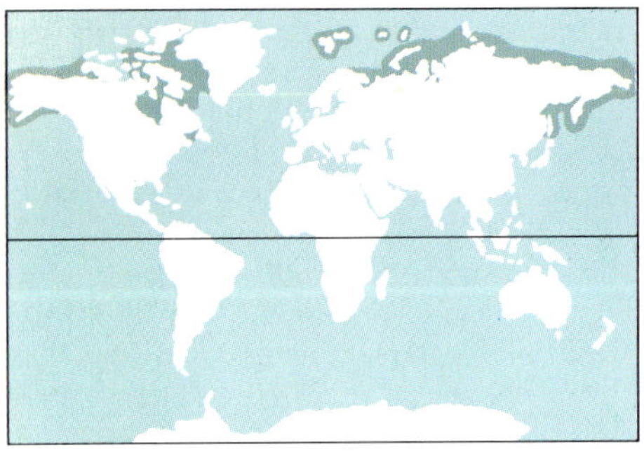

Bekannte Verbreitung

Systematik: Der Beluga oder Weißwal wurde erstmalig im auslaufenden 18. Jahrhundert von dem deutschen Naturforscher Peter Pallas während einer Reise nach Nordrußland beschrieben. Er gab ihm den Namen *Delphinus leucas* (= Weißer Delphin). Später wurde die Art der neuen Gattung *Delphinapterus* (= Delphin ohne Flügel) zugeschrieben, was dem Fehlen der Rückenfinne Rechnung trug. Obwohl es etliche Variationen zwischen den Beständen gibt, ist keine Unterart anerkannt.

Populäre Bezeichnungen: Die meisten Namen beziehen sich auf die einzigartige Färbung des Belugas, und so sind die Namen »Weißwal« oder »White whale« im Deutschen wie Englischen genauso gängig wie die neuerdings immer häufiger gebrauchte Bezeichnung »Beluga«. Letztere ist eine Anlehnung an seinen russischen Namen, Belukha (= weißer Wal).

Beschreibung: Dieser kleine Wal erreicht, abhängig von der jeweiligen geographischen Population, eine Länge von 4–4,5 m (maximal 5,5 m) bei Männchen und 3–3,5 m (maximal 4,1 m) bei Weibchen. Erwachsene Männchen wiegen 1–1,5 t und Weibchen 0,4–1 t. Mit 1 Jahr sind Männchen größer als gleichaltrige Weibchen. Während der meisten Zeit des Jahres ist die Färbung erwachsener Tiere ein reines Weiß. Vor dem »Sommerfellwechsel« werden die Tiere gelblich, bevor sie die alte Haut abstoßen. Neugeborene Kälber sind dunkelgrau, manchmal auch braungrau. Diese dunkle Färbung lichtet sich allmählich in ein immer heller werdendes Grau auf, bis sich im Alter von etwa 4–5 Jahren ein bläulicher Schimmer zu dem Grau mischt. Alle Individuen sind spätestens mit 12 Jahren weiß, wobei einige dieses Stadium schon mit 5 Jahren erreichen. Weibchen färben vor den Männchen um und können ihr erstes Junges gebären, bevor sie völlig weiß sind.

Bei diesen Walen handelt es sich um eine gedrungene Art ohne Rückenfinne und mit charakteristisch geformter, tief eingekerbter Schwanzfluke. Der Kopf ist klein und rundlich. Die Lippen und die aufgewölbte Melone werden mit zunehmendem Alter deutlicher. Die Nackenwirbel sind nicht verwachsen, wodurch der Hals erstaunlich beweglich ist. Der Körper ist sehr muskulös und geschmeidig, die Haut fest und mit Riefen und Narben bedeckt. Eine feste, faserige Rückenleiste, deutlich bei erwachsenen Männchen hervortretend, ersetzt die Rükkenfinne. Bei erwachsenen Männchen biegen sich die rundlichen Flipper aufwärts, die Schultern werden »quadratischer« und der Kopf ist länger und abgesetzter als bei den Weibchen.

Normalerweise stehen 9 Paare kegelförmiger Zähne im Oberkiefer und 8 Paare im Unterkiefer. Sie nutzen sich relativ schnell ab und sind bei älteren Individuen klein und flachkronig.

Identifizierung auf See: Innerhalb ihres Verbreitungsgebietes können Jungtiere mit Narwalen verwechselt werden, jedoch nur aus der Entfernung. Normalerweise kann dieser Wal mit keiner anderen Art verwechselt werden. Belugas schwimmen gewöhnlich langsam und halten sich für lange Zeit an oder nahe der Wasseroberfläche auf. Anhaltende Geschwindigkeiten von bis zu 4,8 km/h konnten über mehrere Stunden registriert werden. Der Blas ist niedrig und oft unauffällig, kann jedoch an ruhigen Tagen über mehrere hundert Meter gehört werden. Die Atemfrequenz hängt von der Aktivität und Tauchtiefe ab. Ein normaler Atemzug dauert 2–3 Sekunden. Wenn sie verfolgt werden, können Belugas unter Wasser ausatmen und innerhalb des Bruchteiles einer Sekunde einatmen, so daß kaum ein Körperteil über der Wasseroberfläche erscheint.

Lebensraum: Mit Ausnahme einer kleine Population im St.-Lorenz-Golf (Ostkanada) handelt es sich beim Beluga um eine rein arktische und subarktische Art. Im Sommer suchen die Tiere flache Küstengewässer und Flußmündungen auf, während sie sich im Winter auf der offenen See entlang der Eiskante aufhalten. Belugas sind grundsätzlich Bewohner des Salzwassers, können aber mehrere Tage in Süß- oder Brackwasser überleben.

Verbreitung und Wanderung: Die Verbreitung verläuft rund um den Nordpol und beschränkt sich saisonbedingt auf meist eisfreie arktische Gebiete. Belugas sind Tiere der Eiskante, die geduldig auf das Aufbrechen des Eises im Juli warten, bevor sie sehr schnell ihre Sommerquartiere aufsuchen. Im Herbst verlassen sie diese Gebiete, sobald sich neues Eis bildet, um in eisfreie Regionen auszuweichen. Daraus folgt, daß sie eine der wenigen Zahnwalarten sind, die strenge, saisonale Wanderungen unternehmen. Ein Bestand verbringt den Juli und August in hocharktischen Gebieten Kanadas, z. B. im Lancaster-Sund und in der Prinzregentenbucht. Wenn diese Region im Herbst einzufrieren beginnt, wandern die Tiere ostwärts und überwintern wahrscheinlich in den eisfreien Teilen der Davis-

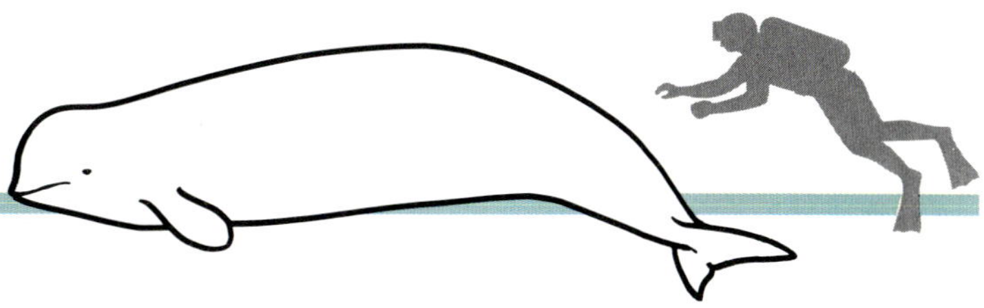

Straße nahe der Westküste Grönlands. In manchen Jahren kommt es vor, daß ein Teil der Population in hohen Breiten bleibt. Wir kennen 19 eindeutig umreißbare Populationen. Sehr wenig wissen wir über Wanderungen zwischen den Populationen und vieles bleibt diesbezüglich Spekulation.

Nahrung und Nahrungsaufnahme: Vorhandene Untersuchungen deuten auf eine breite Palette von Beutetieren hin, darunter Fische, Weichtiere und andere bodenbewohnende Wirbellose sowie Zooplankton. Alle bisher untersuchten Bestände scheinen sich hauptsächlich von einer Vielzahl an Fischen zu ernähren. Die Anatomie des Mundes und der Zähne ist optimal an diese Beute angepaßt. Jüngere Tiere nehmen oftmals kleinere Nahrung als Erwachsene, und man vermutete, daß sie die Saugwirkung ausnutzen, um Wirbellose in ihr Maul einzusaugen. Die Fähigkeit, die Lippen formen zu können, scheint diese Ernährungsweise zu ermöglichen.

Verhalten: Belugas sind ausgesprochen soziale Tiere, die selten allein angetroffen werden und oftmals in Gruppen von mehreren Tausend Individuen zusammenkommen. Die festeste soziale Einheit besteht aus einer Mutter mit ihren jüngsten Kindern, gewöhnlich 1–3 an Zahl. Die mütterliche Fürsorge ist auf mehrere Jahre verlängert, und Mütter verteidigen ihre Kinder aggressiv gegen Feinde. Üblich sind kleine, festgefügte Gruppen von bis zu 15 Tieren, die aus Männchen oder Müttern mit ihrem Nachwuchs bestehen. Diese Gruppierungen sind auch dann noch deutlich auszumachen, wenn sich Hunderte von Tieren im Sommer dicht in Flußmündungen zusammendrängen. In sowjetischen Gewässern sind die reinen Männchengruppen viel größer und bestehen aus bis zu 500 Individuen. Auf Wanderungen oder wenn die Tiere im Sommer zwischen Flußmündungen wechseln, bewegen sich die Belugas in losen Verbänden, die sich über 10 km und mehr erstrecken. Man beobachtete erwachsene Tiere als »Vorhut« vor Gruppen, die den Weg durch das Packeis erkundeten.

Normalerweise zeigen Belugas keine Aktivitäten über Wasser. In Flußmündungen und Buchten, wo sie in manchen Gebieten im Sommer vorkommen, können sie sehr verspielt und stimmfreudig über und unter Wasser sein. Die offensichtlichste Veränderung, die in bezug zu diesen Wanderungen steht, scheint das Abschülfern der Haut zu sein, die in dieser Zeit sehr schnell wächst. Die Tiere schwimmen in seichte Gewässer, stranden mitunter aktiv und beginnen, sich auf dem Sand oder an den Felsen zu reiben. Während sie dies tun, geben sie eine verblüffende Anzahl von Lauten vor sich. Sie schlagen mit Schwanz und Flippern auf die Wasseroberfläche und erheben Schwanz und Kopf über das Wasser.

Oben: Während des Sommers ziehen die Belugas einiger Populationen in Flußmündungen und geschützte Buchten, wo sie die äußere Schicht ihrer Haut wechseln, indem sie sich am Bodensubstrat der flachen Gewässer scheuern.

Links: Der Kopf und Vorderkörper eines erwachsenen Belugas. Die arttypisch rauhe Haut ist gut zu erkennen.

Rechts: Belugas wandern in Gruppen, die manchmal bis zu mehreren tausend Tieren groß sein können. Häufig trifft man sie in Gesellschaft von Narwalen an, die ihr Verbreitungsgebiet teilen.

Belugas besitzen ein sehr effektives Echoorientierungsvermögen. Sie stoßen breitbandige Pulslaute aus, die in einem engen Strahl gebündelt vom Vorderkopf ausgesendet werden. Die Tiere können sich einem fremden Objekt bis auf kurze Distanz nähern, einem Hydrophon z. B., um es dann mit schnellen Lautfolgen zu erkunden.

In Menschenhand wurden Belugas dressiert, 650 m tief zu tauchen und dort für 15 Minuten zu verharren. Die einzige Aufzeichnung über Tauchtiefen in natürlicher Umgebung besitzen wir von einem Weibchen, das mit einem Druckmesser versehen 320 m tief tauchte und dort länger als 5 Minuten blieb, eventuell um zu fressen. Das Auftauchen erfolgte mit konstanter Geschwindigkeit von 2,1 m/sek, und die totale Tauchdauer betrug über 12 Minuten.

Fortpflanzung und Entwicklung: Weibchen erreichen die Geschlechtsreife vermutlich mit 5 Jahren (im Bereich von 4–7 Jahren), Männchen mit 8 Jahren (Bereich 8–9 Jahre). Die Weibchen einer kanadischen Population sollen die Fortpflanzung mit 21 Jahren eingestellt und bis dahin höchstens 6 Kälber geboren haben. Die Paarungszeit liegt im Spätwinter bis Frühjahr; Ende Februar bis Anfang April vor Alaska, im Mai vor Ostkanada. Die Tragzeit dauert 14–14,5 Monate, so daß die Kälber im Frühjahr bis Sommer geboren werden. Die Kälber werden mit einer Durchschnittslänge von 1,6 m und einem Gewicht von etwa 79 kg geboren. Sie wachsen sehr schnell und legen eine dicke Blubberschicht an, die sie vor den Temperaturen einer Umgebung schützt, welche selten mehr als einige Grad über dem Gefrierpunkt liegt. Die Jungen werden 20–24 Monate gesäugt, wobei die Milchmenge möglicherweise im zweite Jahr in dem Maße abnimmt, wie das Jungtier feste Nahrung zu sich nimmt und sich die Mutter physiologisch auf die nächste Geburt vorbereitet. Der Zeitraum zwischen zwei Geburten beträgt normalerweise 3 Jahre. Jährlich werden 5–13 Kälber pro 100 Tiere eines Bestandes geboren.

Die Zähne brechen im zweiten Jahr durch. Wahrscheinlich legen Belugas pro Jahr zwei Zuwachsschichten in den Zähnen an. Falls dies zutrifft, beträgt die normale Lebenserwartung 25–35 Jahre. Zusätzlich zur Bedrohung durch Schwertwale, der alle kleineren Wale ausgesetzt sind, werden Belugas noch durch Eisbären und sogar Walrosse getötet. Eisbären können im flachen Wasser auf vorbeischwimmende Belugas lauern oder sie noch effektiver angreifen, wenn die Wale in Polynyas gefangen sind, oder bei Ebbe in Flachgewässern auf dem Strand liegen.

Oben: Belugas besitzen einen ungewöhnlich weichen, elastischen Blubber an Gesicht und Kopf. Sie können ihren Gesichtsausdruck verändern.

Weltbestand: Die Genauigkeit von Bestandsschätzungen ist aufgrund ihres Küsten- und eisrandnahmen Vorkommens und ihrer Eigenschaft, in Gruppen aufzutreten, relativ gut. Der Weltgesamtbestand wird auf 49.000–69.000 Individuen geschätzt: Beringsee/Chukchisee (25.000 bis 30.000), Hudson-Bay/James-Bay (9.000), hocharktisches Kanada und Westgrönland (10.000–19.000), Spitzbergen (5.000–10.000) und St.-Lorenz-Golf (300–500).

Der Einfluß des Menschen: Belugas werden von arktischen Eingeborenen seit mehr als 1.000 Jahren bejagt, die daraus resultierende Sterblichkeitsrate blieb lange Zeit gleich. Unglücklicherweise hatte die Ankunft großer Walfangexpeditionen in der Arktis riesige Fänge zur Folge, die auf die Dauer nicht mehr auszugleichen waren. Zwei Beispiele mögen die ernsthaften Folgen intensiver Bejagung verdeutlichen. 1871 fingen Walfänger einer einzigen norwegischen Stadt, Tromso, 2.167 Belugas vor Spitzbergen und Novaja Semlja. Zwischen 1874 und 1911 töteten schottische Walfänger 11.000 Belugas in der Elwin-Bay bei den Somerset-Inseln der kanadischen Hocharktis. Fänge der UdSSR zwischen 1900 und 1960 betrugen 3.000–4.000 Tiere pro Jahr.

Die gegenwärtigen Fänge verlaufen auf geringerem Niveau, bedeuten aber immer noch eine ernstzunehmende Bedrohung für die dezimierten Bestände. Die grönländischen Fänge blieben über ein Jahrhundert konstant bei 400–1.000 Tieren pro Jahr. Kanadische Eingeborene fangen jährlich 600 bis 1.000 Belugas, solche aus Alaska etwa 200–300 und Eingeborene der UdSSR töteten durchschnittlich 420 Individuen in der Zeit zwischen 1970 und 1980. Weitere wurden getötet und gingen verloren. Nahezu die Hälfte der Fänge in separaten Beständen überschreiten die Fähigkeiten der Populationen, sich von den Fängen zu erholen.

Der gefährdetste Bestand ist die Population des St. Lorenz Golfs (Ostkanada). Sie besteht aus etwa 500–700 Tieren und leidet sehr stark unter den Störungen, Schiffsunfällen und den Ergebnissen der chemischen Wasserverschmutzung, die vermutlich Krankheiten und hohe Jugendsterblichkeit verursacht. Störungen durch den Menschen verursachen auch anderswo große Probleme, besonders die Ölsuche vor Alaska und Wasserkraftwerke in Flüssen, die als Geburtsareale genutzt werden.

Belugas wurden erfolgreich über Jahrzehnte in Menschenhand gehalten und scheinen sich besser an künstliche Bedingungen anpassen zu können als andere kleine Wale. Neuere Bestrebungen, weitere Tiere vor der Baffin Insel (Kanada) zu Haltungszwecken zu fangen, wurden durch eine »Anti-Gefangenschafts-Kampagne« verhindert.

Irawadi-Delphin

Orcaella brevirostris

Mögliche Verbreitung

Systematik: Dieser wenig bekannte Delphin wurde als eigenständige Art von Sir Richard Owen anhand eines Schädels beschrieben, der in den 60er Jahren des 19. Jahrhunderts im Golf von Bengalen gefunden wurde. Den Gattungsnamen *Orcaella* (dem lateinischen Wort für »Wal« entlehnt) gab ihm John Gray. Owens Artname *brevirostris* (= mit kurzem Kiefer) ist sehr bezeichnend für dieses rundköpfige Tier. Die Art ähnelt im äußeren Erscheinungsbild sehr dem Beluga.

Beschreibung: Die Körperfärbung ist grau, dunkler am Rücken und heller am Bauch. Die kleine, leicht sichelförmige Finne liegt unmittelbar hinter dem Mittelpunkt der Rückenlinie. Der Körper verjüngt sich zum Ende in einen schlanken Schwanzstiel, an dessen Ende eine breite, eingekerbte Fluke sitzt. Die Flipper sind relativ lang, das Blasloch befindet sich links der Körpermittellinie. Der rundlich gedrungene Kopf hat keine verlängerte Schnauze und ist zu mimischem Ausdruck fähig. 15–18 stiftförmige Zähne sitzen auf jeder Unterkieferhälfte und 17–20 auf jeder Seite des Oberkiefers. Nur zwei Nackenwirbel sind verwachsen, so daß sich der Kopf frei bewegen läßt. Die Körperlänge beträgt 2,15–2,75 m, wobei Männchen vermutlich etwas größer als Weibchen werden. Das Körpergewicht liegt zwischen 90 und 150 kg.

Identifizierung auf See: Dieser langsam schwimmende, unauffällige Delphin ist eigentlich nur mit dem Indischen Schweinswal oder dem Dugong zu verwechseln. Er kann von diesen aber durch seine Rückenfinne unterschieden werden. Normalerweise taucht der Irawadi-Delphin für nur 30–60 Sekunden, gefolgt von 3 Atemzügen in schneller Folge. Der längste beobachtete Tauchgang dauerte 12 Minuten.

Lebensraum: Der Irawadi-Delphin ist eine Art warmer Gewässer. Sie kommt nur in den Tropen und Subtropen vor und wird meist in flachen Küstengewässern gesehen. Trotzdem verbringen einige Individuen wahrscheinlich ihr ganzes Leben im Süßwasser und werden in vielen großen Flußsystemen bis zu 1.300 km vom Meer entfernt angetroffen.

Verbreitung und Wanderung: Diese Art ist auf die Küsten und Flüsse Südostasiens und Nordaustraliens/Ozeaniens beschränkt, und zwar zwischen dem Äquator und 25° südlicher Breite sowie zwischen 80–150° östlicher Länge. Bezeichnend für unser geringes Wissen über diese Art ist, daß sie in Australien erst 1948 entdeckt worden ist. Damals fanden Anthropologen Reste von Irawadi-Delphinen in der Nahrung von Aborigines.

Nahrung und Nahrungsaufnahme: Die wenigen bisher untersuchten Exemplare lassen darauf schließen, daß die Nahrungsgrundlage dieser Wale aus Fisch besteht. In australischen Küstengewässern scheinen Kopffüßer einen Großteil der Beute auszumachen, in einigen Gebieten aber auch Krebstiere. Die Nahrung scheint sowohl in mittleren Wasserschichten als auch am Boden aufgenommen zu werden.

Verhalten: Normalerweise werden Irawadi-Delphine in kleinen Gruppen bis zu 6, sehr selten auch bis 15 Tieren gesehen. Die Art zeichnet sich nicht durch spektakuläre Überwasseraktivitäten aus, man hat sie jedoch bei Erkundungs- und anderen Sprüngen beobachtet und gesehen, wie sie mit dem Schwanz auf das Wasser geschlagen haben. Ihr bevorzugter Lebensraum schließt Tieftauchaktivitäten aus. Nur eine einzige Massenstrandung von 3 Tieren wurde bekannt.

Tiere in Menschenhand sind verspielt und können, wie sonst nur noch der Beluga, ihre Lippen formen. Dabei sind sie in der Lage, einen Wasserstrahl gezielt nach vorne zu speien. Aufnahmen der Lautgebungen von Tieren in Menschenhand enthielten pulsierende, regelmäßig verteilte Töne von nur 25–30 Mikrosekunden bei einer Frequenz um die 60 kHz.

Fortpflanzung und Entwicklung: Die Paarungszeit fällt vermutlich in den Frühling und frühen Sommer. Basierend auf sehr wenigen Daten aus Haltungen beträgt die Tragzeit schätzungsweise 14 Monate. Kälber werden mit einer Länge von 0,9–1 m geboren und wiegen 12,4 kg. Ein Jungtier in Menschenhand wurde mit etwa 2 Jahren entwöhnt. Bei einer Gruppe von 18 nordaustralischen Irawadi-Delphinen wurden bis zu 28 Schichten im Zahnschmelz gezählt, so daß man von einer möglichen Lebenserwartung von mindestens 30 Jahren ausgeht. Die Tiere sind mit 4–6 Jahren ausgewachsen.

Weltbestand: Einzelheiten sind kaum bekannt. Es gibt keinen Anhaltspunkt, daß die Art zur Zeit unter ernsthafter Bedrohung leidet, obwohl ihr Lebensraum durch menschliche Eingriffe sehr verwundbar ist.

Der Einfluß des Menschen: Aufgrund ihres Lebensraumes in Küstengewässern und Flüssen kommen Irawadi-Delphine häufig mit Menschen in Kontakt. Zu Nahrungszwecken werden sie in einem sehr kleinen Bereich ihres Vorkommens getötet. Öfter jedoch verfangen sie sich in Fischnetzen.

Diese Delphine wurden in verschiedenen Institutionen Südostasiens gehalten, wo sie sich auch erfolgreich fortpflanzten.

Unten: Irawadi-Delphine passen sich sehr gut an die Bedingungen in Menschenobhut an.

Schnabelwale

Ziphiidae

Diese Familie wurde 1865 von John Gray beschrieben und enthält 18 bekannte Arten mittelgroßer Zahnwale (4,5–13 m Länge). Eventuell müssen wir eine oder zwei Arten hinzufügen, die bisher noch nicht beschrieben worden sind. Bis heute sind 5 Gattungen bekannt: *Berardius* (2 Arten), *Tasmacetus* (1 Art), *Ziphius* (1 Art), *Hyperoodon* (2 Arten) und *Mesoplodon* (12 Arten).

Die Mitglieder dieser Familie besitzen einen Unterkiefer, der über die Spitze des Oberkiefers hinausragt, eine Schwanzfluke mit keiner oder kaum vorhandener Einkerbung und eine Rückenfinne am hinteren Körperende. 3–4 Nackenwirbel sind verwachsen, der Schädel weist eine ausgeprägte Asymmetrie auf, und zwei deutliche Kehlfurchen zeichnen ein »V«. Alle Schnabelwale mit Ausnahme des Shepherd-Wales (*Tasmacetus shepherdi*) und Camperdown-Wales (*Mesoplodon grayi*) besitzen nur zwei (Gattung *Mesoplodon*) oder vier (Gattung *Beradius*) Zähne im Unterkiefer. Die Form und Lage dieser Zähne ist sehr spezifisch und mitunter das einzige Merkmal, die Arten tatsächlich zu unterscheiden, auch wenn sie gestrandet vorliegen.

Alle 18 Arten sind Bewohner der offenen, tiefen Ozeane, und nahezu nichts ist über ihre saisonalen Wanderungen bekannt. Unser größtes Wissen haben wir von gestrandeten Individuen und von einigen wenigen Beobachtungen auf See. Da viele Schnabelwale eine weite Verbreitung haben, weisen sie wahrscheinlich keine hohe Bestandsdichte auf, und es sind nur sehr wenige Plätze bekannt, wo die Tiere als häufiger gelten.

Die reduzierte Zahl von Zähnen ist typisch für eine Ernährung mit Kalmaren, und in der Tat weisen die wenigen Informationen, über die wir verfügen, darauf hin, daß die Hauptbeute dieser Gruppe aus Kopffüßern besteht. Untersuchungen der Mageninhalte, aufgezeichnete Tauchzeiten und die Physiologie der Tiere läßt vermuten, daß sie sehr tief tauchen und in dieser Beziehung eventuell sogar mit dem Pottwal konkurrieren können.

Die Geburt eines Layard-Wales. Die Männchen dieser wenig bekannten Tiere besitzen Zähne, die sie daran hindern, das Maul vollständig zu öffnen.

Baird-Wal

Berardius bairdii

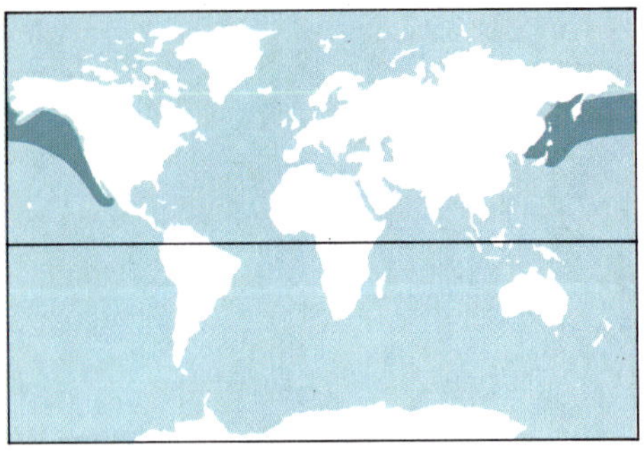

■ Mögliche Verbreitung

Systematik: Die Art wurde nach Spencer F. Baird, einem Naturforscher aus dem 19. Jahrhundert und Sekretär des Smithsonian Institutes benannt.

Populäre Bezeichnungen: Der Populärname dieses Wales in Japan ist Tsuchikujira; ein Tsuchi ist ein altmodischer, hölzerner Hammer, der wie eine Flasche geformt ist. Die Walfänger von der Westküste Nordamerikas bezeichneten den Baird-Wal einfach als »Bottlenose whale« (= Flaschennasenwal).

Beschreibung: Der Baird-Wal ist der größte Vertreter der Schnabelwale. Die größte dokumentierte Länge betrug für Weibchen 12,8 m und für Männchen 11,9 m. Ein 11,1 m langes Weibchen wog knapp über 11 t. Das auffälligste Merkmal dieses Wales ist seine gerade, lang ausgezogene Schnauze, die sich deutlich vom aufgewölbten Kopf abhebt. Der Unterkiefer überragt den Oberkiefer deutlich, so daß das vordere Zahnpaar im Unterkiefer auch bei geschlossenem Maul deutlich sichtbar ist. Ein Paar Kehlfurchen beginnt ganze vorne am Unterkiefer und erstreckt sich auseinanderlaufend bis an die Mundwinkel. Zwischen den beiden Hauptfurchen können noch weitere rudimentäre Furchen vorhanden sein. Die breite Schwanzfluke ist in der Mitte entweder leicht gekerbt oder weist am Hinterrand eine Auswölbung auf oder ist auch völlig gerade.

Die Flipper und Rückenfinne erscheinen für ein so langgestrecktes Tier sehr klein. Die niedrige Rückenfinne, gewöhnlich mit stumpfem Ende, sitzt auf dem letzten Drittel der Körperlängsachse.

Die Färbung ist einheitlich schiefergrau und erscheint auf See oft dunkelbraun oder sogar schwarz. Jungtiere sind blasser als Erwachsene. Es gibt unregelmäßige weiße Flecken und Pusteln an der Unterseite zwischen den Flippern und um den Nabel herum. Erwachsene sind immer mit langen paarigen, parallel verlaufenden Kratzspuren bedeckt, die von Artgenossen stammen. Viele haben auch Narben, die von Schwertwal- oder Haibissen stammen.

Zwei Paar Zähne sitzen im Unterkiefer, das vordere ist deutlich größer als das hintere. Beide Zahnpaare brechen bei Erwachsenen durch das Zahnfleisch, das hintere Paar erscheint erst in relativ hohem Alter. Das ständig sichtbare vordere Zahnpaar kann mit Walläusen und Entenmuscheln besetzt sein.

Identifizierung auf See: Wenn sie in Gruppen auftreten, können diese Wale von anderen Schnabelwalen durch ihre Größe und durch die länglichen Schnauzen mit den zwei sichtbaren Zähnen im Unterkiefer unterschieden werden. Ihr Verhalten beim Treiben an der Wasseroberfläche und beim Atmen läßt an Pottwale denken. Die Rückenfinne und der rundliche Kopf schließen, sobald sie sichtbar geworden sind, eine Verwechslung jedoch aus. Es ist besonders wichtig, Baird-Wale von Entenwalen unterscheiden zu können, da besonders der Südliche Entenwal vom Äquator nach Norden bis in die Nähe von Okinawa vorkommt. Er ist etwas kleiner und hat eine weniger vorstehende Schnauze, eine steilere Stirn und eine größere, zugespitztere und höher aufgereckte Rückenfinne. Außerdem besitzen Südliche Entenwale einen blasseren Kopf, der vom Körper durch ein dunkles »Halsband« abgesetzt ist.

Lebensraum: Im westlichen Pazifik scheint die Verbreitung dieses Wales durch die Wechselwirkung des warmen Kuroshino (Oberflächenströmung) mit dem kalten Oyashino (Bodenströmung) beeinflußt zu sein. Eine Studie von Mittelkalifornien läßt vermuten, daß das Vorkommen in Beziehung zum Vorhandensein von Warmwasserstrudeln steht. In der Ochotsksee werden Baird-Wale oft zwischen den Eisschollen in Gebieten mit sehr wenig offenem Wasser gesehen.

Die meisten Wissenschaftler stimmen darin überein, daß Baird-Wale mehr oder weniger auf Gewässer des Kontinentalabhangs und auf Gebiete, wo sich der Meeresboden durch Gebirge auf einige Tausend Meter der Oberfläche nähert, beschränkt sind.

Verbreitung und Wanderung: Der Baird-Wal ist auf den Nordpazifik beschränkt, wo er gemäßigte und subarktische Gewässer oberhalb 34° nördlicher Breite im Westen und 24° nördlicher Breite im Osten bis zur Eiskante in der Bering- und Ochotsksee (bei etwa 60° nördlicher Breite) bewohnt. Strandungen sind auf der St.-Matthew-Insel und den Pribilof-Inseln beobachtet worden. Die Verbreitung und Wanderung des Baird-Wales sind nur nahe vor Japan untersucht worden, wo, von der Präfektur Chiba ausgehend, seit 1612 ein landgestützter Walfang durchgeführt wurde. Man vermutet, daß getrennte Populationen die Japanische See, die Ochotsksee und den westlichen Nordpazifik vor Japan bewohnen. Die letztgenannte Population scheint entlang des Kontinentalabhanges (1.000–3.000 m Tiefe) zu wandern. Sie zieht dabei mit der kalten Grundströmung des Oyashino. Die Wale treffen im Frühsommer (Mai-Juni) vor der Halbinsel Boso (auf etwa 35° nördlicher Breite) ein und bewegen sich allmählich nordwärts, um die größte Dichte im Oktober bis November vor Hokkaido (42–43° N) zu erreichen. Ihre Verbreitung im Winter (Dezember – Mai) ist unbekannt. In der Japanischen See wurden sie hauptsächlich im Sommer in der Bucht von Tobayama (bei

Unten: Mitglieder einer Gruppe von Baird-Walen tauchen fast immer gemeinsam auf und treiben dann an der Oberfläche.

Gegenüber: Bei diesem erwachsenen Baird-Wal sind die zwei hervorstehenden unteren Vorderzähne deutlich sichtbar.

etwa 37° N) und südlich von Hokkaido (41 bis 42° N) und in der Ochotsksee, hauptsächlich vor Abashiri (auf etwa 44° N), gefangen. Alle drei Gebiete erreichen in Küstennähe Wassertiefen über 1000 m. In der nördlichen Ochotsksee sind Baird-Wale von April bis Mai in Gewässern, die flacher als 500 m sind, anzutreffen.

Vor Mittelkalifornien sind Baird-Wale im Hochsommer (Juli) und Herbst (September bis Oktober) am häufigsten; vor der Insel Vancouver im Juli und August. Im östlichen Nordpazifik sind Wanderungen von und zur Küste wahrscheinlicher als solche in Nord-Süd-Richtung. Ein weiteres zentrales Vorkommen liegt bei den Emperor-Unterwasserbergen, die sich nordwestwärts vom Westrand der Hawaii-Kette erstrecken.

Nahrung und Nahrungsaufnahme: Baird-Wale ernähren sich hauptsächlich in Tiefen von 1.000–3.000 m von bodenbewohnenden Organismen. Sie fressen mittelgroße Kalmare, Glattrochen, Kraken, Krebstiere und Tiefseefische. Pelagische Fische wie Makrelen, Sardinen und Makrelenhechte gehören ebenfalls zu ihrer Diät.

Verhalten: Es handelt sich um eine gemäßigt soziale Art. Gruppen von bis zu 50 Tieren wurden beobachtet, obwohl solche von 5–20 Individuen häufiger sind. Der Blas bleibt niedrig und buschig, ist aber bei ruhiger See leicht zu entdecken. Die sich aufwölbende Melone und vorderen Teile des Kiefers erscheinen oft über dem Wasser, wenn das Tier bläst.

Baird-Wale können tief tauchen und bleiben oft bis zu 20 Minuten unter Wasser. Als längste Tauchzeit gilt mehr als eine Stunde. Walfänger berichten, daß harpunierte Tiere geradewegs zum Grund tauchen, und zwar bis in Tiefen von mehr als 2.400 m. Die Tiere bleiben nur selten länger als 5 Minuten an der Oberfläche. Mitglieder einer Gruppe tauchen gewöhnlich gemeinsam auf und treiben zwischen den Tauchzügen in ähnlicher Weise an der Oberfläche wie Pottwale. Sie sind meistens sehr aufmerksam, und es ist nicht leicht, sich ihnen zu nähern.

Ein interessantes Merkmal aller Fänge von Baird-Walen in allen Fanggebieten ist die Vorherrschaft von Männchen. Es ist noch unbekannt, ob diese Situation durch eine Gliederung innerhalb der Gruppen zustande kommt oder eine typische Verhaltensweise ist, nach der Männchen leichter zu fangen sind als Weibchen.

Fortpflanzung und Entwicklung: Weibchen werden bei einer durchschnittlichen Länge von 10,5 m geschlechtsreif, Männchen bei 10 m, wenn sie etwa 8–10 Jahre alt sind. Die Hauptfortpflanzungszeit liegt im März und April, Paarungen finden meist im Oktober und November statt. Hieraus ergibt sich eine Tragzeit von etwa 17 Monaten. Die Kälber werden mit einer Länge von 4,5 m geboren.

Das Höchstalter (basierend auf Untersuchungen der Zahnschichten) liegt bisher bei 82 Jahren (Männchen) und 39 Jahren (Weibchen). Das Alter des Männchens läßt darauf schließen, daß wir es mit einer der länger lebenden Walarten zu tun haben.

Weltbestand: 1984 schätzte man die Population der Pazifikküste vor Japan auf mindestens 4.220 Wale. Diese vorsichtige Schätzung bezieht sich lediglich auf ein begrenztes Gebiet. Bestandseinheiten, wie man sie für den westlichen Nordpazifik annimmt, basieren auf der Verteilung und saisonalen Aufgliederung von Fängen. Es gibt keine direkten Beweise (z. B. Wiederfunde markierter Tiere) über spezielle Bestandsidentitäten innerhalb der Art.

Der Einfluß des Menschen: Baird-Wale wurden am intensivsten in Japan bejagt, wo die höchste Fangquote 1952 bei 322 Tieren lag. Die Menschen in der Präfektur Chiba scheinen das Fleisch ganz besonders zu schätzen. Die Fänge in Japan lagen von 1972–1981 im Durchschnitt bei 39 Tieren. Seit 1983 wurde die Fangquote auf jährlich 40 Individuen festgesetzt, eine Quote, die wohl tolerierbar ist.

Von 1933 bis 1974 wurden von sowjetischen Walfängern hauptsächlich in der Nähe der Kurilen insgesamt 176 Baird-Wale erlegt. Die beiden Küstenstationen von Zentralkalifornien fingen zwischen 1956 und 1971 insgesamt 15 Wale, und die Station auf der Insel Vancouver tötete zwischen 1948 und 1967 24 Tiere. Nahezu unberührt blieben die Bestände im östlichen Nordpazifik, seit die USA und Kanada Ende der 60er und Anfang der 70er Jahre den Walfang völlig einstellten.

Ausgehend von einer weiten Verbreitung und einer nur geringen Bejagung befindet sich der Baird-Wal in keiner unmittelbaren Bedrohung.

Südlicher Schwarzwal

BERARDIUS ARNOUXII

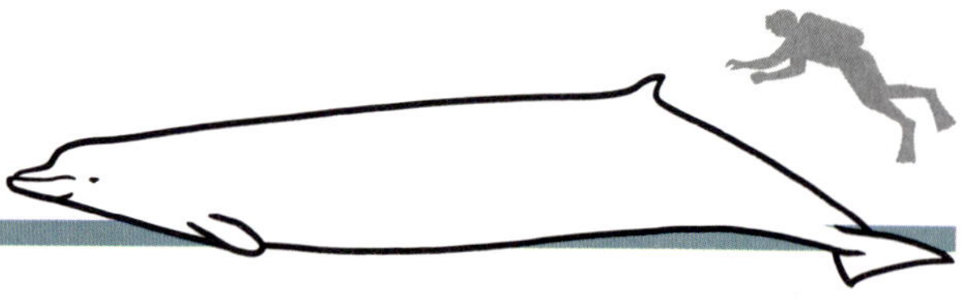

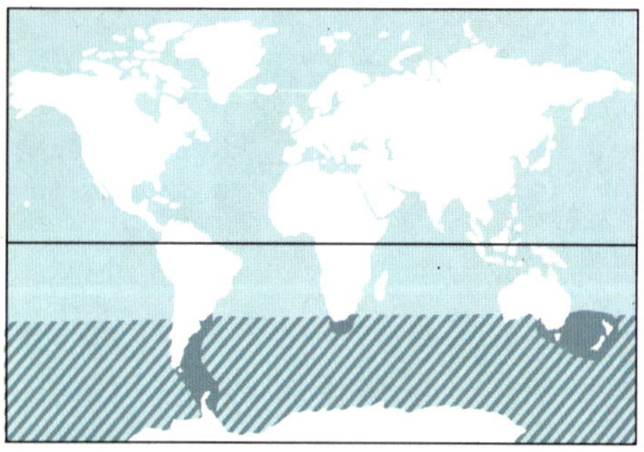

■ Bekannte Verbreitung   ⁄⁄ Mögliche Verbreitung

Systematik: Die Gattung *Berardius* wurde nach dem französischen Kapitän des Schiffes benannt, welches 1846 das Nominattier von Neuseeland nach Frankreich brachte. Arnoux war der Schiffsarzt.

Beschreibung: Die größte bisher bekannte Länge beträgt 9,75 m, Weibchen werden vermutlich etwas größer als Männchen. Der Südliche Schwarzwal ähnelt sehr stark dem Baird-Wal, ist jedoch etwa 20% kleiner. Auf See erscheint der Körper hellbraun mit einer deutlich helleren Kopfregion. Erwachsene Männchen können am Rücken stark vernarbt sein, die Kratzspuren passen zu den Zähnen anderer Südlicher Schwarzwale.

Es gibt zwei Zahnpaare nahe der Spitze des Unterkiefers. Die vorderen sind deutlich länger und besitzen dreieckige Kronen. Sowohl bei Männchen wie auch Weibchen brechen die vier Zähne durch und sind auch bei geschlossenem Maul dauernd sichtbar.

Identifizierung auf See: Auf See ist der Südliche Schwarzwal sehr schwer vom Südlichen Entenwal zu unterscheiden.

Verbreitung und Wanderung: Diese Art ist vermutlich zirkumpolar in tiefen Hochseegewässern der südlichen Ozeane südlich des Wendekreises des Steinbocks (23,5° S) verbreitet. Die meisten Beobachtungen stammen aus Gebieten südlich des 40. Breitengrades. Südliche Schwarzwale sind während des Sommers relativ häufig in der Cook-Straße (Neuseeland). Man vermutet, daß Geburten während des Sommers in der australasiatischen Region stattfinden. Eine größere Zahl von Sichtungen stammen aus der Tasmanischen See nahe der Albatros-Kordilleren im Südpazifik.

Verhalten: Gruppen können durchschnittlich 6–10 Individuen enthalten, es sind aber auch Verbände von bis zu 80 Tieren bekannt.

Ein erwachsenes Männchen mit typischen Narben.

Shepherd-Wal

TASMACETUS SHEPHERDI

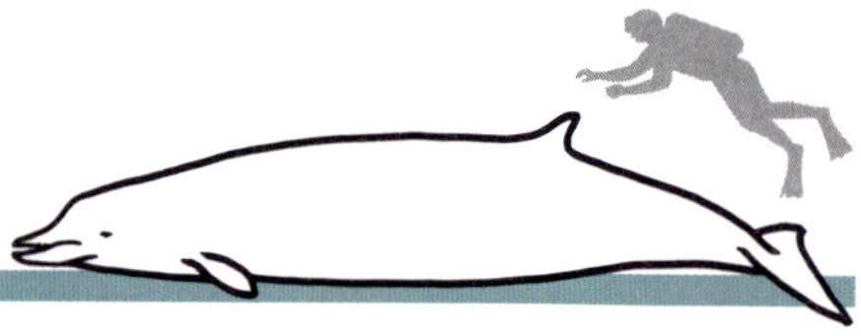

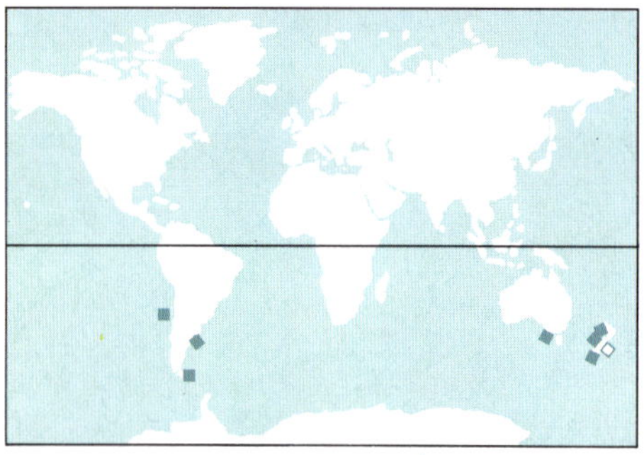

■ Strandungen   □ Möglichen Sichtungen

Systematik: Der Name bezieht sich auf die Tasmanische See (Herkunftsort der Nominatform) und den Entdecker (1933) G. Shepherd.

Bemerkenswert sind die winzige Finne und die kleinen Flipper.

Beschreibung: Die Körperform entspricht der anderer Schnabelwale. Er hat eine relativ steile Stirn und lange, gut abgesetzte Kiefer. Die Flipper sind relativ klein, die Rückenfinne ist klein und sichelförmig. Die Schwanzfluke ist nicht eingekerbt. Bisher verzeichnete Maximalgrößen betragen für Weibchen 6,6 m und für Männchen 7 m.

Grundsätzlich ist der Körper am Rücken dunkel und hell am Bauch, wobei der Kopf etwas heller ist als der Rücken. Oberkiefer, Flipper, Finne und Fluke sind dunkel. Vom dunklen Rücken zu den helleren Flanken und Bauch verlaufen zwei seitliche, diagonale Bänder.

Der Shepherd-Wal besitzt sowohl im Ober- als auch Unterkiefer viele Zähne (mehr als 90 bei einigen Individuen). Zusätzlich haben Männchen noch noch das typische Paar verlängerter »Stoßzähne« an der Spitze des Unterkiefers. Die Schnauze ist spitzer als bei anderen Schnabelwalen.

Lebensraum: Shepherd-Wale können wahrscheinlich sehr tief und lange tauchen, sie leben weit entfernt von allen Küsten.

Verbreitung und Wanderung: Obwohl eine zirkumpolare Verbreitung in südlichen Ozeanen gemäßigt kalter Breiten vorliegen könnte, gibt es Aufzeichnungen von Tieren nur aus Neuseeland, Australien, Mittelargentinien, Tierra del Fuego, vom Beagle-Kanal sowie von der Insel Juan Fernandez in Chile (33° S). Mehr als die Hälfte aller Strandungen und die einzige Beobachtung liegen aus Neuseeland vor.

Nahrung und Nahrungsaufnahme: Der Mageninhalt eines in Argentinien gestrandeten Wales bestand hauptsächlich aus Fischresten, die man als Seehecht identifiziert hat. Ferner hat man einen nicht näher bestimmbaren Sägebarsch und einen ebenfalls unbestimmbaren Eingeweidefisch gefunden. Man schloß aus dieser Analyse, daß der Wal am Grund eines sehr tiefen Gewässers Nahrung gesucht haben mußte.

CUVIER-SCHNABELWAL

ZIPHIUS CAVIROSTRIS

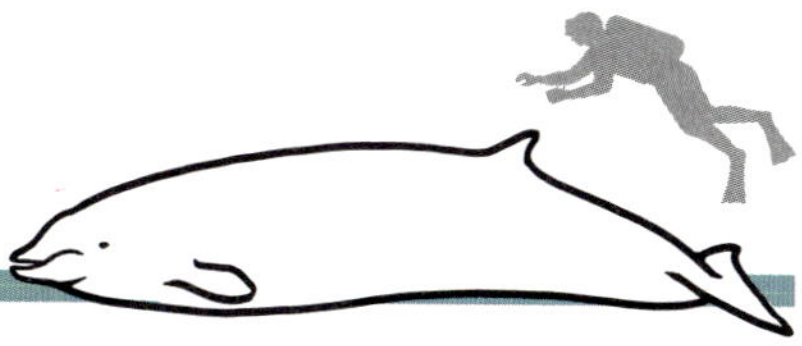

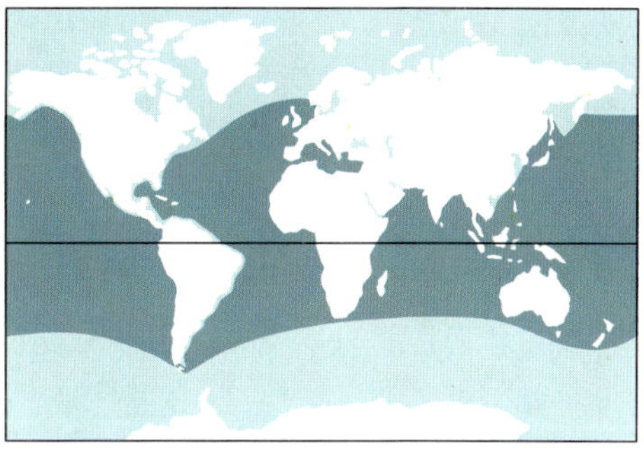

■ Maximale Verbreitung

Systematik: Der Gattungsname *Ziphius* stammt von dem griechischen Wort *Xiphos* (= Schwert). Der Artname *cavirostris* ist aus den lateinischen Wörtern *cavus* (= hohl) und *rostrum* (= Kiefer) zusammengesetzt und bezieht sich auf eine Aushöhlung im Schädel direkt vor den Nasenlöchern.

Beschreibung: Die bisher registrierte Maximallänge betrug für Weibchen knapp über 7,5 m und für Männchen 7 m. Ein gut 6,5 m langes Weibchen wog annähernd 3 t. Dieser Wal ähnelt anderen Schnabelwalen durch die paarigen Kehlfurchen, die ein »V« formen, einen seitlich zusammengedrückten Körper, kleine Flipper, die in flachen Vertiefungen am Körper ruhen und eine relativ kleine, sichelförmige Rückenfinne. Die Schnauze (der »Schnabel«) setzt sich nicht deutlich von der Melone ab. Die Mundöffnung ist am hinteren Ende gebogen, was dem Tier einen Hauch von Lächeln verleiht. Manchmal besitzt die Fluke eine kleine Mittelkerbe.

Die Färbungsmuster sind variabel. Die Unterschiede können Ausdruck für das Geschlecht, Alter oder die geographische Rasse darstellen. Jungtiere sind grundsätzlich braun bis grau mit einem meist helleren Kopf und Bauch. Mit zunehmendem Alter werden Kopf und Nacken besonders der Männchen heller und eventuell sogar fast weiß. Die Körpergrundfärbung erwachsener Tiere wurde als hautfarben, hellbraun, eichelbraun oder stahlblau beschrieben. Bei hellem Sonnenlicht kann die Haut einen rötlichen Schimmer annehmen. Wirbel- und pinselstrichartige Schattierungen und langgezogene Zahnspuren sowie ovale Narben von Haibissen geben jedem Tier ein individuelles Aussehen. Ein allgemeines Erkennungsmerkmal für erwachsene Tiere ist ihre deutlich dunklere Färbung mit halbmondförmigen dunkleren Markierungen an Vorder- und Hinterende.

Die beiden kegelförmigen Zähne, die am Vorderende des Unterkiefers sitzen, brechen bei Weibchen normalerweise nicht durch. Die massiveren Zähne erwachsener Männchen sind auch bei geschlossenem Maul ständig sichtbar.

Identifizierung auf See: Cuvier-Schnabelwale können mit verschiedenen anderen Schnabelwalen verwechselt werden. Die schräge Stirn und kurze Schnauze in Verbindung mit dem blassen oder weißen Kopf und sichtbaren »Stoßzähnen« (bei erwachsenen Männchen) können geübten Beobachtern aber ausreichende Hinweise für eine eindeutige Identifizierung geben.

Lebensraum: Es handelt sich um Bewohner tiefer Gewässer, die selten in Küstenbereichen auftauchen, außer in Gebieten mit schmalem Schelf. Vor der Pazifik- und Ochotskseeküste Japans konzentrieren sich die Fänge entlang einer Linie von 1.000 m von der Küste.

Verbreitung und Wanderung: Cuvier-Schnabelwale gehören zu den verbreitetsten und häufigsten Schnabelwalen. Sie bewohnen alle Ozeane mit Ausnahme der polaren Gewässer. Mindestens in Japan, Hawaii und Neuseeland sind Cuvier-Schnabelwale ganzjährig seßhaft. Über Wanderungen ist nichts bekannt.

Nahrung und Nahrungsaufnahme: Mageninhalte lassen vermuten, daß sich diese Wale vornehmlich von Kalmaren und Tiefseefischen ernähren.

Verhalten: Man trifft diese Wale hauptsächlich alleine (besonders erwachsene Männchen) oder in kleinen Gruppen von 2–7 Individuen an. Man sagt ihnen nach, mindestens 40 Minuten tauchen zu können, wobei ihr Blas niedrig und unauffällig ist. An der Wasseroberfläche scheinen sich diese Wale manchmal schlingernd vorwärts zu bewegen und dabei das Kinn über Wasser zu halten. Gelegentlich scheinen sie auch zu springen. Die Fluke wird vor dem Abtauchen normalerweise nicht über die Oberfläche gehoben. Die meisten Strandungen liegen von Einzeltieren vor.

Fortpflanzung und Entwicklung: Weibchen können bei einer Körperlänge von 5,1 m trächtig werden, wobei die durchschnittliche Körperlänge bei Eintritt der Geschlechtsreife vermutlich etwas höher liegt. Die meisten Männchen mit Längen von über 5,5 m sind geschlechtsreif. Bei der Geburt messen die Kälber etwa 2,7 m. Das bisher verzeichnete Höchstalter betrug 62 Jahre.

Der Einfluß des Menschen: Nur in den Gewässern um Japan wurde diese Art etliche Jahre bejagt. Von 1965–70 betrug die jährliche Fangquote 13–60 Tiere. Es gibt keine eindeutigen Beweise für eine Überjagung. Cuvier-Schnabelwale wurden auch gelegentlich in anderen Gebieten gefangen, wie beispielsweise bei St. Vincent auf den Kleinen Antillen. Berichten zufolge sollen sie von französischen und spanischen Kriegsschiffen im Mittelmeer getötet worden sein.

Die Häufigkeit zufälliger Fänge ist unbekannt. Aufgrund seiner weltweiten Verbreitung und seiner generellen Häufigkeit scheint es unwahrscheinlich, daß Cuvier-Schnabelwale in irgend einer akuten Bedrohung wären.

Der sehr verbreitete Cuvier-Schnabelwal strandet sehr häufig.

Nördlicher Entenwal

Hyperoodon ampullatus

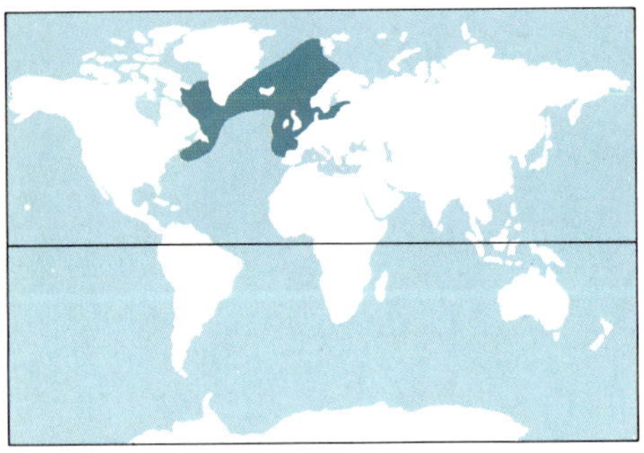

■ Mögliche Verbreitung

Systematik: Der Name *Hyperoodon* ist etwas verwirrend, da er sich von den altgriechischen Worten *hyperoe* (= oben) und *odontos* (= ein Zahn) ableitet. Die Bezeichnung bezieht sich auf die Untersuchung eines Schädels mit winzigen, verkümmerten Zähnen im Oberkiefer und keinen entwikkelten Zähnen im Unterkiefer. Der Artname ist angemessener, stammt vom lateinischen *ampulla* (= Flasche) und bezieht sich auf die Kopfform.

Populäre Bezeichnungen: Die Norweger, die diese Art bejagten, nannten sie »Bottlenosen« oder »Andehval«. Der deutsche Name »Entenwal« bezieht sich ebenfalls auf die Kopfform.

Beschreibung: Männchen erreichen eine Höchstlänge von 9,8 m, Weibchen von 8,7 m. Anders als bei den meisten Schnabelwalen sind die Männchen des Nördlichen Entenwales grundsätzlich größer als die Weibchen.

Die Kopfform ist das deutlichste Erkennungsmerkmal dieses Wales. Weibchen und Jugendliche besitzen eine rundliche Stirn, die sich nicht sehr scharf vom mäßig langen Kiefer absetzt. Die Stirn der Männchen wird im Alter zunehmend steiler. Bei alten Männchen ist die Stirnfläche platt und überragt den Kiefer. Britische Walfänger nannten diese alten Männchen wegen ihres quadratischen Profils »Flatheads« (= Flachköpfe, Plattköpfe). Die Rückenfinne ist sichelförmig aufgereckt und spitz auslaufend. Der Hinterrand der Fluke besitzt keine Kerbe. Ferner gibt es das übliche Paar Kehlfurchen.

Kälber sind am Rücken grau oder braun und am Bauch gräulich weiß. Erwachsene sind am Rücken dunkler als am Bauch, braun bis grau mit marmorierendem Farbwechsel bei einigen Individuen. Die Finne ist dunkler als der Rest des Rückens. Melone und Gesicht sind heller als der Rest des Körpers. Bei alten Männchen werden besonders die Kopfvorderseite und Kiefer weitgehend weiß.

Es gibt zwei große kegelförmige Zähne an der Spitze des Unterkiefers. Diese brechen nur bei den Männchen durch, sind aber bei geschlossenem Maul nicht sichtbar. Manchmal wird ein weiteres Zahnpaar hinter den Hauptzähnen gefunden. Viele weitere rudimentäre, zahnstocherähnliche Zähne liegen im Zahnfleisch des Ober- wie auch Unterkiefers verborgen. Der Schädel weist ein Paar Knochenkämme an der Stirn auf, die mit zunehmendem Alter stärker hervortreten. Bei alten Männchen werden diese Wülste so massiv, daß sie fast miteinander verschmelzen. Auch der Ganges- und Indus-Flußdelphin *(Platanista)* weisen sehr ähnliche Kämme auf. Wissenschaftler vermuten, daß bei beiden Gattungen diese Leisten eine wichtige Rolle bei der Echoorientierung spielen.

Identifizierung auf See: Da keine Art der Gattung *Berardius* den Nordatlantik bewohnt, ist der männliche Nördliche Entenwal der einzige Schnabelwal mit einer vorstehenden Stirn. Erwachsene Entenwale können relativ leicht von anderen nordatlantischen Schnabelwalen unterschieden werden. Auf einige Entfernung, wenn nur Rücken und Finne sichtbar sind, könnten Weibchen und Jungtiere jedoch mit kleineren Schnabelwalen oder auch mit dem Zwergwal verwechselt werden.

Lebensraum: Nördliche Entenwale bevorzugen den Rand des Kontinentalschelfs und den Schelfabhang in Gewässern mit Temperaturen von -2 – 17° C. Sie werden nur selten auf dem Kontinentalschelf beobachtet und tauchen erst in bedeutenderen Zahlen auf, wo die Wassertiefe 1.000 m übersteigt.

Verbreitung und Wanderung: Der nördliche Entenwal wird nur im nördlichen Nordatlantik gefunden. Im Westen fand die südlichste Strandung auf Rhode Island (41° 30'N) statt. Es gibt nur zwei Berichte von Strandungen im St.-Lorenz-Golf und einige weitere Berichte von den Buchten Ostneufundlands. Es gibt keine endgültigen Beweise für ihr Eindringen in die Hudson-Bay oder das Fox-Bassin. Im Osten wurden Nördliche Entenwale bei den Azoren und vor Portugal gesichtet. In die Nordsee schwimmen Nördliche Entenwale regelmäßig ein, in die Ostsee aber nur gelegentlich.

Nördliche Entenwale treten in gut bekannten Verbreitungsgebieten am Kontinentalabhang und über tiefen Unterwassergräben auf. Es gibt keinen Hinweis auf eine kontinuierliche Verbreitung über den zentralen Nordatlantik, aber wie beim Baird-Wal im Nordpazifik könnte die Verbreitung im wesentlichen entlang des nördlichen Randes des atlantischen Beckens verlaufen. Der Gully, ein Schluchtengebiet nordöstlich der Sable-Insel (Neuschottland), beheimatet während der meisten Zeit des Jahres eine Ansammlung von Nördlichen Entenwalen. Andere bedeutende Gebiete im westlichen Nordatlantik sind die Labrador-See und die Davis-Straße, besonders die Mündung der Hudson-Straße und der Frobisher-Bay. Nördliche Entenwale bewohnen die Straße von Dänemark und die Gebiete um Island, Jan Mayen und die Färöer. Sehr viele wurden auch westlich und südwestlich von Svalbard sowie vor den Küsten von Mores und Andenes in Norwegen gefangen.

Die Wanderungen sind nicht sehr gut erfaßt. Aufgrund der Zeiten, zu denen Strandungen und Fänge stattgefunden haben, wird vermutet, daß sie im zeitigen Frühjahr nach Norden wandern, wo sie z.B. vor den Färöer Anfang März ankommen. Zwischen Island und Jan Mayen sind sie dann Ende April, im Mai und Anfang Juni häufig anzutreffen. Die Rückwanderung in den Süden setzt vermutlich Anfang Juli ein, wobei die Wale die Färöer im August und September passieren und an den britischen und europäischen Küsten im September und Oktober ankommen. Die Überwinterungsgebiete sind unbekannt. Die Anwesenheit von Nördlichen Entenwalen in hohen Breiten (z. B. 54–63° N in der Labrador- See und Davis-Straße) bereits im Februar und März läßt vermuten, daß die Tiere nahe der Packeiskante überwintern.

Nahrung und Nahrungsaufnahme: Dieser Wal ist ein Spezialist für Kalmare. Seine Verbreitung ist stark von der Verbreitung einer einzigen Kalmarart, des Köderkalmars *(Gonatus fabricii)*, abhängig. In Entenwalmägen hat man 20–25 Liter Kiefer und andere unverdauliche Reste sowohl von Kalmaren als auch Fischen gefunden. Außer Tintenfischen fressen Nördliche Entenwale Seegurken, Seesterne, Steingarnelen, Heringe und Tiefseefische. Wie Pottwale verschlucken sie auch unverdauliche Gegenstände wie Steine, Holzstücke, Netze und Plastiktreibgut. Solche Funde lassen vermuten, daß Nördliche Entenwale im Bodensediment nach Nahrung wühlen.

Verhalten: Diese geselligen Wale sind bekannt dafür, sich Schiffen zu nähern und verletzte Artgenossen nicht zu verlassen. Beide Eigenarten haben Nördliche Entenwale für den Walfang sehr verwundbar gemacht. Walfänger konnten teilweise 10–15 Individuen töten, bis die Überlebenden endlich flüchteten.

Die durchschnittliche Gruppengröße liegt bei 4–10 Tieren, wobei man auch mehrere Gruppen zur gleichen Zeit sehen kann. Es gibt eine gewisse Gliederung nach Geschlecht und Alter. In isländischen Gewässern z. B. übertreffen in den Monaten Mai

und Juni die Männchen die Weibchen zahlenmäßig. Alte Männchen und Jugendliche wandern oftmals alleine. Mütter mit Kindern können als Einzelpaare angetroffen werden oder in enger Gemeinschaft mit anderen Mutter-Kind-Paaren auftreten.

Nördliche Entenwale tauchen tief, sie können länger als eine Stunde, eventuell sogar für 2 Stunden unter Wasser bleiben. Von einem harpunierten Tier sagt man, daß es über 900 m Leine in 90 Sekunden abrollen ließ, während es senkrecht nach unten tauchte. Norwegische Wissenschaftler haben Tauchzeiten von 70 Minuten aufgezeichnet.

Fortpflanzung und Entwicklung: Obwohl geschlechtsreife Weibchen mit 6 m und Männchen mit 7,3 m gefunden wurden, tritt die Geschlechtsreife durchschnittlich mit 6,9 bzw. 7,5 m ein. Diese Längen entsprechen einem Lebensalter von 11 Jahren (Weibchen) bzw. 7–11 Jahren (Männchen). Das Höchstalter für Weibchen liegt nach heutigem Kenntnisstand bei 27 Jahren und für Männchen bei 37 Jahren. Die Kälber werden mit einer Länge von etwa 3,5 m nach einer Tragzeit von ca. 1 Jahr geboren. Die Hauptgeburtssaison fällt in den April bis Juni. Gestillt wird vermutlich 1 Jahr, die Geburten erfolgen in Zeitintervallen von 2 Jahren.

Weltbestand: Zwischen 1890 und 1900 wurden nahezu 30.000 Nördliche Entenwale östlich vor Grönland gefangen. Da auf 3–4 geborgene Wale ein harpunierter, aber nicht geborgener Wal kam, lag die tatsächliche Tötungsquote bei 40.000 Individuen. Man vermutete, daß 1889 im nordöstlichen Atlantik deutlich mehr als 40.000 Nördliche Entenwale gelebt haben müssen, um diesem Fangdruck standhalten zu können. Zur gegenwärtigen Bestandsgröße gibt es keinerlei Informationen. Trotzdem scheinen diese Wale noch immer in vielen ihrer Fanggebiete relativ häufig zu sein. Man glaubt, daß es gewisse Trennungen zwischen Beständen gibt, jedoch fehlen bisher noch Beweise für Verbreitungsgrenzen.

Der Einfluß des Menschen: Schon 1850 jagten britische Walfänger gelegentlich Nördliche Entenwale, Ende der 70er Jahre des 19. Jahrhunderts dann regelmäßig. Anfang der 80er Jahre des 19. Jahrhunderts entwickelten norwegische Walfänger einen speziellen Entenwalfang, der von 1892 an in ein direktes Monopol einmündete. 1896 fingen 30 Schiffe mehr als 3.300 Wale. Um 1927 war die norwegische Flotte auf ein einziges Schiff zusammengeschrumpft, und bis unmittelbar vor den 2. Weltkrieg wurde nur wenig Jagd auf Entenwale gemacht.Nahezu 6.000 Nördliche Entenwale fing man zwischen 1927 und 1973; bis auf 800 Tiere wurden alle östlich von Kap Farewell, der Südspitze Grönlands, erlegt.

Ende der 70er Jahre lief eine lebhafte Debatte im wissenschaftlichen Komitee der Internationalen Walfang Kommission über den Status dieser Art. Viele Wissenschaftler befürchteten, daß die Dauer und Intensität der Bejagung die Bestände ernsthaft dezimiert hätte. Es war jedoch schwer, die Auswirkungen sich wandelnder Technologie (z. B. die Einführung größerer und schnellerer Schiffe) und des relativen Marktwertes von Zwergwal- gegen Zahnwalfleisch zu den Auswirkungen zunehmend geringerer Verfügbarkeit von Walen in Beziehung zu setzen. Das Problem wurde erst gelöst, als Norwegen 1973 hauptsächlich aus wirtschaftlichen Gründen den Fang von Nördlichen Entenwalen einstellte. Die Kommission deklarierte mit Wirkung vom 1.1.1977 die restlichen Bestände des Nördlichen Entenwales zur geschützten Art, und dieser Schutz gilt noch heute. Die Art wird seit 1976 in der Roten Liste der IUCN (Internationale Union zur Bewahrung der Natur, eine UNO-Unterorganisation) als gefährdet geführt.

Oben: Sogar aus der Nähe betrachtet kann man bei Entenwalen nur selten den verlängerten Kiefer sehen, der zu ihrer Namensgebung führte.

Rechts: Ein Teil einer Gruppe Nördlicher Entenwale, fotografiert am Reykjanes Riff im nordöstlichen Atlantik.

SÜDLICHER ENTENWAL

HYPEROODON PLANIFRONS

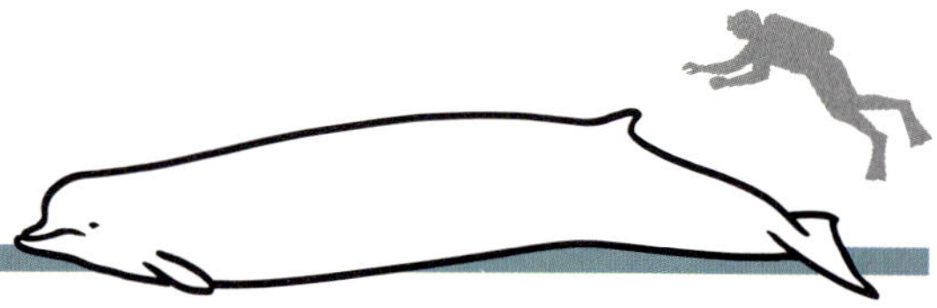

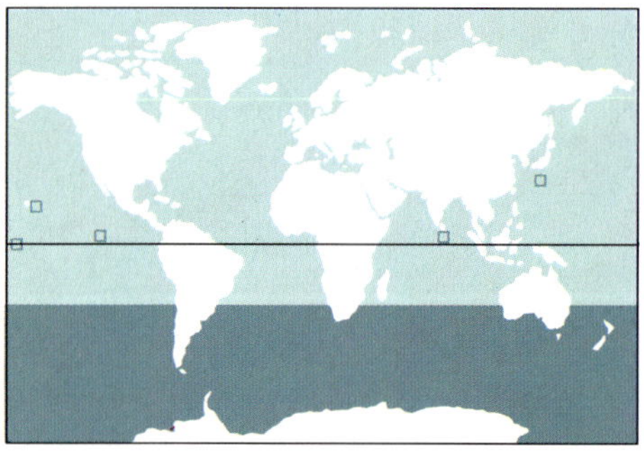

■ Mögliche Verbreitung □ Mögliche Sichtungen

Systematik: Der Name *planifrons* (= ebenstirnig, mit platter/gerader Stirn) wurde dem Wal gegeben, weil die Knochenkämme auf der Stirn viel niedriger sind als jene des Nördlichen Entenwales *(H. ampullatus).*

Beschreibung: Das größte vermessene Individuum war eine 7,45 m lange, laktierende Kuh. Das größte Männchen war bisher 6,94 m lang. In dieser Hinsicht scheinen sich die Südlichen Entenwale von ihren nördlichen Vettern zu unterscheiden, bei denen die Männchen größer werden als die Weibchen.

Die Melone ist aufgewölbt und kann den Kiefer überragen. Die hintere Hälfte des Mundspaltes verläuft gebogen. Es gibt ein Paar Kehlfurchen, welche typisch für Schnabelwale sind. Die Rückenfinne sitzt reichlich hinter der Mitte der Rückenlinie und ist aufgerichtet. Die breite Fluke kann leicht eingekerbt sein.

Eine Beobachtung aus Äquatornähe, von der man annimmt, daß sie diese Art betrifft, gibt die Färbung eines erwachsenen Tieres mit eichelbraun und viel hellerem Gesicht einschließlich Kiefer an. Andere Beobachtungen sprechen von hellbraun oder dunkelgelb. Die Bauchseite ist viel heller als der Rücken. Große Individuen haben oft Narben am ganzen Körper.

Wie der Cuvier-Schnabelwal besitzt auch der Südliche Entenwal ein einzelnes Paar kegelförmiger Zähne an der Unterkieferspitze. Diese brechen nur bei erwachsenen Männchen durch und sind nach vorne sowie leicht nach außen gerichtet. Sie sind bei geschlossenem Maul nicht sichtbar.

Identifizierung auf See: Diese Wale sind nur schwer auf See zu identifizieren. Aus der Entfernung können sie mit vielen anderen Schnabelwalen verwechselt werden, besonders mit dem Südlichen Schwarzwal in der südlichen Hemisphäre und dem Baird-Wal im Nordpazifik. Verwechslungen mit dem Zwergwal sind ebenfalls möglich. Ein Blick auf den Kopf jedoch sollte bei erwachsenen Tieren die aufgewölbte Melone, die leichte Vertiefung in der Nähe des Blaslochs und die ziemlich scharfe Abgrenzung zwischen blassem Kopf und dunklerem Körper erkennen lassen.

Lebensraum: Südliche Entenwale sind während des Sommers relativ häufig innerhalb einer Entfernung von 110 km zur Eiskante in der Antarktis zu finden. Wie die meisten Schnabelwale leben sie entlang einer Linie von 200 m vor den Küsten und seewärts davon.

Verbreitung und Wanderung: Diese Art weist eine weite Verbreitung in den südlichen Ozeanen zwischen 29° südlicher Breite und der Antarktis (bis mindestens 70° S) auf. Obwohl es keine Aufzeichnungen über Entenwale im Südpazifik gibt, die nördlicher als 33° S aufgetreten wären, wurden Beobachtungen von Walen zwischen 20° und 30° nördlicher Breite bekannt, die *H. planifrons* sehr ähnlich gewesen sein sollen. Die Tiere wurden nahe Okinawa, vor den Galapagosinseln und am Äquator nahe der internationalen Datumslinie gesichtet. Falls es sich bei diesen Beobachtungen wirklich um die Gattung *Hyperoodon* gehandelt haben sollte, bleibt die Frage, ob es sich um eine nördliche Art ähnlich oder identisch zu *H. ampullatus* des Nordatlantiks handelte, um eine separate tropische Population von *H. planifrons* oder um einen Teil einer weiter verbreiteten Südpopulation von *H. planifrons.* Aufzeichnungen aus Australien und Brasilien zeigen, daß diese Art in gemäßigt warmen Gebieten auftaucht. Beobachtungen von Graham Ross beweisen, daß Entenwale saisonal in südafrikanischen Gewässern erscheinen. Sie sind dort hauptsächlich im Sommer vertreten und scheinen in den Wintermonaten dort abwesend zu sein.

Nahrung und Nahrungsaufnahme: Ein in Neuseeland gestrandetes Individuum hatte 200 Kalmarkiefer im Magen, wahrscheinlich sind Kalmare die Hauptnahrung Südlicher Entenwale.

Verhalten: Dieser Wal lebt mittelmäßig sozial und wird mitunter in Gruppen bis zu 25 Individuen gefunden. In der Antarktis sind Gruppen mit weniger als 10 Tieren häufiger. Werden sie gejagt, erheben die Südlichen Entenwale beim Atmen mitunter ihren Kopf über die Wasseroberfläche. Im Hinblick auf ihre Ähnlichkeit mit Nördlichen Entenwalen nimmt man an, daß sie tief tauchen und mehr als eine Stunde unter Wasser bleiben können.

Fortpflanzung und Entwicklung: Über das Fortpflanzungsverhalten des Südlichen Entenwales ist nur sehr wenig bekannt. Ein 5,7 m langes Weibchen laktierte und von einem 2,9 m langen Kalb, das in Natal (Südafrika) Anfang November gestrandet war, nahm man an, daß es nicht älter als ein Jahr war.

Weltbestand: Man glaubt, daß der Südliche Entenwal in der Antarktis südlich des 58. Breitengrades der häufigste Schnabelwal ist. Trotzdem gibt es keine brauchbaren Schätzungen über die Bestandsgröße.

Der Einfluß des Menschen: Einige Individuen wurden durch die sowjetische Antarktisflotte gefangen. Ansonsten wurden Südliche Entenwale nirgendwo bejagt. Es gibt keinen Grund für die Annahme, daß sie irgendwie ernsthaft bedroht seien.

Bei diesem Tier sieht man die rundliche Kopfform, die sich im populären Namen der Art niederschlägt.

Pazifischer Schnabelwal

MESOPLODON PACIFICUS

■ Strandungen

Systematik: Longman hat diese Art der Gattung *Mesoplodon* zugeschrieben, was er aus der Ähnlichkeit zum True-Wal *(M. mirus)* schloß. 1926 gab er ihr den Artnamen *pacificus*, wohl, um sie von *mirus* abzugrenzen, die zu der Zeit nur von drei atlantischen Individuen bekannt war. Uneinigkeit herrscht bis heute darüber, ob die Art wirklich der Gattung *Mesoplodon* zuzurechnen ist oder eine eigene Gattung – *Indopacetus* – bildet. Alan N. Baker vom neuseeländischen Nationalmuseum ist der Meinung, daß einer der Schädel des Museums, die dieser Art zugeschrieben werden, für *Mesoplodon* zu groß sei und von einem mehr als 6 m langen Wal stammen müsse. Er schlägt *Indopacetus* als geeigneten Gattungsnamen vor.

Beschreibung: Der Pazifische Schnabelwal wurde noch nie lebendig gefunden. Der Schädel besitzt zwei nach vorne ragende Zähne an der Spitze des Unterkiefers. Hierin ähnelt er dem Cuvier-Schnabelwal sowie dem Nördlichen und Südlichen Entenwal. Auf dem Rostrum gibt es eine typische seitliche Schwellung.

Verbreitung und Wanderung: Zwei an Stränden gefundene Schädel werden dieser Art zugeschrieben, einer aus Danane (Somalia) und einer von Mackay (Queensland). Ein wiederholt im östlichen, tropischen Pazifik gesichteter Schnabelwal, der bisher nicht bestimmt werden konnte, könnte dieser Art angehören. Falls dies so ist, kann man eine weitgestreute Verbreitung in der indo-pazifischen Region vermuten.

Weltbestand: Man muß davon ausgehen, daß diese Art sehr selten ist.

Hector-Schnabelwal

MESOPLODON HECTORI

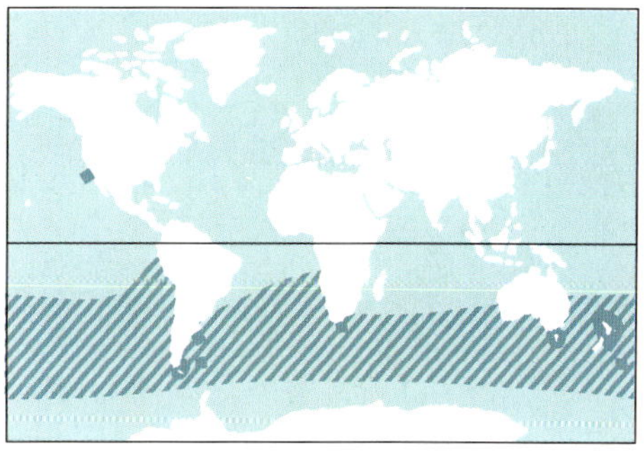

■ Sichtungen/Strandungen

Mögliche Verbreitung

Systematik: Diese Art wurde 1871 von John Gray beschrieben. Sein Artname *hectori* leitet sich von J. Hector, dem Kurator eines Museums in Neuseeland, ab.

Beschreibung: Den wenigen bekannten Exemplaren zufolge sind Erwachsene dunkelgrau/braun an der Oberseite und blaßgrau am Bauch. Männchen haben eine weiße Unterseite bis zur Fluke und dunkle Linien, die vom Schwanzstiel strahlenförmig ausgehen. Kratzer und Narben bedecken die Flanken. Ein kleiner, dreieckiger Zahn sitzt beiderseits vorne am Unterkiefer. Das größte gestrandete Weibchen war 4,43 m lang, das größte Männchen 4,3 m und das kleinste Kalb maß 2,1 m.

Lebensraum: Den wenigen vorhandenen Daten zufolge ist der Hector-Schnabelwal in gemäßigt kühlen Gewässern beheimatet.

Verbreitung und Wanderung: Die Art ist hauptsächlich aus der südlichen Hemisphäre bekannt. Es existieren Meldungen von Chile, Argentinien, den Falklandinseln, Südafrika, Australien und Neuseeland. In jüngerer Zeit strandeten allerdings auch Tiere in Südkalifonien.

Nahrung und Nahrungsaufnahme: Es gibt auch hier nur wenige Informationen. Im Magen eines erwachsenen Hector-Schnabelwales, der in Kalifornien strandete, wurden 2 Unterkiefer der Kalmargattung *Octopoteuthis* und weitere nicht identifizierte Reste von Wirbellosen gefunden.

Erwachsene Männchen besitzen je einen Zahn am vorderen Ende jedes Unterkieferastes.

True-Wal

MESOPLODON MIRUS

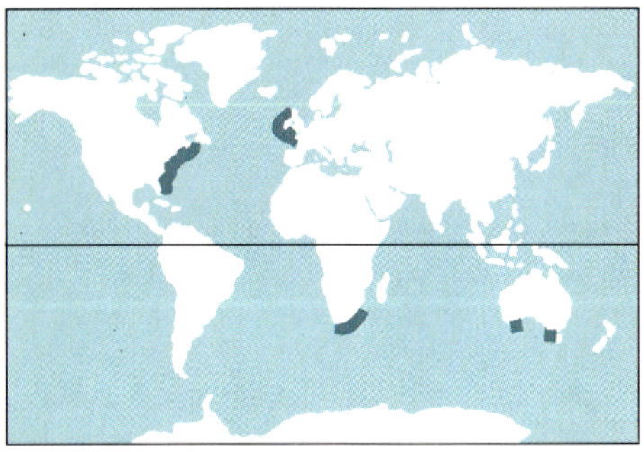

■ Bestätigte Sichtungen

Systematik: Diese Art wurde 1913 von dem amerikanischen Biologen Frederick True entdeckt und beschrieben. Der Artname *mirus* (= wunderbar) spiegelt Trues Freude bei der Entdeckung wider.

Beschreibung: Individuen der nördlichen Hemisphäre sind oberseits mittelgrau und an der Unterseite hellgrau. Erwachsene weisen eine dunkle Zone rund um die Augen und einige weiße Stellen besonders im Bereich der Genitialien auf. Bei erwachsenen Tieren der Südhalbkugel erstreckt sich eine weiße Zone von der Finne nach hinten. Der Bauch erscheint, bedingt durch eine Flekkung, dunkler, die Schnauzenspitze ist weiß. Kratzer und Narben werden auf Tieren beider Erdhälften gefunden und sind bei Männchen häufiger. Das kleinste vermessene Kalb war 2,3 m lang und wog 136 kg. Das größte Weibchen maß 5,1 m und 1,394 kg. Das längste Männchen war 5,3 m lang.

Lebensraum: Die Art ist in gemäßigten Gewässern verbreitet. Obwohl sich ihr Verbreitungsgebiet mit dem des Gervais-Zweizahnwales im Nordatlantik überschneidet, scheint der True-Schnabelwal kältere Gewässer zu bevorzugen. Die wenigen Daten von der Südhalbkugel stammen aus gemäßigt warmen Gewässern.

Verbreitung und Wanderung: Im westlichen Nordatlantik leben die Wale von Neuschottland bis zu den Bahamas; im Osten werden sie von den Hebriden (vor Schottland) bis Südfrankreich angetroffen. Auf der Südhalbkugel wurden Strandungen von True-Schnabelwalen aus Südafrika und Australien gemeldet.

Nahrung und Nahrungsaufnahme: Die wenigen verfügbaren Informationen lassen vermuten, daß Kalmare einen wichtigen Anteil der Beute stellen.

Die Form und Färbung dieser Art wurde aufgrund von Strandungen rekonstruiert.

Gervais-Zweizahnwal

MESOPLODON EUROPAEUS

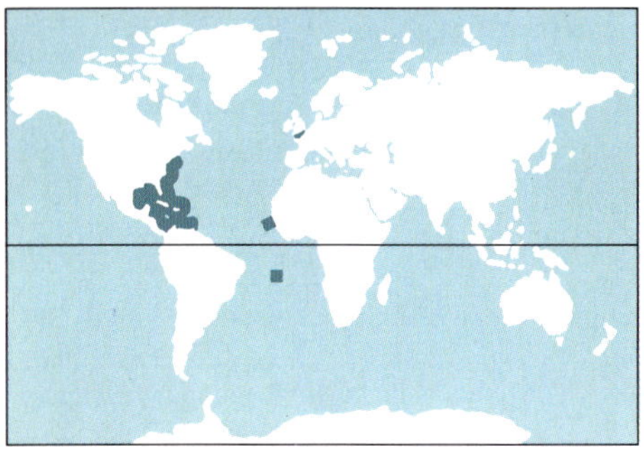

■ Sichtungen/Strandungen

Systematik: Der Artname *europaeus* bezieht sich auf das erste gefundene Exemplar, das treibend im Ärmelkanal entdeckt wurde. Es wurde 1855 von dem französischen Biologen Gervais beschrieben, dem zu Ehren das Tier benannt wurde.

Beschreibung: Erwachsene sind oberseits dunkelgrau und unterseits blaßgrau (Kälber weiß). Einige Weibchen besitzen einen weißen Fleck an der Genitalregion. Der Kopf ist relativ klein und weist manchmal eine weiße Spitze auf. Die beiden kleinen Zähne sind vorne im Maul zu finden. Bekannte Gewichte reichen von 49 kg bei einem 1,6 m langen Kalb bis 1.178 kg bei einem 3,7 m langen Weibchen. Das längste vermessene Weibchen war 5,2 m, das längste Männchen 4,5 m lang. Die durchschnittliche Geburtsgröße beträgt 2,1 m.

Lebensraum: Die Art bewohnt tropische bis gemäßigt warme Gewässer im Atlantik.

Verbreitung und Wanderung: Nahezu alle Aufzeichnungen über diese Art stammen aus dem westlichen Nordatlantik. Meist strandet die Art entlang der amerikanischen Atlantikküste von New York bis Florida und Texas. Strandungen wurden auch aus der Karibik, von Kuba, Jamaika und Trinidad berichtet. Desgleichen liegen Meldungen von Strandungen aus Westafrika und von der Insel Ascension im Südatlantik vor.

Nahrung und Nahrungsaufnahme: Kleinste Mengen von Kalmarkiefern wurden bei 3 Individuen gefunden, hingegen keinerlei Fischreste.

Der Einfluß des Menschen: Es liegt ein Bericht vor, nach dem sich ein Individuum des Gervais-Zweizahnwales in Fischereinetzen vor New Jersey (USA) verfangen hat.

Obwohl das erste Tier im Ärmelkanal gesehen wurde, wurde die Art seither nicht mehr in europäischen Gewässern gesehen.

Japanischer Schnabelwal

Mesoplodon ginkgodens

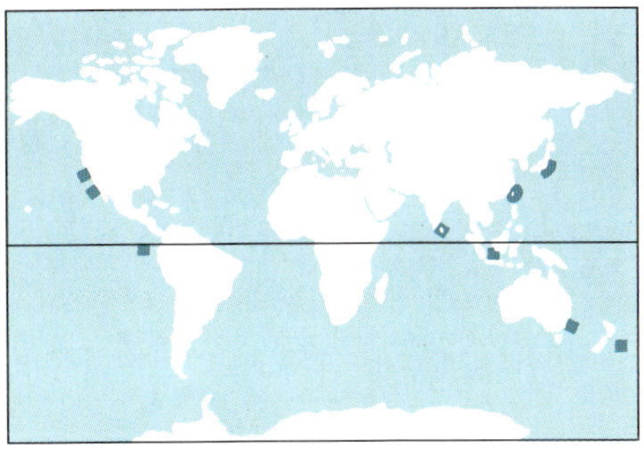

■ Strandungen

Systematik: Diese Art wurde 1957 von den beiden japanischen Wissenschaftlern Masaharu Nishiwaki und Toshiro Kamiya entdeckt. Der Artname rührt von der Form der Zähne her, die den Blättern des Ginkgo-Baumes ähneln.

Beschreibung: Erwachsene Männchen sind dunkel gefärbt, abgesehen von einem blassen hellen Fleck auf der vorderen Hälfte von Rostrum und Unterkiefer sowie einiger, 3–4 cm großer weißer Flecken, die sich am hinteren Ende der Unterseite konzentrieren. Diese könnten eher Narben von Parasiten als normale Färbungen sein. Die charakteristischen Zähne sitzen im Unterkiefer, nahezu auf halber Kieferlänge. Wie bei anderen Arten auch entwickelten sich diese nur bei erwachsenen Männchen. Erwachsene Männchen scheinen keine derartigen linearen Narben zu haben, wie sie von den meisten Mesoplodon-Arten bekannt sind. Die einzigen vorhandenen Fotografien lassen vermuten, daß Weibchen am Rücken mittelgrau und unterseits hellgrau gefärbt sind. Das längste vermessene Weibchen war 4,9 m, das längste Männchen 4,7 m lang.

Lebensraum: Die begrenzt vorhandenen Informationen lassen vermuten, daß die Art in gemäßigt warmen bis tropischen Gewässern lebt.

Verbreitung und Wanderung: Unsere gesamten Informationen über die Art stammen von 13 Strandungen, wovon 10 aus dem Nordpazifik (2 von der Ostseite, 5 aus Japan und 3 aus Taiwan), 2 aus dem Indischen Ozean (von Sri Lanka und Indonesien) und 1 von den Chatham-Inseln im Südpazifik stammen.

Der Einfluß des Menschen: Einzelne Individuen wurden in Japan in geringer Zahl mit Harpunen gejagt.

Dieser Schnabelwal ist nur von einzelnen Strandungen rund um die Erde bekannt.

Camperdown-Wal

Mesoplodon grayi

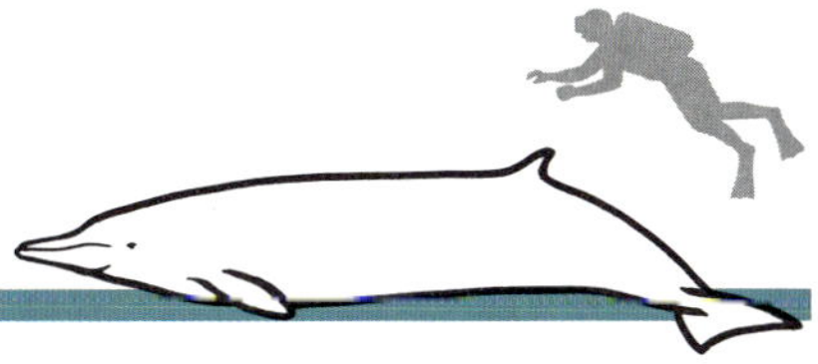

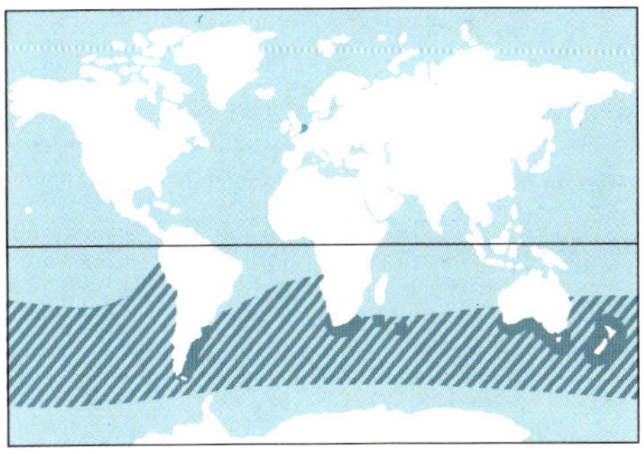

■ Bestätigte Sichtungen

Mögliche Verbreitung

Systematik: Die Art wurde 1876 von dem neuseeländischen Museumsdirektor Julius von Haast beschrieben und nach dem britischen Biologen John Gray benannt.

Populäre Bezeichnungen: Neben Scamperdown-Wal wird die Art auch als Südlicher Schnabelwal bezeichnet. Der deutsche Name ist eine Abwandlung der englischen Bezeichnung »Scamperdown-Whale«.

Beschreibung: Erwachsene sind grundsätzlich dunkel gefärbt, obwohl es verschiedene Bereiche hellerer Pigmentation am Bauch und weiße Flecken an der Genitalregion geben kann. Der Kopf ist klein, der schmale Kiefer wird im Alter weiß. Zwei kleine, dreieckige Zähne sitzen vorne im Unterkiefer. Diese brechen bei erwachsenen Männchen und Weibchen durch. Weiterhin gibt es 17 bis 22 Paare kleiner Zähne im Oberkiefer.

Weibchen sind grundsätzlich größer als Männchen. Das größte Weibchen wies eine Länge von 5,64 m, das größte Männchen eine von 4,74 m auf, das kleinste Kalb war 2,42 m groß. Ein 4,74 m langes Männchen wog 1.075 kg und ein 4,94 m langes Weibchen 1.100 kg.

Lebensraum: Vorhandene Daten stammen aus gemäßigt kalten Meeren.

Verbreitung und Wanderung: Die Art scheint zirkumpolar auf der südlichen Hemisphäre verbreitet zu sein. Die meisten Berichte stammen aus Neuseeland und Australien, andere von Südafrika, Argentinien und Chile. Der einzige Nachweis aus der nördlichen Hemisphäre stammt von einem 1927 in Holland gestrandeten Tier.

Verhalten: Eine Massenstrandung (ein für Schnabelwale unübliches Ereignis) von 28 Tieren läßt auf eine gewisse soziale Lebensweise schließen. Beobachter berichten, daß die Tiere manchmal beim Luftholen Ihre Schnauzen aus dem Wasser herausstrecken.

Der weiße »Schnabel« eines erwachsenen Camperdown-Wales, der 1985 vor der Ostküste Neuseelands kurz zu sehen war.

Stejneger-Schnabelwal

Mesoplodon stejnegeri

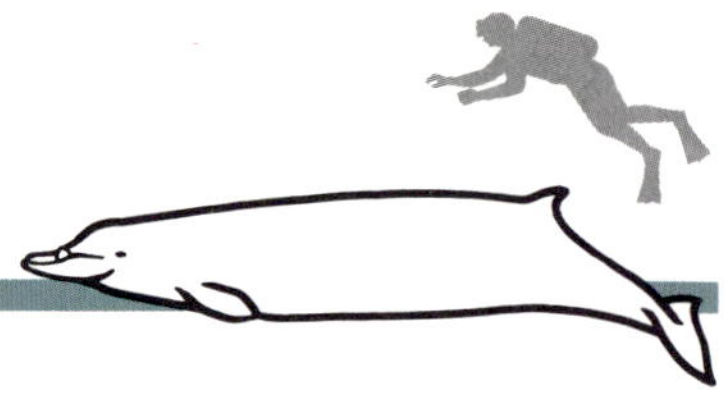

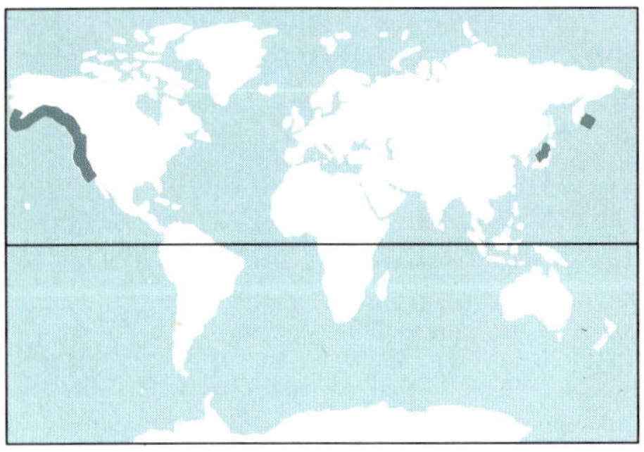

■ Bestätigte Sichtungen

Systematik: Beschrieben 1885 durch den amerikanischen Walforscher Frederick True, wurde die Art nach dessen Freund, dem Biologen Leonard Stejneger, benannt, der das erste Tier gefunden hat.

Populäre Bezeichnungen: Die Art wird auch als Beringsee-Schnabelwal und Säbelzahn-Wal bezeichnet.

Beschreibung: Nur wenige Individuen wurden bisher gesichtet, aber beide Geschlechter scheinen oberseits dunkel und unterseits blaß gefärbt zu sein mit einigen weißen Stellen am Kopf und im Nacken. Das eindrucksvollste Merkmal sind zwei groß aufragende, nach vorwärts gerichtete Zähne bei erwachsenen Männchen, die im Unterkiefer an der Stelle der höchsten Aufwölbung stehen. Die längsten Tiere, Männchen wie Weibchen, waren 5,25 m lang.

Lebensraum: Diese Art ist in gemäßigt kalten bis subarktischen Gewässern verbreitet und eher in tieferen Zonen anzutreffen. Beobachtungen stammen von den zentralen Aleuten, wo das Wasser 730–1.560 m tief ist.

Verbreitung und Wanderung: Die Art scheint auf den Nordpazifik beschränkt zu sein, die meisten Daten stammen aus den Gewässern Alaskas. Er scheint das Aleuten-Becken und den Aleuten-Graben den Flachgewässern der nördlichen Beringsee vorzuziehen. Auf der Ostseite ist er von der St. Paul Insel bis Südkalifornien anzutreffen, im Westen von den Kommandeurinseln bis Japan.

Nahrung und Nahrungsaufnahme: Minimale Mengen von Kalmarkiefern wurden in den Mägen zweier Tiere gefunden.

Verhalten: Strandungen und Beobachtungsdaten von den Aleuten lassen vermuten, daß die Tiere in sozial strukturierten Gruppen von 5–15 Individuen leben, die sowohl junge als auch erwachsene Tiere enthalten.

Ein typisch vernarbtes männliches Individuum.

Hubb-Schnabelwal

Mesoplodon carlhubbsi

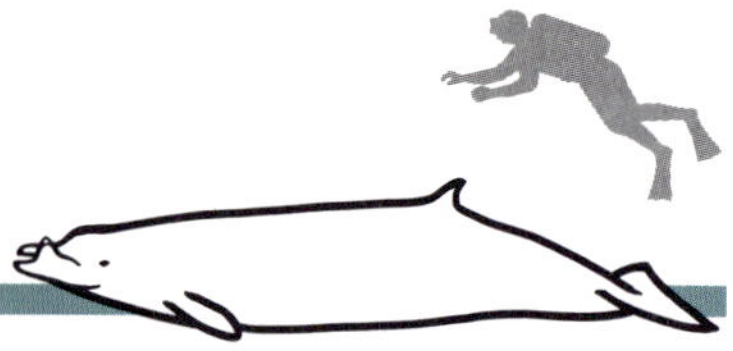

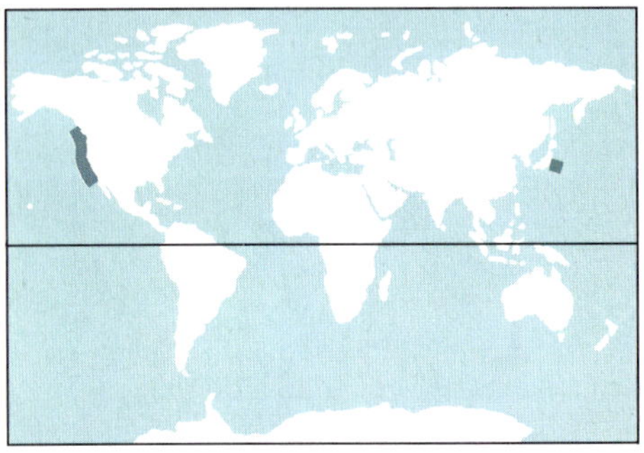

■ Bestätigte Sichtungen

Systematik: 1963 wurde die Art von dem amerikanischen Biologen Moore beschrieben, benannt ist sie nach dem amerikanischen Meeresbiologen Carl Hubbs.

Beschreibung: Erwachsene Männchen sind dunkelgrau bis schwarz mit Ausnahme einer weißen Zone von der Kieferspitze bis kurz hinter die Zähne und einer weißen »Kappe« um das Blasloch herum. Diese »Kappe« und die zwei großen, riemenartigen Zähne im hinteren Unterkiefer sind charakteristisch für diese Art. Weibchen und Jugendliche sind oberseits mittelgrau, hellgrau an den Flanken und weiß am Bauch. Die vordere Hälfte des Kiefers ist heller als der Rest des Kopfes, weitere Zähne liegen nur rudimentär vor. Bei beiden Geschlechtern ist die Flukenunterseite blasser, während die Flipper an der Oberseite weniger kräftig gefärbt sind. Die längsten Tiere waren 5,32 m lang. Bei der Geburt beträgt die Durchschnittslänge 2,5 m. Ein 5,3 m langes Weibchen wog 1.432 kg.

Lebensraum: Die Art lebt in gemäßigt kalten Gewässern, offensichtlich gebunden an das subarktische Tiefenstromsystem.

Verbreitung und Wanderung: Die Art ist auf den Nordpazifik beschränkt. Im Osten findet man sie zwischen 33° und 51° nördlicher Breite, im Westen stammen die meisten Daten aus Japan (38. Breitengrad).

Nahrung und Nahrungsaufnahme: Begrenzte Information von einigen gestrandeten Individuen lassen als Hauptnahrung Kalmare und Tiefseefische vermuten.

Verhalten: Die meisten Narben stammen vermutlich von Rivalenkämpfen zwischen erwachsenen Männchen, die mit geschlossenem Maul ausgetragen werden.

Der Einfluß des Menschen: Einzeltiere wurden in Japan mit Harpunen gejagt.

Zwei mögliche Hubb-Schweinswale, einer von ihnen auf diesem Foto zu sehen, strandete 1989 lebend in Kalifornien. Beide waren noch nicht geschlechtsreif und konnten trotz fachgerechter Pflege nicht am Leben erhalten werden.

Andrew-Schnabelwal

Mesoplodon bowdoini

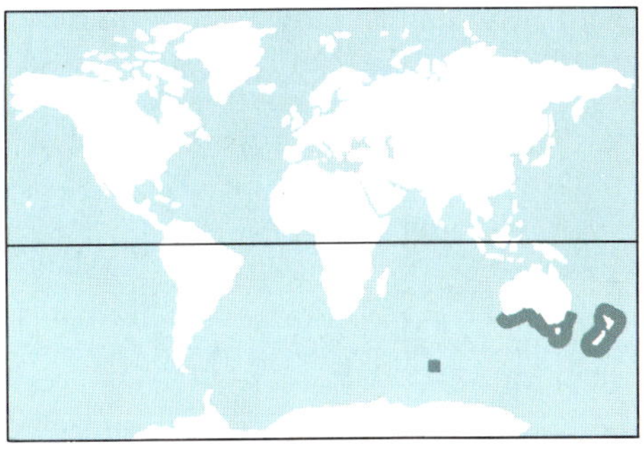

■ Strandungen

Systematik: *Mesoplodon bowdoini* wurde 1908 von dem amerikanischen Naturforscher Roy Chapman Andrews beschrieben und benannt. Der Gattungsname *Mesoplodon* leitet sich von den griechischen Wörtern *mesos, hapla* und *odon* ab (= einen Zahn in der Mitte des Kiefers habend). Der Artname *bowdoini* bezieht sich auf George Bowdoin, einem Kurator des Amerikanischen Museums für Naturgeschichte. Einige Systematiker meinen, daß *M. carlhubbsi* wegen der Ähnlichkeit von Schädel und Färbung eine Unterart von *M. bowdoini* sei.

Populäre Bezeichnungen: Die Art wird auch als Bowdoin-Schnabelwal bezeichnet.

Beschreibung: Erwachsene Männchen sind am ganzen Körper dunkel blauschwarz mit Ausnahme der vorderen Schnauze, die bis zur Hinterkante des Zahnes weiß ist. Die beiden Zähne des Unterkiefers sitzen auf kleinen Erhöhungen ungefähr in der Mitte der Kieferäste. Sie sind bei erwachsenen Männchen ständig sichtbar, bleiben bei Weibchen und Jugendlichen jedoch im Zahnfleisch verborgen. Ein 4,57 m langes Weibchen war ausgewachsen, ein anderes 4,2 m langes Weibchen trug einen Fötus von 1,57 m Länge.

Identifizierung auf See: Es ist auf See nahezu unmöglich, diese Art von Hubb- oder Stejneger-Schnabelwalen zu unterscheiden.

Lebensraum: Die Art scheint an gemäßigt warme Gewässer im südlichen Indischen und Pazifischen Ozean gebunden zu sein.

Verbreitung und Wanderung: Man kennt diese Art nur von Strandungen an der Südküste Australiens, Neuseelands und den Kerguelen.

Diese Art ist das südliche Gegenstück zu Stejneger- und Hubb-Schnabelwalen.

Lyard-Wal

Mesoplodon layardii

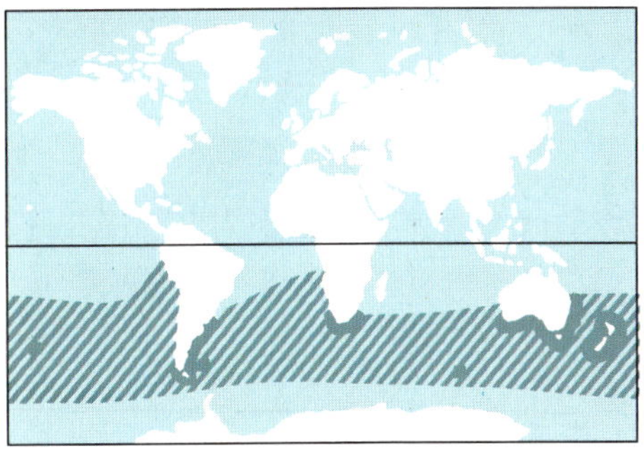

■ Bestätigte Sichtungen ▨ Mögliche Verbreitung

Systematik: Die Art wurde 1865 von dem britischen Biologen John Gray nach Zeichnungen von E. L. Layard beschrieben, dem Kurator des Südafrikanischen Museums, nach dem die Art benannt wurde.

Beschreibung: Erwachsene sind weitgehend schwarz, von einigen weißen und grauen Stellen abgesehen. Die Spitze des Oberkiefers, der Unterkiefer und der vordere Brustbereich sind weiß. Ferner gibt es ein weißes ovales Gebiet um die Genitalien herum. Der Rest des Oberkiefers, die Melone bis ans Blasloch und die Bezirke um die Augen sind schwarz. Vom Hinterende der Melone bis auf etwa 2/3 des Weges zur Rückenfinne zieht sich ein grauer Schleier. Die Hinterkante der Fluke ist grau. Bei Jugendlichen scheinen die Bereiche heller und dunkler Färbung umgekehrt vorzuliegen. Erwachsene Männchen besitzen im Unterkiefer zwei bandartige Zähne, die nach hinten gerichtet sind und über dem Oberkiefer aufeinander zuwachsen, so daß dieser nicht mehr ganz geöffnet werden kann. Offensichtlich behindern diese Zähne die Nahrungsaufnahme aber nicht. Bei Weibchen oder Jungtieren sind keine Zähne sichtbar. Das längste vermessene Weibchen war 6,15 m, das längste Männchen 5,84 m und das kleinste Kalb 2,8 m lang.

Lebensraum: Layard-Wale sind in gemäßigt kalten Gewässern anzutreffen.

Verbreitung und Wanderung: Es gibt mehr Aufzeichnungen von dieser Art (90) als von jeder anderen der Gattung. Sie lebt zirkumpolar in der südlichen Hemisphäre. Nachweise liegen aus dem Indischen Ozean, dem Pazifik und Atlantik zwischen 30° und 55° S vor, besonders vor Australien und Neuseeland.

Ein bei Dunedin auf der Südinsel Neuseelands gestrandeter Layard-Wal. Dieses Männchen war 5,4 m lang. Von den 90 Aufzeichnungen über diese Art stammten die meisten von den Südpazifikküsten Australiens und Neuseelands.

SOWERBY-ZWEIZAHNWAL

MESOPLODON BIDENS

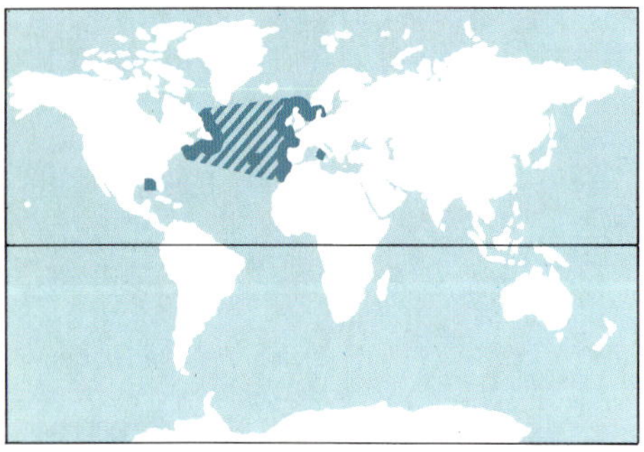

■ Bestätigte Sichtungen　　// Mögliche Verbreitung

Systematik: Diese Art wurde 1804 durch den britischen Naturkundler und Aquarellmaler James Sowerby anhand eines Schädels, der 4 Jahre zuvor im schottischen Moray Firth von James Brodie gefunden wurde, beschrieben und benannt. Der Artname *bidens* leitet sich von den lateinischen Wörtern *bis* und *dens* (= Zweizahn) ab. Diese Art wurde später von dem französischen Biologen Paul Gervais als Nominatform für die Gattung *Mesoplodon* herangezogen.

Populäre Bezeichnungen: Die Art wird unter anderem als Nordsee-Schnabelwal, in Deutschland auch als Flosser bezeichnet.

Beschreibung: Nahezu alle Beschreibungen über die Färbung der Tiere stammen von toten Exemplaren und können daher etwas widersprüchlich ausfallen, da besonders helle Hautpartien dazu neigen, nach dem Tode nachzudunkeln. Grundsätzlich scheinen erwachsene Tiere blaugrau oder schieferfarben zu sein, mit helleren Flanken und Bauchseiten. Gräuliche und weißliche Streifen und Flecken sind unregelmäßig an den Flanken verteilt. Die Färbung der Kälber und Jugendlichen ist meist blasser, besonders an der Unterseite, wo der Bauch weiß sein kann. Sie besitzen auch weniger Flekken und Narben.

Die beiden Zähne, auf die sich der Artname bezieht, sitzen in der Mitte der Unterkieferäste. Bei erwachsenen Männchen sind sie außerhalb des Maules sichtbar. Rudimentäre Zähne können sowohl im Ober- als auch im Unterkiefer vorhanden sein. Einige Beschreibungen sprechen von einem vorstehenden Wulst vor dem Blasloch. Dieser scheint jedoch nicht bei allen Individuen vorhanden zu sein.

Die größte vermessene Länge betrug 5,5 m (Männchen) bzw. 5,05 m (Weibchen). Die durchschnittliche Länge bei der Geburt beträgt 2,4 m. Es gibt keine Aufzeichnungen über das Gewicht von Erwachsenen, ein 2,7 m langes Kalb wog 185 kg.

Lebensraum: Die Art bewohnt gemäßigte und subarktische Gewässer.

Verbreitung und Wanderung: Die Art ist auf den Nordatlantik beschränkt, wobei die meisten Daten von der Ostseite stammen. Das Zentrum ihrer Verbreitung scheint die Nordsee zu sein. Im Osten wurde die Art von Norwegen bis Madeira gesichtet. Die meisten Aufzeichnungen stammen von den Küsten Großbritanniens. Diejenigen aus Schweden und Dänemark beziehen sich auf Beobachtungen aus dem offenen Atlantik und vor den Küsten des Skagerraks und Kattegats. Auf der Westseite liegen Aufzeichnungen von Labrador bis Florida vor. Letztere ist die einzige Sichtung aus dem Golf von Mexiko und der südlichste Nachweis überhaupt.

Es gab eine kleine Diskussion über das Vorkommen der Art im Mittelmeer. Die meisten Beobachtungen von dort konnten jedoch als Irrtümer entlarvt werden. Neueste Untersuchungen haben gezeigt, daß aber mindestens eine Aufzeichnung von einem Sowerby-Zweizahnwal stammen könnte.

Es scheint keine ausgeprägte Saisonalität bei den Strandungen in Europa vorzuliegen, denen man Hinweise auf Wanderungen entnehmen könnte. Das einzige Land, aus dem genügend Daten vorliegen, um eine Saisonanalyse überhaupt durchführen zu können, ist Großbritannien (41 Meldungen). Strandungen gab es in jedem Monat außer Februar, allerdings mit der Tendenz zu einer gewissen Häufung im Sommer zwischen Juli und September. Allerdings sollten Daten über Strandungen sehr vorsichtig interpretiert werden, da solche Funde häufig eher die Häufigkeit von menschlichen Besuchen an den Stränden widerspiegeln als die von tatsächlichen Strandungen.

Nahrung und Nahrungsaufnahme: Die begrenzten Informationen, die von gestrandeten Tieren vorliegen, deuten darauf hin, daß Kalmare und kleine Fische einen großen Prozentsatz an der Beute ausmachen.

Verhalten: Es ist nur sehr wenig über das Verhalten dieser Art bekannt, da die meisten Informationen von gestrandeten Tieren stammen. Einzelne Individuen und Paare sind lebend am Ufer gefunden worden. Die dabei wahrgenommenen Laute wurden mit denen von Kühen verglichen.

Fortpflanzung und Entwicklung: Die spärlichen Informationen lassen darauf schließen, daß Paarung und Geburten im späten Winter oder im Frühjahr stattfinden könnten.

Der Einfluß des Menschen: Diese Art wurde in geringem Maß Beute eines quantitativ unbedeutenden Walfangs mit Harpunen vor Neufundland.

Obwohl sie hauptsächlich in der Nordsee verbreitet sind, kommen Sowerby-Zweizahnwale auch an den Ostküsten der USA und Kanadas vor.

Blainville-Schnabelwal

Mesoplodon densirostris

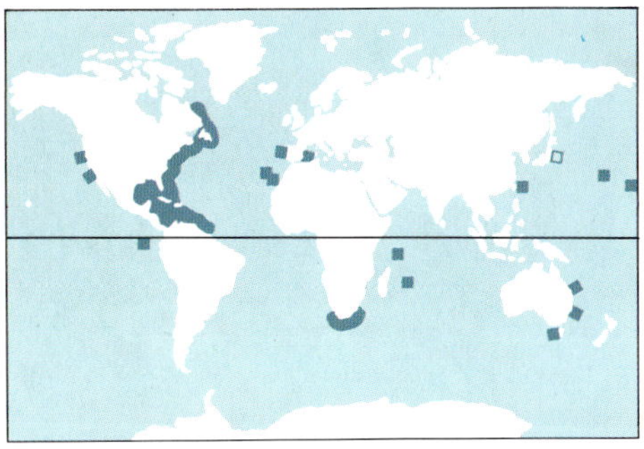

■ Sichtungen/Strandungen □ Mögliche Sichtungen

Systematik: Diese Art wurde ursprünglich von dem französischen Naturhistoriker Henri de Blainville, dem nur ein kleines Stück des Oberkiefers vorlag, benannt. Dieses Knochenstück war außerordentlich schwer, und in der Tat besitzt der Blainville-Schnabelwal die spezifisch dichtesten Knochen aller Wirbeltiere überhaupt. Dies führte zu dem Artnamen *densirostris*, welcher sich aus den lateinischen Wörtern *densus* (= dicht) und *rostrum* (= Kiefer) ableitet.

Beschreibung: Die vorherrschende Färbung dieses Wales ist oberseits dunkel und unterseits blaß. Bei Kälbern sind der Rücken und die Flanken blaugrau und gehen in einen cremefarbenen Bauch über. Bei Erwachsenen wird die Oberseite dunkler, was Fotos von alten und jungen Tieren beweisen. Erwachsene Blainville-Schnabelwale weisen dunkel blaugraue Rücken und Flanken auf. Die rückseitige Oberfläche der Flipper und Fluken sind grauschwarz. genau wie ein kleiner Fleck um die Augen. Von den wenigen Beschreibungen frischtoter Weibchen kann man schließen, daß diese weiße Ober- und Unterkiefer entwikkeln. Diesbezüglich ist über Männchen nichts bekannt. Diese weiße Zone geht stufenlos in das Weiß des Bauches über. Es scheint auch, als wenn sie mehr weiße, ovale Narben überall am Körper besitzen als die Männchen. Diese werden überall am Bauch, besonders in der Genitalregion gefunden, aber auch an Rücken und Flanken.

Das auffälligste Merkmal dieser Art ist jedoch der nach oben bogenförmig verlaufende Unterkiefer. Beidseits des höchsten Punktes dieses Bogens sitzt ein kräftiger Zahn. Bei erwachsenen Männchen ist diese Hochwölbung stark betont und die Zähne brechen nach außen durch. Diese nach vorne gerichteten Zähne können über die flache Stirn hinausragen.

Veröffentlichte Gewichte reichen von 60 kg bei einem 1,9 m langen Kalb bis 1.033 kg bei einem 4,56 m langen Weibchen. Die jeweils längsten vermessenen Männchen und Weibchen waren beide mit 4,73 m bzw. 4,71 m nahezu gleich groß. Der längste Fötus maß 1,9 m und das kleinste Kalb 2,61 m.

Lebensraum: Diese Art tritt in gemäßigt warmen und tropischen Gewässern auf. Beobachtungen in Gewässern rund um die Hawaii-Inselgruppe fanden die Tiere in Wassertiefen von 700–1.000 m. Diese Beobachtungen stammten vom Festlandsabhang der Inseln mit Wassertiefen von bis zu 5.000 m in unmittelbarer Nähe. Trotzdem benötigen wir noch weitere Informationen, ehe wir genauere Aussagen über bevorzugte Wassertiefen machen können.

Verbreitung und Wanderung: Der Blainville-Schnabelwal hat die weiteste Verbreitung aller Mesoplodon-Arten und ist in allen Ozeanen nachgewiesen. Im westlichen Nordatlantik kennt man ihn aus der Karibik, dem Golf von Mexiko und den Bahamas. Es gibt viele Meldungen von der Atlantikküste der Vereinigten Staaten, aus dem östlichen Nordatlantik sind die Aufzeichnungen seltener. Keinerlei Meldungen gibt es aus Großbritannien und nur je eine aus Portugal, von der Mittelmeerküste Spaniens und von der Insel Madeira.

Ähnlich geringe Informationen besitzen wir vom Nordpazifik. Dort gibt es drei Meldungen von den Midway-Inseln, zwei aus Taiwan, eine aus japanischen Gewässern und zwei aus Kalifornien. Kleine Schulen wurden vor Hawaii gesehen, hauptsächlich vor Oahu.

Vom Indischen Ozean gibt es eine Meldung aus Australien, zwei von Mauritius, zwei von den Seychellen und 14 aus Südafrika. Eine Meldung über einen Blainville-Schnabelwal stammt von der Südatlantikküste Südafrikas und zwei von der Südpazifikküste von Australien.

Nahrung und Nahrungsaufnahme: Kalmare und einige Fischarten machen die Hauptbeute aus.

Verhalten: Anläßlich einer Lebendstrandung eines jugendlichen Männchens wurden einige an der Luft erzeugte Laute aufgezeichnet. Die Lautgebungen klangen wie Pfiffe oder Tschirp-Laute. Bei der Analyse erwiesen sich einige als pulsierende Laute. Gruppengrößen reichen von 3–7 Individuen. Man hat Tauchzeiten von 20–45 Minuten aufgezeichnet, wobei längeren Tauchgängen eine Serie von Atemzügen voranging. Die an einigen gestrandeten Tieren gefundenen Narben lassen Angriffe von Schwertwalen oder Kleinen Schwertwalen vermuten.

Der Einfluß des Menschen: In taiwanesischen Gewässern wurden wenige Tiere mit Harpunen gefangen. Ein Individuum wurde von Fischern in der Nähe der Seychellen und ein weiteres vor der Westküste Australiens gefangen.

Ein vor Hawaii fotografierter Blainville-Schnabelwal. Dort sollen kleine Schulen dieser Art vorkommen. Die Wale erkennt man an dem nach oben gerichteten Bogen des Unterkiefers, auf dessen Scheitelpunkt bei männlichen Tieren ein Zahn sitzt.

Ein männlicher Schwertwal greift Mähnenrobben vor der Küste Patagoniens an.

Schwert- und Grindwale

Globicephalidae

Die Familie Globicephalidae ist mit der Familie Delphinidae sehr eng verwandt und besteht aus den Grind- und Schwertwalen. Eine weitere Art, der Breitschnabeldelphin (*Peponocephala electra*), wurde der Familie der Einfachheit halber zugeordnet, fällt aber genaugenommen zwischen die Globicephalidae und die ozeanischen Delphine (Delphinidae).

1866 forderte der britische Wissenschaftler John Gray eine neue Walfamilie, um einige Arten systematisch zusammenzufassen, die er für signifikant unterschiedlich von den anderen Zahnwalen der Familie Delphinidae hielt. Diese Tiere waren die größten Vertreter der Delphine, besaßen keine verlängerten Kiefer und weniger Zähne. Grays Vorschlag fand wenig Anerkennung, bis Nishiwaki ein Jahrhundert später ebenfalls eine neue Ordnung für die Delphine forderte. Er definierte die neue Familie Globicephalidae, um all jene Arten zusammenzufassen, die über einen stumpfschnauzigen Kopf, weniger als 15 Zähne auf jeder Seite eines Kiefers, drei oder mehr verwachsene Halswirbel verfügten und länger als 2,5 m waren. Diese Definition trifft auf die beiden Grindwale (*Globicephala melas* und *G. macrorhynchus*), den Schwertwal (*Orcinus orca*), den Kleinen Schwertwal (*Pseudorca crassidens*) und den Zwerggrindwal (*Feresa attenuata*) zu, wenn man bei letzterem Maximallänge akzeptiert und nicht auf Durchschnittslänge besteht. Der Breitschnabeldelphin hat ebenfalls die geforderte Größe, besitzt mit 20–25 Zähnen in jeder Kieferhälfte aber deutlich mehr Zähne. Trotzdem ähnelt der Breitschnabeldelphin im Aussehen und in der Färbung den anderen Mitgliedern der Familie sehr und wird von einigen Systematikern als taxonomisch ausreichend verwandt angesehen, um der Familie Globicephalidae anzugehören.

Alle sechs Arten enthalten in ihrem Populärnamen das Wort »Wal« obwohl sie systematisch den eigentlichen Delphinen sehr viel näher stehen als irgendeiner der großen Walarten.

Von den sechs Arten wird nur der Schwertwal weltweit angetroffen, und nur der Gewöhnliche Grindwal weist eine unterbrochene Verbreitung mit einer Trennung durch den Tropengürtel in südliche und nördliche (Nordatlantik-) Populationen auf. Von den anderen Arten nimmt man an, daß sie auf wärmere Gewässer beider Hemisphären beschränkt sind. Von den Gattungen *Feresa* und *Peponocephala* existieren nur wenige eindeutig identifizierte Beobachtungen lebender Tiere.

Schwertwal

Orcinus orca

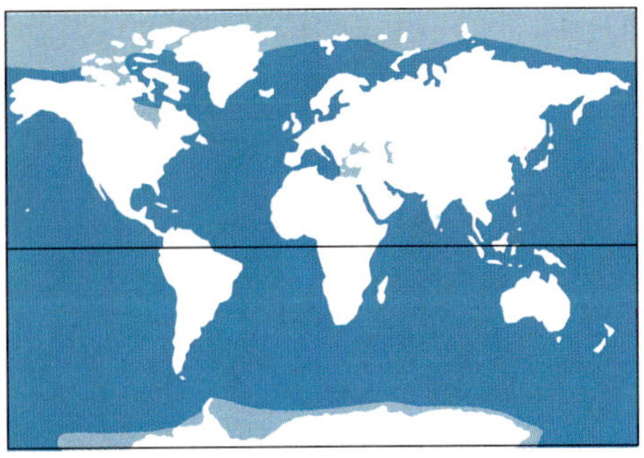

Mögliche Verbreitung

Systematik: Diese unverwechselbare Art ist den Zoologen und Systematikern seit langem bekannt. Daher kann es auch nicht überraschen, daß Linné sie bereits 1758 klassifiziert hat. Der Name, den er dem Wal gab, *Delphinus orca* (= dämonischer Delphin), wurde 1860 revidiert und die neue Gattung *Orcinus* eingeführt. Die Unterschiede zu den kleineren Delphinen rechtfertigen diese Abtrennung. Der Name *Orcinus orca* wird seither für alle Rassen des Schwertwales angewendet. Trotz seines Populärnamens ist der Schwertwal sehr viel näher mit den eigentlichen Delphinen als mit irgendeinem der großen Wale verwandt.

Populäre Bezeichnungen: Der Name Schwertwal leitet sich von der charakteristisch großen schwertartigen Rückenfinne ab. Seiner Ernährung mit überwiegend warmblütiger Beute Rechnung tragend wird der Schwertwal auch Mörderwal genannt. Aus der englischen Sprache hat sich auch bei uns die Bezeichnung »Killerwal« eingebürgert, die wohl von den alten Walfängern herrührt, welche die Art als »Walkiller« (= Waltöter) bezeichneten.

Beschreibung: Der Schwertwal ist mittelgroß und erreicht eine Durchschnittsgröße von 6,7–8 m (Maximum 9,75 m) bei Männchen und 5,7–6,6 m (Maximum 8,35 m) bei Weibchen. Das Körpergewicht liegt bei 4 bis 6,3 t (Maximum 10,5 t) für Männchen und 2,6–3,8 t (Maximum 7,4 t) bei Weibchen.

Es handelt sich um eine gedrungene Art mit nahezu rundem Querschnitt, abgesehen von einer leichten seitlichen Abplattung des Schwanzstieles. Die Rückenfinne ist artkennzeichnend sehr lang (bis zu 1,8 m) und gerade bei Männchen, bei Weibchen dagegen typisch sichelförmig gebogen. Der rundliche Kopf besitzt keinen verlängerten Kiefer (»Schnabel«). Die Flipper sind breit und paddelförmig, die Schwanzfluke weist eine typische Mittelkerbung auf.

Die Individuen der meisten Populationen weisen ein Zeichnungsmuster von reinem Weiß auf pechschwarzem Grund auf. Das Weiß ist auf drei Zonen beschränkt: ein elliptischer Fleck hinter den Augen, ein durchgehend weißes Feld, das den gesamten Unterkiefer, die Kehle, als seitlich eingeengter Streifen die Brust und den Bauch bedeckt und in Form einer dreizinkigen Forke endet, deren mittlerer Zinken die Analgegend umschließt, während sich die seitlichen Streifen nach seitwärts oben und hinten entlang der unteren Flanken erstrecken. Die dritte weiße Stelle sitzt an der gesamten Unterseite der Fluke mit Ausnahme der äußeren Ränder. Der Rest des Tieres ist schwarz außer eines nicht klar umgrenzten, schwachen Sattelfleckes hinter der Rückenfinne. Mindestens einige Schwertwale der südlichen Hemisphäre unterscheiden sich etwas in der Grundfärbung, wobei sich die schwarze Farbe gleich einem Cape vom Oberkiefer über den Kopf bis zur Rückenfinne, die ebenfalls schwarz ist, als breiter Streifen zieht. Alle anderen dunklen Zonen sind dunkelgrau. Die weißen Bezirke dieser Tiere ähneln denen anderer Populationen.

In jedem Kiefer sitzen 10–12 Paare großer, schmelzüberzogener Zähne mit ovalem Querschnitt.

Identifizierung auf See: Die Rückenfinne, besonders die erwachsener Männchen, erlaubt Beobachtern auf See normalerweise eine eindeutige Unterscheidung dieser Art von allen anderen Walen. Schwertwale tauchen meistens in Gruppen von 3–25 Tieren auf, wobei mindestens eines ein erwachsenes Männchen ist. Der Blas ist niedrig und buschig und wird mehrfach kurz nacheinander zwischen den Tauchgängen gesehen. Schwertwale tauchen zwischen 4 und 10 Minuten.

Lebensraum: Die Art kommt vom Äquator bis in die Polarregionen vor, wo sie oft in Eiskanälen und zwischen treibenden Schollen auftaucht. Schwertwale scheinen gleichermaßen in Küstengewässern wie in den offenen Ozeanen zu Hause zu sein und können sich an nahezu alle Bedingungen anpas-

sen. Sie dringen auch in Flußmündungen ein, bleiben dort aber immer in Meeresnähe.

Verbreitung und Wanderung: Schwertwale leben in allen Meeren von der Küste bis in die tiefsten Gewässer. Sie scheinen in deutlich geringerer Dichte in den am weitesten landabwärts gelegenen Gebieten und in den weniger produktiven tropischen Gewässern aufzutreten. Die Grenzen ihrer Ausbreitung nach Norden und Süden werden einfach durch die Eisdecke bestimmt.

Links außen: Die Rückenfinne ist unverwechselbar. Dieses Foto wurde vor Britisch-Kolumbien aufgenommen.

Ganz unten: Springen ist ein häufiger Bestandteil der Überwasseraktivitäten.

Unten: Diese Kopfstudie zeigt die kräftigen Kiefer und die mit widerstandsfähigem Zahnschmelz überzogenen Zähne.

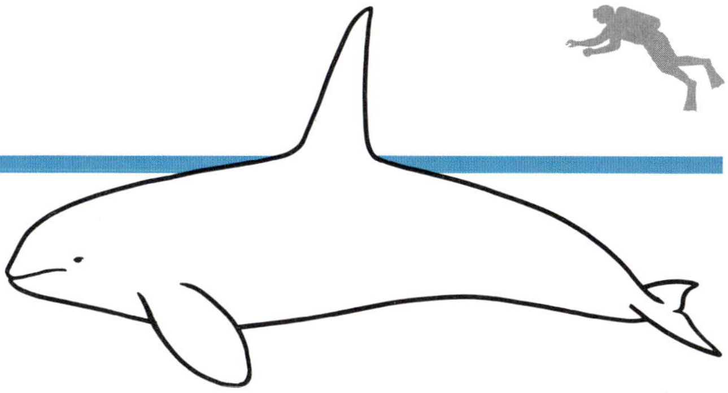

Ihr Auftreten in höheren Breiten ist daher saisonabhängig und fällt in die Zeit der Eisschmelze im Sommer. Trotzdem glaubt man nicht an derartige Nord-Süd-Wanderungen, wie sie etwa bei Bartenwalen vorliegen, weil sie in der Lage sind, ganzjährig in warmen wie kalten Gewässern zu leben, sich zu ernähren und fortzupflanzen.

Studien bekannter und eindeutig identifizierbarer Gruppen in küstennahen Gewässern des Nordostpazifiks und des Südwestatlantiks haben bewiesen, daß ortstreue Wale lernen, saisonal unterschiedliche Nahrungsangebote innerhalb ihres Wohnrevieres, das viele Hunderte oder Tausende von Quadratkilometern groß sein kann, optimal auszunutzen.

Nahrung und Nahrungsaufnahme: Unter allen Walen weist diese Art wahrscheinlich die größte Nahrungsvielfalt auf. Schwertwale greifen Beute von nahezu jeder Größe bis hin zu Blauwalen an. Einige Gruppen haben soziale Formen der Beutejagd entwikkelt, die den Nahrungserfolg eines jeden Gruppenmitgliedes erhöhen. In dieser Hinsicht ähneln Schwertwale sozialen Landraubtieren wie etwa Löwen oder Wölfen. Bei einigen Gruppen, wie etwa der Population, die sich vor der argentinischen Halbinsel Valdés von Robben ernährt, erbeutet ein Individuum ein Tier und teilt dieses mit den anderen Gruppenmitgliedern. Zur bisher bekannten Beute von Schwertwalen zählen mindestens 24 Arten Wale, 5 Arten Robben, der Dugong, 30 Fischarten, 7 Vogelarten und 2 Arten Kalmare. Zusätzlich werden eine große Vielzahl an warm- und kaltblütigen Seetieren wie etwa Seeschildkröten gefressen. Nahrungstauchzüge reichen selten bis auf 100 m hinab. Gruppen von Schwertwalen jagen Fische meist nahe der Oberfläche. Es gibt ausreichende Hinweise darauf, daß die einzelnen Bestände sich darauf spezialisieren, relativ wenige Arten ihres Beutespektrums tatsächlich zu jagen.

Die Nahrungsmengen, die man in 41 vor Norwegen gefangenen Schwertwalen fand, wurden, lagen durchschnittlich bei 70 Litern mit einem Maximum von 150 Litern. Schwertwale verzehren täglich Beute im Gesamtgewicht von etwa 4% ihres Körpergewichtes, was bei einem erwachsenen Männchen etwa 250 kg entspricht.

Verhalten: Schwertwale sind ausgesprochen sozial und leben in stabilen Gruppen von 3–50 Mitgliedern, wobei die Gruppen-

größe meistens zwischen 3 und 25 Individuen liegt. Die Hochseebewohner unter den Schwertwalen sind sicher nicht territorial, dagegen leben die küstenbewohnenden Populationen in festen Wohnbezirken. Die Größe dieser Reviere schwankt zwischen Gruppen und »Gemeinden«. Zu »Gemeinden« schließen sich mehrere Gruppen zusammen, die ihrerseits mitunter zu »Supergruppen« verschmelzen. Es scheint so, als würden sich Gruppen unterschiedlicher »Gemeinden« nicht verbinden, und auch ihre Wohngebiete überschneiden sich nur selten. In dem Untersuchungsgebiet des nordöstlichen Pazifiks waren die Heimreviere ortstreuer Gruppen etwa 600 km lang, während diejenigen nur vorübergehend gebildeter Gruppen ein Vielfaches dieser Größe aufweisen konnten.

Die Lautgebung besteht aus kurzen, breitbandigen Schwingungen (0,8–25 mSek.) – als Klicklaute bezeichnet und gelegentlich zur Echoorientierung benutzt –, Tönen und Pfiffen von 0,05–12 Sek. Dauer sowie intensiven Explosionslauten, als schreiend bzw. metallisch umschrieben, die bis zu 25 kHz hinaufreichen und 0,5–1,5 Sek. andauern. Gruppen variieren ihre Lautäußerungen sehr stark, wobei die im Nordostpazifik seßhaften Individuen als sehr viel stimmfreudiger gelten als die vorübergehend gebildeten Gruppen. Weiterhin sind deutlich »Dialekte« zwischen Gruppen und »Gemeinden« festzustellen, wobei der Grad der Unterschiedlichkeit der »Dialekte« den Grad sozialer Kontakte dokumentiert.

Wie zu erwarten geben die Wale grundsätzlich mehr Lautäußerungen von sich, wenn sie aktiv sind, z. B. auf der Jagd. Während ihrer Ruhephasen führen die Schwertwale Serien von langen, gemeinsamen Tauchzügen aus, von denen die einzelnen 4 bis 8 Minuten andauern. Während dieser Zeit wandern sie höchstens 150 m. Zwischen tiefen Tauchzügen fügen die Tiere mehrere flache ein. Dieser Aktivitätszyklus kann für mehrere Stunden anhalten.

Diese Art zeigt eine ganze Reihe von sozialen Verhaltensweisen an der Wasseroberfläche. Sprünge, Schwanzschläge, Erkundungshüpfer usw. werden von Beobachtern sehr häufig gesehen. Physische Aggression innerhalb einer Gruppe ist außerordentlich selten, was eventuell die feste Hierarchie widerspiegelt, die man in diesen Gruppen vermutet. Massenstrandungen von Schwertwalen sind selten.

Fortpflanzung und Entwicklung: Die Informationen bezüglich der Entwicklung und Fortpflanzung dieser Tiere beziehen wir sowohl von Aufzeichnungen der Walfänger als auch aus Langzeitstudien an lebenden Schwertwalen. Die Schwertwalgruppen, die man im Nordostpazifik studiert hat, scheinen in ihrer Zusammensetzung sehr stabil zu sein, wobei die Kälber beiderlei Geschlechts möglicherweise während ihres ganzen Lebens in der Gruppe der Mutter verbleiben. Fortpflanzung außerhalb der Gruppe kann immer dann vorkommen, wenn sich mehrere Gruppen zu vorübergehenden sogenannten »Supergruppen« zusammenschließen. Dann können Männchen der einen Gruppe brünstige Weibchen einer anderen begatten. Jüngste genetische Studien an Schwertwalen vor den Küsten des Staates Washington deuten an, daß Paarungen unter verwandten Individuen durchaus üblich sind.

Kälber werden mit Längen von 2,06 bis 2,50 m geboren. nach Walfangdaten beträgt die Tragzeit 12–16 Monate, wobei die Zeit eher an 17 Monate heranreicht, wie eine kürzlich beobachtete Schwangerschaft einer in Menschenhand gehaltenen Walkuh andeutet. Unter Berücksichtigung der Daten aus Haltungen und Heranziehung der Daten verwandter Arten, scheint eine Schätzung von 16–17 Monaten am wahrscheinlichsten zu sein. In den Beobachtungsgründen des Nordostpazifiks scheint die Fortpflanzung locker saisonal stattzufinden. Die meisten Kälber werden zwischen Oktober und März geboren. Die Geschlechtsreife tritt bei einer Länge von etwa 5,8 m (Männchen) und 4,6–4,9 m (Weibchen) in einem Alter von ca. 12–16 Jahren bzw. 6–10 Jahren im nordöstlichen Atlantik und zwischen 14 und 15 Jahren bei beiden Geschlechtern im Pazifik auf. Der Zeitraum zwischen zwei Geburten ist sehr variabel. Vorhandene Daten deuten ein im Durchschnitt 3–8,3 Jahre dauerndes Intervall im Nordostatlantik an. Beobachtungen aus dem nordöstlichen Pazifik deuten an, daß der Zeitraum bei einigen Kühen nur 2 Jahre betragen kann, während durchschnittlich 5 bis 6 Jahre und im Maximum 12 Jahre angenommen werden. Die normale reproduktive Phase der Weibchen dauert etwa 21–27 Jahre. In dieser Zeit werden 5 oder 6 Kälber geboren. Weibchen über 40 Jahren befinden sich eventuell in einer postreproduktiven Phase. Die Trächtigkeitsrate von 13,7 bis 38,8% wurde für verschiedene Populationen nachgewiesen. Die Geburtsrate der nordostpazifischen Küstenpopulation liegt im Durchschnitt bei 9,2%.

Die Studien vor den Küsten des Staates Washington und vor Britisch-Kolumbien haben zwischen 1973 und 1987 ein Anwachsen der Population um 2,9% aufgezeigt. Informationen dieser Genauigkeit liegen für keine andere Walart vor. Die Zahl wird im Hinblick auf die Höhe der gegenwärtigen Entnahmen durch den Menschen (z. B. für Delphinarien) als verhältnismäßig niedrig eingeschätzt. Die jährliche natürliche Todesrate für diese Küstenbewohner beträgt 1,8% für Jugendliche und 0,5–7,1% für Erwachsene, abhängig vom Lebensalter. Diese Zahlen lassen auf eine hohe Lebenserwartung schließen, die auf 50–60 Jahre (Männchen) und 90 Jahre (Weibchen) geschätzt wird. Der Durchschnitt dürfte aber bei 29 Jahren für Männchen und 50 Jahren für Weibchen liegen.

Weltbestand: Schätzungen von Bestandszahlen gibt es nur für kleine Gebiete und können nur einen ungefähren Anhaltspunkt für die Größe des Gesamtbestandes geben. Man geht von etwa 300 Schwertwalen in den Küstengewässern vor Britisch-Kolumbien und dem Staat Washington aus. Weitere 350 sollen entlang der Südküste Alaskas westwärts bis zur Kodiak-Insel leben. In norwegischen Gewässern dürften mindestens 1.500 vorhanden sein, und etwa 7.000 kommen in dem Gebiet rund um Island von der Küste bis etwa 500–1.000 km seewärts vor. Diese Schätzungen betreffen allesamt produktive Gewässer, wo die Waldichte viel höher eingeschätzt werden muß als in tropischen Gebieten. Nach heutigen Maßstäben ist der Schwertwal eine häufige Art, für deren Fortbestehen nicht zu-fürchten ist.

Der Einfluß des Menschen: Fänge des Fleisches und Tranes wegen gab es in einigen Gebieten in bemerkenswerter Menge. Trotzdem ist die Art immer ein zweitrangiges Ziel der Walfänger gewesen. Norwegische Walfänger töteten in der Zeit von 1938 bis 81 2.390 Schwertwale im nordöstlichen Atlantik und weitere 45 westlich vom Kap Farewell (der südlichen Spitze Grönlands). Japanische Walfänger erbeuteten zwischen 1953 und 1977 1.178 Schwertwale in ihren Küstengewässern und die UdSSR fing zwischen 1953 und 1964 270 Tiere im nordwestlichen Pazifik. Weitere 1.654 Schwertwale wurden zwischen 1953 und 1980 von sowjetischen Walfängern in der Antarktis gefangen, davon allein 916 in der Saison 1979/80. Der einzige weitere bekannte Nachkriegsfang bestand aus 2–3 Tieren pro Jahr vor Westgrönland.

Lebende Tiere für öffentliche Delphinarien wurden hauptsächlich im nordöstlichen Pazifik gefangen (67 zwischen 1962 und 1973) sowie vor Island (84 in der Zeit von 1975–1988 und noch heute). Schwertwale haben sich relativ gut an die Haltung in Menschenhand angepaßt, wobei mehrere Kälber geboren wurden. Die jährliche Überlebensrate von Tieren, die in den USA und Kanada gehalten werden, beträgt 91%.

Weiterer Druck auf die Schwertwalpopulationen wurde durch den Menschen aufgrund ihrer Nahrungszusammensetzung ausgeübt. Da die Art Beutefische wie etwa Lachs und Hering bejagt, die auch für den Menschen von kommerzieller Bedeutung sind, führte diese Konkurrenz dazu, daß Wale direkt durch die Fischer getötet wurden oder, wie 1956 im Falle von Island, daß die US Marine gebeten wurde, das Gebiet zu »bereinigen«. Weniger augenfällig ist die Verringerung des Nahrungsaufkommens durch Überfischung und durch die hohe Wasserverschmutzung. Diese führt zu relativ hohen Anreiche-rungen in den Geweben einiger Populationen, die am Ende der Nahrungskette stehen und wird durch eine Diät mit hochbelasteten Beutetieren verursacht.

Oben links: Ein Schwertwal beim Beobachtungssprung, der ihm ermöglicht, das umgebende Eis nach möglicher Beute abzusuchen. Darunter können auch Robben und Pinguine fallen, die sich auf dem Eis befinden.

Oben: Hier hat ein Schwertwal einen Seelöwen vom Strand gezerrt, nachdem er mit dem Kopf voran auf die Küste zugestoßen war.

Rechts: Die Mitglieder einer Gruppe synchronisieren ihre Tauchaktivitäten häufig, wenn sie ruhen oder auf Nahrungssuche gehen.

Kleiner Schwertwal

Pseudorca crassidens

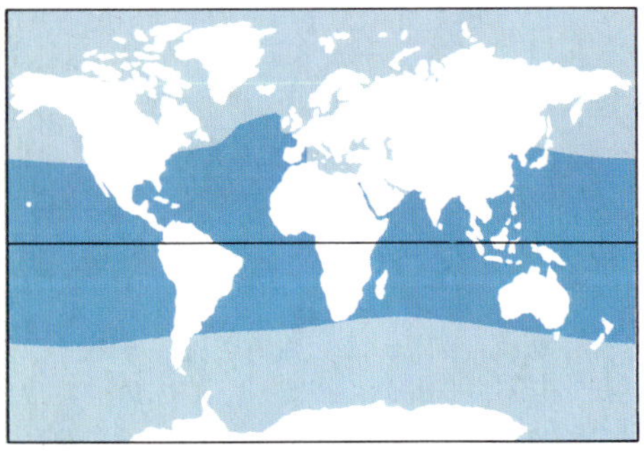

■ Mögliche Verbreitung

Systematik: Nachdem man nur ein subfossiles Skelett aus Lincolnshire (England) kannte, wußte man nicht, ob diese Art noch existierte, bis 1860 eine Massenstrandung an der deutschen Küste stattfand. Der dänische Zoologe Johannes Reinhardt untersuchte Tiere aus der Strandung und entdeckte dabei die Ähnlichkeit mit dem von Owen beschriebenen subfossilen Schädel. Anhand der Untersuchung frischtoten Materials konnte er den von Owen gegebenen Namen *Phocaena crassidens* in *Pseudorca crassidens* berichtigen, da er eine große Ähnlichkeit zum Schwertwal feststellte. *Crassidens* (= dickzähnig) nimmt Bezug auf die kräftige Bezahnung der Art.

Beschreibung: Es handelt sich um eine mittelgroße Art von durchschnittlich 5,2 bis 5,4 m (Maximum 5,96 m) Länge bei den Männchen bzw. 4,3–4,6 m (Maximum 5,1 m) für Weibchen. Das Körpergewicht beträgt für Männchen und Weibchen bis 2,2 t bzw. 1,1 t. Der Körper ist schlank und besitzt ungefähr auf der Mitte der Rückenlinie eine aufrechte, sichelförmige Finne. Der Kopf mündet in eine stark abgerundete Schnauze, wobei der Oberkiefer den Unterkiefer deutlich überragt. Eine Falte verläuft von unterhalb des Auges zur Mundspalte. Die Flipper verlaufen an der Vorderkante in einem schulterähnlichen Boden.

Abgesehen von blaßgrauen Markierungen am Kopf, die zwischen den Varietäten stark variieren und einem Fleck auf der Brust, ähnlich, jedoch weniger ausgeprägt als bei den Grindwalen, ist die Färbung schwarz. In beiden Kiefern sitzen 8–11 Paare kräftiger Zähne mit kreisförmigem Querschnitt.

Identifizierung auf See: Kleine Schwertwale können von Grindwalen an Kopfform und Rückenfinne unterschieden werden. Außerdem handelt es sich um die einzige Art dieser Größe und Färbung, die schnell an der Oberfläche schwimmt und auf Wellen reiten kann.

Lebensraum: Die Tiere bewohnen tropische, subtropische und gemäßigt warme Gewässer. Grundsätzlich findet man sie auf offener See, aber auch in halboffenen Meeren.

Verbreitung und Wanderung: Kleine Schwertwale leben in allen Ozeanen der Erde einschließlich des Roten und Mittelmeeres. Es ist nichts über Wanderungen bekannt.

Nahrung und Nahrungsaufnahme: Die Nahrung besteht hauptsächlich aus Kalmaren und Fischen, wie etwa Goldmakrelen und Thunfisch. Es gibt aber auch Berichte von Angriffen auf andere kleine Wale. Berüchtigt ist die Art dafür, den Fischern die Köder von den Angeln zu fressen.

Verhalten: Gruppen bestehen gewöhnlich aus 10–50 Tieren. Allerdings rottet sich diese hochsoziale Art manchmal zu mehreren hundert Individuen zusammen, ohne daß es Anzeichen für eine vorhandene Gliederung gäbe. In bezug auf ihre Größe handelt

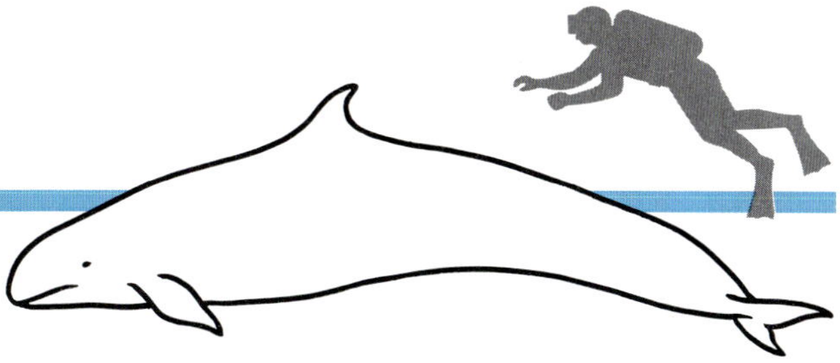

es sich um eine schnell schwimmende Art, die häufig aus dem Wasser auftaucht und springt. Sie reiten oft auf den Bugwellen von Schiffen oder folgen diesen im Kielselwasser, wenn die Schiffsgeschwindigkeit zu hoch ist.

Kleine Schwertwale passen sich gut an die Verhältnisse in Delphinarien an, lassen sich ausgezeichnet trainieren und sind weniger aggressiv als ihre kleineren Verwandten, die Zwerggrindwale. Sie sind oft in Massenstrandungen verstrickt.

Fortpflanzung und Entwicklung: Die Fortpflanzung findet während des ganzen Jahres ohne irgendwelche Höhepunkte statt. Die Kälber werden mit einer Länge von etwa 1,8 m geboren (zwischen 1,6–1,93 m). Die Geschlechtsreife wird in einem Alter von 8–14 Jahren bei einer Körperlänge von 3,96-4,75 m (Männchen) bzw. 3,66–4,27 m (Weibchen) erreicht. Die Tragzeit wird auf entweder 11–12 oder 15,5 Monate geschätzt. Kälber werden etwa 18 Monate gesäugt. Man vermutet einen langen Reproduktionszyklus, da bei zwei gestrandeten Gruppen nur 14 bzw. 21% der erwachsenen Weibchen tragend waren. Das Geschlechterverhältnis in zwei relativ großen Gruppen betrug auf 1 Weibchen 0,85 bzw. 0,82 Männchen, was eine höhere Sterberate der Männchen vermuten läßt.

Weltbestand: Zahlen sind unbekannt, aber es handelt sich um eine weitverbreitete Art, die in manchen Gebieten häufig anzutreffen ist (z. B. vor Japan und Hawaii) und nicht als bedroht gilt.

Der Einfluß des Menschen: In neuerer Zeit haben japanische Fischer Hunderte von Kleinen Schwertwalen getötet. Dies geschah nicht aus Gründen der Nahrungsbeschaffung, sondern weil die Wale als Konkurrenten um die Gelbschwanzmakrele eingestuft werden. Einige dieser Tiere wurden in Delphinarien überführt und haben dort ihre Anpassungsfähigkeit unter Beweis gestellt.

Gelegentlich verwickeln sich einige Tiere in Fischereigeschirr und sterben daran.

Gegenüber: Diese Art ist schlanker und hat einen spitzeren Kopf.

Oben links: Der Bogen etwa in der Mitte der Vorderkante der Flipper ist gut zu sehen.

Oben: Der Kleine Schwertwal besitzt kräftige Zähne.

Unten: Dies ist eine der schnellsten und verspieltesten Arten der kleineren »großen« Wale.

ZWERGGRINDWAL

FERESA ATTENUATA

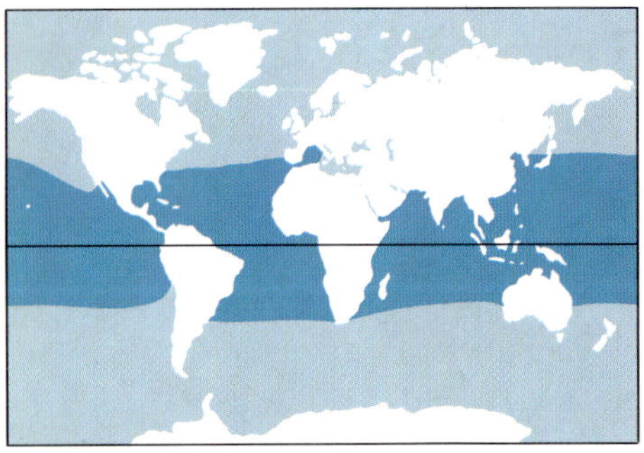

Mögliche Verbreitung

Systematik: Die Benennung dieser Art ist in hohem Maße der Arbeit von John Gray vom Britischen Museum zu verdanken. John Gray untersuchte zwei Schädel einer damals unbekannten Art, taxierte sie zwischen 1827 und 1875 mehrfach um und verwarf seine Meinung wieder, bevor er sich für den heute gebräuchlichen Namen entschied. Späteres Material aus der ganzen Welt ließ nachfolgende Bearbeiter zu der Überzeugung gelangen, daß mehr als eine Art vorliegen müßte. *Feresa attenuata* wurde aber schließlich für alle Variationen anerkannt.

Beschreibung: Als kleinste Vertreter der Familie und im Äußeren sehr ähnlich den Eigentlichen Delphinen erreichen Zwerggrindwale durchschnittlich Längen von 2,1 bis 2,3 m (Maximum 2,6 m) bei 150–170 kg (Maximum 225 kg) Körpergewicht. Männchen können etwas größer werden als Weibchen. Die Körperfärbung ist dunkelgrau, bräunlichgrau oder blauschwarz mit einem dunklen Streifen, der sich vom Kopf aus nach hinten erweiternd bis zum Bereich der Rückenfinne erstreckt, wo er einen Sattelfleck bildet. Die Lippen und Spitze des Unterkiefers sind weiß. Ein hellgrauer Fleck zieht sich von der Kehle bis zur Genitalregion, wo er sich wie beim Breitschnabeldelphin verbreitert.

Die vordere Körperhälfte erscheint gegenüber dem schlankeren Hinterteil kräftiger. In der Mitte des Körpers sitzt eine hohe Rückenfinne, die mäßig spitz ausläuft und leicht sichelförmig gebogen ist. Die Flipper erreichen 18–23% der Körperlänge, sind an der Vorderkante gebogen, ausgefranst an der Hinterkante und an den Spitzen abgerundet. Der Kopf ist rundlich, der Oberkiefer überragt den unteren. Der Kiefer ist nicht verlängert. Es stehen 8–11 Paar Zähne im Ober- und 11–13 Paar im Unterkiefer. Die Schwanzfluke ist schwach gekerbt.

Identifizierung auf See: Der Zwerggrindwal ist dem Breitschnabeldelphin sehr ähnlich, wobei er aus der Nähe durch die Kopfform und, in geringerem Maße, durch die Form der Rückenfinne von diesem unterschieden werden kann. Der weiße Kehlfleck und die Flipper sind ebenfalls typisch.

Lebensraum: Der Zwerggrindwal lebt in tropischen und subtropischen tiefen Hochseegewässern, seltener in gemäßigt warmen halboffenen Meeren.

Verbreitung und Wanderung: Häufungen von Strandungen und Beobachtungen führten zu dem Schluß, daß diese Art weit in den warmen Gewässern der Erde verbreitet ist. Es gibt ebenfalls Aufzeichnungen aus dem Mittelmeer. Hinweise auf Wanderungen gibt es nicht, und mindestens von einigen Gebieten weiß man, daß die Art dort ganzjährig auftritt (z. B. vor Sri Lanka, rund um St. Vincent sowie auf den Kleinen Antillen).

Nahrung und Nahrungsaufnahme: Die Nahrung besteht aus Kalmaren und Fischen. Beobachtungen besonders von Thunfischfängern im östlichen tropischen Pazifik geben an, daß manchmal auch kleine Wale erbeutet werden. Ein in Menschenhand gehaltenes Exemplar fraß pro Tag 5,4 kg Fische, ein anderes 8 kg Kalmar und Fisch.

Verhalten: Gruppengrößen erreichen bis 50 Tiere, wobei der Mittelwert bei etwa 25 Individuen liegen dürfte. Maximal finden sich mehrere Hundert Tiere zu Gruppen zusammen. Die Art betreibt mitunter Wellenreiten oder folgt Schiffen. Beobachtungssprünge und Schlagen mit dem Schwanz wurden beobachtet. In Menschenhand kann der Zwerggrindwal sehr aggressiv sein und sogar andere Beckenbewohner töten. Er löst Schreckreaktionen bei anderen kleinen Walarten aus. Pfiffe, Klick- und Brüllaute wurden aufgezeichnet, letztere werden mehr im Blasloch als im Kopf erzeugt.

Fortpflanzung und Entwicklung: Es ist nur sehr wenig bekannt. ;Man nimmt an, daß Jungtiere mit einer Länge von 80 cm geboren werden. Die Geschlechtsreife tritt wahrscheinlich bei Körperlängen von etwa 2 m ein.

Weltbestand: Der Gesamtbestand ist unbekannt. Die Art ist jedoch nirgends häufig.

Der Einfluß des Menschen: Einige Tiere wurden durch die japanische Treibnetzfischerei gefangen. Ferner gibt es weitere geringfügige Fänge in verschiedenen Regionen. Sehr viel mehr Individuen werden durch zufälliges Verstricken in Fischereigeschirr getötet, wobei genaue Zahlen unbekannt sind. Man hat die auf diese Weise jährlich vor Sri Lanka getöteten Zwerggrindwale auf 300–800 Exemplare geschätzt. Wenige Zwerggrindwale wurden bisher in Menschenhand gehalten, jedoch jeweils nur für kurze Zeit.

Sehr selten in der Wildbahn zu beobachten, teilen Zwerggrindwale einen großen Teil ihres Lebensraumes in wärmeren Gewässern mit Breitschnabeldelphinen, von denen sie schwer zu unterscheiden sind.

Breitschnabeldelphin

PEPONOCEPHALA ELECTRA

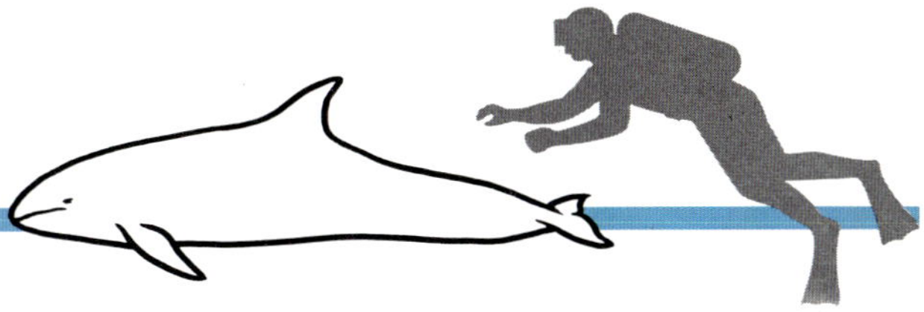

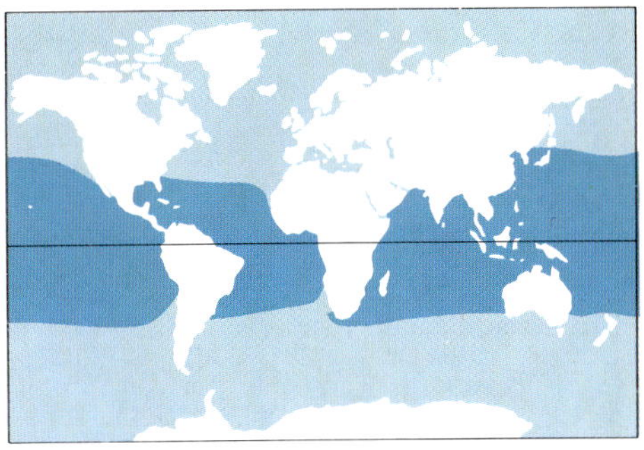

■ Mögliche Verbreitung

Systematik: Ursprünglich für einen Delphin der Gattung *Lagenorhynchus* gehalten, wurde für diese Art 1966 von Nishiwaki und Norris die neue Gattung *Peponocephala* (= Melonenkopf) eingeführt. Der Breitschnabeldelphin ist mit keiner anderen Art nahe verwandt.

Populäre Bezeichnungen: Im englischsprachigen Raum bezeichnet man diesen Wal als »Melonenkopfwal« (Melon-headed whale).

Beschreibung: Es handelt sich um eine kleine Art mit etwa 2,2–2,5 m (Maximum 2,75 m) Länge und einem Gewicht von ca. 160 kg (Maximum etwa 275 kg). Es gibt keine auffälligen Unterschiede zwischen den Geschlechtern, wobei berücksichtigt werden muß, daß die Datenmenge noch sehr gering ist. Die Körperfarbe ist dunkelgrau, bläulichschwarz oder dunkelbraun, häufig mit einem leicht dunkleren Streifen entlang der Rückenlinie vom Kopf bis zur Finne, von wo aus sich dieser ein wenig auf die Flanken hinunterzieht. Es kann auch eine dunkle Gesichtsmaske vorhanden sein. Die Lippen sind weiß, und ein hellgrauer, ankerförmiger Fleck, an die Färbung der Grindwale erinnernd, erstreckt sich von der Brust als Linie bis zum Nabel und der Genitalregion, wo er sich wieder verbreitert. Der Kopf ähnelt in der Tat einer Melone, läuft jedoch vorne spitz aus.

Der Körper ist schlank mit einer hohen, sichelförmigen Finne auf der Mitte der Rückenlinie. Diese ist oft an der Hinterkante ausgefranst, vermutlich verursacht durch Verletzungen. Die Flipper sind mäßig lang, gebogen und spitz am Ende. Die Schwanzfluke ist deutlich gekerbt. 20–25 Paare kleiner, spitzer Zähne sitzen in beiden Kiefern.

Identifizierung auf See: Leicht zu verwechseln mit dem Zwerggrindwal (*Feresa attenuata*) und in geringem Maß mit dem Kleinen Schwertwal (*Pseudorca crassidens*), mit welchem er sein Verbreitungsgebiet teilt, ist der Breitschnabeldelphin etwas größer als der erste und merkbar kleiner als der zweite. Die Rückenfinne ist weniger spitz und gebogener als bei *Feresa* und der Kopf spitzer. Bei Aufregung schwimmen *Peponocephala*-Gruppen wild an der Oberfläche und bringen das Wasser zum Schäumen.

Lebensraum: Dies ist eine Art tropischer und subtropischer, seltener auch gemäßigt warmer Gewässer. Man nimmt an, daß sie vorrangig auf hoher See lebt.

Verbreitung und Wanderung: Bis in die späten 50er Jahre wurden nur wenige Daten von lebenden oder frischtoten Individuen bekannt. Seither jedoch wurde die Art in allen Hauptozeanen gesichtet und scheint, wo das Wasser die erforderlichen Temperaturen aufweist, ein zusammenhängendes Verbreitungsgebiet zu haben. Über Wanderungen ist nichts bekannt.

Nahrung und Nahrungsaufnahme: Von den wenigen verfügbaren Informationen schließt man auf eine Ernährung mit Kalmaren und vielfältigen kleinen Fischarten.

Verhalten: Außer der Tatsache, daß es sich um eine sehr soziale Art mit Gruppengrößen um 100–500 Individuen, die manchmal bis auf mindestens 2.000 Tiere anwachsen können, handelt, wissen wir nur sehr wenig über das Verhalten der Breitschnabeldelphine. Manchmal schließen sie sich mit anderen Delphinen zusammen. Häufig schwimmen sie sehr schnell, besonders, wenn sie aufgeregt sind. Im Verhältnis zu ihrer vermuteten Seltenheit stranden Breitschnabeldelphine häufig in Gruppen.

Fortpflanzung und Entwicklung: Hierüber ist nur wenig bekannt. Das kleinste Tier einer Massenstrandung in Brasilien war 1,06 m lang, ein anderes in Australien 1,12 m, so daß die Geburtslänge in dieser Größenordnung oder darunter liegen muß. Neugeborene hat man im Juli und August gefunden, wobei keine Aussage über eine Geburtensaison gemacht werden kann. Eine vorsichtige Schätzung des Alters eines Männchens dieser Art lag bei 47 Jahren, was, wenn die Schätzung zutrifft, eines der höchsten Lebensalter bei kleineren Walen bedeuten würde.

Weltbestand: Die Bestandsgröße ist völlig unbekannt. Nirgendwo gilt diese Art als häufig, außer vielleicht rund um eine Insel der Philippinen.

Der Einfluß des Menschen: Kleinere Anzahlen von Breitschnabeldelphinen wurden gezielt in den letzten Jahrzehnten von japanischen Fischern gefangen. Nirgendwo sonst war diese Art das Opfer gezielter Jagd. Eine unbekannte Anzahl Individuen ist in Fischereinetzen ertrunken, besonders im Pazifik. Einige wenige Breitschnabeldelphine wurden bis maximal 17 Monate in Menschenhand gehalten. Sie können sehr aggressiv werden.

Diese kleine, wenig bekannte Art wurde zuerst als Angehöriger der Gattung *Lagenorhynchus* klassifiziert. Heute glaubt man, daß die Unterschiede zu allen anderen Arten gravierend genug sind, um eine eigene Gattung rechtfertigen zu können. Dabei hat man die Art verwandtschaftlich näher zu den Schwert- und Grindwalen gestellt als zu den Delphinen.

Gewöhnlicher Grindwal

Globicephala melas

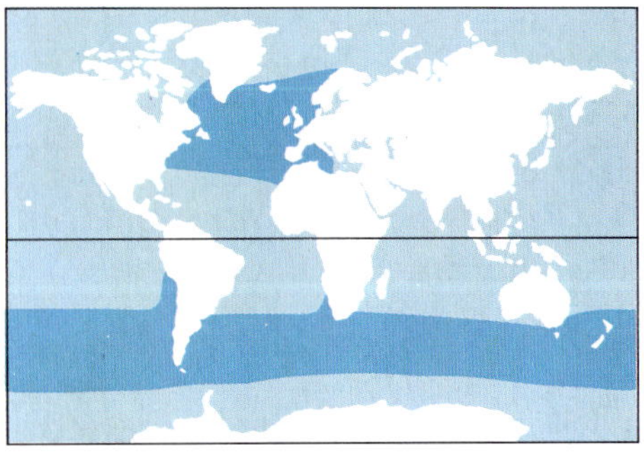

■ Mögliche Verbreitung

Systematik: Die Gattung *Globicephala* (= Kugelkopf) wurde 1828 gebildet, um diejenigen Arten zusammenzufassen, die wir heute als Grindwale bezeichnen. Die große Variabilität an Körperformen, Färbungen und Größe führte jedoch zu großer Unstimmigkeit darüber, wie viele Arten der Gattung zuzurechnen seien. 1971 ließ eine Überarbeitung der Gattung nur noch zwei Arten übrig, die sich eindeutig lediglich in Schädelmerkmalen unterscheiden lassen und bis zu einem gewissen Grad Unterschiede in der relativen Länge der Flipper aufweisen: *G. melas* (bis in jüngste Zeit noch als *G. melanaea* bezeichnet), der Gewöhnliche Grindwal und *G. macrorhynchus*, der Indische Grindwal. Der südlichen Form von *G. melas* könnte aufgrund morphologischer Unterschiede ein Unterartstatus (*G. melas edwardii*) zuerkannt werden, dieser ist bisher aber noch nicht allgemein anerkannt. Das Wort *melas* bedeutet »schwarz«, so daß der wissenschaftliche Name mit »Schwarzer Kugelkopf« übertragen werden könnte.

Populäre Bezeichnungen: Im angelsächsischen Sprachraum wird dieser Wal als »Longfinned pilot whale« (langbefinnter Lotsenwal) bezeichnet, wohl aufgrund seiner Eigenschaft, den Fischern die Anwesenheit großer Fischschwärme anzuzeigen, aber auch wegen seiner Gewohnheit, im Schwarm einem Leittier zu folgen.

Beschreibung: Es handelt sich beim Gewöhnlichen Grindwal um einen kleinen bis mittelgroßen Vertreter der Wale mit einem ausgeprägten Geschlechtsdimorphismus bezüglich der Größe. Nordatlantische Männchen erreichen Größen von 6,3 m (Durchschnitt 5,6–5,8 m) und Weibchen von 5,5 m (Durchschnitt 4,5–4,8 m). Das Körpergewicht liegt durchschnittlich bei 1 t (Weibchen) und 1,75 t (Männchen). Die Färbung ist grauschwarz bis dunkelbraun. Gestrandete Tiere sind sehr dunkel, während Jugendliche heller grau aussehen, sehr junge Kälber haben Flecken und Falten. An Kehle und Brust befindet sich bei allen Tieren ein weißlicher oder hellgrauer, ankerförmiger Fleck. Dieser verjüngt sich und läuft als Linie entlang des Bauches, um sich wieder zu verbreitern und um den After herum auszulaufen. Alle Populationen besitzen einen helleren Streifen hinter dem Auge und einen weiteren hinter der Rückenfinne.

Es handelt sich um einen ziemlich gedrungenen Wal mit aufgeblähtem Kopf bei Erwachsenen (besonders Männchen) und einer charakteristisch niedrigen, hakenförmigen Rückenfinne, die relativ weit vorne, nach etwa dem ersten Körperdrittel ansetzt. Bei Jugendlichen steht diese Finne aufrecht und hat dreieckige Gestalt. Die Flipper sind langgezogen und enden spitz, sie betragen bei Erwachsenen 20–23% der Körperlänge.

Mit zunehmendem Alter weisen sie einen deutlichen »Ellenbogen« auf. Der Schwanzstiel ist vor der tiefgekerbten Fluke seitlich stark zusammengedrückt. Am kleinen Mundspalt sitzen kaum wahrnehmbare Lippen, und 8–13 Paar Zähne befinden sich in jedem Kiefer.

Identifizierung auf See: Grindwale werden immer in Gruppen bis zu mehreren hundert Individuen angetroffen, oft in Gemeinschaft mit anderen kleinen Walen, etwa dem Zwergwal (*Balaenoptera acutorostrata*). Sie schwimmen sehr langsam, blasen nahezu unsichtbar und zeigen außer Beobachtungssprüngen kaum Überwasseraktivitäten. Sie treiben oft an der Oberfläche, vermutlich um zu schlafen. Die charakteristische Rückenfinne der Erwachsenen macht dann eine Unterscheidung von allen anderen Walen sehr einfach. Anhand der Flipper und des Färbungsmusters des Bauches kann man den Gewöhnlichen vom Indischen Grindwal unterscheiden.

Lebensraum: Obwohl es sich grundsätzlich um eine Hochseeart handelt, kommt *G. melas* auch regelmäßig in flachere und Küstengewässer, eventuell beim Suchen nach Nahrung. Der Gewöhnliche Grindwal ist eine der am meisten in Massenstrandungen verstrickten Arten, was ein Hinweis darauf ist, daß die Art nicht optimal an ein Leben in küstennahen Gewässern angepaßt ist. Er bevorzugt gemäßigte und subpolare Gewässer in Temperaturbereichen zwischen 0° und 25° C.

Verbreitung und Wanderung: Diese Art weist eine antitropische Verbreitung auf und tritt im Nordatlantik oberhalb 30° nördlicher Breite und in einem kontinuierlichen Gürtel zwischen dem Wendekreis des Steinbocks und dem südlichen Polarkreis auf. Sichtungen von der südlichen Hemisphäre sind allerdings selten. Der Grindwal unternimmt wahrscheinlich keine Wanderungen im üblichen Sinn. Wo jedoch Beute an bestimmten Stellen im jahreszeitlichen Zyklus auftritt, wie zum Beispiel vor Neufundland, folgen ihr die Wale.

Nahrung und Nahrungsaufnahme: Der Gewöhnliche Grindwal ist grundsätzlich ein Kalmarjäger in mittleren Gewässertiefen, nimmt aber auch Fische. Detaillierte Informationen besitzen wir nur aus zwei Gebieten des Nordatlantiks, wobei in jedem der Areale jeweils eine Kalmarart die bevorzugte Nahrung darstellt – der Kurzflossenkalmar (*Illex illecebrosus*) vor Neufundland und der Pfeilkalmar (*Todarodes sagittatus*) vor den Färöern. *Todarodes* ist möglicherweise die Hauptbeute in allen europäischen Gewässern. Wahrscheinlich nimmt dieser Wal nahezu jede schwarmbildende Beute, die lokal vorhanden ist. Einzeln vorkommende Tierarten sind in der Beute sehr selten. Die Wale nehmen täglich etwa 5% ihres Körpergewichtes an Nahrung auf, was etwa 50 kg bei erwachsenen Weibchen und ca. 100 kg bei adulten Männchen entspricht.

Verhalten: Wir haben hier eine extrem soziale Art vor uns, von der die meisten Individuen in Gruppen von bis zu mehreren hundert Tieren auftreten. Die Gruppengröße verändert sich je nach Jahreszeit, vielleicht als Folge eines zeitweiligen Zusammenschlusses von Familiengruppen. Die durchschnittliche Gruppengröße gefangener Tiere vor den Färöern betrug über mehrere Jahrhundert hinweg etwa 100 Tiere, die bei Neufundland etwa 85 Individuen.

Obwohl in jeder Schule erwachsene Männchen vorhanden sind, zeigen neuere genetische Untersuchungen, daß die Männchen der Gruppe nicht unbedingt die Väter des Nachwuchses dieser Schule sein müssen. Fremdpaarungen scheinen üblich zu sein, wenn sich mehrere Gruppen zusammenschließen. Dominante Männchen begatten mehrere Weibchen. Kampfspuren sind derart häufig an Männchen zu finden, daß aggressive Auseinandersetzungen sehr wahrscheinlich sind.

Die mögliche Tauchtiefe ist unbekannt, es scheinen aber Hunderte von Metern möglich zu sein. Tauchzüge dauern normalerweise nicht länger als 10 Minuten.

Die Lautgebung läßt sich hauptsächlich in zwei Gruppen unterteilen: Klicklaute für die Echoorientierung und Pfiffe als mögliche Kommunikationslaute. Die Pfiffe nehmen Frequenzen von 3–5 kHz ein und werden normalerweise 14–41mal pro Minute wiederholt. Einige könnten als »Erkennungspfiffe« dienen, die individuell unterschiedlich abgegeben werden.

Fortpflanzung und Entwicklung: Die meisten Informationen zu diesem Thema stammen aus dem Nordatlantik. Kälber werden

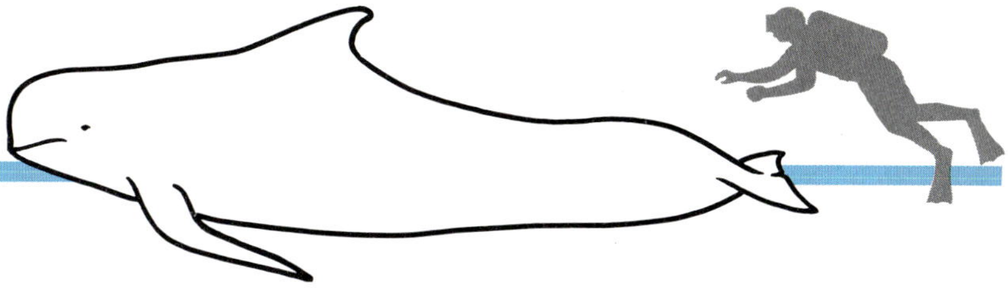

mit einer Länge von etwa 1,75–1,8 m geboren und wiegen 70–80 kg. Männchen wachsen schneller als Weibchen, erreichen die Geschlechtsreife aber erst mit 12–20 Jahren bei Körperlängen um 5 m. Weibchen werden mit durchschnittlich 6–10 Jahren bei einer Körperlänge von ca. 3,8 m geschlechtsreif. Die Trächtigkeit dauert 14–15 Monate und die Stillzeit beträgt ungefähr 20–22 Monate. Die Kälber nehmen am Ende des ersten Lebensjahres feste Nahrung auf. Ein Weibchen bringt etwa alle 3,5 Jahre ein Junges zur Welt. Die Fortpflanzung ist weitgehend saisonal gebunden mit Höhepunkten im April und Mai (eventuell Oktober und November auf der Südhalbkugel). Geburten erscheinen im Juli und August (Januar/Februar), wobei in der Population vor den Färöern während nahezu des gesamten Jahres Geburten zu verzeichnen sind. Im Durchschnitt werden in der Färöer-Population pro 100 Tiere jährlich 10–11 Kälber geboren.

Neuere Untersuchungen setzen die Lebenserwartung auf 30–50 Jahre. Das älteste Tier in einem Fang vor Neufundland war 36 Jahre (Männchen) bzw. 57 Jahre (Weibchen). In der Population der Färöer beteiligen sich die ältesten Weibchen nicht mehr an den Geburten, sorgen aber für andere Gruppenmitglieder.

Weltbestand: Die einzigen Bestandsschätzungen existieren für den Nordatlantik, und es ist unklar, für welche geographischen Regionen diese Schätzungen gelten. 1947 wurde für den Bestand vor Neufundland, den man zwischen 1952 und 1968 bejagte, eine Größe von 62.000 Exemplaren angenommen. Eine Bestandsaufnahme aus der Luft eines relativ kleinen Gebietes vor Neufundland/Labrador ergab 1980 eine Schätzung von 6.700–19.600 Tieren. Zwischen 6.600 und 9.700 Tiere schätzte man in den Jahren 1981–1984 für ein Gebiet westlich von Frankreich und Irland. Es gibt keine verläßlichen Zahlen über Grindwale aus dem Gebiet, wo Bewohner der Färöer jagen. Die Fänge waren aber so gewaltig und dauerten so viele Jahre an, daß der Bestand viele Zehntausende oder sogar einige Hunderttausende Tiere zählen mußte.

Für die südliche Hemisphäre wurden keine Schätzungen aufgestellt. Die Art bedeckt ein riesiges Gebiet, wobei die Dichte so hoch wie im Nordatlantik sein könnte.Der Bestand könnte Hunderttausende von Tieren umfassen.

Der Einfluß des Menschen: Diese Art hat eine lange Geschichte der Ausbeutung durch den Menschen im Nordatlantik aufzuweisen, besonders vor Neufundland und im Osten vor den Färöern, wo Fänge seit Jahrhunderten andauerten. Im 20. Jahrhundert fand landgestützter Walfang vor den Orkney- und Shetland-Inseln, den Färöern, Norwegen, Grönland und Neufundland statt. Der neufundländische Walfang wurde zwischen 1951 und 1967 sehr intensiv, bis der Bestand und damit der Fang auf diese Art zusammenbrach. Urkunden über den von den Färöern aus betriebenen Walfang existieren seit 1584, aber vermutlich begann die tatsächliche Ausbeutung schon früher. Zwischen 1936 und 1978 lag die durchschnittliche jährliche Fangquote bei 1.552 Tieren, wobei allein 1941 4.325 Wale getötet wurden. Die Fänge der drei letzten Jahrzehnte waren so hoch wie in jeder Zeit seit 1709, trotz der Dezimierung des Bestandes um insgesamt mindestens 230.000 Grindwale seit diesem Zeitpunkt.

Unbeabsichtigte Fänge in Fischereigeschirr wurden in den 80er Jahren bemerkenswert, besonders durch die italienische Schwertfisch-Fängerei und die Makrelenfischerei vor der nordamerikanischen Ostküste, wo 1988 über 100 Tote zu verzeichnen waren.

Oben: Grindwale sowohl der nördlichen als auch der südlichen Populationen haben hellere Flecken hinter den Augen und der Rückenfinne.

Rechts: Eine Gruppe Gewöhnlicher Grindwale in einer Bucht der Shetland-Inseln. Die Bewohner der Shetland- und Orkney-Inseln trieben früher Grindwale an Land, um sie zu Nahrungszwecken zu töten. Noch heute fangen die Bewohner der Färöer 1.500 Tiere jährlich.

Indischer Grindwal

Globicephala macrorhynchus

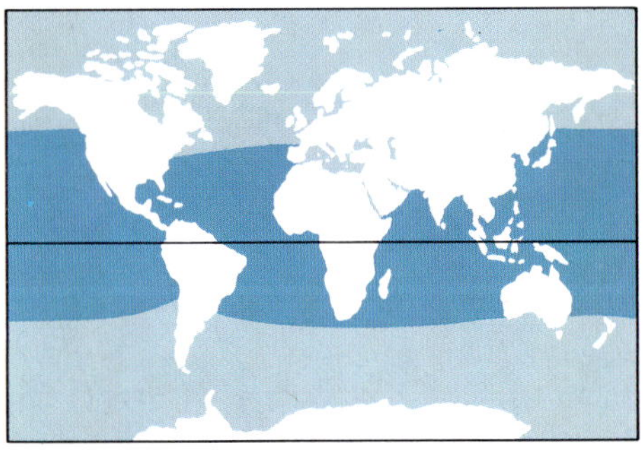

■ Mögliche Verbreitung

Systematik: 1886 benannte John Gray vom Britischen Museum einen Grindwal »aus den Südmeeren« nur nach Skelettmaterial. Er nahm an, daß die Art über einen großen Kiefer verfügen müsse, was sich in dem Namen *macrorhynchus* (große Nase) niederschlug. Leider mußte er sich eines Besseren belehren lassen, der Name jedoch blieb. Später wurden etliche weitere Formen von Grindwalen aus dem Pazifischen Ozean beschrieben.

Beschreibung: Der Indische Grindwal ist dem Gewöhnlichen Grindwal sehr ähnlich. Es gibt allerdings Unterschiede in der Größe und Gestalt der Flipper – ihr »Ellbogen« ist weniger ausgeprägt, die Flipper erreichen auch nur 16–19% der Körperlänge. Ebenso ist die Anzahl der Zähne mit nur 7–9 Paaren in beiden Kiefern verschieden, das gilt auch für die Knochenstruktur des Oberkiefers. Die meisten Formen des Indischen Grindwales scheinen über einen sichtbaren, grauen Sattelfleck, einen dunkler grauen Bauchfleck als beim Gewöhnlichen Grindwal und einen Streifen in verschiedenen Grautönen hinter dem Auge zu verfügen.

Es gibt bemerkenswerte Größenunterschiede zwischen verschiedenen Varietäten dieser Art, verdeutlicht durch zwei Formen, die vor Japan leben, aber unterschiedliche Lebensräume bewohnen und sich genetisch unterscheiden. Männchen der südlichen Form bleiben durchschnittlich 1,8 m kürzer als die nördliche Rasse (Weibchen bleiben 1 m kleiner), was einen relativen Unterschied von 38% (28%) bedeutet. Durchschnittliche Körperlängen der Art liegen zwischen 3,64–4,67 m (Weibchen) und 4,7 bis 6,5 (Männchen) mit Maximalgrößen von 5,1 m bzw. 7,2 m. Diese Maße entsprechen einem Körpergewicht von 0,6–1,15 t (Maximum 1,4 t) bei Weibchen und 1,26–3,15 t (Maximum 3,95 t) bei Männchen. Die Tiere des Atlantischen und Indischen Ozeans liegen in der Größe zwischen den beiden japanischen Populationen. Die größten Tiere, die nach einer Massenstrandung im westlichen Nordatlantik untersucht wurden, maßen 3,97 m (Weibchen) bzw. 5,35 m (Männchen).

Identifizierung auf See: Die grundsätzlichen Charakteristika von Gewöhnlichem und Indischem Grindwal sind so ähnlich, und beide Arten sind so variabel, daß eine eindeutige Unterscheidung auf See kaum möglich ist. Grindwale können von Kleinen Schwertwalen, der einzigen weiteren schwarzen Art ähnlicher Größe, durch ihre weniger aufrecht stehende Rückenfinne, ihren aufgewölbteren Kopf und die langsamere Schwimmweise unterschieden werden.

Lebensraum: Indische Grindwale werden in tropischen, subtropischen und gemäßigt warmen Gewässern angetroffen. Sie sind typische Bewohner tiefer Ozeane, die jedoch in einigen Regionen regelmäßig in der Nähe von Küsten auftauchen. Die beiden Formen Japans sind durch ozeanographische Grenzen getrennt. Die nördliche Rasse lebt in Gewässern mit Oberflächentemperaturen von 8–24° C und die südliche Population bei ganzjährigen Temperaturen von über 20° C.

Verbreitung und Wanderung: Diese Art lebt vermutlich in allen Ozeanen, begrenzt nur durch die Wassertemperatur. Beobachtungen auf See liegen nur spärlich vor, besonders aus dem Südatlantik. Mit Ausnahme des nördlichen Nordpazifiks und polarer Gewässer, wo keine Grindwale leben, bewohnt der Indische Grindwal alle nichtpolaren Gebiete, die nicht vom Gewöhnlichen Grindwal besetzt sind.

Eine Saisonabhängigkeit im Auftreten hat man vor Japan, Kalifornien und im östlichen tropischen Pazifik festgestellt, was eventuell das Ergebnis von saisonal schwankendem Vorkommen entsprechender Beute ist. Vor Kalifornien werden in Jahren geringer Kalmarbestände weniger Grindwale gesichtet, während im östlichen tropischen Pazifik ozeanographische Gegebenheiten die Ausbreitung des Wales zu beeinflussen scheinen.

Nahrung und Nahrungsaufnahme: Die Nahrung besteht hauptsächlich aus Kopffüßern (Kalmare und Kraken), jedoch werden auch Fische genommen. Der Kalmar *Loligo opalescens* scheint die Hauptbeute des Indischen Grindwales vor Kalifornien zu sein. Vor Japan sind dies die Kalmare *Todarodes pacificus, Eucleoteuthis luminosa, Omma-strephes bartrami* und der Riesenkrake *Octopus dofleini*. Vor Südafrika wurden die Kalmare *Loligo reynaudi* und Arten der Gattung *Oregoniateuthis* in Walmägen gefunden. Vor Südafrika enthält die Nahrung den Mittelländischen Kurzflossenkalmar *Illex illecebrosus coindeti*.

Verhalten: Wie der Gewöhnliche Grindwal

(*G. melas*) wird auch diese Art normalerweise in Gruppen angetroffen, wobei die Gruppengröße etwas kleiner ist. Aufzeichnungen über Gruppengrößen aus 40 Strandungen aus dem Atlantischen und Indischen Ozean reichten von 100–200 Individuen, der Durchschnitt lag bei 40 Tieren. Gruppen, die auf See beobachtet wurden, schienen kleiner gewesen zu sein. Aus den Berichten ergibt sich ein Durchschnitt von 15–43 Mitgliedern, je nach Beobachtungsgebiet. Sichtbeobachtungen sind allerdings naturgemäß schwierig und unterschätzen fast immer die tatsächlichen Größen. Einige Schulen, die man »Chorus line« nennt, schwimmen geschlossen nebeneinander in einer Breite bis zu 4 km. *G. macrorhynchus* gesellt sich oft zu anderen Walen.

Wie *G. melas* soll auch diese Art ein polygynes Paarungssystem haben, die soziale Organisation ist grundsätzlich ähnlich aufgebaut wie bei jenem. Auch die Lautgebung ist ähnlich, mit Unterschieden nur in der Länge der Pfeiftöne.

G. macrorhynchus soll mindestens 500 m tief tauchen können, und zwar bis zu 15 Minuten lang. Die meisten Tauchgänge allerdings dauern weder so lange noch reichen sie so tief hinab.

Fortpflanzung und Entwicklung: Die meisten Informationen beziehen wir aus den intensiven Studien über die beiden japanischen Formen, die bemerkenswerte Unterschiede aufweisen. Die nachfolgend angegebenen Daten beziehen sich auf die südliche Rasse, die entsprechenden Angaben für die nördliche Form folgen in Klammern.

Die Kälber werden nach einer Tragzeit von etwa 15 Monaten mit ca. 1,4 m (1,85 m) geboren. Die Weibchen erlangen die Geschlechtsreife bei 3,16 m (3,95 m) in einem Alter von 7–12, im Durchschnitt 9 Jahren. Männchen pubertieren bei Längen von 4,2 m (5,5 m) und einem Alter von 17 Jahren. Männchen bleiben vom Zeitpunkt der Reife an sexuell aktiv, während Weibchen den Höhepunkt ihrer sexuellen Aktivität unmit-

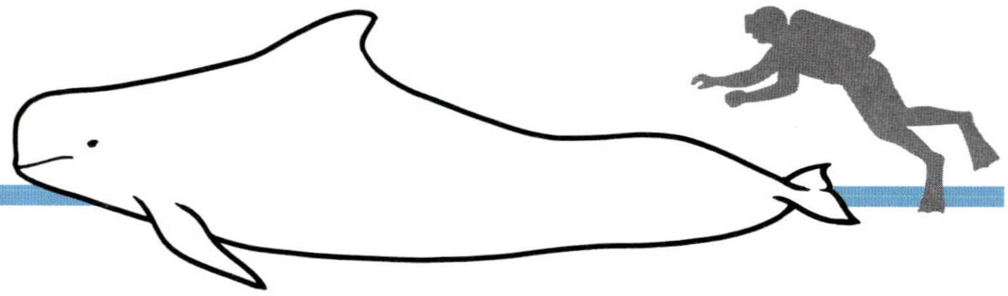

Oben: Die in ihrer Form variable Rückenfinne der Grindwale sitzt charakteristisch weit vorne am Rücken.

Unten rechts: Ein Indischer Grindwal nähert sich der Kamera und zeigt dabei seinen abgerundeten Kopf.

telbar nach der Pubertät durchlaufen und ihr letztes Kalb mit etwa 37 Jahren gebären. Danach können die Weibchen noch für eine Reihe von Jahren Milch produzieren und andere Kälber der Gruppe säugen, die in der Regel eng mit ihnen verwandt sind. Die Weibchen leben noch bis zu 25 Jahre, nachdem sie ihr letztes Kalb geboren haben.

Die Milchproduktion dauert zwischen 12 Monaten und mehreren Jahren an. Mit etwa 6 Monaten nehmen die Kälber ihre erste feste Nahrung auf. Die Fortpflanzung ist jahreszeitlich gebunden, bei der nördlichen Form jedoch stärker als bei der südlichen. Geburten finden im Frühjahr/Herbst (südliche Rasse) oder Herbst/Winter (nördliche Form) statt. Die Zeiträume zwischen den Geburten nehmen mit fortschreitendem Alter der Weibchen zu und liegen im Durchschnitt bei 4–5,6 Jahren. Die Gesamtsterberate Erwachsener wurde auf etwa 10% geschätzt. Das älteste untersuchte Weibchen war 62 Jahre, das älteste Männchen 45 Jahre alt.

Eine kleinere Studie von gestrandeten Tieren im westlichen Nordatlantik ergab eine Geschlechtsreife von Weibchen bei Längen von etwa 3,01 m und von Männchen bei 4,75 m.

Weltbestand: Die einzigen Bestandsschätzungen für diese Art liegen für die beiden japanischen Populationen vor. Der nördliche Bestand scheint in einem relativ kleinen Gebiet kälteren Küstenwassers vor der Pazifikküste Nordjapans zwischen den Breitengraden von 35° und 43° N vorzukommen und wurde auf 5.300 Tiere geschätzt. Die südliche Population bewohnt eventuell den Kuroshino und dessen Gegenstromgebiete bis 158° O und 22° N. Diese Population schätzt man auf 53.000 Individuen. Unter Berücksichtigung des riesigen Verbreitungsgebietes von *G. macrorhynchus* muß die Gesamtpopulation ein Vielfaches dieser Schätzung ausmachen.

Der Einfluß des Menschen: Indische Grindwale hatten aber niemals in dem Ausmaß eine Bejagung zu ertragen wie der Gewöhnliche Grindwal. Amerikanische Walfangmannschaften des 19. Jahrhunderts benutzten *G. macrorhyn-chus* zu Übungszwecken und zur Gewinnung geringer Mengen sehr hochwertigen Öls. Die Gesamtfangquote lag vermutlich bei mehreren tausend Exemplaren. Durchschnittlich 843 Tiere wurden allein von einigen wenigen Schiffen zwischen 1850 und 1855 gefangen, und 1881 fing ein einzelnes Schiff 196 Individuen. Im 20. Jahrhundert gab es die einzigen bemerkenswerten Fänge aus dem Atlantik vor St. Vincent in der Karibik, wo der Walfang in den 30er Jahren begann, und vor St. Lucia. Die jährlichen Fänge lagen bei 220 bis 250 Individuen in den 60ern und frühen 70er Jahren, nahmen aber in den folgenden Jahren ab. Im westlichen Nordpazifik wurden die Wale einige Jahrhunderte gejagt, indem man sie an die Küste trieb und einzeln harpunierte. Anfang der 80er Jahre lagen die japanischen Fänge beider Populationen bei 320 Tieren pro Jahr.

Unbeabsichtigte Fänge in Fischereigeschirr sind nicht unbedeutend, aber es gibt keine verläßlichen Aufzeichnungen. Vor der nordamerikanischen und kanadischen Westküste werden jährlich unter 100 Exemplare gefangen. Einige wenige werden vor Peru gejagt.

Indische Grindwale sind seit vielen Jahren populäre Bewohner von Delphinarien. Mindestens 70 Tiere wurden seit 1963 zu diesem Zweck in Gewässern der USA gefangen (Kalifornien und Hawaii), eine ähnliche Anzahl seit 1974 auch in japanischen Gewässern. Die Sterberaten in Delphinarien sind hoch; etwa die Hälfte der gehaltenen Tiere stirbt in jedem Jahr.

DELPHINE

DELPHINIDAE

Die Delphine sind mit 26 lebenden Arten, die man alle als »klassische« Delphine bezeichnen könnte, die bei weitem größte Walfamilie. Mit Ausnahme des Rundkopfdelphins (*Grampus griseus*), der eventuell in die Familie Globicephalidae eingeordnet werden sollte, sind alle Angehörigen dieser Familie durch den Besitz eines deutlich abgesetzten Kiefers (»Schnabel«), zwei oder mehr verschmolzene Halswirbel und 20 oder mehr Zahnpaare im Oberkiefer charakterisiert. Keine Art wird länger als 4 m.

Die Familie wurde 1821 von John Gray benannt, der allerdings noch viele Arten einschloß, die später anderen Familien zugeordnet worden sind. Die verbliebenen Arten gehören in 11 Gattungen: *Sousa* (3 Arten), *Steno* (1 Art), *Sotalia* (1 Art), *Tursiops* (1 Art), *Stenella* (5 Arten), *Delphinus* (1 Art), *Lagenorhynchus* (6 Arten), *Lagenodelphis* (1 Art), *Cephalorhynchus* (4 Arten), *Lissodelphis* (2 Arten) und *Grampus* (1 Art). Unter diesen Gattungen sind nur *Sousa*, *Sotalia*, *Tursiops* und *Cephalorhynchus* vorrangige Küstenbewohner. Die restlichen 17 Arten leben hauptsächlich oder ausschließlich in tiefen, offenen Meeren.

Mit Ausnahme der Glattdelphine (*Lissodelphis*) besitzen alle eine Rückenfinne und bevorzugen als Nahrung Fische. Lediglich der Rundkopfdelphin jagt hauptsächlich Kalmare. Innerhalb der Familie ist die Körpergestalt sehr variabel. Das eine Extrem sind die sehr schlanken und stromlinienförmigen Glattdelphine, die optimal an schnelle Bewegungen im Wasser angepaßt sind. Das andere wird durch den stumpfschnauzigen und gedrungenen Rundkopfdelphin repräsentiert. Die kleinsten Vertreter dieser Gruppe sind die 4 Schwarzweißdelphine der Gattung *Cephalo-rhynchus*, die eine Höchstlänge von etwa 1,7 m erreichen. Die längste Art stellt der Große Tümmler (*Tursiops truncatus*), der 4 m erreichen kann und über 650 kg schwer wird.

Eine der größten Arten der Familie, der Rundkopfdelphin, lebt in Gruppen und ist am Körper oft mit vielen Narben bedeckt.

BUCKELDELPHINE

SOUSA CHINENSIS; SOUSA TEUSZII; SOUSA PLUMBEA CHINES. WEISSER DELPHIN; KAMERUNFLUSS

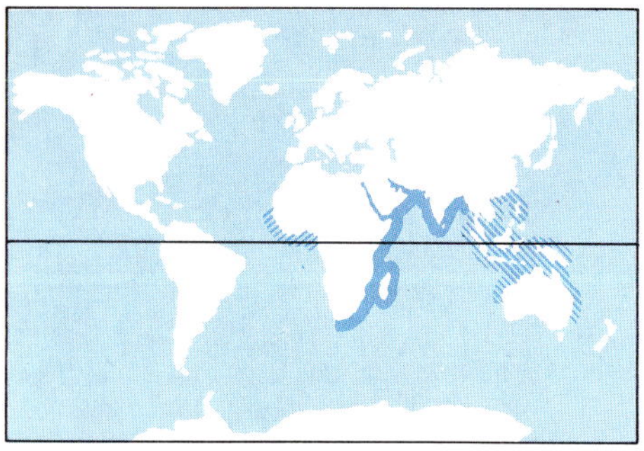

S. teuszii   S. plumbea   S. chinensis

Systematik: Obwohl 5 Arten von Buckeldelphinen beschrieben worden sind, deuten die vorhandenen Informationen darauf hin, daß 3 geographische Gruppen der einen Art *Sousa chinensis* zugeordnet werden müssen. Bis zu einer endgültigen Klassifizierung dieser Gattung gehen wir von 3 Arten aus, dem Kamerunfluß-Delphin (*S. teuszii*, Kükenthal 1892) aus dem Atlantischen Ozean, dem Bleifarbigen Delphin (*S. plumbea*, Cuvier 1829) aus dem südlichen und westlichen Indischen Ozean und dem Chinesischen Weißen Delphin (*S. chinensis*, Osbeck 1765) aus dem westlichen Indischen und dem östlichen Pazifischen Ozean. Der Ursprung des Namens *Sousa* liegt im dunkeln; die Artnamen *teuszii*, *plumbea* und *chinensis* wurden von Edward Teusz eingeführt und beziehen sich auf die bleiartige Farbe der zweiten Art und die chinesische Herkunft der von Osbeck beschriebenen Art. *S. chinensis*.

Der umschreibende Name für die Gruppe »Buckel«-Delphine rührt von der länglichen Basis der Rückenfinne her, die zusätzlich durch den gebogenen Rücken verstärkt hervortritt, wenn die Tiere abtauchen.

Beschreibung: Buckeldelphine sind kräftig in der Gestalt und durch eine verlängerte Schnauze, eine Melone mit ausgeprägtem Scheitel, breite, an der Spitze abgerundete Flipper und kielartige Leisten auf der Ober- und Unterseite der Schwanzwurzel charakterisiert. Die ungefähr in Körpermitte sitzende Rückenfinne wird an der Basis von einem länglichen Wulst getragen. Bei Tieren des Atlantischen und westlichen Indischen Ozeans kann diese Basis mehr als ein Drittel der Körperlänge ausmachen, wobei sie in den Beständen nach Osten hin bis auf ein Fünftel der Delphinlänge abnimmt. Die Zähne sind kräftig, bis zu 5 mm im Durchmesser. In jeder Seite eines jeden Kiefers sitzen 27–38. Atlantische Tiere besitzen etwas weniger Zähne.

Buckeldelphine erreichen eine Höchstlänge von 2,8 m und ein Gewicht bis zu 284 kg. Vor Südafrika sind die meisten Erwachsenen etwa 2,5 m lang und wiegen ca. 195 kg.

Die Färbung variiert von Gebiet zu Gebiet und im Laufe des Alters merklich. Atlantische Tiere sind schiefergrau an Rücken und Seiten und werden zum Bauch hin blasser. Südafrikanische und australische Delphine dunkeln mit zunehmendem Alter überall in Bleigrau, nur die Unterseite bleibt fahlweiß. Spitze und Basis der Finne können mit zunehmendem Alter aufhellen. Im nördlichen Indischen Ozean sind die Tiere einfarbig bleigrau, wobei in einigen Gebieten längliche blauschwarze Flecken am Körper auftauchen können. Vor China verwandeln sich die ursprünglich dunkelgrau gefärbten Kälber in rosa-weiße Erwachsene mit dunklem Augenfleck und Flecken sowie Pusteln am Körper.

Identifizierung auf See: Durch die typische Rückenfinne, das Verhalten in Küstennähe und die Art des Auftauchens lassen sich diese Delphine auf See von allen anderen Arten unterscheiden.

Lebensraum: Diese Delphine bevorzugen flache Gewässer unter 20 m Tiefe und dringen häufig in Mangrovensümpfe, Buchten und Flachwasserbänke, wie man sie in Flußdeltas findet, ein. An offenen Küsten halten sie sich nahe der Brandungszone auf. Obwohl es sich um marine Tiere handelt, sind sie tolerant gegen Brackwasser und können etliche Kilometer in große Flüsse hineinschwimmen.

Verbreitung und Wanderung: Buckeldelphine sind weit in den Küstengewässern Westafrikas und des Indischen sowie westlichen Pazifischen Ozeans verbreitet. Obwohl grundsätzlich tropisch, gehen einige Populationen mit warmen Strömungen auch in subtropische Gewässer hinunter zur Ostküste Afrikas und Australiens. Atlantische Buckeldelphine erscheinen vor Mauretanien, dem Senegal und Kamerun. In der indo-pazifischen Region erstreckt sich die *Plumbea*-Art östlich von der Südspitze Afrikas bis Ostindien, während die *Chinensis*-Form von Sumatra bis in die Ostchinesische See vordringt und südwärts bis an den nördlichen und östlichen Küsten Australiens beheimatet ist.

Obwohl man eine Nordwanderung der atlantischen Buckeldelphine im Sommer vermutet, gibt es keine eindeutigen Beweise für Wanderbewegungen.

Nahrung und Nahrungsaufnahme: Buckeldelphine ernähren sich von einer großen Anzahl schwarmbildender Fischarten, darunter auch Süßlippen, Meerbarben, Meerbrassen und Heringsverwandte. Es gibt keinerlei Hinweise darauf, daß atlantische Buckeldelphine auch Pflanzen fressen, wie Kückenthal in seiner Originalbeschreibung angibt. Die Wanderungen von und zur Küste und die damit verbundene Nahrungsaufnahme – auch diejenige vor der Küste Senegals – ist an den Verlauf der Tide gebunden.

Eine ungewöhnliche Nahrungsgemeinschaft hat sich vor Mauretanien im Nordwesten Afrikas entwickelt. Dort helfen die Delphine den Fischern beim Fang von Süßlippen unmittelbar in Strandnähe. Angeregt von Stockschlägen auf die Wasseroberfläche treiben gemischte Gruppen aus Großen Tümmlern und Buckeldelphinen große Fischschwärme zusammen und in bereitgestellte Netze.

Verhalten: Buckelwale aller Regionen bilden kleine Schulen von bis zu 25 Individuen. Am häufigsten kann man Gruppen von 5–7 Mitgliedern beobachten, welche sich mitunter zu größeren Verbänden zusammenschließen. Eine vor Südafrika seßhafte Gruppe mit 25 Mitgliedern bestand aus 5 geschlechtsreifen und 9 weiteren Erwachsenen, 5 oder 6 Jugendlichen und 4 Kälbern unterschiedlicher Größe. Erwachsene neigten dazu, einzeln oder paarweise aufzutreten, während Jugendliche sich oft zu Gruppen mit mehr als einem erwachsenen Tier zusammenschlossen.

Buckeldelphine bewohnen Küstengewässer und leben in mannigfaltigen Formen in großen Bereichen Australasiens, Südostasiens, des Indischen Ozeans und Westafrikas. Die grundlegende Körperform ist bei allen geographischen Varianten ähnlich, die Färbungen variieren allerdings bemerkenswert. Es herrscht noch Uneinigkeit darüber, wie viele Arten als eigenständig anerkannt werden sollten.

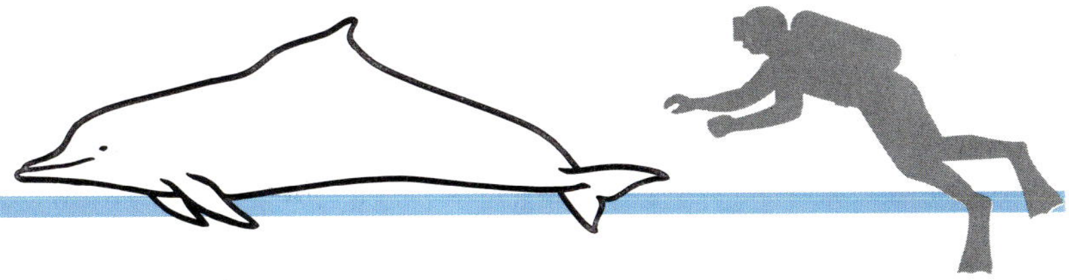

Die Schulen bewegen sich mit einer Geschwindigkeit von 5 km/h langsam vorwärts, tauchen mit ca. 40–60 Sekunden verhältnismäßig lange, nur unterbrochen von kurzen Aufenthalten an der Oberfläche. Beim Auftauchen schauen sie mit der Schnauze oder sogar dem ganzen Kopf aus dem Wasser hervor, bevor sich der Körper kräftig biegt, einen deutlichen Buckel formt und die Tiere wieder abtauchen.

Beobachtungen vor Südafrika zeigen, daß die Tiere dort zum Ruhen sandige Buchten bevorzugen, soziale Interaktionen aber, wie Kontaktberührungen, Springen und gegenseitiges Jagen sowie Nahrungssuche häufiger an ungeschützten, felsigen Küsten stattfinden. Gelegentlich vollführen einige Tiere außerhalb des Wassers komplette Salti rückwärts. Paarungen wurden beobachtet, wobei ein Partner auf dem Rücken schwamm, was sich deutlich von dem Paarungsverhalten der Tiere aus dem nördlichen Indischen Ozean unterscheidet, die vertikal gegeneinandergerichtet zur Wasseroberfläche schwimmen.

Buckeldelphine nähern sich nur sehr selten Schiffen und lassen sich nur gelegentlich zum Bugwellenreiten animieren.

Fortpflanzung und Entwicklung: Unsere Kenntnisse über die Entwicklung und Fortpflanzung dieser Delphine sind für alle Populationen sehr gering. Die Größe bei der Geburt beträgt vermutlich etwa 1 m. Die Beobachtungen von Kälbern in Delphinschulen deuten eine verlängerte Geburtensaison sowohl vor dem Senegal als auch vor Südafrika mit einem Höhepunkt im Sommer an. Eine einzelne trächtige, 2,44 m lange Kuh und ein 2,79 m langes Männchen aus Südafrika vermittelten Kenntnisse über die Größe bei Eintritt der Geschlechtsreife, während die kürzesten voll ausgewachsenen Delphine vor Südafrika und China 2,54 m bzw. 2,26 m lang waren.

Weltbestand: Es gibt keinerlei Informationen über die Größe irgendeiner Buckeldelphinpopulation, abgesehen von zwei sehr groben Schätzungen über 100 bzw. 500 Tiere für das Saloum Delta (Senegal) bzw. Indus-Delta. Ihre geringe Gruppengröße, lange Tauchzeiten und Vorliebe für trübe Gewässer behindern die Durchführung einer brauchbaren Populationszählung. Die Schwierigkeit, moderne Markierungstechniken über weite Gebiete ihres Vorkommens anzuwenden, macht es unwahrscheinlich, daß in naher Zukunft Schätzungen verfügbar wären, auf deren Basis ein aussichtsreiches Artenmanagement stattfinden könnte.

Der Einfluß des Menschen: Der von den Buckeldelphinen bevorzugte Lebensraum in flachen Gewässern macht die Tiere für Einflüsse des Menschen in dieser Zone, besonders durch die Fischerei, höchst empfindlich. Aus dem gesamten Verbreitungsbereich dieser Delphine werden immer wieder unbeabsichtigte Fänge in Netzen berichtet. Sehr häufig verfangen sie sich in Netzen, die in Ostaustralien und Natal (Südafrika) aufgestellt wurden, um Angriffe von Haien auf Badende zu verhindern. Obwohl keine Zahlen aus Australien vorliegen, sind jene von den Küsten Natals hoch genug, um einen bemerkenswerten Einfluß auf die Bestandszahlen lokaler Populationen befürchten zu müssen. Die fortschreitende Vernichtung von Küstenbiotopen durch den Menschen, etwa durch Trockenlegung und »Urbarmachung« von z. B. Mangrovensümpfen verringert das Angebot an primären Lebensräumen für die Arten und gibt Anlaß zu großer Besorgnis.

Während der letzten 25 Jahre wurden einige wenige Buckeldelphine in Menschenhand gehalten, darunter 3 in Südafrika und weitere 8 in Australien. Einer wird zur Zeit noch im »Sea World of Australia«-Delphinarium in Queensland gehalten.

Rauhzahndelphin

STENO BREDANENSIS

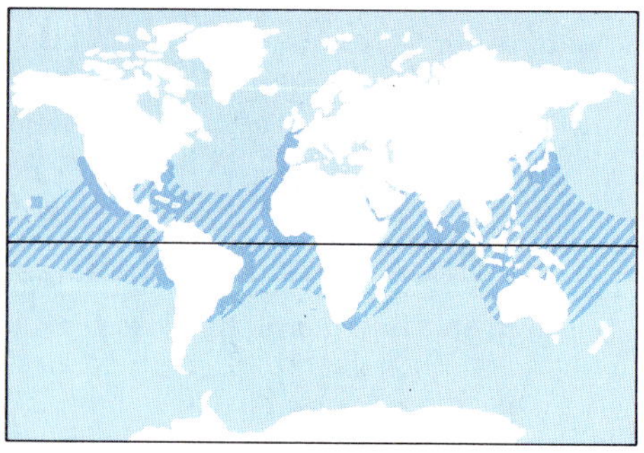

Systematik: Die Art wurde erstmals 1823 von Cuvier beschrieben. Der Gattungsname leitet sich vom griechischen Wort *Stenos* ab und bezieht sich auf die schmale Schnauze. Die Art wurde nach Breda benannt, einem Künstler, der sie in Cuviers Material entdeckte.

Populäre Bezeichnungen: Der Populärname bezieht sich auf die feinen Leisten, die im Zahnschmelz von der Spitze eines jeden Zahnes herablaufen.

Beschreibung: Diese Delphine erreichen eine Höchstlänge von 2,8 m wobei die meisten Individuen nur etwa 2,4 m lang und ca. 150 kg schwer werden. Das charakteristischste Merkmal ist die Form der Melone, die sich nicht deutlich aufwölbt, sondern gleichmäßig und eben in die Schnauze verläuft. Im Profil ergibt die konische Kopfform zusammen mit dem langen Mundspalt und den großen Augen einen reptilienähnlichen Ausdruck. Der Körper ist stromlinienförmig und besitzt große, spitz zulaufende Flipper. Die Hinterkante der auf einer verbreiterten Basis sitzenden großen Finne verläuft konkav. Auf jeder Seite sitzen in beiden Kiefern 20–27 Zähne.

Rauhzahndelphine sind dunkel- oder blaugrau an Rücken, Schwanzstiel und den Körperanhängen. Das blassere Grau der Flanken steht im Kontrast zu dem dunklen Rückencape, besonders im Bereich des Brustkorbes, wo es sehr schmal ist. Die Lippen und der Bauch vom Kinn bis zum After sind gewöhnlich rosa-weiß. Gelblichweiße Pusteln und Flecken bedecken den Körper, besonders an den unteren Flanken sowie am Bauch.

Diese Delphine können sehr leicht am schmalen Rückencape und der konischen Kopfform identifiziert werden.

Identifizierung auf See: Auf Entfernung können diese Delphine mit einer Reihe anderer Arten verwechselt werden, besonders mit Großen Tümmlern, Schlankdelphinen und Ostpazifischen Delphinen, obwohl das typisch schmale Cape und allgemeine Verhalten ausreichend Hinweise geben müßte, die Art eindeutig zu identifizieren. Aus der Nähe erlauben der konische Kopf und die weißen Lippen eine einwandfreie Identifizierung.

Lebensraum: Rauhzahndelphine leben in tiefen Gewässern jenseits des Kontinentalschelfs, wobei sie an Wassertemperaturen ab 25° C gebunden sind. Einzelne »Vagabunden« können auch unterhalb dieses Temperaturlimits auftreten.

Verbreitung und Wanderung: Strandungen und Sichtungen lassen vermuten, daß die Art in tropischen und subtropischen Gewässern weitverbreitet vorkommt. Trotzdem ist das tatsächliche Verbreitungsgebiet auf See mit Ausnahme des östlichen tropischen Pazifiks kaum bekannt. Im Atlantik belegen mehrere Strandungen und andere Aufzeichnungen ein Vorkommen von Virginia bis zu den Westindischen Inseln und vor Brasilien, von Frankreich bis zum Senegal und Tristan da Cunha. Gelegentlich werden sie auch im Mittelmeer gesehen. Nachweise aus dem Indo-Pazifik stammen aus Südafrika, Aden, Indien und Sri Lanka, dem Indonesischen Archipel sowie Nordaustralien, Japan, Polynesien und Hawaii, von Nordkalifornien bis Peru sowie aus Neuseeland.

Nahrung und Nahrungsaufnahme: Der Inhalt einiger untersuchter Mägen enthielt Kalmare, Kraken und viele Fischarten.

Verhalten: Obwohl schon Gruppen mit mehr als 100 Mitgliedern gesehen wurden, enthalten die meisten Schulen weniger als 50 Individuen bei einem Durchschnitt von 10–20 Tieren. Gelegentlich gesellt sich die Art zu anderen Walen, wie etwa Großen Tümmlern, Schlank- und Ostpazifischen Delphinen sowie Grindwalen. Sie betreiben Bugwellenreiten nicht in dem Maße wie andere Delphine, obwohl sie als kräftige Schwimmer dazu in der Lage sind. Abschöpfen der Oberfläche mit dem Maul wurde beobachtet. Dies geht einher mit sehr schnellem Schwimmen dicht unter der Oberfläche und darüber hinausragender Rückenfinne und könnte der Jagd auf an der Oberfläche lebender Beute dienen. Die Delphine werden auch oft in der Nähe von Treibgut angetroffen.

Weltbestand: Im östlichen, tropischen Pazifik sind Rauhzahndelphine überall in geringer Zahl vorhanden. Bisher wurden keine Schätzungen zur Populationsdichte durchgeführt. Es ist wahrscheinlich, daß die Art in ihrem gesamten Verbreitungsgebiet nicht häufig anzutreffen ist.

Der Einfluß des Menschen: Zu Nahrungszwecken wurden wenige Individuen mit Harpunen oder Treibnetzen vor Japan und der Kleinen Antilleninsel St. Vincent gefangen. Einige Delphine wurden auch in Beutelnetzen gefangen, die man im östlichen, tropischen Pazifik für den Thunfischfang ausgebracht hatte. Der Einfluß dieser Entnahmen auf die lokalen Bestände ist unbekannt.

In Japan und auf Hawaii wurden Rauhzahndelphine erfolgreich in Menschenhand gehalten. Sie gelten als gelehrige Tiere für Vorführungen und wurden für verschiedene wissenschaftliche Experimente, etwa für Tauchstudien im offenen Meer, dressiert.

Amazonas-Sotalia

Sotalia fluviatilis

Bekannte Verbreitung

Der Amazonas-Sotalia ist ein Delphin der Flüsse und der Küste. Er teilt einen großen Bereich seines Süßwasser-Lebensraumes mit dem Boto oder Amazonas-Delphin, ist allerdings mit keinem der echten Flußdelphine näher verwandt.

Systematik: Obwohl sie im letzten Jahrhundert ursprünglich als fünf verschiedene Arten beschrieben wurden, gehen die modernen Ansichten davon aus, daß alle Populationen dieses Delphins in die eine Art *Sotalia fluviatilis* gestellt werden müssen. Die Art wurde 1853 erstmals von Gervais beschrieben. Die Herkunft des Gattungsnamens ist unbekannt; der Artname bezieht sich auf den Lebensraum einiger Populationen in Flüssen. Die Unterschiede in der Größe und anderen Eigenschaften zwischen den flußbewohnenden und den an den Küsten lebenden Populationen könnten eine Aufgliederung in Unterarten rechtfertigen.

Beschreibung: Dieser Delphin ist einer der kleinsten Vertreter der Wale. Küstenpopulationen erreichen eine Maximalgröße von 1,8–1,9 m und wiegen etwa 35–40 kg. Tiere aus dem Amazonas bleiben deutlich kleiner und erreichen maximal 1,6 m. Es handelt sich um eine gedrungene Art mit verlängertem Schnabel, der sich deutlich von der gut ausgeprägten, rundlichen Melone absetzt. Die Flipper und Fluken sind groß und breit. Die Rückenfinne sitzt auf einer charakteristisch verbreiterten Basis und ist nahezu dreieckig mit leicht konkaver Hinterkante. Die Anzahl der Zähne variiert von 26–35 in jeder Seite jeden Kiefers.

Der Rücken von Schnauze, Kopf und Körper sowie die Körperanhänge sind bläulich oder bräunlich und hellen sich zu den Flanken zur weißen Bauchseite in ein blasses Grau auf, das vom Kinn bis zum After reicht. Kehle und Bauch können einen rosa Schimmer aufweisen. Ein dunkler Streifen zieht sich vom Auge bis zur Flipperbasis. In Höhe der Brustkorbmitte verbindet ein zweiter, paralleler Streifen den dunkel gefärbten oberen Bezirk des Brustkorbes mit der Afterregion. Die Färbungsmuster variieren zwischen den Populationen. Die Tiere aus dem Orinoko sind am Rücken dunkler und unterseits gräulich. Die Individuen aller Populationen werden mit zunehmendem Alter deutlich heller.

Identifizierung: Die dunklere Färbung, Körpergröße und Rückenfinne unterscheiden diese Art vom Amazonas-Delphin, der größer und roséfarbener ist und keine deutliche Rückenfinne besitzt. In Küstengewässern kann der Amazonas-Sotalia vom Großen Tümmler durch dessen größere Gestalt (bis zu 2,4 m) und die größere, hakenförmig gebogene Rückenfinne unterschieden werden. Im extremen Süden ihres Verbreitungsgebietes können junge Amazonas-Sotalias mit jungen La-Plata-Delphinen verwechselt werden. Bei toten Exemplaren unterscheiden die Anzahl der Zähne und die runderen Flipper den La-Plata-Delphin deutlich vom Amazonas-Sotalia.

Lebensraum: Amazonas-Sotalias bewohnen flache Küstengewässer und Trübwassergebiete großer Flüsse, wobei sie die tieferen Rinnen bevorzugen.

Verbreitung und Wanderung: Der Amazonas-Sotalia ist auf das nordöstliche Südamerika beschränkt. Küstenpopulationen treten von São Paulo in Brasilien bis zur Atlantikküste Kolumbiens einschließlich des Maracaibosees auf. Flußpopulationen erstrecken sich von den Mündungen bis 300 km stromaufwärts im Orinoko und bis 2.500 km stromaufwärts im Amazonas-Flußsystem.

Nahrung und Nahrungsaufnahme: Es gibt keine Informationen über das Nahrungsverhalten der Küstenpopulationen, wobei man allerdings annimmt, daß alle Bestände ähnliche Nahrung aufnehmen. In den Flüssen ernähren sich diese Delphine von Fischen und Wirbellosen, einschließlich Steingarnelen und Krabben. Die Zahnspuren, die alle flußbewohnenden Individuen aufweisen, deuten auf wehrhafte Beute hin, etwa auf Katzenwelse. Derartige Beute wird vor dem Abschlucken weichgekaut. Die Nahrungssuche erfolgt häufig an Einmündungen von Nebenflüssen in den Hauptstrom, wo Beute wohl zahlreicher vorkommt. Das gut entwickelte Echoorientierungsvermögen mag bei der Nahrungssuche in diesem hochgradig trüben Lebensraum von überlebenswichtiger Bedeutung sein. Die Tauchzeiten sind kurz, und reichen durchschnittlich kaum über 30 Sekunden hinaus. Nur selten bleiben die Tiere länger als 80 Sekunden unter Wasser.

Verhalten: Gruppen können 25 Individuen umfassen, liegen meist aber bei weniger als 10 Tieren. Die kleinen im Amazonas lebenden Verbände können Familiengruppen oder andere Sozialverbände sein.

Fortpflanzung und Entwicklung: Die Weibchen der Amazonas-Population sind etwa 1,3 m lang, wenn sie sich das erste Mal fortpflanzen. Die Kälber werden nach einer Tragzeit von etwa 10 Monaten geboren.

Weltbestand: Es wurde bisher keine Bestandsschätzung für irgendeine Population des Amazonas-Sotalia durchgeführt. Man nimmt allerdings an, daß sie entlang der brasilianischen Küste nahe Rio de Janeiro durchaus häufig sind; desgleichen vor der Küste Surinams und in Teilen des Amazonas.

Der Einfluß des Menschen: Eine unbekannte Anzahl von Amazonas-Sotalias wird unbeabsichtigt in Reusennetzen gefangen. Von größerer Bedeutung ist allerdings der Fang zu medizinischen bzw. ritualen Zwecken. Die weiblichen Organe werden getrocknet und auf den lokalen Märkten verkauft.

Grosser Tümmler

TURSIOPS TRUNCATUS

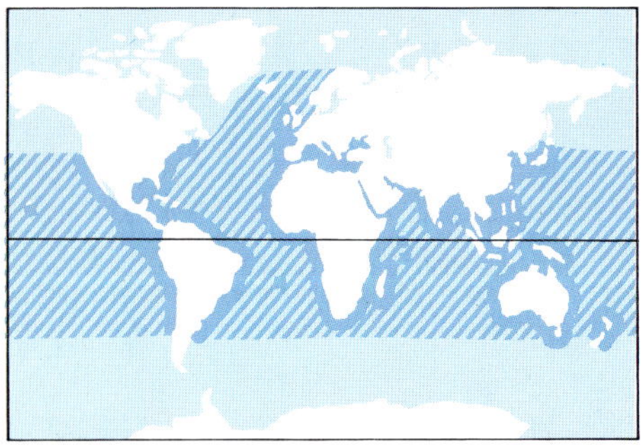

■ Vorrangige Verbreitung ▨ Örtlich vertreten oder selten

Systematik: Die meisten Walforscher klassifizieren alle Tümmler als eine sehr variable Art, *Tursiops truncatus*. Der Name leitet sich von den lateinischen und griechischen Begriffen für »kleines Schwein« und »Gesicht« ab und bezieht sich auf die verkürzte Schnauze ostatlantischer Tiere. Da diese Festlegung auf eine einzige Art die Existenz anderer Arten ignoriert, müssen die Unterschiede zwischen den unterschiedlichen Populationen in der Weise interpretiert werden, daß sie die unterschiedlichen Umweltbedingungen der jeweiligen Verbreitungsgebiete widerspiegeln. So ist zum Beispiel der allmähliche Übergang von der eigenständigen *adunctus*-Form in die typische *truncatus*-Form, der fortschreitend in Südrichtung entlang der Ost- und Westküsten Australiens festzustellen ist, eng gekoppelt an die in gleicher Richtung abnehmenden Wassertemperaturen.

Populäre Bezeichnungen: Die Ähnlichkeit der kurzen, rundlichen Schnauze mit der bauchigen Flaschenform gab den Anlaß für den englischen Namen »Bottlenose dolphin« (= Flaschennasen-Delphin).

Beschreibung: Die Größe dieser mittelgroßen Delphine schwankt je nach Population zwischen 1,9 und 4 m. Es handelt sich dabei um kräftige Tiere, die als Erwachsene zwischen 90 und 650 kg wiegen.

Bei den kleineren Formen ist die Schnauze kurz und schlank und verbreitert sich mit zunehmender Körpergröße beträchtlich. Die gut ausgebildete Melone ist bei einigen Populationen runden als bei anderen und gipfelt bei allen in einem ausgeprägten Scheitelpunkt. Die breite, dreieckige Rükkenfinne erreicht etwa 1/10 der Körperlänge an Höhe, ist leicht gebogen und sitzt etwa in der Mitte der Körperlängsachse. Die Flipper erreichen 1/6 der Körperlänge, sind an der Basis breit und laufen spitz zu. In jeder Kieferhälfte sitzen je 18–27 kräftige Zähne, die einen Durchmesser von 5 bis 10 mm haben.

Den Rücken überzieht ein dunkelbläulich oder -bräunlich graues Cape, die Seiten von Körper und Kopf sind blasser grau und verlaufen in eine fahlweiße Bauchseite. Diese kann bei lebenden Tieren einen rosafarbenen Schimmer annehmen. Die Oberseite der Flipper und die gesamte Fluke sind dunkelgräulich schwarz. Die Schnauzenspitze ist normalerweise weiß. Dunkle Linien von der Spitze der Melone zu den Augen und zum Blasloch sowie ein dunkler Streifen vom Auge zum Flipper sind deutlich sichtbar. Einige Populationen des östlichen tropischen Pazifiks sind sehr dunkel grauschwarz und verdecken so die Streifenzeichnungen. Küstenbewohnende Tümmler im Indischen Ozean und tropischen Westpazifik entwickeln nach Eintritt der Geschlechtsreife dunkle Flecken und Pusteln an der Bauchseite.

Identifizierung auf See: Große Tümmler können von Rauhzahndelphinen durch den deutlich entwickelten Scheitel auf der Melone unterschieden werden; ferner durch die kurze Schnauze und das breite Rückencape zwischen Blasloch und Rückenfinne. Außerdem haben sie keine weißen Lippen und auch keine Pusteln am Körper. Schlankere Schnauzen und Körper, blassere Flanken und weiße Flecken am Rücken des Schlankdelphins (*Stenella attenuata*) und die Körperfleckung des Zügeldelphins (*S. frontalis*) unterscheiden erwachsene Tiere dieser Arten von Großen Tümmlern.

In küstennahen Gewässern können Große Tümmler durch die Form ihrer Rückenfinne vom Amazonas-Sotalia (dreieckig), von Buckeldelphinen aus dem Atlantischen und Indischen Ozean (verlängert und kleine Finnenspitze) sowie den östlichen Buckeldelphinpopulationen (dreieckig, verdickte Finnenbasis) unterschieden werden.

Lebensraum: Es handelt sich um eine Küsten- und hochseebewohnende Art. Küstenpopulationen erscheinen grundsätzlich in Gewässern mit weniger als 30 m Tiefe. Ihre Lebensräume umfassen offene Küsten mit heftiger Brandung, geschützte Buchten und Wasserstraßen, Lagunen, große Flußmündungen und Unterläufe von Flüssen.

Verbreitung und Wanderung: Große Tümmler sind in gemäßigt kalten bis tropischen Gewässern aller Meere weit verbreitet. Ihr Vorkommen ist in Küstengewässern teilweise gut dokumentiert. Sie sind im Mittelmeer und Schwarzen Meer weit verbreitet und erstrecken sich im Atlantik von der Nordsee und Neuschottland bis Südargentinien und Südafrika. An den Küsten des Indischen Ozeans über die südostasiatische Region bis Nordjapan und an den australischen Küsten sind sie kontinuierlich verbreitet. Sie erscheinen rund um Neuseeland und entlang der pazifischen Küstenlinie von Kalifornien bis Chile. Viel weniger wissen wir über die Verbreitung der Art auf hoher See. Einige Populationen scheinen sich entlang des Kontinentalschelfabhanges zu konzentrieren, z. B. vor Südostafrika. In der ostpazifischen tropischen Region des Thunfischfanges nehmen die Sichtungen jenseits 800 km von Land.

Einige Populationen – z. B. diejenigen vor North-Carolina und im Schwarzen Meer – wandern jahreszeitlich gebunden, eventuell als Antwort auf einen Wechsel der Umweltbedingungen. Es gibt zunehmende Hinweise, daß küstenbewohnende Delphinschulen

Oben: Das Aussehen des Großen Tümmlers ist uns das vertrauteste aller Wale. Er kann sich sehr gut an ein Leben in Menschenobhut anpassen und wird auf der ganzen Welt in Hunderten von Delphinarien gehalten.

Oben rechts: Große Tümmler, wie diese vor den Azoren fotografierten Exemplare, sind geborene Akrobaten und springen oft weit aus dem Wasser heraus.

Rechts: Obwohl man sie primär für eine küstenbewohnende Art hält, werden Große Tümmler oft im offenen Ozean angetroffen.

Wohnreviere entlang bestimmter Küstenabschnitte besetzen.

Nahrung und Nahrungsaufnahme: Küstenbewohnende Tümmler fressen eine große Vielzahl von Fischen, Kalmaren und Kraken. Die Delphine scheinen schwarmbildende und bodenlebende Beutearten zu bevorzugen. Tiere in Delphinarien fressen täglich zwischen 3 und 6% ihres Körpergewichtes.

Die begrenzten Informationen über Hochseepopulationen lassen vermuten, daß einige dazu in der Lage sind, tiefer als 600 m hinabzutauchen, um bodenlebende Fische zu erbeuten. Andere fressen Hochseekalmare oder Schwarmfische. Ein gemeinsames Interesse an bestimmter Beute könnte auch der Grund für Gemeinschaften mit Grind- und Kleinen Schwertwalen sein.

Große Tümmler sind bemerkenswert vielseitig in ihren Fähigkeiten, an Nahrung zu gelangen. Die Methoden reichen von koordinierter, gemeinsamer Jagd bis zum Hinaufgleiten auf Schlickbänke, um dort die Fische zu greifen, die sich selbst auf das Trockene geschnellt haben.

Verhalten: Die Gruppengröße ist sehr variabel und reicht von weniger als 100 Tieren bei Küstenbewohnern bis zu mehreren Hunderten in der Hochsee. Bei ortstreuen, küstenbewohnenden Schulen kann die Mitgliederzahl saisonal oder sogar im Tagesverlauf wechseln. Das hängt von verschiedenen Faktoren ab, u. a. von der Entfernung zur Küste, von der Nahrungsart und -verfügbarkeit und der Verteidigung gegen, bzw. der Vermeidung von Raubfeinden. Die Absonderung von subadulten oder erwachsenen Männchen spiegelt wahrscheinlich die Dominanzverhältnisse in der Schule wider, wohingegen eine Absonderung der Mutter-Kalb-Gruppen die Aggressionen erwachsener Männchen gegenüber den Kälbern verringern kann.

Große Tümmler sind kraftvolle Schwimmer, was man immer beobachten kann, wenn sie in den Bugwellen eines großen Schiffes spielen, auf hohen Wellen reiten oder mehrere Meter aus dem Wasser hinausspringen. Schulen bewegen sich während der Nahrungssuche mit etwa 6 km/h vorwärts, wobei Einzeltiere bis zu 25 km/h erreichen können. In küstennahen Gewässern dauern Tauchzüge selten länger als 3–4 Minuten. Bei ozeanischen Tieren können diese Zeiten sehr viel länger ausfallen.

Fortpflanzung und Entwicklung: Die Lebenserwartung liegt bei über 30 Jahren. Große Tümmler haben eine lange Jugendzeit und beginnen mit der Fortpflanzung erst im Alter von 9–10 Jahren (Weibchen) bzw. 10 bis 13 Jahren (Männchen). Bei der Geburt ist das einzige Kalb 1–1,3 m lang. Die meisten Jungen werden im Frühjahr und Sommer nach einer Tragzeit von 12 Monaten geboren und bis zu 18 Monate gesäugt. Die erste feste Nahrung nehmen die Kälber mit 6 Monaten auf. Erwachsene Weibchen gebären alle 2–3 Jahre.

Weltbestand: Mit Ausnahme einiger bejagter Populationen scheint diese Art in ihrem gesamten Verbreitungsgebiet häufig vorzukommen.

Der Einfluß des Menschen: Der Walfang geschieht sowohl zu Nahrungszwecken als auch durch Fischer, um vermeintliche Beutekonkurrenz auszuschalten. Während der 60er Jahre hat die Bejagung im großen Stil durch die Sowjetunion und in Folge durch die Türkei die Population im Schwarzen Meer auf ein unbekanntes Maß reduziert. Weltweit ist die zunehmende Küstenfischerei mit Reusennetzen von gewisser Bedeutung, da die Todesopfer durch unbeabsichtigtes Verfangen in den Netzen sehr schnell die Fortpflanzungsraten übersteigen können.

Seit mehr als 50 Jahren werden mehrere 100 Große Tümmler weltweit in Delphinarien und Ozeanarien gehalten. Die meisten entstammten zufälligen Lebendfängen durch die Fischerei.

Blau-weisser Delphin

Stenella coeruleoalba

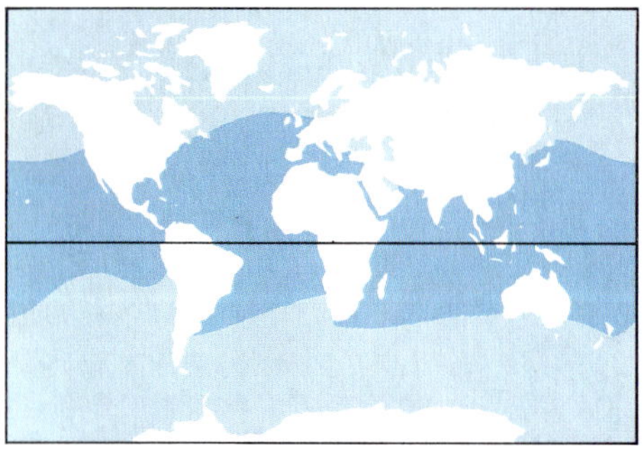

Mögliche Verbreitung

Systematik: Der Blau-Weiße Delphin wurde 1833 von Meyen beschrieben. Der Gattungsname *Stenella* leitet sich vom griechischen Wort *stenos* (= eng, schmal) ab. *Coeruleoalba* ist aus den lateinischen Worten *coeruleus* (= himmelblau) und *albus* (= weiß) entstanden. Es sind keine Unterarten anerkannt.

Beschreibung: Das Äußere dieses Delphins erscheint harmonisch proportioniert und ohne jegliche Auffälligkeiten, die Finne ist mäßig sichelförmig. Die Unterseite ist weiß, die Seiten sind hellgrau, die Oberseite dunkel bläulichgrau. Zwei bemerkenswerte Eigenarten gibt es bei der Körperfärbung: Einen dunklen Streifen, der vom hinteren Augenwinkel zum After verläuft und den weißen Bauch von der grauen Flanke trennt und eine Schulterblesse, die sich von der hellgrauen Flanke über die Flipper zur Rückenfinne erstreckt. Ferner gibt es 1–3 zusätzliche dunkle Streifen, die sich vom Auge zu den Flippern ziehen, und ein weiterer kurzer Streifen, der parallel unter und zum Augen-After-Streifen verläuft und kurz hinter den Flippern aufhört.

Im Westpazifik beträgt die durchschnittliche Länge von Männchen 2,39 m und die der Weibchen 2,26 m. Die Größenverhältnisse dieser Art sind überall auf der Welt ähnlich. Aufzeichnungen über Gewichte gestrandeter Tiere reichen bis 156 kg bei einem 2,4 m langen Individuum.

In jeder Hälfte jedes Kiefers sitzen 40–55 scharfe, leicht nach innen gebogene Zähne.

Identifizierung auf See: Seine dunklen Streifen unterscheiden diesen Delphin von allen anderen ähnlicher Größe und Form.

Lebensraum: Der Blau-Weiße Delphin lebt grundsätzlich in der offenen See, wird allerdings auch in der Nähe von Küsten angetroffen. Im Ostpazifik stellen Gebiete tropischer und subtropischer Gewässer den bevorzugten Lebensraum dar. Diese Gebiete sind durch saisonal auftretende Aufströmungen charakterisiert, die große Unterschiede in den Temperaturen der unterschiedlichen Wasserschichten und eine sehr unstabile Wasserschichtung verursachen. Der Blau-Weiße Delphin teilt seinen Lebensraum im Ostpazifik mit dem Gemeinen Delphin. Beide Arten neigen dazu, in Gebieten aufzutreten, die nicht von Schlank- und Ostpazifischen Delphinen besetzt sind.

Im Indischen Ozean scheinen Blau-Weiße Delphine Gewässer mit Oberflächentemperaturen von mindestens 22° C zu bevorzugen. Dort, wo sie in Landnähe auftreten, bleiben sie in tiefen Gewässern jenseits des Kontinentalschelfs.

Verbreitung und Wanderung: Der Blau-Weiße Delphin wird in allen gemäßigt warmen und tropischen Ozeanen der Erde angetroffen. Im Atlantik ist er im Westen von Neuschottland bis Argentinien und im Osten von Großbritannien bis Südafrika einschließlich des Mittelmeeres verbreitet. Im Indischen Ozean scheint er auf Gebiete nördlich von 35° S beschränkt zu sein, während er im Ostpazifik von 35° N bis 15° S vor der Westküste Amerikas anzutreffen ist, wobei sich weiter westwärts die Verbreitung auf ein Band von 15° N bis 5° S einengt. Es existiert ein Einbruch zwischen 5° N und dem 120. westlichen Längengrad, der sich nach Nordosten bis zur mexikanischen Küste hinzieht. Diese Tatsache läßt auf zwei unterschiedliche, getrennte Populationen schließen. Im Westpazifik ist die Art im Winter und Frühjahr häufig vor Japan zu finden.

Vor Japan hat man deutliche Wanderbewegungen registriert, die an den warmen Kuroshino gebunden sind. Die Schulen erscheinen erstmals im September/Oktober und wandern südwestwärts entlang der Küste. Im März/April werden sie wieder seltener und kehren im Mai erneut zurück, nordostwärts schwimmend. Zuletzt werden sie dann im Juni gesehen, wenn sie aufs offene Meer zurückkehren.

Unten: Die meisten Blau-Weißen Delphine leben in großen Gruppen und sind sehr aktiv.

Oben: Ein Blau-Weißer Delphin im östlichen tropischen Pazifik.

Nahrung und Nahrungsaufnahme: Die Nahrung des Blau-Weißen Delphins besteht hauptsächlich aus Fischen mittlerer Wasserschichten, Kalmaren, die kleiner als 30 cm sind, sowie aus Garnelen. Laternenfische (Myctophidae) sind die Hauptbeute. Die Mehrzahl der Beutekalmare besitzen Leuchtorgane.

Die Nahrungszusammensetzung läßt vermuten, daß die Nahrungsaufnahme in Küstennähe am Kontinentalschelfabhang in Tiefen bis 200 m stattfindet.

Verhalten: Die Größe der Schulen liegt im Bereich von einigen Tieren bis zu mehreren tausend Individuen, wobei der Durchschnitt bei 100–500 Mitgliedern pro Gruppe liegt. Studien über die Zusammensetzung der Schulen vor Japan haben ergeben, daß sich Blau-Weiße Delphine in drei Arten von Schulen zusammenschließen, in denen entweder Jugendliche, paarungsbereite Erwachsene oder nicht paarungswillige Erwachsene dominieren. Ein junger Delphin wechselt im Alter von ein bis zwei Jahren von seiner Schule sich fortpflanzender Erwachsener (die, in welche er hineingeboren wurde) in eine Jugendgruppe und tritt nach Erlangen der Geschlechtsreife erneut einer Erwachsenengruppe bei. In den Jahren, in welchen der Kuroshino nahe an der Küste vorbeifließt, sieht man häufiger Schulen mit erwachsenen Tieren, während in Jahren, wenn der Strom weiter seewärts zu finden ist, Gruppen von Jugendlichen vorherrschen. Während der Südwanderung werden die Schulen größer und halten engeren Kontakt zueinander.

Blau-Weiße Delphine sind sehr aktiv, springen häufig aus dem Wasser und reiten auf den Bugwellen von Schiffen. Bekannte Laute sind unter anderem Pfiffe und Klicklaute. Es gibt keine Aufzeichnungen von Massenstrandungen. Einzelne Individuen werden allerdings oft und häufig lebend an Stränden bestimmter Gebiete überall in der Welt gefunden.

Fortpflanzung und Entwicklung: Die meisten Informationen über die Fortpflanzung von Blau-Weißen Delphinen besitzen wir von Studien über Tiere, die vor Japan gefangen wurden. Die Tiere pflanzen sich sowohl im Sommer als auch im Winter fort. Die Tragzeit dauert 12–13 Monate. Die Durchschnittsgröße bei der Geburt beträgt 1 m. Die Kälber werden etwa 18 Monate gesäugt.

Weibchen erreichen die Geschlechtsreife bei einem Durchschnittsalter von 9 Jahren und einer Länge von 2,16 m. Die Fruchtbarkeit nimmt vom Beginn der Geschlechtsreife während einiger Jahre ab, bleibt dann konstant bis ungefähr zum 30. Lebensjahr, wonach sie sehr schnell abklingt. Die Männchen werden im selben Alter wie die Weibchen bei einer Durchschnittslänge von

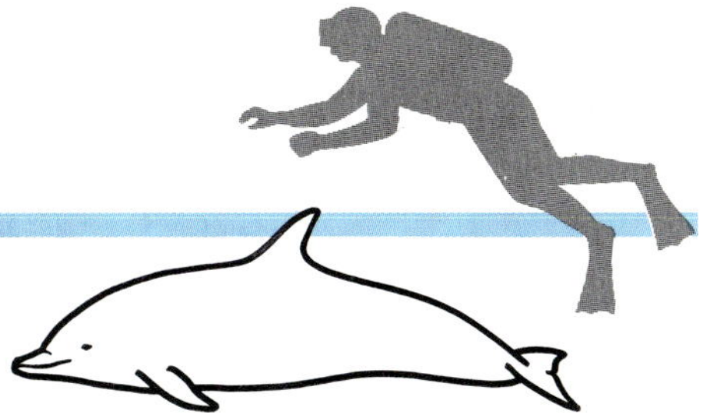

2,19 m geschlechtsreif, erreichen die soziale Geschlechtsreife (wenn sie wirklich Zugang zu brünstigen Weibchen erlangen) aber erst mit mindestens 16 Jahren. Der älteste bisher registrierte Blau-Weiße Delphin wurde auf 57 Jahre geschätzt.

Die jährliche Trächtigkeitsrate wurde im Ostpazifik auf 30% und im Westpazifik auf 30–71% geschätzt. Diese Trächtigkeitsraten gehen konform mit Geburtsintervallen von 3,3 und 1,4 Jahren. Die jährliche Geburtenrate wurde für den Ostpazifik auf 10,9% und für den Westpazifik auf 10,3–11% geschätzt. Die ungefähre jährliche Sterberate von 7–9% wurde aufgrund der Zusammensetzung von Fängen vor Japan und im Vergleich mit Schlankdelphinen vermutet, es ist aber fragwürdig, ob diese Zahlen zutreffen.

Weltbestand: Gegenwärtig geht man von 1,6 Millionen Blau-Weißen Delphinen im Ostpazifik aus. Grobe Schätzungen vermuten im Westpazifik gegenwärtig 100.000 bis 200.000 Tiere (vor der Bejagung soll diese Population aus rund 300.000–400.000 Individuen bestanden haben). Aus den anderen Gebieten liegen keine Schätzungen vor.

Der Einfluß des Menschen: Im Ostpazifik werden Blau-Weiße Delphine zu einem geringen Grad Opfer des Thunfischfanges, wobei die (zugegebene) Todesrate durch unbeabsichtigtes Fangen in Fischnetzen gering ist. Im Westpazifik fing eine gut entwickelte Fangindustrie in den 50er und 60er Jahren durchschnittlich 14.000 Tiere pro Jahr. In den 80er Jahren fiel die Fangquote auf 2.000–4.000 Tiere pro Jahr zurück mit Ausnahme des Jahres 1981, in dem 16.000 Individuen getötet wurden. Es ist unbekannt, ob diese Fänge aus einer großen ozeanischen Population oder einer kleineren Küstenpopulation stammten. Es gibt Hinweise darauf, daß während der Zeit der Ausbeutung die Trächtigkeitsrate anstieg und parallel dazu die Geburtenzwischenräume abnahmen. Im nordöstlichen Atlantik wurden Blau-Weiße Delphine harpuniert, um Schiffsbesatzungen mit Frischfleisch zu versorgen. Es gibt keinerlei Zahlen darüber, wie viele Tiere auf diese Weise ums Leben gekommen sind, es können aber Hunderte pro Jahr gewesen sein.

Blau-Weiße Delphine wurden in Menschenhand gehalten, widersetzten sich allerdings jeglicher Dressur.

Schlankdelphin

Stenella attenuata

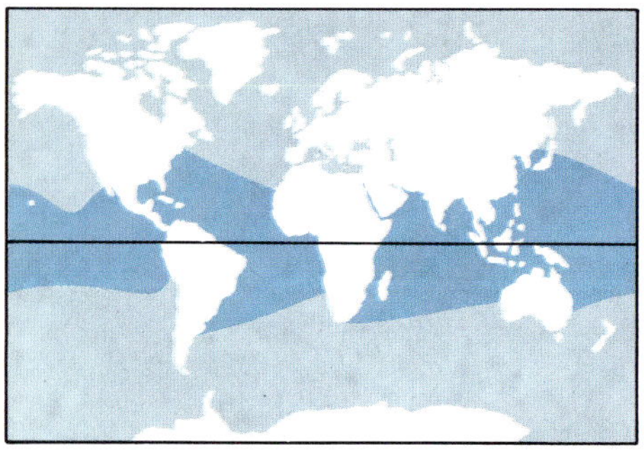

■ Mögliche Verbreitung

Systematik: Viele Namen wurden den Fleckendelphinen der Gattung *Stenella* gegeben. Eine neuere Überarbeitung der Systematik schlägt nur noch zwei Arten vor: *S. attenuata* (Schlankdelphin), beschrieben 1846 von Gray und *S. frontalis* (Zügeldelphin). Man schlug vor, *S. attenuata* als Pantropischen Fleckendelphin zu bezeichnen, weil er weltweit anzutreffen ist. Es wird keine Unterart anerkannt, jedoch geht man von drei getrennten Formen im Ostpazifik aus: Eine Küstenform, eine Hochseevariante und eine Form von den Hawaii-Inseln (Anm. d. Ü.: denen von einigen Systematikern auch Artrang eingeräumt wird).

Beschreibung: Der Körper dieses Delphins ist schlank und verhältnismäßig lang, wobei die Küstenformen robuster wirken. Die Grundfärbung besteht aus einem grauen Rückencape, das sich vom Kopf bis etwa zur halben Körperlänge auf die Flanken hinunterzieht und hinter den Flippern wieder nach oben hinter die Finne erstreckt. Die Bauchseite ist hellgrau. Um das Auge herum sowie an Schnauze und Flippern gibt es ein Muster aus dunklen Flecken und Streifen, das aber auch fehlen kann. Die Rükkenfinne ist ziemlich groß, sichelförmig und genauso gefärbt wie das Cape. Der Kiefer ist recht lang und zeigt bei älteren Tieren weiße Lippen.

Die Fleckenmusterung variiert örtlich und mit dem Alter. Neugeborene sind immer ungefleckt. Bei den Jugendlichen entwickeln sich die Flecken erst am Bauch und später am Rücken, wobei letztere größer werden und an Zahl zunehmen, wenn das Tier älter wird. Grundsätzlich scheint eine Abnahme der Fleckung vorzuliegen, je weiter die Tiere von den Küsten Amerikas entfernt leben. Küstenformen sind immer reichlich gefleckt, Hochseeformen grundsätzlich weniger. Schlankdelphine aus der Region um Hawaii im Pazifik und um St. Helena im Atlantik weisen generell kaum Fleckungen auf.

Auch die Körpergröße variiert mit dem geographischen Vorkommen. Küstenformen werden am größten, im Ostpazifik, etwa mit Durchschnittslängen bei Erwachsenen von 2,23 m (Männchen) und 2,07 m (Weibchen). Ozeanische Schlankdelphine aus dem Pazifik messen im Durchschnitt 2 m (Männchen) und 1,87 m (Weibchen). Das größte bisher vermessene Individuum war ein 119 kg schweres und 2,57 langes Männchen aus der Bucht von Panama. Es sitzen durchschnittlich 40 Zähne in jeder Hälfte eines jeden Kiefers.

Identifizierung auf See: *S. attenuata* kann auf See aufgrund seiner Grundfärbung aus zwei Farben (nicht auf dem Schwanzstiel), des Fehlens einer Blesse an der Rückenlinie und natürlich wegen seiner Fleckung identifiziert werden.

Lebensraum: Der Schlankdelphin gilt grundsätzlich als eine die offene See bewohnende Art. Im Ostpazifik kommt die Küstenform hauptsächlich in tropischen Gewässern nördlich des Äquators sowie in den saisonal tropischen Gewässern der

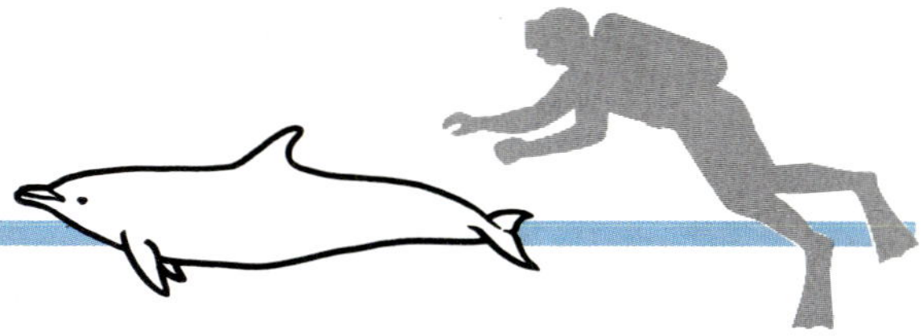

Gegenüber, links und unten: Schlankdelphine der meisten Populationen sind deutlich gefleckt. Jungtiere haben aber nahezu keine Flecken.

Galapagosinseln vor. Diese tropischen Gewässer sind durch relativ konstante Oberflächentemperaturen von über 25° C, einen geringen Salzgehalt und abrupte Thermoklinen charakterisiert. Schlankdelphine teilen sich diesen Lebensraum mit Ostpazifischen Delphinen und vergesellschaften sich oft mit diesen.

Verbreitung und Wanderung: Im Ostpazifik ist die Verbreitung dieser ozeanischen Art teilweise gut dokumentiert. Zwischen 25° nördlicher und 15° südlicher Breite tauchen die Schulen in der Nähe der Küsten Zentral- und Südamerikas auf, wobei ihre nord–südliche Ausdehnung in Richtung Westen bis zum 155. westlichen Längengrad ständig abnimmt. Im Westpazifik scheint die Verbreitung ähnlich der des Blau-Weißen Delphins zu verlaufen. Im Indischen Ozean hat man Schulen bis zum 35. südlichen Breitengrad gesichtet. Im Atlantik verläuft das Verbreitungsgebiet in Küstennähe vom 40° N bis 40° S, mit einer Einengung auf tropische Gewässer im Osten. Die bisher bekannten ozeanischen Lebensräume sind auf tropische und subtropische Gewässer beschränkt.

Es sind keine regulären Wanderungen bekannt, allerdings hat man Tiere wiedergefunden, die im offenen nördlichen Pazifik markiert worden waren und Ost-West- oder Nord-Süd-Wanderungen von bis zu 2.400 km unternommen hatten.

Nahrung und Nahrungsaufnahme: *Stenella attenuata* ernährt sich hauptsächlich in Oberflächenwasser. Die Nahrungszusammensetzung im Ostpazifik besteht zum großen Teil aus Kalmaren, Fregattenmakrelen und Fliegenden Fischen. Säugende Weibchen bevorzugen Fliegende Fische, vielleicht deshalb, weil der höhere Kaloriengehalt dieser Beute den eigenen, durch die Aufzucht stark belasteten Energiehaushalt besser ergänzen kann. Nahrungsreste, die in anderen Populationen des Schlankdelphins gefunden wurden, lassen auf eine ähnliche Zusammensetzung der Nahrung schließen. Eine bemerkenswerte Ausnahme gibt es vor Hawaii, wo Fische mittlerer Wasserschichten und Kalmare den Hauptanteil der Beute ausmachen.

Verhalten: Schlankdelphine treten in sehr unterschiedlich großen Gruppen auf, von gerade einigen Individuen bis zu mehreren tausend Mitgliedern in küstenfernen Verbreitungsgebieten. Die Gruppengröße im Ostpazifik besteht typischerweise aus einigen hundert Tieren, wobei küstenbewohnende Schulen aus viel weniger Individuen bestehen. Die Situation im Westpazifik ist ähnlich. In anderen Regionen scheinen die Gruppengrößen kleiner zu sein – bis zu 200–300 Tiere –, dies könnte aber auch lediglich ein Ergebnis der zahlenmäßig geringeren und mehr zufälligen Beobachtungen in der Hochsee des Atlantiks oder Indischen Ozeans sein. Ferner wurden Gruppengliederungen nach Alter, Geschlecht und Fortpflanzungsstadium beobachtet.

Schlankdelphine leben an der Wasseroberfläche und zeigen dort ein vielfältiges Verhalten. »Hechtsprünge«, Hochschleudern, Schwanzschlagen und Wellenreiten gehören zu ihren Aktivitäten. Schlankdelphine erzeugen Pfiffe und Tonstöße von weniger als 1 Millisekunde Länge.

Fortpflanzung und Entwicklung: Die Analysen der Daten pazifischer Schlankdelphine vermitteln nahezu alle derzeit verfügbaren Informationen über die Fortpflanzung und Populationsdynamik der Art. Im Nordostpazifik existieren zwei Hauptgruppen mit Geburtenanhäufungen im Mai und September. Die Tragzeit variiert zwischen 11 und 12 Monaten, so daß die Paarungen zu denselben Jahreszeiten stattfinden müssen. Die Durchschnittslängen bei der Geburt betragen 85 cm im östlichen und 89 cm im westlichen Pazifik. Das Durchschnittsalter zur Zeit der Entwöhnung beträgt 20 Monate.

Die Geschlechtsreife tritt bei einer Durchschnittslänge von 1,94 m und einem Alter von etwa 12 Jahren (Männchen) bzw. bei 1,82 m und 9 Jahren (Weibchen) ein. Die Fruchtbarkeit nimmt im Westpazifik mit dem Alter allmählich zu, bleibt bei ostpazifischen Tieren nach einem Abfall während der ersten 2 Jahre nach Eintritt der Geschlechtsreife aber konstant. Schlankdelphine können bis 45 Jahre alt werden.

Weltbestand: Trotz anhaltender und bedeutender absichtlicher wie auch unbeabsichtigter Fänge gehören Schlankdelphine vermutlich zu den häufigsten Walen überhaupt. Der derzeitige Bestand im Ostpazifik beträgt etwa 2 Millionen Tiere. Für andere Gebiete liegen keine Schätzungen vor.

Der Einfluß des Menschen: Schlankdelphine sind die Hauptopfer der Netzfischerei auf Gelbflossen-Thunfisch im Ostpazifik. Seit 30 Jahren werden Tausende dieser Delphine jährlich auf diese Art getötet, was den ursprünglichen Bestand auf etwa die Hälfte reduziert hat. Seit 1959 werden Schlankdelphine vor Japan mit Treibnetzen gefangen, etwa 1.000 Tiere pro Jahr. Ein ähnlicher Treibnetzfang existiert vor den Salomon-Inseln. Desgleichen sind die Delphine Beute zahlreicher kleinerer Fischereien und werden überall in der Welt bei örtlichen Fischzügen mitgefangen.

Stenella attenuata wurde erfolgreich in Menschenhand gehalten, gilt aber als nicht so ausdauernd und gut dressierbar.

OSTPAZIFISCHER DELPHIN (SPINNER)

STENELLA LONGIROSTRIS

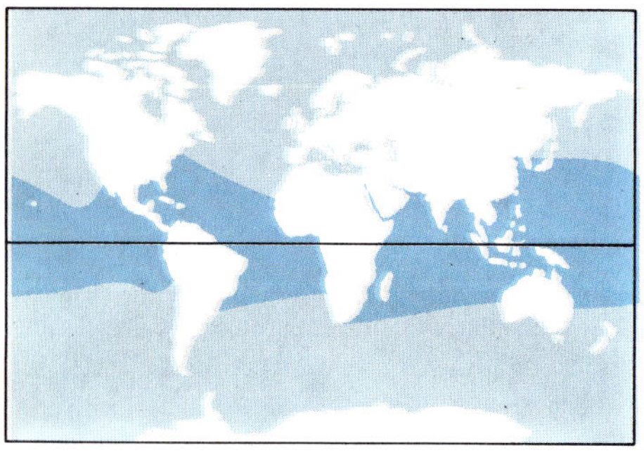

Mögliche Verbreitung

Systematik: Es existieren 2 Arten von Delphinen, die als »Spinner« (von »to spin« = sich drehen) bezeichnet werden: der Ostpazifische Delphin oder Spinner, *Stenella longirostris*, der 1828 von Gray beschrieben wurde und in den Tropen weitverbreitet ist, sowie *Stenella clymene*, der Clymene-Delphin oder Kurzschnauzenspinner, der nur im Atlantischen Ozean vorkommt. Der Name *longirostris* leitet sich von den lateinischen Wörtern *longus* (= lang) und *rostrum* (= Kiefer, Schnabel) ab. Es werden keine Unterarten anerkannt, aber im östlichen Pazifik existieren vier unterscheidbare Formen: Der Costa Rica Spinner, der Östliche Spinner, der Weißbauchspinner und der Hawaii-Spinner.

Beschreibung: Der Körper von *Stenella longirostris* ist schlank mit langer, dünner Schnauze. Die Finne variiert in ihrem Aussehen merklich, und auf dem Schwanzstiel entwickelt sich bei erwachsenen Männchen eine kielartige Leiste. Die durchschnittliche Länge von Erwachsenen beträgt 2 m, wobei ein 2,16 m langes Männchen nur 57 kg wog. Die Färbung dieser Form ist einheitlich Schiefergrau. Die Rückenfinne ist dreieckig oder nach vorne geneigt. Der Östliche Spinner dagegen wird nur 1,7–1,8 m lang. Auch er ist einheitlich grau. Die Vorwärtsneigung der Finne sowie eine bauchständige Auswölbung der Männchen sind häufig betont. Der Weißbauchspinner ist schwerer gebaut und durchschnittlich etwa 5 cm länger. Er besitzt einen weißen Bauch und eine graue Rückseite. Die Rückenfinne kann dreieckig oder leicht sichelförmig sein. Deutlich sichtbar ist ein breites, graues Band, das von den Augen zu den Flippern verläuft. Lippen und Schnauzenspitze sind schwarz. Der ähnliche Hawaii-Spinner wird etwas länger als der Weißbauchspinner. Seine Färbung besteht aus drei Farbtönen, da sich ein dunkleres Cape vom Kopf bis hinter die Finne erstreckt, die immer leicht sichelförmig gebogen ist. Hawaii- und Weißbauchspinner sind mit bis zu 75 kg schwerer als die östlichen Formen.

Ostpazifische Delphine aus anderen Regionen sind bisher nicht genau beschrieben worden. Ihre Färbung enthält jedoch meist ebenfalls das dunkle Rückencape. Atlantische Spinner erreichen ähnliche Größen wie die aus dem Pazifischen Ozean, wobei diejenigen aus nordaustralischen Gewässern kleiner bleiben und selten mehr als 1,6 m erreichen. Eine sehr kleine Form von *S. longirostris* wurde kürzlich im Golf von Thailand gefunden. Erwachsene erreichen dort nur 1,3–1,4 m Länge und das bisher bekannte Maximalgewicht liegt bei nur 26,5 kg.

In jeder Hälfte des Ober- und Unterkiefers sitzen 45–65 sehr spitze Zähne.

Identifizierung auf See: Costa Rica- und Östliche Spinner sind aufgrund ihrer einheitlich grauen Färbung, der langen Schnauze und der dreieckigen Finne kaum zu verwechseln. Ostpazifische Delphine mit Zwei- oder Dreitonfärbung können durch

Unten: Der Ostpazifische Delphin gehört zu den übermütigsten Walen überhaupt.

Oben rechts: Form und Färbung variieren zwischen den verschiedenen Populationen beträchtlich.

die Form des dunklen Rückencapes, die schwarzen Lippen und die lange, mit schwarzer Spitze versehenen Schnauze identifiziert werden. Das Drehen um die Körperlängsachse während des Springens ist typisch für diese Art.

Lebensraum: Spinner-Delphine bewohnen einen ähnlichen Lebensraum wie Fleckendelphine. Bei ozeanischen Formen im Ostpazifik trifft dies auf die relativ konstante tropische Wassermasse nördlich und südlich des Äquators zu.

Verbreitung und Wanderung: *Stenella longirostris* wird in den tropischen und subtropischen Gewässern aller Ozeane gefunden. Im Ostpazifik hat er dieselbe Verbreitung wie der Schlankdelphin, wobei er sich weitgehend innerhalb eines Dreiecks aufhält, dessen Eckpunkte durch den 25. nördlichen und 15. südlichen Breitengrad in Küstennähe und dem 10. nördlichen Breiten- sowie 155. westlichen Längengrad gegeben sind. Costa Rica Spinner werden nur innerhalb eines schmalen Streifens von weniger als 100 km vor den Küsten Panamas, Costa Ricas und Nicaraguas angetroffen. Östliche Spinner sind auf ein Gebiet nördlich des Äquators und östlich des 125. westlichen Längengrades beschränkt. Im Ostpazifik haben Wiederfunde markierter Ostpazifischer Delphine begrenzte Wanderungen über 300–700 km aufgedeckt.

Hawaii-Spinner bilden eine eigenständige Population. In den anderen Gebieten weist *S. longirostris* eine ähnliche Verbreitung wie *S. attenuata* auf und wird häufig in küstennahen Gewässern gefunden.

Nahrung und Nahrungsaufnahme: *S. longirostris* lebt hauptsächlich von Fischen und Kalmaren, die er deutlich unterhalb der Wasseroberfläche findet. Alle anderen Beutegreifer, die mit ihm den Lebensraum teilen, ernähren sich unmittelbar an der Wasseroberfläche. Es gibt klare Hinweise, daß sich Ostpazifische Delphine hauptsächlich nachts fressen. Dies trifft in jedem Fall für Hawaii zu, wo man die Schulen während des Tages vor den Küsten ruhend vorfindet, während sie nachts in tiefere Gewässer hinausschwimmen, um Beute zu jagen.

Verhalten: Die Gruppengröße der Ostpazifischen Delphine reichen von sehr wenigen Individuen bis über 1.000 Tiere. Spinner werden auch in Gesellschaft von anderen ozeanisch lebenden Walen angetroffen.

Ostpazifische Delphine sind bekannt für ihr reichhaltiges Repertoire an Verhaltensweisen über Wasser. Ganz besonders ist hier ein Verhalten zu nennen, dem die Tiere ihren Namen »Spinner« verdanken: Die Tiere springen hoch aus dem Wasser und drehen sich dabei mehrere Male um ihre Körperlängsachse. Die typische Lautgebung besteht aus Pfiffen und Klick-Lauten.

Sowohl Spinner als auch Schlankdelphine können sehr schnell schwimmen. Während kurzer Spurts können sie die Geschwindigkeiten von Schnellbooten erreichen. Dauergeschwindigkeiten von bis zu 20 km/h können bis zu einer Stunde durchgehalten werden.

Fortpflanzung und Entwicklung: Unser Wissen über das Fortpflanzungsverhalten von *S. longirostris* basiert auf Untersuchungen an der ostpazifischen Form. Der Östliche Spinner pflanzt sich einmal pro Jahr, im späten Frühling bis zum Frühsommer, fort, der nördliche Weißbauchspinner hingegen weist zwei Geburtenspitzen auf, eine im Frühjahr und eine im Herbst. (Dieses Muster entspricht dem des nördlichen hochseebewohnenden Schlankdelphins der gleichen Region.) Die Tragzeit liegt zwischen 10 und 11 Monaten, die Länge bei der Geburt beträgt etwa 77 cm. Das Durchschnittsalter zur Zeit der Entwöhnung liegt zwischen 11 Monaten beim nördlichen und 19 Monaten beim südlichen Weißbauchspinner.

Ostpazifische Delphine erreichen die Geschlechtsreife bei Längen von 1,6–1,7 m (Hochseeformen) und einem Alter von 6-9 Jahren (Männchen) bzw. 4–6 Jahren (Weibchen). Beim Östlichen Spinner nimmt die Fruchtbarkeit mit zunehmendem Alter langsam ab, während sie beim Weißbauchspinner zu Anfang sehr schnell zurückgeht.

Die jährlichen Trächtigkeitsraten schwanken zwischen 30% und 35% (oder gebährfähigen Weibchen), was mit Geburtsintervallen von 3,3–2,9 Jahren einhergeht. Die jährlichen Geburtenraten liegen zwischen 6,7–9,4%. Es existieren keine Schätzungen zu Sterberaten.

Weltbestand: Östliche Spinner werden gegenwärtig auf 600.000–800.000 Tiere, Weißbauchspinner auf etwa 600.000 Individuen geschätzt. Aus anderen Gebieten der Erde gibt es keine Schätzungen.

Der Einfluß des Menschen: Die Spinner-Delphine nehmen als Opfer der Beutelnetzfischerei auf Thunfische im östlichen Pazifik den zweiten Platz nach den Schlankdelphinen ein. Sowohl der Östliche als auch der Weißbauchspinner gehen Verbindungen mit Gelbflossen-Thunfischschwärmen ein, wodurch Tausende von Individuen jährlich getötet werden. Man nimmt an, daß der Bestand auf 20% der Dichte vor 1959 dezimiert wurde. Weißbauchspinner sind erst in neuerer Zeit das Ziel dieser Fischerei und wurden daher noch nicht so stark dezimiert.

Andernorts wurden Ostpazifische Delphine meist eher zufällig in Fischereinetzen getötet. Vor Nordaustralien ist *S. longirostris* der Wal, der am häufigsten auf diese Art ums Leben kommt.

Ostpazifische Delphine aus dem Indo-Pazifischen Ozean und aus den Gewässern um Hawaii wurden erfolgreich für mindestens 10 Jahre in Menschenhand gehalten.

Clymene-Delphin (Kurzschnauzen-Spinner)

STENELLA CLYMENE

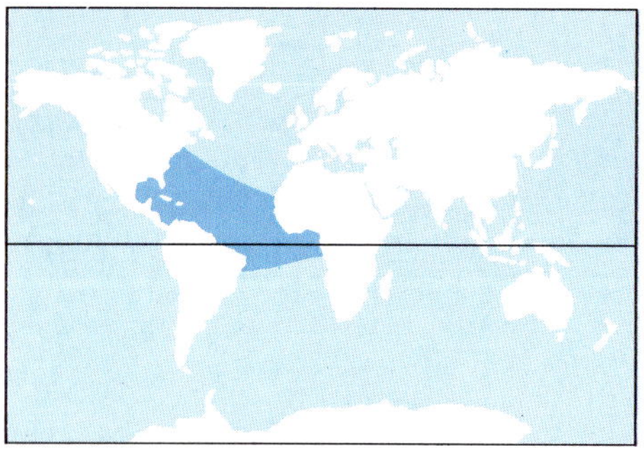

Mögliche Verbreitung

Systematik: *Stenella clymene* wurde 1846 von John Gray beschrieben, nahezu 20 Jahre nachdem er den sehr viel weiter verbreiteten Ostpazifischen Delphin *S. longirostris* beschrieben hatte. Diese Klassifizierung basierte ausschließlich auf Skelettmaterial, so daß etliche Walforscher die Existenz der Art bezweifelten, bis 1981 auch das äußere Erscheinungsbild dieses Delphins beschrieben werden konnte. Der Artname stammt aus der griechischen Mythologie und bezieht sich auf Clymene, die Tochter von Oceanus und Tethys.

Beschreibung: Der Clymene-Delphin ähnelt in Gestalt und Färbung am ehesten der hawaiianischen Form von *S. longirostris*. Er weist eine Drei-Ton-Färbung auf mit einem weißen Bauch, grauen Flanken und einem dunkelgrauen Rückencape, das genau in Höhe der Rückenfinne etwas nach unten »durchhängt« und sich am Rücken bis zur Hälfte zwischen der sichelförmig gebogenen Finne und der Schwanzfluke entlangzieht. Der Streifen zwischen Auge und Flipper wird in der Nähe des Auges schmaler und kann ganz undeutlich ausfallen. Das Übergreifen dieses Streifens auf die Schnauze vermittelt den Eindruck eines Schnauzbartes. Die Schnauzenspitze selbst ist schwarz wie bei *S. longirostris*, aber oben von einem hellgrauen Schimmer umsäumt. Der Körper ist robuster als bei den meisten Ostpazifischen Delphinen, Flipper und Rückenfinne sind ein wenig kleiner. Der auffälligste Unterschied ist jedoch die kürzere Schnauze, die im Vergleich zur langen, schlanken Schnauze von *S. longirostris* nahezu stumpf erscheint. Erwachsene Clymene-Delphine, die vermessen wurden, waren bis zu 2 m lang und wogen etwa 80 kg. In jeder Hälfte des Ober- und Unterkiefers gibt es 38–49 Zähne.

Identifizierung auf See: Die kurze Schnauze und das nach unten »herabhängende« Cape sind die besten Unterscheidungsmerkmale für diese Art. Ohne diese Merkmale ist eine Abgrenzung gegen *S. longirostris* schwierig.

Lebensraum: *S. clymene* wurde auf See nur in Tiefwassergebieten beobachtet.

Verbreitung und Wanderung: Der Clymene-Delphin kommt nur im Atlantischen Ozean in tropischen und subtropischen Regionen vor. Im Westen gibt es Aufzeichnungen aus der Karibik, dem Golf von Mexiko und der Ostküste Nordamerikas bis etwa 40° nördlicher Breite. Die Art wurde auch vor der Nordwestküste Afrikas und im Zentralatlantik nördlich und südlich des Äquators angetroffen. Berichte von einem »Senegal Delphin«, der von den Cap Verde-Inseln bis zum Golf von Guinea vorkommen soll, beziehen sich vermutlich auf *S. clymene*.

Nahrung und Nahrungsaufnahme: Es ist nur sehr wenig über Art der Nahrungsaufnahme bekannt, sie scheint jedoch ähnlich anderen Spinnerdelphinen zu sein. Diese schließt die Aufnahme von Fischen und Kalmaren der mittleren Wasserschichten ein, möglicherweise bei Nacht, wenn die Beute näher zur Wasseroberfläche kommt.

Verhalten: Typische Gruppengrößen sind nicht bekannt. Kleinere Schulen bis zu 10 Tieren wurden in der Karibik beobachtet, und etwa 50 Delphine strandeten gemeinsam im Golf von Mexiko. Daten aus Strandungen lassen vermuten, daß in den Schulen von *S. clymene* eine Aufgliederung nach Geschlecht und Alter existiert.

Clymene-Delphine wurden gemeinsam mit Ostpazifischen und Gemeinen Delphinen gesichtet. Manchmal dreht sich der Clymene-Delphin beim Sprung um seine Längsachse, jedoch niemals so spektakulär wie der eigentliche Spinner (Ostpazifischer Delphin).

Weltbestand: Geringe Zahlen von Clymene-Delphinen werden in der Karibik rund um die Kleine Antilleninsel St. Vincent mit Harpunen gefangen. Gestrandete Individuen, die man in Delphinarien brachte, haben nicht länger als einige Tage überlebt.

Der Alternativname »Kurzschnauzenspinner« spiegelt genau den Hauptunterschied dieser Art zum nahe verwandten »Spinner« *Stenella longirostris*.

Zügeldelphin

Stenella frontalis

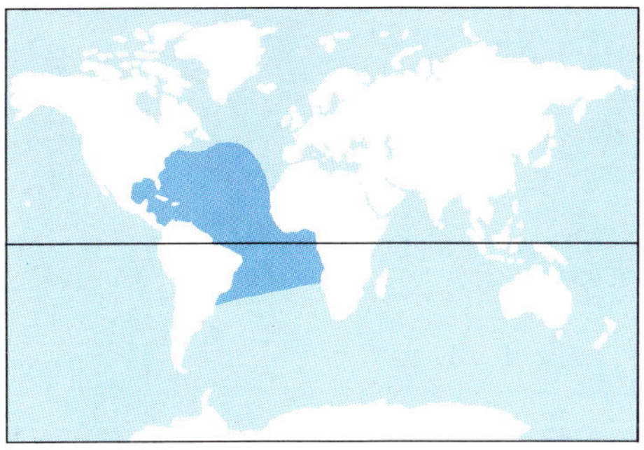

Mögliche Verbreitung

Systematik: *Stenella frontalis* wurde erstmalig 1829 von F. Cuvier. Der Artname *frontalis* könnte sich auf die vorstehende Stirn dieses Delphins beziehen.

Beschreibung: Der Zügeldelphin ähnelt dem Schlankdelphin, ist jedoch schwerer gebaut. Die Färbung ist ähnlich, jedoch unterscheidet er sich vom Schlankdelphin hauptsächlich durch eine typischen Blesse auf dem Rücken, die nach oben in das Rückencape in Richtung auf die Finne verläuft, sowie durch eine kleinere weiße Fläche auf der ansonsten grauen Bauchseite. Die Fleckung variiert bei Erwachsenen von sehr ausgeprägt bis nahezu nicht vorhanden. Die kräftiger gefärbten Tiere findet man in der Nähe der Kontinentalküsten.

Im Umriß ähnelt der Zügeldelphin dem Großen Tümmler, besonders in der Kieferregion, in der Kopfform sowie der Form von Flipper und Finne. Erwachsene Zügeldelphine wiegen etwa 10–30 kg mehr als Schlankdelphine derselben Länge. Sie werden mindestens 2,3 m lang und 143 kg schwer, wobei Hochseeformen deutlich kleiner bleiben als jene, die entlang der Küsten Zentral- und Nordamerikas leben. In jeder Hälfte des Ober- und Unterkiefers sitzen 30–42 Zähne.

Identifizierung auf See: Wenig gefleckte Zügeldelphine können mit Großen Tümmlern verwechselt werden, welche ebenfalls mitunter einige Flecken aufweisen, meistens aber größer werden. Die Kombination von Fleckenzeichnung mit der Rückenblesse erleichtert die Identifizierung.

Lebensraum: Zügeldelphine bewohnen sowohl küstennahe Gewässer als auch offene Ozeane. Vor der Südostküste Nordamerikas werden sie in Gewässern mit Tiefen unter 200 m angetroffen. Sie wandern nur zu bestimmten Zeiten in nahe Küstengewässer ein, den Lebensraum der küstenbewohnenden Großen Tümmler. In einigen Teilen der Karibik ähnelt *S. frontalis S. attenuata* und besetzt ähnliche ökologische Nischen.

Verbreitung und Wanderung: *S. frontalis* ist nur aus dem Atlantischen Ozean bekannt, wo er zwischen dem 48. nördlichen und 24. südlichen Breitengrad auftritt.

Nahrung und Nahrungsaufnahme: Zügeldelphine ernähren sich von Kalmaren und einer Vielzahl an Fischen. Im Bereich der Azoren hat man sie bei der Jagd auf Holzmakrelen beobachtet. Die Nahrungsaufnahme kann von verstärkter Überwasseraktivität und Lautgebung begleitet sein. Küstenbewohnende Zügeldelphine besitzen größere Kiefer und Zähne, was ein Hinweis auf größere Beutetiere sein könnte, als sie von hochseebewohnenden Formen aufgenommen werden, die über kleinere Mäuler und Zähne verfügen.

Verhalten: Die Gruppengrößen liegen typischerweise unter 50 Individuen und sind bei Küstenformen noch kleiner. Größere Schulen wurden vor Florida und im Gebiet der Azoren beobachtet. Zügeldelphine weisen ähnliche Lautgebungen und vergleichbare Verhaltensweisen über Wasser wie Schlankdelphine auf. Es gibt einige Hinweise auf komplexe Sozialstrukturen, es wurden Individuen beobachtet, die in Not geratenen Artgenossen halfen.

Fortpflanzung und Entwicklung: Über das Fortpflanzungsverhalten dieser Art ist nur sehr wenig bekannt. Die Körperlängen bei der Geburt variieren zwischen 76 und 120 cm.

Weltbestand: Es gibt keine Schätzungen zur Bestandsdichte, der Zügeldelphin ist aber wohl die häufigste Art im Golf von Mexiko und vor der Südostküste der USA.

Der Einfluß des Menschen: Zügeldelphine werden durch kleine Walfangindustrien mit Harpunen bei St. Vincent in der Karibik und vor den Azoren im Zentralatlantik bejagt. In Menschenhand haben sie keine guten Überlebenschancen.

Unten: *S. frontalis* hat eine Blesse, die zum Rückencape bis in die Nähe der Finne hinaufreicht.

Gemeiner Delphin

DELPHINUS DELPHIS

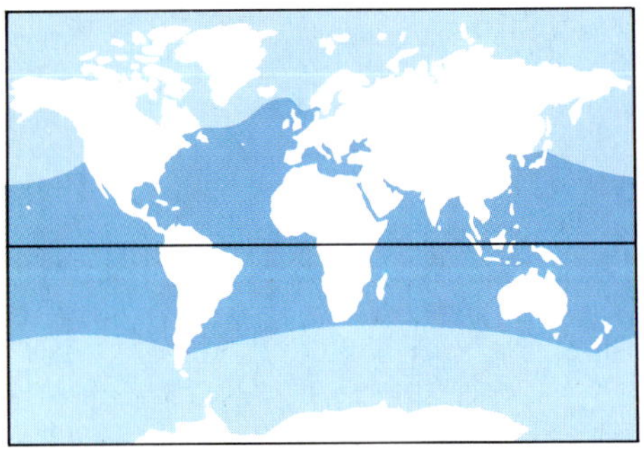

Mögliche Verbreitung

Systematik: Dies ist die Art, mit der unsere Vorfahren am vertrautesten waren, was sich auch im wissenschaftlichen Namen *Delphinus delphis* widerspiegelt. Diese Bezeichnung stellt einfach eine Kombination der lateinischen und griechischen Worte für »Delphin« dar. Man vermutet, daß weltweit zahllose Unterarten existieren. Eine gründliche systematische Überarbeitung der Gattung *Delphinus* steht noch aus.

Beschreibung: Alles in allem sind Gemeine Delphine relativ schlank und stromlinienförmig gebaut, wobei ihre Körperform grundsätzlich der der *Stenella*-Arten ähnlich ist. Die Maximalgrößen liegen für Männchen bei 2,6 m und für Weibchen bei 2,3 m. Im Durchschnitt liegen die Größen von Erwachsenen zwischen 1,7 und 2,4 m, abhängig von den jeweiligen Populationen. Die meisten Individuen wiegen höchstens 75 kg. Große Männchen können aber bis zu 135 kg erreichen.

Die Melone setzt sich durch einen Knick deutlich vom langen Kiefer ab. Flipper und Fluke sind gebogen und laufen an den Enden spitz zu. Die Rückenfinne ist lang und aufgerichtet mit kleiner sichelförmiger Krümmung. Einige Männchen besitzen eine deutliche Leiste auf der Bauchseite direkt hinter dem After.

Dies ist einer der am schönsten gefärbten Delphine. Die Schnauze, der Rücken und die Körperfortsätze sind dunkelbraun bis schwarz, die Bauchseite ist weiß. Die vorderen Flankenflächen sind gelb bis lederfarben, die hinteren Flanken und Seiten des Schwanzstieles sind hellgrau gemasert. Dieses Färbungsmuster ergibt das für diese Art typische Merkmal, einen sanduhrähnlichen Fleck an der Seite, dessen Einschnürung unterhalb der Finne liegt, welche ihrerseits ein helleres Dreieck enthält. Die Augen sind schwarz eingefaßt, und ein schmaler, dunkler Streifen verläuft zur Vorderseite der Melone. Ein weiterer dunkler Streifen verläuft vom Kinn zu den Flippern, und zwischen Gesicht und After können mehrere Streifen sichtbar werden. Bei den Kälbern liegen die Zeichnungsmuster nur angedeutet vor, wie das bei vielen kleineren Walarten der Fall ist. Im Ober- und Unterkiefer sitzen jeweils 80–100 kleine, spitze Zähne.

Es wurden viele geographische Rassen von *Delphinus* beschrieben, die sich in Färbung, Körperform und den Fortpflanzungsdaten unterscheiden. Man nimmt an, daß eigenständige Populationen im Mittelmeer, Schwarzen Meer, Indischen Ozean, vor Japan und im Ostatlantik existieren. Im Ostpazifik werden heute fünf Populationen unterschieden, darunter eine langschnäuzige Form aus Küstengewässern und mehrere kurzschnäuzige Hochseeformen.

Identifizierung auf See: Die nützlichsten Erkennungsmerkmale auf See sind die gelblich-ockerfarbenen Flecken an den Seiten vor der Rückenfinne und das »V«, das durch das Zusammenlaufen mehrerer Farbelemente direkt unterhalb der Finne erscheint.

Lebensraum: Gemeine Delphine bewohnen tropische bis gemäßigt warme Gewässer und bevorzugen dabei Oberflächentemperaturen oberhalb 10° C. Sie werden meistens in relativ tiefen Gewässern offener Ozeane angetroffen, leben jedoch auch in flachen Küstengebieten.

Verbreitung und Wanderung: Gemeine Delphine sind in warmen Gewässern weitverbreitet. Im Pazifik trifft man sie von Zentraljapan und Süd-Neuseeland im Westen bis nach Zentralkalifornien und Zentralchile im Osten an. Im Atlantik kommen sie von Neufundland bis Argentinien und von Südnorwegen bis Südafrika vor. Sie sind im ganzen Indischen Ozean verbreitet und werden im Golf von Mexiko, Mittelmeer, Schwarzen Meer, Roten Meer, Persischen Golf, der Japanischen See, im Südchinesischen Meer und im Golf von Kalifornien angetroffen.

Die Verbreitung in Polrichtung ist offensichtlich durch die Wassertemperaturen begrenzt, wobei Gemeine Delphine oftmals warmen Strömungen weit über ihre normalen Verbreitungsgrenzen hinaus folgen. Obwohl sie in den meisten Gebieten ihres Vorkommens während des ganzen Jahres anwesend sind, wurde aus einigen Gebieten von saisonalen Wanderungen berichtet. In einigen Gebieten scheinen Gemeine Delphine in offenen Ozeanen zu Untiefen und Tiefseeböschungen zu wandern, wo aufsteigende Strömungen ein besseres Nahrungsangebot garantieren. Auf der Suche nach geeigneter Nahrung unternehmen sie mitunter Wanderungen von über 1000 km.

Nahrung und Nahrungsaufnahme: Gemeine Delphine fressen eine große Vielfalt

Rechts: Vier Gemeine Delphine vor Neuseeland. Obwohl die Farbmuster auf den Flanken zwischen den Populationen unterschiedlicher geographischer Regionen variieren, macht es der gelbe Fleck oberhalb der Flipper leicht, diese Tiere zu identifizieren..

Unten: Diese Erwachsenen aus dem tropischen Pazifik zeigen ein deutlicheres »Uhrenglas«-Muster auf ihrer Flanke. Gemeine Delphine werden in tropischen, subtropischen und gemäßigt warmen Gewässern aller Meere angetroffen.

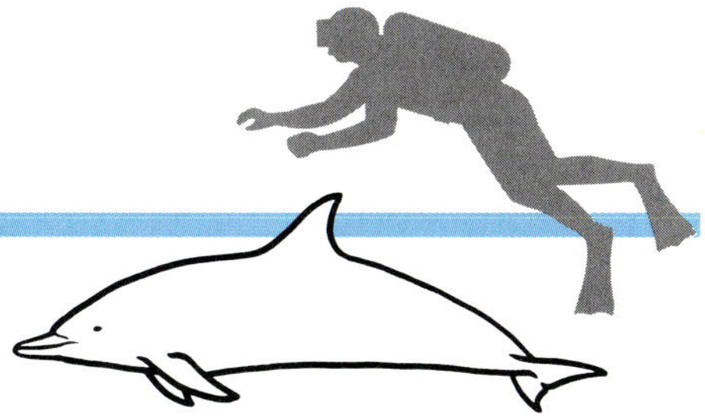

an Kalmaren und Fischen, besonders schwarmbildende Arten wie Sardinen, Sardellen, Hering und Pilchards. Ihre Nahrungszusammensetzung wechselt in manchen Gebieten jahreszeitlich. Die Delphine bedienen sich häufig kooperativer Fangmethoden. So tauchen Delphinherden unter einen Fischschwarm und treiben diesen an die Oberfläche. Gemeine Delphine wurden schon dabei beobachtet, wie sie Fische in der Luft erbeuteten.

Vor Südkalifornien fressen Gemeine Delphine meist bei Nacht, was mit der nährstoffreichen Tiefwasserschicht zu tun hat, die bei Nacht in die oberen Wasserschichten auftreibt. Tauchgänge bis 280 m Tiefe und von bis zu 8 Minuten Länge wurden beobachtet.

Verhalten: Gemeine Delphine leben in Schulen mit einigen -zig bis mehreren tausend Mitgliedern. Vor Kalifornien variiert die Gruppengröße während des Jahres, wobei die Schulen von Mai bis Oktober größer sind und sich die Delphine hauptsächlich von schwarmbildenden Sardellen ernähren. In einigen Gebieten teilen sich die Herden auf, um während der Nacht zur Nahrungsaufnahme kleinere Schulen zu bilden und sich am Tage wieder zu großen Sozialgruppen zusammenzufinden. Fürsorgeverhalten wurde bei dieser Art ausgiebig dokumentiert. Häufig sind Gemeine Delphine auch gemeinsam mit anderen Walarten zu beobachten. Innerhalb der Sozialverbände scheint es geschlechtsspezifische Aufgliederungen zu geben, z. B. Mutter-Säuglings-Schulen.

Gemeine Delphine sind aktiv und ungestüm. Große wandernde Gruppen bestehen oft aus dicht gedrängt schwimmenden Individuen, wobei man zeitweise die ganze Schule oberhalb der Wasseroberfläche beobachten kann. Man vermutete, daß Gemeine Delphine sich bei der Navigation nach dem Stand der Sonne richten können.

Das Wellenreiten auf Bugwellen ist eine der Lieblingsbeschäftigungen dieser Delphine, sie tun dies auf den Bugwellen von Schiffen und denen großer Wale. Aus dem Wasser schnellen, das Schlagen auf die Oberfläche mit Flippern, Kopf oder Fluke und verschiedenste Luftsprünge und Salti sind nicht ungewöhnlich. Gemeine Delphine sind sehr stimmfreudig und produzieren eine Vielzahl von Pfiffen und pulsierenden Klängen, die sie sowohl zur Kommunikation als auch zur Echoorientierung einsetzen.

Strandungen dieser Art sind nicht außergewöhnlich häufig, aber es treten über den gesamten Bereich ihres Vorkommens doch immer wieder einige solcher Unfälle auf. Viele der vor Kalifornien registrierten Strandungen führte man auf die Zerstörung von Gehirn und Gehörgängen durch parasitische Würmer zurück.

Fortpflanzung und Entwicklung: Die Tragzeit beträgt 10–11 Monate. Die Länge bei der Geburt liegt zwischen 80 und 85 cm, das Kalb wird 14–19 Monate gesäugt. Schätzungen der Fortpflanzungsintervalle liegen zwischen 1,3–2,6 Jahren, und die jährliche Geburtenrate variiert zwischen 38% und 75%.

Die Geschlechtsreife wird durchschnittlich mit 6–7 Jahren und bei einer Länge von 1,6–1,9 m (Weibchen) bzw. 5–12 Jahren und einer Länge von 1,7–2 m (Männchen) erreicht. Saisonale Schwerpunkte der Geburten (im Frühling/Herbst oder Sommer) existieren für einige Populationen, aber auch über das ganze Jahr verteilt finden Geburten statt, besonders in den Tropen. Diese Informationen basieren auf Erkenntnisse aus einigen wenigen Populationen. Wahrscheinlich sind innerhalb des gesamten Verbreitungsgebietes Variationen zu verzeichnen.

Weltbestand: Obwohl es keine zuverlässigen Schätzungen über den Gesamtbestand gibt, ist der Gemeine Delphin einer der häufigsten Delphine dieser Erde. Alleine im östlichen Nordpazifik gibt es vermutlich über eine Million Gemeine Delphine.

Trotz seiner Häufigkeit sind einzelne Bestände doch in Schwierigkeiten, hauptsächlich durch anhaltende, zahlreiche Fänge. Die Bestände des Schwarzen Meeres, des Mittelmeeres und des östlichen tropischen Pazifiks wurden so stark dezimiert, daß sie als bedroht gelten müssen.

Der Einfluß des Menschen: Ausbeutung durch den Menschen existiert für diesen Wal überall auf der Welt, er ist eine der Zielarten des Walfanges in Japan, Südamerika und auf den Azoren. Versehentlich in Netzen verfangen sich Gemeinde Delphine in Europa, Südafrika, Neuseeland, der Mittelmeerregion, China und gelegentlich in Sri Lanka. Versehentliche Fänge durch die Thunfisch-Netzfischerei wurden von Westafrika und aus dem östlichen tropischen Pazifik berichtet, wo Gemeine Delphine die am dritthäufigsten gefangene Delphinart darstellen. In der Vergangenheit wurden die größten Fänge im Schwarzen Meer getätigt, wo verschiedene Länder zusammen jährlich über 100.000 Tiere durch Schießen und Fang in Netzen erbeuteten. Die Bestände dort nahmen bedrohlich ab, so daß sowohl die Russen als auch die Türken den Fang einstellten, die letzteren erst 1988. Die Fänge im Schwarzen Meer blieben in den letzten Jahren erheblich kleiner als zuvor.

Gemeine Delphine wurden schon in vielen Ländern in Menschenhand gehalten, zählen aber nicht zu den beliebtesten Arten für Dressuren und zu Schauzwecken. Im Gegensatz zu ihrer in der Wildbahn zu beobachtenden Lebensfreude bleiben sie in Delphinarien scheu und verstört.

WEISSSCHNAUZENDELPHIN

LAGENORHYNCHUS ALBIROSTRIS

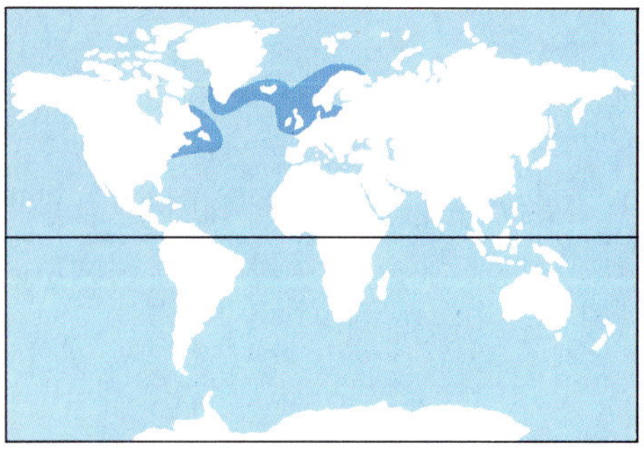

Annähernde Verbreitung

Systematik: Die Gattung wurde von John Gray vom Britischen Museum benannt. *Lagenorhynchus* leitet sich von den griechischen Wörtern *Lagenos* (=Flasche) und *rhynchos* (=Kiefer, Schnauze) ab. Die Nominatform hatte einen weißen Kiefer (»Schnabel«), daher nannte Gray die Art *albirostris*, von *albus* (= weiß) und *rostrum* (= Kiefer, Schnabel).

Populäre Bezeichnungen: Im Englischen wird manchmal der Name »White-nosed dolphin« (= Weißnasendelphin) gebraucht.

Beschreibung: Diese Delphine erreichen Maximallängen von etwas über 3 m. Die kurze, dicke Schnauze setzt sich deutlich von der Melone ab. Der Körper wirkt kräftig, die Rückenfinne ist genau in der Mitte der Rückenlinie. Der Schwanzstiel ist dicht und besitzt ober- und unterseits oft eine kielartige Leiste.

Die Färbung ist recht variabel, grundsätzlich aber dunkel am Rücken rund um die Finne herum mit weißen oder hellgrauen Bezirken an der Seite, die sich rückwärts wieder auf Rücken und Schwanzstiel ausdehnen sowie vorwärts auf die Fläche zwischen Blasloch und Rückenfinne auslaufen. Die Unterseite ist weiß bis etwa zur Mitte des Schwanzstieles. Häufig ist die gesamte Schnauze weiß, sie kann aber auch gräulich meliert und sogar gänzlich dunkel ausfallen. Helle Zonen sind oftmals in der Nackenregion direkt hinter dem Blasloch, oberhalb und vor der Flipperbasis und rund um die Augen vorhanden. Die Fläche zwischen Auge und Flipper ist oft mit dunklen Flecken bedeckt. Normalerweise sitzen 22 bis 27 Zähne in jeder Hälfte des Ober- und Unterkiefers.

Identifizierung auf See: Am leichtesten kann man den Weißschnauzendelphin mit dem Weißseitendelphin verwechseln. Sie sind sehr ähnlich und ihre Verbreitungsgebiete überlappen sich. Die besten Anhaltspunkte zur Identifizierung des Weißschnauzendelphins auf See sind seine weißen Flächen am Rücken, vor und hinter der Finne. Beim Weißseitendelphin sind diese Stellen völlig dunkel. Wenn man genügend von dem Tier zu Gesicht bekommt, sind die strahlend weißen Flecken an den Seiten unterhalb und leicht hinter der Rückenfinne, gefolgt von einem gelben oder hautfarbenen Streifen an den Flanken, die besten Unterscheidungsmerkmale. Zusätzlich ist die Schnauzenoberseite des Weißseitendelphins dunkel.

Lebensraum: Man weiß nur wenig über die Lebensräume des Weißschnauzendelphins. Sie leben weitverstreut über den Kontinentalschelfen, kommen aber häufig in großer Zahl an den Schelfkanten und über den Schelfabhängen vor. Auf der Basis von Aufzeichnungen über Strandungen in Großbritannien vermutete F.C. Fraser, daß ihre Verbreitung im östlichen Nordatlantik an den Nordatlantischen Strom gekoppelt ist.

Verbreitung und Wanderung: Der Weißschnauzendelphin ist auf den nördlichen und subarktischen Nordatlantik beschränkt, wo er weitverbreitet auftritt. Im Osten wurden einige Beobachtungen bis Portugal gemacht, und mindestens eine Strandung fand in Frankreich statt. Normalerweise sind diese Delphine aber selten südlich der Britischen Inseln anzutreffen. Im Westen liegt die südliche Grenze etwa bei Cape Cod.

Diese Delphine kommen häufig in der Norwegischen See, der Nordsee, der südlichen Barentsee und der Labrador-See vor, aber auch in der Straße von Dänemark und möglicherweise in der südlichen Davis-Straße. Häufig trifft man sie überall um Island und die Färöer herum an. Geringe Anzahlen dringen auch in die Ostsee ein. Es gibt keine Hinweise darauf, daß sie in die Hudson-Straße einwandern, wohingegen sich im Sommer sehr viele im St.-Lorenz-Golf aufhalten.

Obwohl ihr Wanderverhalten noch weitgehend unbekannt ist, berichten Fischer, daß Weißschnauzendelphine im späten Juni an den Küsten von Labrador erscheinen und während des Sommers und Herbstes in den Küstengewässern verbleiben. In den Gewässern um Großbritannien bleiben sie während des gesamten Jahres.

Nahrung und Nahrungsaufnahme: Weißschnauzendelphine haben eine vielseitige Nahrungszusammensetzung, wobei vermutlich Hering- und Dorscharten überwiegen. Außerdem fressen sie Kalmare und Krebstiere. Man kann sie in der Straße von Dänemark oft gemeinsam mit Finnwalen bei der Jagd auf die Lodde beobachten.

Verhalten: Die Größe der Gruppen variiert erheblich. Vermutlich enthalten die meisten Schulen wenige bis einige Dutzend Mitglieder, es werden jedoch auch Herden von mehreren hundert bis über 1.000 Tieren gesehen. Weißschnauzendelphine können sehr akrobatisch sein, sie springen hoch aus dem Wasser und landen dann auf dem Rükken oder den Flanken.

Fortpflanzung und Entwicklung: Die Länge bei der Geburt liegt vermutlich im Bereich von 1,2–1,6 m. Man nimmt an, daß die meisten Geburten im Sommer und zeitigen Herbst stattfinden.

Weltbestand: Obwohl wir nichts über die Existenz von unterschiedlichen Populatio-

nen wissen und keine Meinungen darüber publiziert wurden, welche Gruppierungen als separate Populationen angesprochen werden könnten, gibt es einzelne Schätzungen über lokale Vorkommen der Art. Eine begrenzte Untersuchung über das Kontinental-schelfgebiet zwischen St. Antony's (Neufundland) und Nain (Labrador) resultierte in einer Schätzung auf etwa 3.500 Tiere für dieses Gebiet. Für ein kleines Gebiet östlich von Cape Cod lagen die Schätzungen bei 600 Weißschnauzendelphinen.

Diese Art ist unstreitig die häufigste Delphinart vor Südostgrönland, in der Straße von Dänemark und in den Meeren um Island. Aufzeichnungen über Sichtungen sehr großer Herden wie auch über Fänge in Grönland und von den Färöern unterscheiden häufig nicht zwischen Weißschnauzen- und Weißseitendelphinen.

Man entwickelte Vorstellungen über die Trends der Bestandsentwicklungen aufgrund von Felduntersuchungen, diese sind jedoch sehr schwer zu belegen. Basierend auf der Häufigkeit von Strandungen nimmt man an, daß Weißschnauzendelphine seit 1960 in holländischen Gewässern zugenommen haben.

Der Einfluß des Menschen: Weißschnauzendelphine sind zumindest gelegentlich lange bejagt worden. Beachtliche Mengen wurden früher in den Fjorden der norwegischen Finnmark gefangen. Anfang des 20. Jahrhunderts beliefen sich die Fänge der Färöer auf mehrere hundert Individuen, wobei nicht sicher ist, ob es sich um Weißschnauzen- oder Weißseitendelphine oder beide gehandelt hat. Geringfügige Fänge finden noch immer sowohl dort als auch vor Süd- und Westgrönland statt, wobei keine Sicherheit über die Artzugehörigkeit der gefangenen Tiere herrscht. In einer neueren Studie über den Walfang vor Labrador wird der jährliche Fang von Weißschnauzendelphinen auf durchschnittlich 366 Individuen geschätzt.

Auch zufällige Fänge in Fischereigeschirr sind seit mehr als einem Jahrhundert jährlich zu verzeichnen. In keinem Gebiet reichen Untersuchungen über diese Todesart aus, um gesicherte Aussagen über deren Auswirkungen auf die Populationen machen zu können.

Es wurden kaum Versuche unternommen, diese Delphine lebend zu fangen. Fünf Mitglieder einer Gruppe von mehreren Dutzend Weißschnauzendelphinen, die vor Neufundland vom Eis eingeschlossen waren, wurden mit Netzen gefangen und in das Mystic Aquarium in Connecticut (USA) überführt.

Unten links: Dieser Delphin hat helle Stellen am Rücken, besonders hinter der Finne.

Rechts: Ein einzelner Weißschnauzendelphin, der ruhig im Gebiet der Äußeren Hebriden vor der Westküste Schottlands schwimmt.

Unten: Obwohl sie manchmal sehr akrobatisch sind, ist diese Art nicht für Überwasseraktivitäten bekannt.

WEISSEITENDELPHIN

LAGENORHYNCHUS ACUTUS

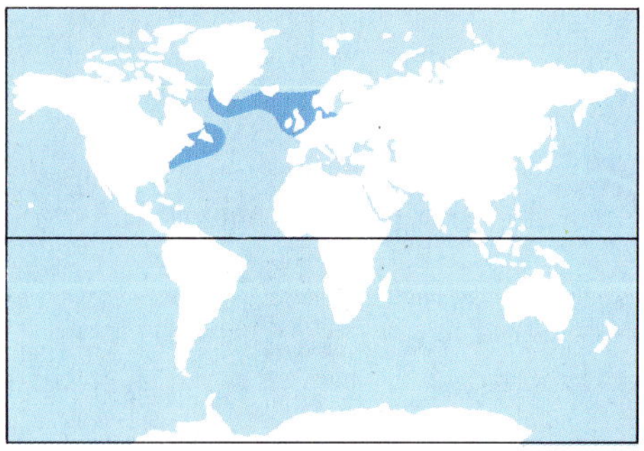

Annähernde Verbreitung

Systematik: Der Artname leitet sich vom lateinischen Wort *acutus* (= scharf) ab und bezieht sich auf die sehr spitz auslaufende Finne, die diese Art kennzeichnet.

Populäre Bezeichnungen: Wie auch der Weißstreifendelphin nennen nordamerikanische Walbeobachter, Meereskundler und Wissenschaftler diesen Delphin häufig Lag, was nichts anderes als eine Kurzform des Gattungsnamens ist.

Beschreibung: Dieser ziemlich kräftig gebaute Wal besitzt eine hochstehende Rückenfinne, die sehr spitz ausläuft und sichelförmig gebogen ist. Auch die Flipper enden spitz. Die Schnauze ist kurz, aber gut ausgebildet. Die maximalen Körperlängen liegen bei 2,8 m (Männchen) und 2,5 m (Weibchen). Männchen werden grundsätzlich größer als Weibchen.

Die Färbung ist kennzeichnend für die Art. Der gesamte Rücken einschließlich Oberkiefer, Flipper und Fluke ist schwarz. Die Unterseite einschließlich Unterkiefer ist bis zur Mitte des Schwanzstieles weiß. Die Flanken sind mit Ausnahme zweier klar umrissener Flächen gräulich. Die eine ist ein längliches, nahezu horizontal verlaufendes weißes Band, das unterhalb der Finne beginnt und bis nahe der Mitte des Schwanzstieles verläuft. Unmittelbar hinter dieser weißen Fläche befindet sich die zweite, gelblich-hautfarbene Stelle, die ebenfalls horizontal verläuft und fast bis zur Ansatzstelle der Fluke verläuft. Auf jeder Seite des Ober- und Unterkiefers sitzen 30–40 Zähne.

Identifizierung auf See: Eine gute Hilfe bei der Unterscheidung von Weißschnauzen- und Weißseitendelphinen ist die Färbung des ersteren, bei der die weiße oder hell pigmentierte Zone auf den Flanken nach oben auf den Rücken vor und hinter die Finne verläuft. Bei Weißseitendelphinen sind diese Bezirke so dunkel wie die gesamte Rückenfläche. Die Färbung der Schnauze kann zu Irrtümern führen, weil dieses Merkmal bei Weißschnauzendelphinen sehr variabel ist.

Nicht ungewöhnlich ist die Verwechslung von Gemeinen Delphinen mit Weißseitendelphinen. Beide sind sehr gesellig und aktiv an der Wasseroberfläche, und in der Färbung bestehen oberflächliche Ähnlichkeiten. Da beide Arten einen »Schnabel«, eine hochgestellte Finne, einen dunklen Rücken und weißen Bauch sowie gelbliche oder bräunliche Abzeichen an den Flanken besitzen, kann eine kurze Sichtung auf See sehr leicht zu einer Fehlbestimmung führen.

Lebensraum: Im westlichen Nordatlantik scheinen diese Delphine Gewässer des Kontinentalabhanges zwischen dem warmen Golfstrom und den kälteren Küstengewässern, die vom Labradorstrom beeinflußt werden, bei Oberflächentemperaturen von 9–15° C zu bevorzugen. Eine neuere Studie von Weißseitendelphinen aus Schelf- und Kontinentalabhanggewässern vor den östlichen Vereinigten Staaten berichtet von Temperaturen im Bereich von 1–13° C (im Mittel +7° bis -3° C). Die Meeresgebiete primären Vorkommens weisen ein ausgeprägtes Bodenrelief auf. Zusammenrottungen von Weißseitendelphinen im Frühjahr werden mit den hohen Konzentrationen von Amerikanischen Sandaalen (*Ammodytes americanus*) in Verbindung gebracht, die eventuell eine Hauptbeute darstellen.

Beobachtungen des Kontinentalschelfs vor den nordöstlichen Vereinigten Staaten aus der Luft haben ergeben, daß Weißseitendelphine am häufigsten in Wassertiefen zwischen 40 m und 270 m bei Oberflächentemperaturen von 6–20° C vorkommen.

Verbreitung und Wanderung: Es wurde sehr oft behauptet, daß Weißseitendelphine im östlichen Nordatlantik weiter nördlicher vorkommen als Weißschnauzendelphine. Diese Annahme basierte weitgehend auf Strandungen in Großbritannien und Beobachtungen vor Norwegen und scheint sich neuerdings als Irrtum herauszustellen. Der Weißschnauzendelphin ist vor der nordnorwegischen Finnmark und im isländischen Raum weitaus häufiger als der Weißseitendelphin. Im westlichen Nordatlantik wandern Weißseitendelphine regelmäßig weiter nach Süden als Weißschnauzendelphine. Trotzdem existiert eine breite Überschneidungszone dieser beiden Arten.

Die normalen nördlichen Verbreitungsgrenzen liegen bei 64° N nahe dem westgrönländischen Nuuk und dem norwegischen Trondheim. An der nordamerikanischen Küste tauchen Weißseitendelphine mindestens bis Südlabrador etwa am 53. nördlichen Breitengrad auf. Große Herden schwimmen im Sommer und Herbst in den St.-Lorenz-Golf ein und wandern mitunter bis zur Einmündung des Saguenays. Ganzjährig sind die Tiere in großer Zahl im Golf von Maine (40–44° N) anwesend und werden besonders im Frühjahr entlang des Kontinentalabhanges bei 37° nördlicher Breite östlich der Chesapeake-Bay angetroffen. Obwohl Großbritannien die Südgrenze der Verbreitung im östlichen Atlantik darstellt, wurden einige Strandungen an der französischen Küste nahe der südlichen Einmündung des Ärmelkanales registriert.

Wanderbewegungen konnten bisher nicht ausreichend dokumentiert werden, aber man stellte saisonale Wechsel in der Bestandsdichte von Küstenpopulationen dieser Art fest.

Nahrung und Nahrungsaufnahme: Die Hauptbeute stellen kleine schwarmbildende Fische wie Hering, Sandaal, jugendliche Makrelen und Kalmare. Diese Delphine fressen außerdem Stint (*Osmerus mordax*) und Seehecht (*Merluccius bilinearis*).

Verhalten: Weißseitendelphine sind gesellig und sehr beweglich. Sie leben sowohl als Einzeltiere als auch in kleinen Schulen oder Herden von mehreren hundert Tieren. In ihren Nahrungsgründen trifft man diese Delphine oft gemeinsam mit großen Walen, besonders Finn- und Buckelwalen an.

Entlang der Küste von Neu-England sind sowohl Einzel- als auch Massenstrandungen von Weißseitendelphinen durchaus häufig. Unter den 6 Arten der Gattung scheint *L. acutus* am häufigsten an Massenstrandungen beteiligt zu sein. Ein bemerkenswertes Ereignis dieser Art fand im September 1974 bei Lingley Cove in Maine (USA) statt, wo etwa 150 Weißseitendelphine zappelnd auf dem Watt zurückblieben, als das Wasser zur Ebbe ablief. Viele Individuen überlebten diese Strandung und kehrten bei Flut ins Meer zurück. 59 Leichen blieben am Strand zurück. Vieles von dem, was wir heute über die Biologie dieser Tiere wissen, entstammt Untersuchungen aus Massenstrandungen bei Cape Cod.

Fortpflanzung und Entwicklung: Kälber sind bei Geburt 1,08 1,22 m lang. Die Tragzeit dauert 10–12 Monate, die Säugezeit 18 Monate. Weibchen, die im Sommer begattet wurden, gebären im darauffolgenden Sommer. Es wurden Weibchen gefunden, die zur gleichen Zeit ein Kalb säugten und bereits wieder trächtig waren. Die meisten Männchen erreichen die Geschlechtsreife bei Körperlängen von 2,3–2,4 m, Weibchen mit 2–2,2 m (entsprechend einem Alter von 6–12 Jahren). Die bisher bekannten Höchstalter liegen bei 27 Jahren für Weibchen und 22 Jahren für Männchen.

Nach der Zusammensetzung gestrandeter Gruppen zu urteilen, gliedern sich die Schulen der Weißseitendelphine nach Alter, wobei sich junge und gerade geschlechtsreife Tiere abseits von den Herden mit erwachsenen Weibchen, Kälbern und einigen erwachsenen Männchen aufhalten.

Weltbestand: Obwohl die Ansicht nicht streng wissenschaftlich bewiesen werden kann, haben viele Walkenner den zwingenden Eindruck, daß die Bestandsdichte des Weißseitendelphins zunimmt und daß die Tiere in der Zeit von den 50er bis 80er Jahren eventuell sogar ihr Verbreitungsgebiet bis vor die nordöstlichen USA ausgedehnt haben. Systematische Luftbeobachtungen des Kontinentalschelfs zwischen Neuschottland und Kap Hatteras (USA) in den späten 70er Jahren ergaben, daß diese Art dort der am häufigsten anzutreffende Wal war. Im Juni 1979 schätzte man die Zahl der dort anwesenden Individuen auf 46.000.

Der Einfluß des Menschen: Weißseitendelphine wurden früher entlang der Südwestküste Norwegens gefangen. Bei mindestens zwei Gelegenheiten wurden im 18. Jahrhundert in der Nähe von Bergen jeweils mehr als 1000 Tiere getötet. 1952 wurde eine Schule von 52 Tieren in einem Hafen an der Westküste Norwegens gefangen. Trotz einiger Ungewißheit über die Artzugehörigkeit werden noch heute kleinere Mengen Weißseitendelphine vor der Süd- und Westküste Grönlands gefangen. Bis zu einigen hundert Individuen werden in manchen Jahren gegenwärtig bei den Färöern an Land getrieben, wo man auch 1988 die ungewöhnlich hohe Zahl von 600 Tieren für den menschlichen Verzehr tötete. Eine Schule alleine hatte damals 544 Mitglieder. Je nach Gelegenheit werden immer einige Tiere von Fischern im südöstlichen Kanada geschossen.

Diese Delphine verfangen sich in vielen Gebieten in verschiedenerlei Fischereigeschirr, jedoch scheint dieses Problem, soweit es dokumentiert ist, für den Artbestand ohne Bedeutung zu sein.

Weißseitendelphine wurden bisher nicht absichtlich lebend für die Haltung gefangen. Allerdings gelangten einige Individuen aus Lebendstrandungen in Menschenhand. Die meisten haben nur einige Wochen und Monate überlebt.

Links: Diese Art kommt von der Küste bis zur Kante des Kontinentalschelfs vor.

Unten: Die dunkle Rückenfärbung unterscheidet den Weißseitendelphin von *L. albirostris.*

WEISSSTREIFENDELPHIN

LAGENORHYNCHUS OBLIQUIDENS

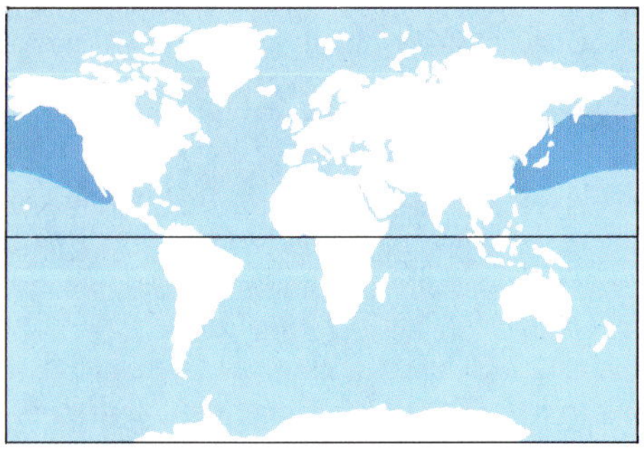

Mögliche Verbreitung

Systematik: Der Name *obliquidens* kommt von den lateinischen Worten *obliquus* (= schräge) und *dens* (= Zahn). Theodore Gill, der diese Art benannte, beschrieb die Zähne als »stark gekrümmt« und »schräg nach vorne und außen gebogen«. Die grundsätzliche Körperform und Färbung ist dem Schwarzdelphin von der südlichen Hemisphäre sehr ähnlich.

Beschreibung: Männchen erreichen maximale Längen von 2,5 m, Weibchen von 2,4 m. Die Durchschnittsgröße von Erwachsenen liegt bei 2,1–2,2 m, das Durchschnittsgewicht beträgt 75–90 kg. Einzelne Individuen können bis zu 181 kg wiegen. Es gibt Hinweise, daß Tiere aus dem südlichen Teil des Verbreitungsgebietes (südlich 32° N) größer sind als die aus dem nördlichen Teil (nördlich 37° N), so daß man eventuell von mindestens zwei getrennten Populationen ausgehen muß.

Die kurze, dunkle Schnauze ist nur auffällig, wenn man die Tiere aus nächster Nähe beobachtet. Auf offener See scheint sie nicht vorhanden zu sein. Die große, hochaufgerichtete Finne ist stark gebogen und besitzt eine breite Basis. Sie tendiert zur Zweifarbigkeit, dunkelgrau oder schwarz im vorderen Drittel und einem hellgrauen Hinterteil. Die Flipper sind ähnlich zweifarbig, die Fluke ist einheitlich dunkel.

Die Grundfärbung ist gräulich schwarz am Rücken, blasser an den Flanken und weiß am Bauch. Eine große, hellgraue bis fast weiße Fläche dominiert auf der Vorderflanke von der Körpermitte bis zur Melone, wobei sie sich im Verlauf zum Kopf hin verjüngt. Ein hellgrauer, horizontaler Streifen beginnt im Gesicht und auf der Stirn und zieht sich beiderseits nach hinten. Er läuft durch das dunkle Rückencape und wird hinter der Finne zu einem breiten, horizontalen Band auf der Flanke. Die weiße Bauchseite wird durch eine dünne, schwarze Linie scharf vom übrigen Körper getrennt. Einzelheiten in der Färbung variieren innerhalb einer Herde merklich, die Intensität der Färbung ist bei Jungtieren sehr schwach ausgeprägt. 23–26 kleine, spitze Zähne sitzen in jeder Hälfte des Ober- und Unterkiefers.

Identifizierung auf See: Gemeine Delphine, die hauptsächlich in der südlichen Hälfte des Verbreitungsgebietes von Weißstreifendelphinen angetroffen werden, besitzen eine vorstehendere Schnauze und einen charakteristischen, »V«-förmigen Sattelfleck auf Rücken und Flanken. Die Unruhe, die durch an die Wasseroberfläche kommende Weißstreifendelphine verursacht wird, erinnert manchmal an das charakteristische »Platschen« und Spritzen der schnellen Dall-Schweinswale, die weitgehend im gleichen Areal vorkommen. Der

Links: Teil einer Herde von Weißstreifendelphinen. Diese aktiven Delphine springen oft gemeinsam aus dem Wasser heraus.

Unten: Diese Art ist dem Schwarzdelphin der südlichen Hemisphäre sehr ähnlich.

Oben rechts: Diese Delphine lieben es, auf Bugwellen von Schiffen zu reiten.

Dall-Schweinswal besitzt aber eine vergleichsweise kleine, dreieckige Finne und ein scharf abgegrenztes schwarzweißes Zeichnungsmuster.

Lebensraum: Diese Delphine werden hauptsächlich auf dem Kontinentalschelf, am Kontinentalabhang und in der offenen See angetroffen. Es wurde immer wieder versucht, eine Verbindung zwischen dem Auftreten der Tiere und der Wassertemperatur zu konstruieren. In der Montereybucht (Kalifornien) erfolgten die meisten Sichtungen in Gewässern mit Temperaturen von 15° bis 17° C. Von Britisch-Kolumbien lagen die meisten Temperaturmessungen aus einer Anzahl von 73 Sichtungen bei 12°, und zwar innerhalb eines Variationsbereiches zwischen 6° und 17° C.

Verbreitung und Wanderung: Die Verbreitung ist auf den Nordatlantik nördlich des 20. Breitengrades begrenzt. Diese Delphine treten im Osten gelegentlich in der Mündung des Golfs von Kalifornien bis etwa auf der Höhe von Taiwan an der Westseite auf. Ihre Verbreitung scheint ununterbrochen über den gesamten Nordpazifik zu reichen, hauptsächlich südlich der Aleuten und Kommandeurs-Inseln. Sie sind häufig im Golf von Alaska (nicht jedoch im Prinz-William-Sund), in der Ochotsk-See (besonders in der südöstlichen Hälfte und nahe den Kurilen), in der Japanischen See und entlang der Pazifikküsten Kanadas, der USA und Japans. Es gibt keine Nachweise für das Gebiet von Hawaii.

Saisonale Wanderungen wurden in einer Reihe von Gebieten vermutet. Vor Südkalifornien z. B. scheint die Dichte während des Winters und zeitigen Frühjahrs (November bis April) zuzunehmen, obwohl die Art dort während des ganzen Jahres anwesend ist. Weiter nordwärts in der Bucht von Monterey ist die Bestandsdichte dieser Delphine im Spätwinter und Frühjahr (Januar-Mai) am geringsten und während des Sommers bis zum Mittwinter (Juni–Dezember) am höchsten. In küstennahen Gewässern vor Washington und Britisch-Kolumbien gibt es Meldungen während des ganzen Jahres mit Spitzen im Januar-Mai und im November. Diese Daten lassen Wanderungen von und zur Küste möglich erscheinen.

Nahrung und Nahrungsaufnahme: Diese Delphine ernähren sich hauptsächlich von kleinen Schwarmfischen und Kalmaren, von denen einige auch von kommerziellem Interesse sind. Unter den Beuteresten, die in untersuchten Mägen gefunden wurden, befanden sich nördliche Sardellen, Seehechte und der Kalmar *Loligo opalescens*. Weißstreifendelphine suchen offenbar hauptsächlich im Epipelagial (0–200 m Wassertiefe) und im Mesopelagial (200–1.000 m) nach Nahrung. Untersuchungen zeigen, daß sie hauptsächlich in der Dämmerung, bei Nacht und in den frühen Morgenstunden fressen.

Verhalten: Die geselligen Delphine werden oft in großen Herden angetroffen, die oftmals Hunderte oder Tausende zählen. Die großen Herden können während der Nahrungsaufnahme zu kleineren Schulen zerfallen, um sich in Zeiten der Ruhe oder Wanderung wieder zusammenzuschließen. Weißstreifendelphine gesellen sich oft zu anderen Zahnwalen, besonders zu Gemeinen Delphinen, Nördlichen Glattdelphinen und Rundkopfdelphinen.

Während ihrer Schnellschwimmphasen springen sie hoch aus dem Wasser heraus. Trotz ihrer Lebhaftigkeit stellten Tierfänger fest, daß diese Delphine auf eine gewisse Entfernung sehr viel schwerer auszumachen waren als Schulen Gemeiner Delphine von vergleichbarer Größe. In der Tat erscheinen Weißstreifendelphine plötzlich im Umkreis von Fangschiffen, ohne daß sie vorher von der Besatzung gesichtet worden wären.

Weißstreifendelphine sind begeisterte Wellenreiter, die sich großen wie kleinen Schiffen nähern, um ausgelassen in den Wellen zu toben. Ein Delphin aus einer Gruppe von 20 Individuen landete in der Bucht von Monterey auf dem Deck eines Forschungsschiffes, nachdem er 2–3 m aus dem Wasser herausgesprungen war!

Bemühungen, Weißstreifendelphine zu fangen, indem man sie mit ausgespannten Netzen umzingelt, schlagen oft fehl, weil die Tiere die Netze unterschwimmen und dadurch entkommen.

Fortpflanzung und Entwicklung: Die Geburtslänge beträgt 80–124 cm Die Tragzeit schätzt man auf 10–12 Monate. Paarung und Geburten finden in der Zeit zwischen Frühjahr und Herbst statt. Beide Geschlechter erreichen die Geschlechtsreife bei Längen zwischen 1,7 und 2,2 m. Diese Delphine können bis zu 46 Jahre alt werden.

Weltbestand: Diese Art ist einer der häufigsten kleinen Wale der gemäßigten Zone des Nordpazifiks. Luftuntersuchungen der Kontinentalschelfregion von Zentral- und Nordkalifornien (nördlich von Point Conception) aus den frühen 80er Jahren dokumentieren den Weißstreifendelphin als häufigsten Wal dieser Region. Die Herbstpopulation dieses kleinen Gebietes wurde auf mehr als 85.000 Tiere geschätzt.

Der Einfluß des Menschen: Weißstreifendelphine haben über lange Zeit eine bedeutende Rolle für die japanische Walfangindustrie gespielt. 1882 fing man in der Provinz Iwate 2.385 Delphine dieser Art. In neuerer Zeit waren die Fänge ebenfalls hoch: 697 Tiere, die von einer einzigen Flotte im Mai–Juni 1949 gefangen wurden, sowie 1.605 im Jahr 1983 und 2.760 Delphine im Jahr 1984 für die gesamte Walfängerei. Die Delphine werden überwiegend durch Harpunieren getötet. Man hat die Auswirkungen des japanischen Walfanges auf den Bestand des Weißstreifendelphins im westlichen Nordpazifik bisher nicht untersucht.

Im östlichen Nordpazifik beschränkten sich die Entnahmen auf gelegentliche Fänge zu wissenschaftlichen Zwecken und auf geringfügige Lebendfänge für Ozeanarien (21 in den USA zwischen 1976–85). Zufällige Fänge sind durch unterschiedlichstes Fischereigeschirr zu verzeichnen. Vor Kalifornien werden die Delphine gelegentlich in Beutelnetzen gefangen, die auf Sardellen ausgebracht wurden. Tödliche Unfälle in Wandnetzen, besonders in den höchst gefährlichen Treibnetzen, die zahlreich im nördlichen Nordpazifik ausgebracht werden, um Lachs und Kalmare zu fangen, betreffen sowohl die Weißstreifendelphine als auch Dall-Schweinswale und Nördliche Glattdelphine.

Weißstreifendelphine sind seit langem in Delphinarien Amerikas, Kanadas und Japans beliebt. Einzeltiere lebten bis zu 20 Jahre. Allerdings starben zwei Drittel der 32 in der Zeit von 1966–72 vor Kalifornien gefangenen Tiere innerhalb des ersten Jahres in Menschenhand. Zwischen 1973 und 1982 wurden vor der Pazifikküste Japans 129 Weißstreifendelphine, aus der Japanischen See und dem Ostchinesischen Meer weitere 130 Tiere für Ozeanarien gefangen.

Schwarzdelphin

Lagenorhynchus obscurus

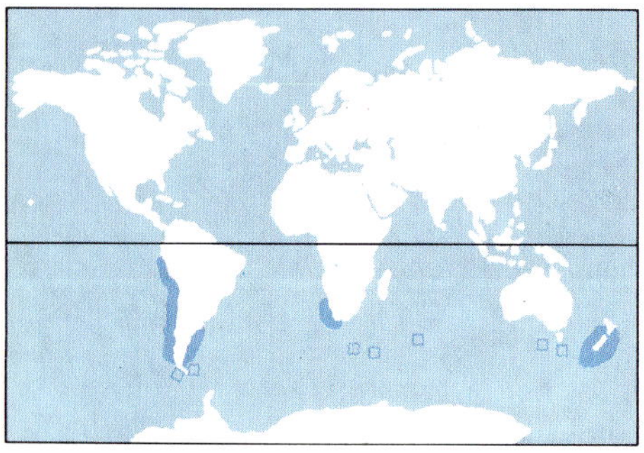

■ Sichtungen/Strandungen □ Mögliche Sichtungen

Systematik: Der Schwarzdelphin wurde 1828 von Gray beschrieben. Der Artname *obscurus* leitet sich vom lateinischen »obscurus« (= dunkel, undeutlich) ab.

Beschreibung: Der Schwarzdelphin ist eine kleine, kompakte Art. Die Färbung ist dunkelgrau bis blauschwarz oberseits und überwiegend weiß unterseits. Die Seiten sind durch hellgraue Flecken und geflammte Flächen gekennzeichnet. Die vordere Flankenhälfte ist überwiegend hellgrau, grau bedeckt auch das Gesicht, einen Großteil des Kopfes und greift auf die Bauchfläche über. Ein halbmondförmiger Fleck erstreckt sich auf die Oberseite des Schwanzstieles bis direkt vor die Ansatzstelle der Fluke. Die Vordergrenze dieses Fleckes läuft in zwei Flammen aus: eine kürzere untere und eine längere obere, die fast das Blasloch erreicht.

Der Kiefer ist kurz, aber doch merklich von der Stirn abgesetzt. Die Rückenfinne besitzt eine nicht ganz scharfe Spitze und ist mäßig sichelförmig gebogen. Auf der hinteren Hälfte der Finne ist ein hellgrauer Halbmond. Die Flipper sind in Relation zur Körperlänge mittellang, an der Vorderkante leicht gebogen mit einer stumpfen Spitze. Sie sind hellgrau und verdunkeln sich zu den Kanten hin.

Der Kiefer ist oben und unten an der Spitze grauschwarz, wobei diese Färbung auf die Lippen übergreift. Die Augen sind von einem grauschwarzen Fleck umsäumt.

Die bisher bekannte Maximalgröße liegt bei 2,1 m. Die meisten Erwachsenen werden zwischen 1,6 und 2 m lang. Bisher vorliegende Ergebnisse aus einer zahlenmäßig kleinen Gruppe untersuchter erwachsener Tiere aus Neuseeland zeigen, daß diese Tiere im Durchschnitt kürzer sind und kleinere Schädel besitzen als Tiere aus einer größeren peruanischen Gruppe. Offensichtlich gesunde Tiere, die während einer Walfangoperation vor Neuseeland gefangen wurden, waren 1,6–1,8 m lang und wogen 40–80 kg. Bei neuseeländischen Tieren hat man 27–36 Zähne in jeder Hälfte des Ober- und Unterkiefers gefunden.

Identifizierung auf See: Auf See können Schwarzdelphine von den ihnen sehr nahe verwandten, aber größeren und kräftigeren Peale-Delphinen durch ihr weitgehend weißes Kinn und graues Gesicht sowie durch den bei Peale-Delphinen gut entwickelten Streifen, der vom Mundspalt zum Flipper und von dort zum After verläuft, unterschieden werden. Zusätzlich weist der Schwarzdelphin zwei nach vorne gerichtete, flammenartige Ausläufer des Flankenfleckens auf, während der Peale-Delphin nur eine solche Flamme besitzt. Obwohl er dem Schwarzdelphin äußerlich ähnlich ist, weist der Stundenglas-Delphin eine klarere schwarz-weiße Zeichnung auf und hat eine völlig schwarze Finne, die stärker gekrümmt ist.

Lebensraum: Über ihr gesamtes Verbreitungsgebiet bevorzugen Schwarzdelphine grundsätzlich küstennahe Gewässer. Meist findet man sie auf dem Kontinentalschelf bis zum Kontinentalabhang einschließlich küstennaher Kontinentalplateaus.

Verbreitung und Wanderung: Schwarzdelphine sind in der südlichen Hemisphäre weitverbreitet.

In Neuseeland wird der Schwarzdelphin normalerweise ab dem Ostkap der Nordinsel (37° 42' S) südwärts in der Cook-Straße bis zu den Gewässern der Steward-Insel gefunden. Es gibt Beobachtungen von den Chatham- und Auckland-Inseln und von der Campbell-Insel. Aus Neuseeland sind lokale Wanderungen bekannt, wobei die Schwarzdelphine die nördlichen Gewässer der Hawke's Bucht im Sommer bei ansteigen Wassertemperaturen verlassen und im Herbst/Winter zurückkehren, wenn das Wasser wieder kälter wird.

In Südamerika trifft man Schwarzdelphine vom nördlichen Zentralperu (bis mindestens 10° S) südwärts entlang der Küste bis mindestens zum 33. südlichen Breitengrad (Valparaiso, Chile) an. Sie können bis zum südlichsten Südamerika vorstoßen, wenn saisonal bedingte günstige Bedingungen herrschen, wie etwa ein Ansteigen der Wassertemperaturen. An der Ostküste Südamerikas kommen Schwarzdelphine vermutlich von Süduruguay bis mindestens zur Halbinsel Valdés vor.

In Südafrika sind die Tiere in den kalten Gewässern der Kapregion und an der Südwestküste häufig. Ihr Gebiet erstreckt sich von unmittelbar östlich des Kaps der Guten Hoffnung nach Norden bis mindestens Namibia. Die nördliche Grenze ihrer Verbreitung ist unbekannt, verläuft aber unter Umständen parallel zur Grenze der kaltgemäßigten, aufsteigenden Gewässer des Benguelas (Angola).

Nahrung und Nahrungsaufnahme: Von Schwarzdelphinen wird berichtet, daß sie sehr unterschiedliche Nahrung zu sich nehmen. Vor der argentinischen Halbinsel Valdés ernähren sie sich während des Sommers vorzugsweise in Oberflächengewässern von der Südamerikanischen Sardelle (*Engraulis anchovetta*). Auf der Suche nach Sardellenschwärmen können sich Schwarzdelphinherden in kleinere Schulen aufteilen, die meist aus 8–30 Tieren bestehen, obwohl auch größere Jagdgruppen existieren. Auch gemeinsame Jagd wurde beobachtet. Dabei schwimmen einzelne Delphine gegen die Treibrichtung durch die Fischschwärme, die von anderen Delphinen zusammengetrieben wurden. In Neuseeland erwiesen

Untersuchungen gestrandeter oder gefangener Schwarzdelphine, daß sich die Tiere dort hauptsächlich von Tieren der mittleren Wasserschichten und des Bodens, wie etwa Kalmaren und Laternenfischen, die am Kontinentalabhang vorkommen, ernähren. Schwarzdelphine gehen vermutlich nachts auf Beutefang.

Verhalten: Schwarzdelphine sind eine sehr gesellige und soziale Walart. Man trifft sie mitunter in großen Herden von über 1.000 Tieren an. Die normale Schulengröße beträgt allerdings 20–500 Individuen.

Das Verhalten dieser Tiere wurde in Argentinien und Neuseeland untersucht. Zur Nahrungsaufnahme teilen sich die Gruppen in kleinere Schulen auf, können sich aber danach wieder zu großen Herden zusammenfinden, um sich auszuruhen und soziale Kontakte aufzunehmen. Man vermutete, daß Schulen nachts küstenwärts bis nahe an die Brandungszone wandern, um Angriffen von Raubfeinden zu entgehen.

Die Ergebnisse aus Studien mit radiotelemetrischen Methoden und markierten Tieren ergaben einige neue Informationen. In Argentinien legen die Tiere durchschnittlich täglich etwa 19,2 km zurück. Ein Tier, das im Winter markiert worden war, bildete mit nur durchschnittlichen 0,7 zurückgelegten Kilometern die Ausnahme. Die durchschnittliche Mindestgeschwindigkeit zweier Tiere wurde auf 2,28 und 3,18 km/h geschätzt. Im Sommer tauchten die Delphine am Tag länger als nachts, während im Winter die Verhältnisse gewöhnlich umgekehrt waren. Schwarzdelphine tauchen gewöhnlich während der Dämmerung am längsten. In Neuseeland fand man heraus, daß markierte Delphine häufig in ein Gebiet ein- und wieder auswanderten, wobei sie im Winter von der Küste weiter entfernt blieben als im Sommer. In Argentinien markierte man zwei Tiere, die noch nach 8 Jahren in nahezu 780 km Entfernung vom Ausgangsort der Markierung gemeinsam wiedergefunden wurden!

Man hat eine ganze Reihe von Walarten in Gesellschaft von Schwarzdelphinen angetroffen, z. B. Gemeine Delphine, Südliche Glattdelphine, Große Tümmler, Gewöhnliche Grindwale und Südliche Glattwale.

Fortpflanzung und Entwicklung: Man nimmt an, daß in Neuseeland die Geburten mitten im Winter (Juni-August) stattfinden und daß die Tragzeit 11 Monate beträgt, was auf eine Paarungszeit im Frühjahr schließen läßt. Ein Kalb von 98 cm Länge, das man im November gefunden hatte, wog 22 kg. Ein 7 cm langer männlicher Fötus wurde im Dezember und ein 66,5 cm langer und 3,7 kg schwerer weiblicher Fötus Ende Juli gefunden. Die Mutter des letzteren war 1,78 m lang und wog zum Zeitpunkt ihres Todes 77,5 kg (mit Fötus). Geburtslängen wurden mit 55–70 cm angegeben, die Säugezeit schätzt man auf 18 Monate. Es muß ausdrücklich betont werden, daß diese Daten von einigen wenigen Exemplaren stammen, so daß Schlüsse nur sehr vorsichtig und vorläufig gezogen werden können.

Weltbestand: Schwarzdelphine kommen in ihrem gesamten Verbreitungsgebiet relativ häufig vor. Allerdings sind bisher nur sehr wenige Untersuchungen zur Populationsdynamik gemacht worden, und es gibt keine Bestandsschätzungen.

Der Einfluß des Menschen: In Neuseeland verfangen sich Schwarzdelphine häufig in Fischereinetzen. Die Sterberate in einem bedeutenden Fischereihafen wird auf 100–200 Tiere pro Jahr geschätzt.

Die Situation in Peru ist zweifellos kritisch. Man schätzt, daß allein die Fischereiflotte eines von mehreren Standorten jährlich mehr als 700 Schwarzdelphine tötet. Da die Delphine für die Ernährung verkauft werden, sind die Fänge nicht nur zufällig, sondern durchaus gezielt. Schwarzdelphine wurden in Neuseeland, Südafrika und Australien mit geringem bis mäßigem Erfolg in Menschenhand gehalten. Es gibt keine Berichte von Geburten in Delphinarien.

Oben links: Einer der akrobatischsten Delphine ist der in südlichen Küstengewässern lebende Schwarzdelphin.

Unten: Ein mitten im Sprung fotografierter Schwarzdelphin in neuseeländischen Gewässern.

Peale-Delphin

Lagenorhynchus australis

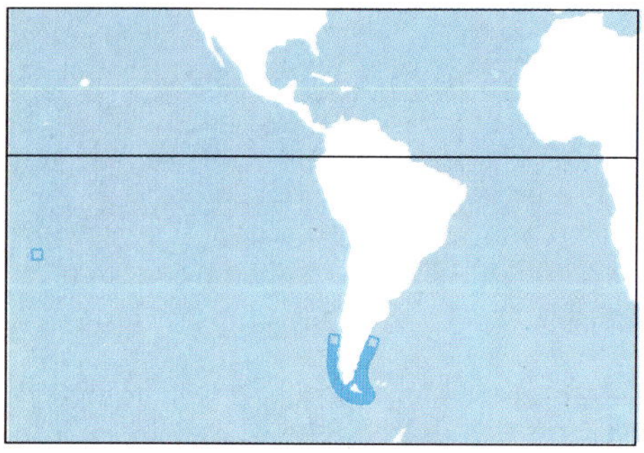

■ Mögliche Verbreitung □ Mögliche Sichtung

Systematik: Der Peale-Delphin wurde 1848 von dem Naturkundler Titian R. Peale benannt. Der Artname *australis* bezieht sich auf die südliche Verbreitung der Art. Es gibt keine Unterarten.

Populäre Bezeichnungen: Dieser Delphin wird auch als Schwarzkinn-Delphin (Blackchin dolphin) bezeichnet.

Beschreibung: Obwohl bisher nur sehr wenige Exemplare untersucht worden sind, deuten Feldstudien an, daß der Peale-Delphin der kräftigste der Süddelphine dieser Gattung ist. Das größte bisher vermessene Exemplar war 2,16 m lang. Erwachsene Tiere sollen etwa 115 kg wiegen. 3 Individuen hatten zwischen 27 und 33 Zähne auf jeder Seite des Ober- und Unterkiefers.

Peale-Delphine sind oberseits gräulichschwarz, an der Unterseite weitgehend weiß. Sie besitzen einen gebogenen, hellgrauen Fleck an der Flanke mit einem einzigen nach vorne laufenden Ausläufer (»Hosenträger«), der in das Schwarz des Rückens bis nahe an das Blasloch reicht. Ein hellgrauer Fleck am seitlichen Brustkorb reicht vom Auge bis zur Körpermitte und wird von der weißen Unterseite durch einen gut ausgebildeten, dunkelgräulich schwarzen Streifen getrennt. Eine kleine Schlinge dieses Streifens, genau an der »Achselhöhle« enthält einen weißen Fleck, sehr ähnlich dem des Weißstreifendelphins. Gesicht, Kiefer, Melone und fast das ganze Kinn sind in deutlichem Unterschied zum Schwarzdelphin dunkelgräulich schwarz.

Die Flipper sind grauschwarz. Die Finne ist dunkelgräulich schwarz mit einem halbmondförmigen hellgrauen Schimmer an der Hinterkante. Sie ist etwas größer als bei dieser Gattung üblich, endet spitz und ist mäßig sichelförmig gebogen.

Identifizierung auf See: Vergleichen Sie bitte den entsprechenden Abschnitt für den Schwarzdelphin.

Unten: Voller Energie reitete dieser Peale-Delphin mit langen, flachen Sprüngen auf einer Welle.

Lebensraum: Peale-Delphine werden in Gewässern über dem Kontinentalschelf und -abhang angetroffen, ferner in Fjorden, Sunden, großen und kleinen Buchten sowie um Inseln herum. Sie werden sehr häufig unmittelbar in Küstennähe gesichtet. Das Kontinentalschelf an der Ostküste Argentiniens erstreckt sich bis zu den Falklandinseln und darüber hinaus und ist ein geeignetes Biotop für diese Wale.

Verbreitung und Wanderung: Peale-Delphine bewohnen ein ziemlich beschränktes Verbreitungsgebiet. Sie sind auf die Küstengewässer des südlichen Südamerikas beschränkt und leben ab etwa der Höhe von Valparaiso in Chile (33° S) südwärts in den chilenischen Fjorden, in der Magellan-Straße, den Gewässern von Tierra Fuego sowie nordwärts eine unbekannte Strecke entlang der argentinischen Küste. Regelmäßig werden die Delphine bei den Falklandinseln sowie südlich davon über die Burrwoodbank gesehen.

Eine Schule von Delphinen, die aber nicht mit letzter Sicherheit als Peale-Delphine bestimmt werden konnten, wurde in jüngerer Zeit am Palmerston Atoll im Südpazifik beobachtet. Falls dies zutrifft, würde sich das Verbreitungsgebiet nach Westen und damit in wärmere Gewässer hinein erweitern.

Nahrung und Nahrungsaufnahme: Hierüber weiß man nur wenig. Bei einem vor den Falklandinseln gefundenen Tier fand man Überreste von Kraken im Magen.

Verhalten: Peale-Delphine sind bisher nur in kleinen Gruppen beobachtet worden, die etwa 5–30 Mitglieder hatten. Sie reiten sehr häufig auf Wellen und nähern sich einer Schiffsbugwelle mit langen, flachwinkligen Sprüngen. Auf der Bugwelle schnellen sie oft nach vorne, springen hoch in die Luft und fallen seitwärts unter lautem Getöse ins Wasser zurück. Einige Tiere waren bisher in Einzelstrandungen verwickelt.

Der Einfluß des Menschen: Eine unbekannte Anzahl von Peale-Delphinen ertrinkt in Netzen oder wird in der Magellan-Straße und im Gebiet von Tierra Fuego mit Harpunen gejagt. Man befürchtet, daß die Fänge, die der Gewinnung von Köderfleisch für Krebsfallen dienen, unter Berücksichtigung des relativ eng begrenzten Vorkommens zu hoch ausfallen und ein ernstzunehmendes Problem für die Arterhaltung darstellen könnten. Peale-Delphine wurden noch nie in Menschenhand gehalten.

Stundenglas-Delphin

Lagenorhynchus cruciger

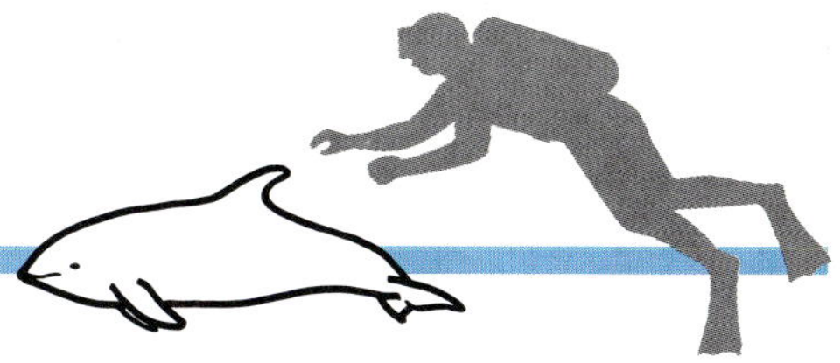

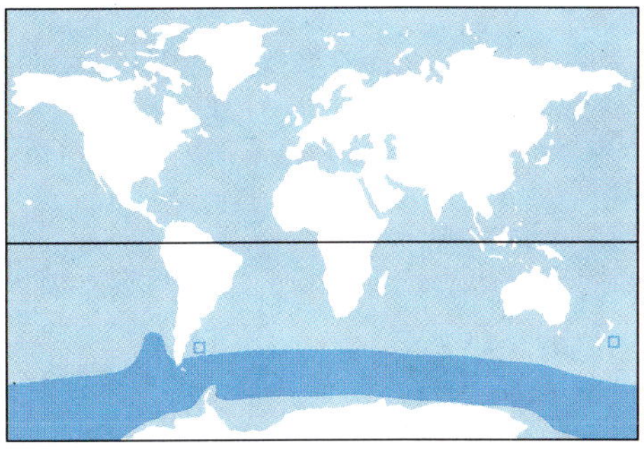

■ Mögliche Verbreitung □ Mögliche Sichtungen

Systematik: Der Stundenglas-Delphin wurde 1824 von Quoy und Gaimard beschrieben, obwohl sie die Art ursprünglich *Delphinus cruciger* benannten. Der Artname kommt von den lateinischen Wörtern *crucis* (= Kreuz) und *gero* (= tragen).

Beschreibung: Der Stundenglas-Delphin ist eine der unbekanntesten Delphinarten. Was wir über die Art von einigen untersuchten Individuen, wenigen Beobachtungen und neuerdings einigen hervorragenden Fotografien wissen, ist, daß die Tiere markant gezeichnet sind, grundsätzlich schwarz am Rücken und weiß an der Unterseite. Die schwarzen Seiten werden durch einen weißen, keilförmigen Fleck unterbrochen, der den größten Teil des Schwanzstieles einnimmt und sich in Richtung auf die Finne verjüngt. An seinem Endpunkt beginnt eine weiße Blesse, die nach vorne verläuft, sich unmittelbar hinter den Flippern verbreitert, oberhalb des Auges vorbeiläuft und die Gesichtsseiten bedeckt, wobei sie sich am Mundspalt mit dem Weiß der Unterseite verbindet. Diese Färbung erinnert an eine Sanduhr oder ein Stundenglas. Die für die Gattung typisch kurze Schnauze ist schwarz. Die Augen sind schwarz umrahmt, Stirn sowie die Kopfoberseite sind ebenfalls schwarz. Ein weißes, hakenförmiges Muster läuft bogenförmig von der Unterseite in Nähe der Geschlechtsöffnung nach oben und unterbricht das Schwarz der Flanke nahe dem keilförmigen Fleck.

Flipper und Fluke sind völlig schwarz. Die Flipper sind gebogen, enden spitz und sind für die Körpergröße relativ lang. Eine recht große Rückenfinne sitzt etwa in der Mitte der Rückenlinie. Man hat auch einige Individuen fotografiert, die eine deutlich gebogene Finne besaßen, etwa in der Form, wie sie auch einige Weißstreifendelphine besitzen, von denen man annimmt, daß sich die Finne im Laufe der körperlichen Reife zu dieser Form entwickelt.

Nur wenige Individuen konnten vermessen werden, so z. B. ein 1,63 m langes Männchen und ein 1,83 m langes Weibchen. Die bisher aufgezeichneten Zahnzahlen ergaben einen Durchschnitt von 28 Zähnen in jeder Hälfte des Ober- und Unterkiefers.

Identifizierung auf See: Als den einzigen echten Hochseedelphin mit ausgebildeter Rückenfinne im Bereich der subantarktischen und antarktischen Gewässer kann man den unverkennbar gezeichneten Stundenglas-Delphin mit keiner anderen Art verwechseln.

Lebensraum: Stundenglas-Delphine leben vorrangig in der Hochsee, weit entfernt von Kontinenten und Inseln. Im Laufe einer Untersuchung allerdings konnten Tiere in der Nähe des südlichen Südamerikas und der antarktischen Halbinsel in Gewässern von weniger als 200 m Wassertiefe und in der Nähe von Inseln und Sandbänken beobachtet werden. Studien südlich und östlich von Neuseeland wiesen eine Bindung an Wassertemperaturen von 1-10° C nach.

Verbreitung und Wanderung: Stundenglas-Delphine scheinen zirkumpolar in höheren Breiten der südlichen Ozeane aufzutreten. Diese Verbreitung kann aber Unterbrechungen aufweisen. Sie kommen bis zur Eiskante vor, während ihre nördlichen Verbreitungsgrenzen unbekannt sind. Es gibt Aufzeichnungen von einer (möglichen) Einzelsichtung vor der nordöstlichen Küste von South Island (Neuseeland), nördlich der Falklandinseln und etwa auf dem 33. südlichen Breitengrad vor der Küste Chiles. Stundenglas-Delphine werden häufig in der Drake-Passage zwischen der Südspitze Südamerikas und der Antarktischen Konvergenz beobachtet.

Nahrung und Nahrungsaufnahme: Bei einer der wenigen Magenuntersuchungen fand man viele mehr oder weniger verdaute kleine Fische, die mit anderen Nahrungsresten vermischt gewesen sein könnten.

Verhalten: In jüngerer Zeit gibt es häufiger Berichte und Fotografien von Stundenglas-Delphinen. Man kennt diese Delphine als begeisterte Wellenreiter, die oft den Schiffswellen von hinten oder seitwärts mit langen, flachwinkligen Sprüngen nacheilen. Sie schwimmen häufig sehr schnell, ohne zu springen, meist dann, wenn sie einem herannahenden Schiff ausweichen wollen.

Gruppen sind eher klein, was für einen hochseebewohnenden Delphin ungewöhnlich ist. Obwohl Schulen mit bis zu 40 Mitgliedern beobachtet wurden, sind Gruppen mit bis zu 6 Individuen sehr viel häufiger. Stundenglas-Delphine wurden in Gesellschaft von Südlichen Schwarzwalen, Südlichen Entenwalen, Gewöhnlichen Grindwalen und Finnwalen gesichtet.

Nur etwa eine Handvoll gestrandeter Individuen wurde gefunden, es gibt keine Berichte von Massenstrandungen.

Weltbestand: Es ist wohl richtiger, wenn man diese Art als kaum bekannt oder nicht häufig beschreibt statt als selten. Höchstwahrscheinlich haben sich ihre Bestandszahlen bisher kaum verändert.

Der Einfluß des Menschen: Mit der Zunahme von antarktischer und subantarktischer Fischerei auf Krill, Kalmare und antarktische Fische ist es von überlebenswichtiger Bedeutung für die Tiere, daß wir mehr über die Nahrungsgewohnheiten der Stundenglas-Delphine erfahren. Stundenglas-Delphine wurden noch niemals in Menschenhand gehalten.

Unten: Ein Stundenglas-Delphin auf offener See etwa 1.200 km von den Kerguelen entfernt Das Farbmuster, dem er seinen Namen verdankt, ist gut zu sehen.

Borneo-Delphin

Lagenodelphis hosei

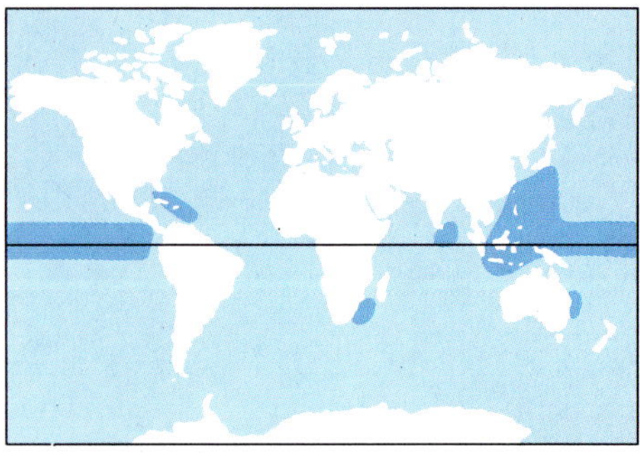

■ Mögliche, minimale Verbreitung

Systematik: Die Art wurde 1956 von F.C. Fraser vom Britischen Museum beschrieben, basierend auf einem Schädel und einem Skelett, die im späten 19. Jahrhundert an einem Strand in Sarawak auf Borneo gefunden worden waren. Der Gattungsname wurde gewählt, weil der von Fraser untersuchte Schädel sowohl der Gattung *Lagenorhynchus* als auch *Delphinus delphis* ähnlich war. Den Artnamen vergab Fraser zu Ehren von C. Hose, der die Skelette gefunden hatte.

Populäre Bezeichnungen: Im englischsprachigen Raum nennt man den Borneo-Delphin zu Ehren seines Erstbeschreibers Fraser-Delphin.

Beschreibung: Borneo-Delphine erreichen Maximallängen von 2,65 m, wobei die meisten Erwachsenen jedoch nicht größer als 2,3–2,5 m werden. Große Individuen können bis 200 kg wiegen.

Die Schnauze ist sehr kurz, aber deutlich abgesetzt, der Körper kräftig. Die Körperanhänge sind vergleichsweise klein und spitz zulaufend. Die Rückenfinne ist dreieckig.

Das auffallendste Merkmal ist der kräftige, dunkelgraue seitliche Streifen von variabler Breite und Intensität, der dem Tier ein »maskiertes« Aussehen verleiht. Ein weniger deutlicher, cremefarbener Streifen umsäumt den dunklen Längsstreifen oben und unten. Rücken, Finne, Flipper und Fluke sind bräunlich blau. Die Weißfärbung des Bauches, die oftmals einen rosa Schimmer aufweist, wird durch einen klar begrenzten Flipperstreifen unterbrochen. Die Färbungselemente dieser Art besitzen Ähnlichkeiten mit den Färbungen sowohl von *Delphinus delphis* als auch *Stenella coeruleoalba*. In jeder Kieferhälfte sitzen 34 bis 44 Zähne.

Identifikation auf See: In tropischen Gebieten, wo der Borneo-Delphin gewöhnlich angetroffen wird, kann er mit dem Blau-Weißen Delphin und dem Gemeinen Delphin verwechselt werden. Letzterer hat aber eine längere Schnauze, größere Flipper und eine längere Finne als der Borneo-Delphin. Der Blau-Weiße Delphin besitzt einen deutlich schmaleren Auge-After-Streifen.

Lebensraum: Es handelt sich um eine vorrangig in der offenen See lebende Art, die nur selten in küstennahe Gewässer einschwimmt.

Verbreitung und Wanderung: Der Borneo-Delphin weist eventuell eine pantropische Verbreitung zwischen 40° südlicher und nördlicher Breite auf. Besonders häufig ist er in der Camotes-See und im Südende der Straße von Bohol auf den Philippinen. Relativ häufig wird der Borneo-Delphin auch im östlichen tropischen Pazifik entlang des Äquators zwischen den 110. und 145. westlichen Längengrad gesichtet.

Daß die Art bei den Philippinen häufig sein müßte, weiß man nur deshalb, weil dort eine kommerzielle Tierfangfirma ansässig war. Aus dem östlichen tropischen Pazifik gibt es eine große Anzahl von Daten über das Vorkommen von Walen, die den intensiven Studien zu verdanken sind, die im Zusammenhang mit der Hochseefischerei auf Thunfische durchgeführt worden sind.

Nahrung und Nahrungsaufnahme: Die wenigen Magenuntersuchungen, die durchgeführt worden sind, ergaben Überreste einer großen Vielzahl mesopelagischer Fische (aus 200–1.000 m Tiefe), Krebstiere und Kalmare. Man nimmt an, daß dieser Delphin in völliger oder annähernder Dunkelheit in Tiefen von über 250 m jagt.

Verhalten: Es ist nur sehr wenig über das Verhalten bekannt. Borneo-Delphine werden gewöhnlich in Schulen mit mindestens 100 Mitgliedern gesichtet. Sehr oft entdeckt man sie in der Nähe von anderen hochseebewohnenden Zahnwalen, besonders von Rundkopfdelphinen und anderen Globicephaliden, oder trifft sogar gemischte Gruppen an. Sie sind an der Wasseroberfläche sehr aktiv, wirken aber nicht besonders verspielt. Eine Massenstrandung mit mindestens 17 Individuen wurde aus Florida bekannt.

Fortpflanzung und Entwicklung: Die Fortpflanzungsbiologie des Borneo-Delphins wurde bisher nicht untersucht. Der größte bisher gefundene Fötus war 45 cm lang, das kleinste Individuum 95 cm. Die Geburtslänge beträgt vermutlich knapp 1 m. Weibchen könnten die Geschlechtsreife bei einer Körperlänge von 2,25–2,35 m erreichen.

Weltbestand: Es gibt keine brauchbaren Schätzungen über die Bestandsgrößen, und nichts ist bekannt über Aufteilungen in separate Populationen. Nach der Häufigkeit von Sichtungen zu urteilen ist der Borneo-Delphin sehr viel seltener als etliche andere tropische Delphine der Hochsee. Trotzdem ist die Art in einigen Gebieten, wie etwa den Philippinen, sehr häufig.

Der Einfluß des Menschen: Borneo-Delphine werden gelegentlich von Eingeborenen der Kleinen Antillen, Indonesiens und Sri Lankas gefangen, seltener werden sie von der küstenbezogenen Walfangindustrie Japans gejagt. Es gibt bisher keine Hinweise auf Bestandsdezimierungen oder andere Einflüsse auf die Populationen. Während der Mitte der 70er Jahre wurden bei den Philippinen 16 dieser Delphine lebend für ein Aquarium in Hongkong gefangen. Von den 10 dort gehaltenen Tieren lebten nur 4 Exemplare länger als drei Wochen. Der letzte der Gruppe starb nach 100 Tagen in Menschenhand.

Dieser auffällige tropische Delphin wurde zum erstenmal 1956 beschrieben. Seine Verbreitung ist nur lückenhaft bekannt.

HEAVISIDE-DELPHIN

CEPHALORHYNCHUS HEAVISIDII

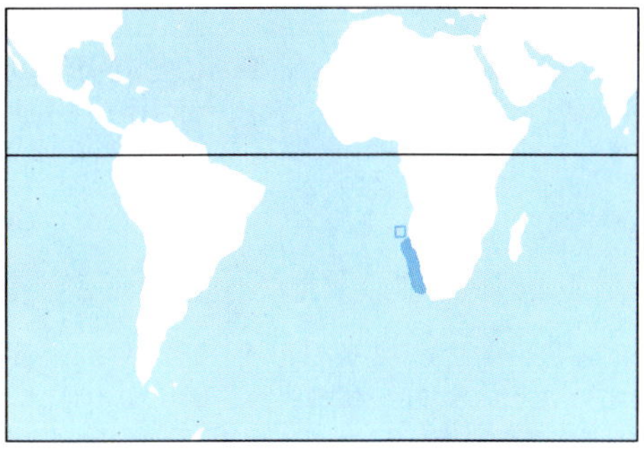

■ Bekannte Verbreitung □ Mögliche Sichtung

Systematik: Gray beschrieb und benannte den Heaviside-Delphin nach einem Individuum, das 1827 von einem Kapitän Haviside nach London gebracht wurde. Das zusätzliche »e« ist entweder ein reiner Schreibfehler oder ein Fall von Identitätsirrtum: Kapitän Heaviside war ein herausragender (Schiffs-)Arzt jener Zeit, der eine große Sammlung nicht walartiger Tierpräparate besaß. Der Name *Cephalorhynchus* (*kephale* bedeutet »Kopf« und *rhynchus* bedeutet »Nase« oder »Schnauze«) wurde 1828 von Cuvier ursprünglich als Art- und nicht als Gattungsname gebraucht und bezieht sich auf das deutlich abgesetzte Rostrum.

Beschreibung: Erst seit kurzer Zeit besitzen wir Beschreibungen von Tieren in frischtotem Zustand. Der Heaviside-Delphin ist klein, gedrungen und in seinem Äußeren den anderen Angehörigen der Gattung ähnlich. Aus der kleinen Anzahl vermessener Tiere vermutet man, daß erwachsene Delphine bis 1,7 m lang werden. Die Zahl von Messungen ist bisher aber so gering, daß keine Aussage über Größenunterschiede zwischen Männchen und Weibchen gemacht werden können. Von den bisher gewogenen Tieren schließt man auf ein Maximalgewicht von eventuell 70–80 kg. Der rundlich-kegelförmige Kopf verjüngt sich gleichmäßig vom Blasloch bis zur Schnauzenspitze, es gibt keinen langen, ausgebildeten »Schnabel«. Der Unterkiefer überragt den Oberkiefer ein wenig, in beiden Kiefern sitzen 22–28 Paar kleiner, spitzer Zähne von weniger als 3 mm Durchmesser.

Die kleinen Flipper sind charakteristisch stumpf und an den Enden nach hinten gebogen. Etwa 60% der untersuchten Tiere wiesen Auszackungen der Vorderkante an einem – meist jedoch beiden – Flippern auf. Es gibt nicht genügend Informationen darüber, ob diese Zackenstruktur in Beziehung zum Geschlecht oder Alter des Tieres steht.

Die Rückenfinne setzt unmittelbar hinter der Mitte der Rückenlinie an und ist dreieckig mit einer längeren, leicht konvex gebogenen Vorderkante. Die breite, halbmondförmige Fluke besitzt eine kleine Mittelkerbung.

Die Färbung ist sehr auffällig. Der Rücken und die Seiten sind weitgehend dunkel schwarzblau und werden von einem grauen Cape begrenzt. Dieses Cape bedeckt Teile des Bauches, der Brust und des Kopfes mit Ausnahme von blauschwarzen Augenflecken und einer fingerförmigen Fortsetzung der blauschwarzen Rückenregion sowie der weißen Gebiete des Bauches. Zwei dünne, graue Blessen beginnen seitlich unter dem Mittelpunkt der Finne und verlaufen nach hinten, wo sie auf etwa 2/3 des Weges von der Finne zur Fluke auf dem Rücken fast zusammenlaufen. Am Bauch gibt es 4 weiße Regionen. Die erste ist diamantförmig, erstreckt sich quer über die Brust und endet direkt vor der Ansatzstelle der Flipper. Die zweite und dritte sind tränenförmige Flecken an jeder Seite der hinteren Ansatzstelle eines jeden Flippers. Die vierte Region ist die größte, sie beginnt auf halbem Weg zwischen den »Tränen« und verläuft nach hinten, verbreitert sich und teilt sich dann in einen Dreizack auf. Die mittlere »Zinke« verbreitert sich in der Gegend um die Genitalöffnungen herum und endet bei den Männchen hinter dem After, bei den Weibchen direkt am After. Innerhalb dieses weißen Gebietes befindet sich normalerweise in der Nähe des Nabels ein dunkelgrauer Streifen.

Identifizierung auf See: Die Kombination der charakteristischen Rückenfinne mit dem grauen Cape läßt in der Regel keinen Zweifel an der Identität dieser auffälligen Tiere aufkommen.

Lebensraum: Nahezu alle Sichtungen von dieser Delphinart haben in Küstengewässern stattgefunden, und zwar meistens innerhalb von 9 km Entfernung vom Strand und bei Wassertiefen von weniger als 150 m.

Verbreitung und Wanderung: Die Art wird entlang der Westküste Südafrikas vom Kap Point (etwa 34° S, 18° 30' O) und nach Norden bis etwa 17° südlicher Breite angetroffen.

Nahrung und Nahrungsaufnahme: Den wenigen Informationen nach zu schließen, dürfte die Hauptnahrung dieser Delphine Fische sein.

Verhalten: Die Tiere werden meist in Gruppen mit weniger als 10 Individuen angetroffen, am häufigsten trifft man Paare an. Für kürzere Zeit können aber auch weitaus größere Ansammlungen auftreten. Die Art gilt generell als nicht auffällig, obwohl sie sich Schiffen nähert und gelegentlich auf Bugwellen reitet.

Fortpflanzung und Entwicklung: Es ist nur sehr wenig über die Fortpflanzung und Entwicklung dieser Tiere bekannt. Exemplare mit einer Länge von mindestens 1,6 m scheinen geschlechtsreif zu sein.

Weltbestand: Es gibt keine Bestandsschätzungen. Man nimmt aber nicht an, daß diese Art irgendwo innerhalb ihres Verbreitungsgebietes gefährdet ist.

Der Einfluß des Menschen: Heaviside-Delphine werden gelegentlich unbeabsichtigt bei Fischereioperationen vor Südafrika und Namibia gefangen.

Diese Bildfolge zeigt, wie die typische Färbung fortschreitend sichtbar wird.

WEISSBAUCHDELPHIN (CHILEN. DELPHIN)

CEPHALORHYNCHUS EUTROPIA

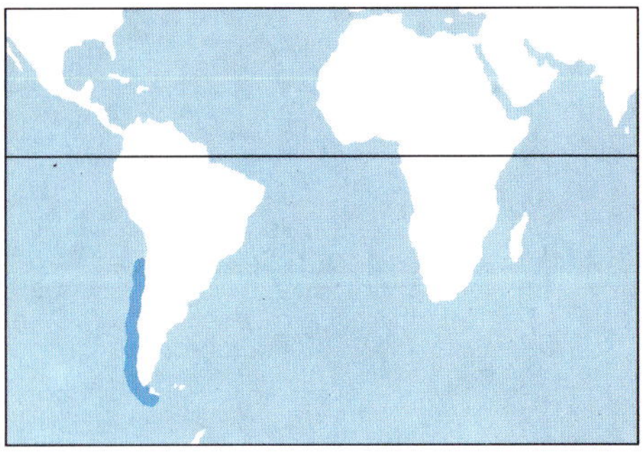

Bekannte Verbreitung

Systematik: Die erste öffentliche Erwähnung gab es 1846 durch Gray, der die Art ursprünglich der Gattung *Delphinus* zurechnete. Erst 1874 wurde die Art von Dall der korrekten Gattung *Cephalorhynchus* zugeordnet. Der Artname leitet sich vom griechischen *eu* (= echt, wahr) und *tropis, tropidos* (= Kopf, Kiel) ab und bezieht sich auf den deutlich gekielten Schädel.

Populäre Bezeichnungen: Die Art wird international allgemein als Chilenischer Delphin bezeichnet.

Beschreibung: Der Weißbauchdelphin ist eine kleine, gedrungene Art, die in ihrem Äußeren den anderen Vertretern der Gattung ähnlich ist. Unser Wissen über ihn stammt von 10 frischtoten Exemplaren, 40 kompletten oder teilweise erhaltenen Skeletten und etwa 80 Sichtungen. Das wenige Material läßt vermuten, daß Erwachsene etwa 1,7 m lang werden, wobei Weibchen wie bei anderen Arten der Gattung eventuell etwas größer sind als Männchen. Nur zwei Individuen wurden bisher verläßlich gewogen: ein 1,36 m langes Weibchen wog 32,5 kg, und ein 1,52 m langes Männchen wog 62 kg.

Der Rücken wölbt sich seicht von der vorderen Kante der Finne bis zur Oberkieferspitze; es gibt keine gut ausgeprägte Schnauze. Der Unterkiefer überragt den Oberkiefer ein wenig. Im Ober- und Unterkiefer sitzen 29–34 Paar kleine Zähne mit weniger als 4,5 mm Durchmesser.

Die Flipper sind relativ kurz und an den Enden abgerundet. Die Fluke und die rundliche Finne ähneln in ihrer Gestalt der des Commerson-Delphins.

Am Rücken sind die Tiere hauptsächlich grau. An jeder Seite des Kopfes befindet sich ein halbmondförmiges dunkelgraues Abzeichen, das in der Nähe des Blasloches breiter ist und sich nach vorne in Richtung auf das Auge verjüngt. Ein kleiner weißer Fleck markiert die Ohröffnung. Die Augen sind in dem gleichen dunklen Grau umsäumt wie die Spitze des Oberkiefers. Die Kehle ist weiß.

Es gibt einen ovalen weißen Fleck hinter der hinteren Ansatzstelle der Flipper, die aber unsichtbar ist, wenn das Tier die Flipper an den Körper preßt. Die Flipper selbst sind dunkelgrau und durch ein ebenfalls dunkelgraues Band miteinander verbunden. Dahinter ist die Unterseite bis zum Schwanzstiel weiß, der seinerseits wie beide Flukenseiten und die Finne dunkelgrau ist. Bei den Geschlechtern fallen die Genitalflecken unterschiedlich grau aus.

Identifizierung auf See: Die Art könnte mit dem Burmeister-Schweinswal verwechselt werden. Die rundliche Rückenfinne des Weißbauchdelphins unterscheidet sich jedoch deutlich von der eher dreieckigen Finne mit leicht stumpfer Spitze und konvex gebogener Hinterkante des ersteren.

Lebensraum: Der Weißbauchdelphin wird häufig in flachen Gewässern und solchen mit deutlichen Unterschieden der Tide gefunden, besonders an Eingängen von Fjorden.

Verbreitung und Wanderung: Diese Art wird in den Küstengewässern Chiles angetroffen, und zwar etwa zwischen 33° und 56° südlicher Breite. Wahrscheinlich kommt sie auch in den argentinischen Gewässern vor Tierra del Fuego vor. Es gibt keinerlei Erkenntnisse über etwaige saisonale Wanderungen.

Nahrung und Nahrungsaufnahme: Die wenigen vorhandenen Informationen deuten darauf hin, daß der Weißbauchdelphin je nach Gelegenheit Krebstiere, Kopffüßer und Fische frißt.

Verhalten: Weißbauchdelphine scheinen grundsätzlich sehr scheu zu sein. Sie springen nur selten und reiten bestenfalls gelegentlich auf Wellen. Die Gruppengröße ist mit 2–15 Tieren klein, obwohl gelegentlich auch größere Verbände von bis zu 400 Tieren gesichtet wurden, besonders im nördlichen Bereich ihres Verbreitungsgebietes.

Die bislang einzigen Aufzeichnungen von Lauten wurden mit einer Ausrüstung durchgeführt, die Frequenzen über 30 kHz nicht mehr aufnehmen konnte. Vermutlich ist das viel zu gering, zieht man Vergleich zu anderen Mitgliedern der Gattung. Leise, schnelle Lautstöße (bis zu 500 pro Sekunde) wurden innerhalb von Lauten mit einer Länge von 0,4–2 Sekunden Dauer aufgezeichnet.

Fortpflanzung und Entwicklung: Nahezu nichts ist bekannt über die Fortpflanzung und Entwicklung der Art. Von »jungen« Tieren wurde im Rahmen von Beobachtungen gesprochen, die man im Oktober, Januar, März und April gemacht hat.

Weltbestand: Es gibt keinerlei Schätzungen zum derzeitigen Bestand. Man nimmt aber nicht an, daß die Art gefährdet ist.

Der Einfluß des Menschen: Die Art wird von Fischern gefangen, um Krebsköder daraus zu gewinnen. Das Ausmaß dieser illegalen Tötungen ist unbekannt, genau so wie die Anzahl von Opfern durch Unfälle in Fischereigeschirr.

Diese Zeichnung verdeutlicht, warum die Art mit populärem Namen Weißbauchdelphin heißt.

Hector-Delphin

Cephalorhynchus hectori

■ Bekannte Verbreitung □ Mögliche Sichtung

Diese Hector-Delphine wurden in relativ flachem Küstenwasser bei Akaroa nahe Christchurch in Neuseeland fotografiert. Man beachte die typisch abgerundete Finne - eine ausgezeichnete Identifikationshilfe.

Systematik: Der Hector-Delphin wurde 1881 von van Beneden beschrieben und mit dem Namen *Cephalorhynchus hectori* belegt. Der Artname *hectori* bezieht sich auf den neuseeländischen Zoologen Hector, der 1869 das erste Exemplar gefunden hatte.

Beschreibung: Wie alle anderen Mitglieder seiner Gattung ist auch der Hector-Delphin ein kleiner, gedrungener Wal. Erwachsene werden gewöhnlich 1,2–1,5 m lang und wiegen 50–60 kg. Weibchen werden etwas größer als Männchen. Das größte vermessene Tier war ein Weibchen von 1,67 m Länge. Der rundliche, kegelförmige Kopf verjüngt sich gleichmäßig. Der Unterkiefer überragt den Oberkiefer minimal. Im Ober- und Unterkiefer gibt es 26–32 Paar kleiner, spitzer Zähne.

Die kleinen Flipper sind am Ende abgerundet. Die meisten Delphine besitzen Auszahnungen an der Vorderkante der Flipper, wobei der Grad der Zackenbildung sehr stark variieren kann. Die breite Fluke weist eine konkav gebogene Vorderkante und hinten eine kleine Mittelkerbung auf. Die Rückenfinne ist breit und abgerundet mit einer stark konvex gebogenen Vorderkante, die an ihrer Basis in einer Furche endet.

Die Färbung besteht aus einer auffälligen Anordnung von Schwarz, Grau und Weiß. Schwanz, Finne und Unterkiefer sind schwarz. Die Kopfseiten bilden mit den Flippern eine durchgehend schwarze Fläche. Letztere sind ihrerseits durch ein schwarzes Band über der Brust miteinander verbunden, dessen Hinterkante ein kleines, zum Schwanz hin geöffnetes »V« bildet. Der Kopf ist vor einer ihn hinter dem Blasloch umkreisenden dünnen, schwarzen Linie grau und sehr fein schwarz marmoriert. Seiten und Rücken des Tieres sind mit Ausnahme zweier weißer »Finger«, die sich auf die unteren Flanken erstrecken, und eines ovalen weißen Flecks hinter jedem Flipper hellgrau. Auf der Bauchseite gibt es an Unterkiefer und Kehle am Bauch je ein großes, weißes Areal. Letzteres beginnt zwischen den Flippern, um sich bis auf die halbe Länge zwischen Flipper und Schwanz maximal zu verbreitern und dann wieder zu verjüngen. Bevor die Fläche in einem Punkt zusammenläuft, wird sie vom Schwarz des Schwanzstieles und zwei schwarzen »Fingern« unterbrochen, die ein sich nach vorne öffnendes »V« bilden. Dadurch bilden sich zwei seitliche, weiße »Finger« und ein zentrales, weißes Dreieck, das die Genitalregion und den After umschließt. Bei den Männchen ist die Genitalöffnung von einem großen grauen Fleck umgeben. Bei den Weibchen kann ein schmaler grauer »Finger« um die Genitalöffnung herumreichen oder überhaupt keine graue Fläche vorhanden sein.

Identifizierung auf See: Die Färbung und die Form der Rückenfinne machen eine Identifizierung auf See relativ einfach.

Lebensraum: Der Hector-Delphin ist eine Flachwasserart, die gewöhnlich in Wassertiefen von weniger als 300 m und innerhalb eines Kilometers von der Küste gefunden wird. Nur selten sieht man ihn weiter als 9 km vom Festland entfernt.

Verbreitung und Wanderung: Der Hector-Delphin ist auf Küstengewässer Neuseelands beschränkt. Am häufigsten ist er im Gebiet der Südinsel und an der Westküste der Nordinsel anzutreffen. Es gibt Hinweise auf eine Sommer-Winter-Wanderung von der Küste ins Meer.

Nahrung und Nahrungsaufnahme: Der Hector-Delphin nimmt opportunistisch kleinere Fische bis 35 cm Länge. Zu den Beutearten gehören von schwarmbildende Oberflächenfische wie Gelbäugige Meerbarben, Fische des Benthos (Dorschverwandte) und Kalmare.

Verhalten: Hector-Delphine werden gewöhnlich in kleinen Gruppen von 2–8 Tieren angetroffen, die von Zeit zu Zeit losere Verbindungen von bis zu 50 Individuen eingehen können. Aktivitäten wie etwa Springen, mit dem Schwanz schlagen und Aggressionen nehmen zu, wenn sich kleinere Gruppen zusammenschließen. Sie scheinen sich zu Schiffen hingezogen zu fühlen, die langsamer als 18 km/h fahren, schnelleren gehen sie aus dem Wege. Reiten auf Bug- und Brandungswellen und Beobachtungssprünge wurden registriert. Hector-Delphine stoßen leise, hochfrequente Einzel- und Doppellaute aus.

Fortpflanzung und Entwicklung: Man weiß wenig über die Fortpflanzungsbiologie dieser Art. Neuere Studien dürften hier aber bald für mehr Erkenntnisse sorgen. Die Kälber werden im Frühjahr und Anfang Sommer bei Längen um 60–70 cm geboren. Männchen erreichen die Geschlechtsreife bei 1,2–1,3 m, Weibchen ab 1,3 m Körperlänge.

Weltbestand: Es gibt 3.000–4.000 Hector-Delphine rund um Neuseeland. Die Art ist nicht bedroht.

Der Einfluß des Menschen: Man vermutet, daß zufällige Fänge in Reusennetzen eine gewisse Bedrohung für lokale Populationen darstellen können. In Neuseeland wurden Gesetze zum Schutz der Art erlassen.

Commerson-Delphin

Cephalorhynchus commersonii

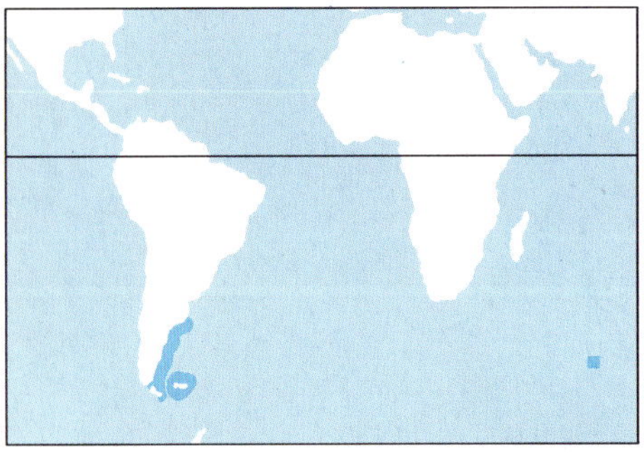

Bekannte Verbreitung

Systematik: Als der Commerson-Delphin 1804 zum ersten Mal von Lacépède klassifiziert wurde, rechnete man ihn noch zur Gattung *Delphinus*. Erst 1922 ordnete Harmer ihn in die Gattung *Cephalorhynchus* ein. Der Artname *commersonii* wird auch heute noch gebraucht und erinnert an den französischen Physiker und Botaniker Philibert Commerson, der die Art 1767 als erster nahe Tierra del Fuego beobachtete.

Beschreibung: Der Commerson-Delphin ist ein kleiner, gedrungener Delphin, der in seinem Äußeren den anderen Vertretern der Gattung ähnelt. Vor Südamerika erreichen Männchen Größen zwischen 1,25 und 1,40 m, Männchen vor den Kerguelen werden länger – bis etwa 1,7 m. Weibchen werden etwas größer und erreichen Längen von 1,28–1,46 m vor Südamerika und bis zu 1,75 m vor den Kerguelen. Erwachsene Tiere aus Südamerika wiegen etwa 35–60 kg; wie zu erwarten, sind die Individuen von den Kerguelen schwerer und wiegen bis 86 kg.

Der rundliche Kopf verjüngt sich allmählich vom Blasloch bis zur Schnauzenspitze - es gibt keinen abgesetzten »Schnabel«. Das Blasloch liegt leicht links versetzt von der Mittellinie. Der Unterkiefer ragt ganz wenig über den Oberkiefer hinaus. Im Ober- und Unterkiefer sitzen meist 28–34 Paar kleiner, spitzer Zähne mit weniger als 3 mm Durchmesser.

Die Flipper sind elliptisch und an den Enden mäßig abgerundet. Etwa die Hälfte der untersuchten Tiere besaßen Reihen von Zacken an der Vorderkante des linken Flippers, was wohl mit dem Alter der Tiere in Zusammenhang steht. Interessanterweise scheint das Auftreten solcher Zacken auf dem rechten Flipper vom Geschlecht abhängig zu sein, da es bei 80% der Weibchen aber bei weniger als 5% der Männchen zu finden war (wobei die Anzahl untersuchter Tiere klein war). Die Bedeutung dieser Zackungen ist unklar.

Die Rückenfinne, direkt hinter dem Mittelpunkt der Rückenlinie aufsitzend, ist charakteristisch abgerundet und hat eine leicht konkave Vorderkante. Die breite Fluke besitzt eine kleine Mittelkerbe.

Das auffälligste Merkmal dieser Delphine ist ihre schwarz-weiße Färbung, die sich im Laufe des Lebensalters entwickelt. Bei Neugeborenen oder Jugendlichen besteht diese Färbung aus einem gedeckten Grau auf Schwarz oder Dunkelgrau und erscheint bei Beobachtung auf See oft einfarbig. Der Kopf ist schwarz mit einem weißen (gezackten) Band auf der Kehle. Die Schwarzfärbung zieht sich abwärts, etwa vom Halsansatz zur vorderen Ansatzstelle der Flipper, die ihrerseits völlig schwarz sind. Die Form der Grenze zwischen weißer und schwarzer Zone auf der Kopfoberseite (die »Witwenhaube«) kann erheblich variieren und ist bei der Identifizierung einzelner Individuen hilfreich. Das gilt auch für den Übergang zwischen weißen und schwarzen Flächen in der Schwanzregion. Die Flipper sind durch ein schwarzes, über die Brust verlaufendes Band miteinander verbunden, das entlang der Bauchmittellinie nach hinten mit einer Spitze ausläuft. Der Schwanz wie auch die Rückenregion bis unmittelbar vor die schwarze, rundliche Finne sind ebenfalls schwarz. Der Rest des Tieres ist weiß, abgesehen von einem schwarzen Genitalfleck der zwischen den Geschlechtern unterschiedlich ausfällt.

Identifizierung auf See: Die sehr auffällige Färbung macht es relativ einfach, diese Art auf See zu identifizieren.

Lebensraum: Der Commerson-Delphin ist eine küstenbewohnende Art, dessen Sichtungen nahezu ausschließlich aus flachen Gewässern mit weniger als 100 m Tiefe vorliegen. Sie werden vor ungeschützten Küsten ebenso angetroffen wie in Fjorden, Buchten und Flußmündungen. Gelegentlich schwimmen sie sogar in Flüsse ein, mitunter bis zu 30 km flußaufwärts. In ruhigen, geschützten Regionen findet man sie, aber auch in Gebieten mit starker Strömung oder

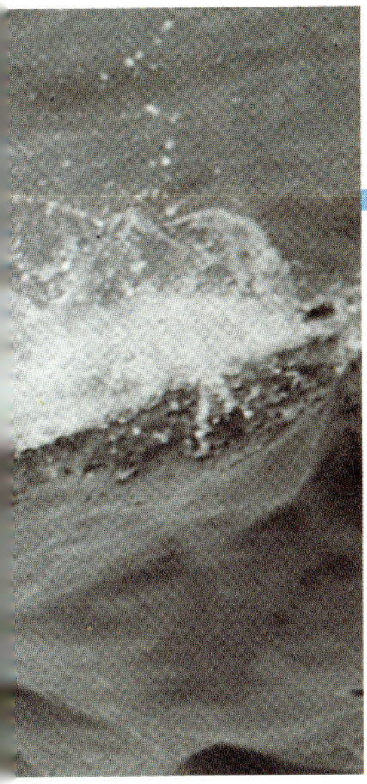

Oben: Ein Commerson-Delphin in der Magellanstraße.

Unten links: Das auffällige Färbungsmuster ist gut sichtbar.

Rechts: Eine Mutter mit ihrem Kalb in Sea World, Kalifornien.

Brandung. In allen Teilen ihres Verbreitungsgebietes können sie auch über Seetangfeldern beobachtet werden. Die Oberflächentemperatur variiert innerhalb ihres Verbreitungsgebietes zwischen 4° und 16° C.

Verbreitung und Wanderung: Commerson-Delphine werden sowohl vor den Küsten des südlichen Südamerikas angetroffen – von etwa 53° S auf der Westseite, um Tierra del Fuego herum bis etwa 41° S auf der Ostseite – wie auch im Gebiet der Falklandinseln und der Kerguelen. Die Tiere des Gebietes um die Kerguelen bilden eine separate Population, Es gibt wenige Informationen über saisonale Wanderungen aus dem Gebiet um Südamerika. Im Gegensatz zu Vermutungen, daß die Tiere im Sommer Küstengewässer bevorzugen, bestätigen Sichtungen und vorliegende Strandungen derartige Wanderbewegungen nicht. Vor den Kerguelen liegen nur aus den Sommermonaten Beobachtungen vor, so daß man hier bis zu einem gewissen Grad Wanderungen vermuten könnte.

Nahrung und Nahrungsaufnahme: Commerson-Delphine ernähren sich unspezifisch hauptsächlich am Meeresgrund. Garnelen (*Mysidae*), Fische (Sardinen, Seehecht) und Tintenfische (Kalmare) machen den Hauptanteil der Beute vor Tierra del Fuego aus.

Verhalten: Abgesehen von gelegentlichen, vermutlich kurzzeitigen Zusammenschlüssen großer Anzahlen (manchmal bis zu 100 Tieren (werden Commerson-Delphine meistens in kleineren Gruppen von weniger als 10 Individuen angetroffen. Sie sind sehr flinke Schwimmer, die häufig aus dem Wasser springen und oft dabei beobachtet wurden, wie sie auf dem Rücken schwammen. Sie betreiben Wellenreiten auf Bugwellen von Schiffen und auf Brandungswellen.

Aufnahmen von freilebenden wie gehaltenen Commerson-Delphinen zeigen, daß sie Laute bis zu einer Tonhöhe von 300 kHz abgeben können. Ein typischer Lautstoß dauert 350–500 Mikrosekunden mit einer Hauptfrequenz von etwa 130 kHz. Das Lautrepertoire ist ähnlich dem der Schweinswale, besonders des Dall-Hafenschweinswales. Die Vermutung wurde geäußert, daß sie aktiv Reflektionen von stationären Objekten ausfiltern könnten, was sie für Verstrickungen in Standnetzen besonders anfällig macht.

Fortpflanzung und Entwicklung: Die meisten Informationen aus Südamerika besitzen wir von gestrandeten oder zufällig in Fischereigeschirr gefangenen Tieren. Die Informationen über die Population von den Kerguelen entstammt einem Fang von 11 Tieren zu wissenschaftlichen Zwecken.

Die Fortpflanzungszeit scheint in den südlichen Sommer zu fallen, d. h. von November bis Februar. Interessanterweise fanden die drei Geburten in Menschenobhut ebenfalls im Januar/Februar statt, obwohl die Mütter inzwischen auf der Nordhalbkugel lebten. Die Tragzeit scheint 11–12 Monate zu dauern. Die Größe bei der Geburt beträgt 65–75 cm. Südamerikanische Tiere beiderlei Geschlechts scheinen mit 5–6 Jahren bei einer Länge von 1,27–1,31 m geschlechtsreif zu werden.

Die begrenzten Daten der Kerguelen-Population lassen vermuten, daß die Geschlechtsreife dort bei Längen von etwa 1,56 m eintritt, was einem Alter von ca. 5 Jahren bei Weibchen und etwa 8 Jahren bei Männchen entspricht. Das älteste bisher untersuchte Tier war 18 Jahre alt.

Weltbestand: Nur in einem einzigen Teil ihres Verbreitungsgebietes wurde eine ausgiebige Populationsanalyse durchgeführt – im Januar und Februar 1984 in der nördlichen Magellan-Straße. Man zählte dort mehr als 3.000 Tiere. Trotz unseres geringen Wissens über den Gesamtbestand und unter Berücksichtigung der unten beschriebenen Sterblichkeitsrate scheint die Art nirgendwo innerhalb ihres Vorkommens selten oder gefährdet zu sein.

Der Einfluß des Menschen: Commerson-Delphine wurden sowohl in Chile als auch Argentinien von Fischern gefangen, um aus ihrem Fleisch Köder für die Krebsfischerei zu gewinnen. Obwohl dies heute illegal ist, gibt es keine genauen Erkenntnisse über das derzeitige Ausmaß dieser Entnahmen. Die Delphine werden auch zufällig in Fischereinetzen gefangen, die für Krabben- und Fischfang, wie z. B. auf Glasbarsche oder Seehecht ausgebracht wurden. Obwohl einige dieser Delphine wissenschaftlichen Untersuchungen zugeführt worden sind, geschah dies bei anderen nicht, und so ist das tatsächliche Ausmaß dieser Fänge nicht einzuschätzen. Mindestens 6 Expeditionen wurden durchgeführt, um lebende Tiere für Delphinarien zu fangen, die letzte im Januar 1984.

Nördlicher Glattdelphin

LISSODELPHIS BOREALIS

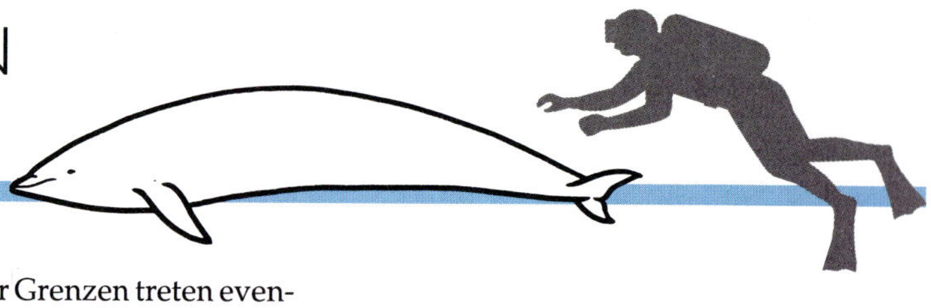

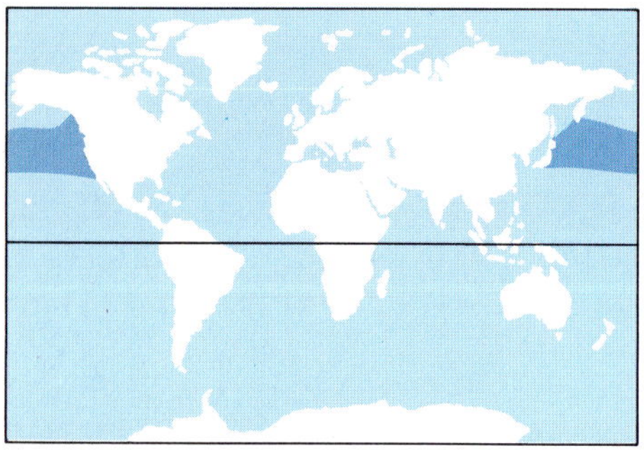

■ Bekannte oder mögliche Verbreitung

Systematik: *Lissodelphis* (= glatter Delphin) bezieht sich wahrscheinlich auf das Fehlen einer Rückenfinne. Der Artname *borealis* deutet die rein nördliche Verbreitung des Delphins an. Es sind keine Unterarten bekannt.

Beschreibung: Diese Art ist mit ihrem schmalen, fast aalartigen Körper vermutlich die schlankste aller kleineren Wale. Männchen werden größer als Weibchen, wobei die bisher bekannten Höchstlängen 3,1 m bzw. 2,3 m betragen. Das Höchstgewicht liegt bei mindestens 115 kg.

Der Körper ist überwiegend schwarz (Kälber sind gräulich braun) mit einem weißen lanzettartigen Muster unterschiedlicher Breite an der Unterseite, das von der Kehle bis zur Fluke verläuft. Ein weißer Fleck sitzt unmittelbar hinter der Spitze des Unterkiefers. Die Hinterkante der Fluke ist unterseits weiß und oben grau.

Das offensichtlichste Merkmal ist das Fehlen einer Rückenfinne. Flipper und Schwanzfluke sind klein und laufen spitz zu. An jeder Seite des Ober- und Unterkiefers gibt es 40–49 Zähne.

Bisher sind keine geographischen Variationen bekannt, es werden jedoch immer wieder Individuen mit größeren weißen Flächen als bei der Mehrheit der Tiere in beiden Hälften des Pazifiks gesichtet.

Identifizierung auf See: Dies ist der einzige ozeanische Delphin innerhalb seines Verbreitungsgebietes, der keine Rückenfinne hat. Sein Gegenstück, der Südliche Glattdelphin, besitzt ausgeprägtere weiße Gebiete am Kopf, an den Seiten und am Bauch und lebt nur südlich des Äquators.

Lebensraum: Diese pelagische Art bewohnt relativ tiefe Gewässer des Kontinentalschelfs und der offenen See mit Oberflächentemperaturen zwischen 8° und 19°C.

Verbreitung und Wanderung: Diese Delphine kommen nur im Nordpazifik vor, wo man sie normalerweise zwischen 30° und 50° N im Ostpazifik bzw. 35° und 51° N im Westpazifik antrifft. Wanderungen nördlich und südlich dieser Grenzen treten eventuell bei für die Jahreszeit ungewöhnlichen Wassertemperaturen auf. Weitreichende Wanderungen sind nicht bekannt, jedoch wurde aus bestimmten Gebieten ihres Vorkommens von saisonal bedingten Bewegungen zur Küste und nach Süden berichtet.

Nahrung und Nahrungsaufnahme: In Südkalifornien scheinen saisonale Wanderungen an die Fortpflanzung ihrer Hauptbeute, den Hakenkalmar (*Loligo opalescens*) gebunden zu sein. Laternenfische stellen ebenfalls eine wichtige Beutegruppe dar. Außerdem erbeuten sie verschiedene, an der Oberfläche vorkommende Fische und Kalmare.

Verhalten: Es gibt bisher keine detaillierten Langzeitstudien zum Verhalten der Nördlichen Glattdelphine. Nahezu unser gesamtes Wissen verdanken wir gelegentlichen, kurzen Beobachtungen. Die Gruppengrößen reichen bis zu geschätzten 3.000 Tieren, wobei die durchschnittliche Schulengröße bei 110–20 Individuen liegen wird. Es wurde von verschieden zusammengesetzten Herden berichtet, bei denen die Mitglieder mit unterschiedlichen Aktivitäten beschäftigt waren. Nördliche Glattdelphine schließen sich oft anderen Arten an, besonders Weißstreifen- und Rundkopfdelphinen.

Wandernde Herden peitschen die Wasseroberfläche oft mit langen, flachen Sprüngen, wobei sie häufig mit dem Bauch auf der Wasseroberfläche rutschen und mit der Schwanzfluke schlagen. Sie sind auch dafür bekannt, auf Bugwellen zu reiten und können mit sehr hoher Geschwindigkeit, möglicherweise bis 35 km/h, zu schwimmen.

Ihre Laute ähneln im allgemeinen denen anderer Arten sozialer, pelagischer Delphine, obwohl es so scheint, als ob Nördliche Glattdelphine weniger häufig pfeiffen.

Einzelstrandungen sind nicht sehr häufig.

Fortpflanzung und Entwicklung: Es ist nur sehr wenig von der Fortpflanzungsbiologie der Nördlichen Glattdelphine bekannt. Neugeborene sind vermutlich 0,8–1 m lang. Männchen werden geschlechtsreif bei einer Länge von 2,12–2,2 m, Weibchen mit etwa 2 m.

Weltbestand: Die Bestandsgröße im Nordpazifik ist unbekannt. Wahrscheinlich existieren regional eigenständige Populationen, man weiß jedoch nichts über deren Verbreitungsgrenzen. Zu Zeiten höchster Populationsdichte schätzt man vor Südkalifornien etwa 18.000 Nördliche Glattdelphine. Weitere 61.000 Tiere könnten vor Zentral- und Nordkalifornien leben.

Der Einfluß des Menschen: Einige nördliche Glattdelphine werden jedes Jahr durch japanische Walfänger mit Harpunen erlegt bzw. in Beutel- oder Reusennetzen durch Fischer gefangen. Die Entnahmen scheinen aber keinen bedeutenden Einfluß auf die Populationen auszuüben. Viel bedeutender sind die unfreiwilligen Verstrickungen in Treibnetzen. Konkrete Informationen über die Zahl der auf diese Weise getöteten Delphine sind rar, bedenkt man aber das Ausmaß dieser Fischerei, könnten die zentralpazifischen Bestände der Nördlichen Glattdelphine ernsthaft bedroht sein.

Im östlichen Nordpazifik wurden geringe Anzahlen von Glattdelphinen lebend gefangen. Weitere Todesfälle sind dort durch gelegentliche Verstrickungen in Fischereigeschirren zu verzeichnen.

Südlicher Glattdelphin

LISSODELPHIS PERONII

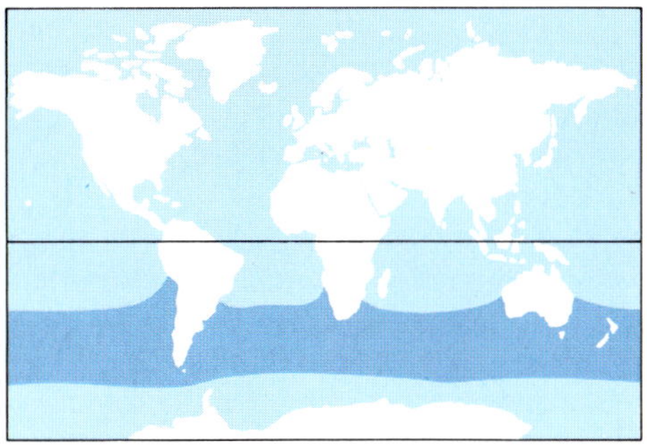

■ Bekannte oder mögliche Verbreitung

Systematik: Diese Art wurde nach F. Peron, einem Naturforscher des 18. und 19. Jahrhundert benannt, von dem auch die erste Beschreibung stammt. Es sind keine Unterarten bekannt.

Beschreibung: Die meisten vermessenen Erwachsenen waren zwischen 2 m und 2,5 m lang. Es gibt aber Anhaltspunkte dafür, daß sie wie ihre nördlichen Gegenstükke größer als 3 m werden können. Männchen werden wahrscheinlich etwas größer als Weibchen. Die Tiere erreichen ein Gewicht von mindestens 100 kg.

Südliche Glattdelphine sind schlank, wenngleich nicht so extrem wie die nördliche Art. Sie besitzen kleine, gebogene Flipper mit spitzen Enden, kleine Fluken mit rundlichen Spitzen und keine Rückenfinne. Die Art hat einen kurzen aber deutlich abgesetzten »Schnabel«. Die bisher untersuchten Individuen besaßen 44–49 scharfe Zähne in jeder Hälfte des Ober- und Unterkiefers.

Der Rücken ist schwarz. Das darunter liegende Weiß ist aber viel weiter ausgedehnt als bei der nördlichen Art. Schnauze, Melone, Flipper, mittlere Flanke und die gesamte Bauchfläche sind weiß. Die Oberseite der Fluke verläuft von dunkelgrau an der Hinterkante bis hellgrau bzw. weiß am Schwanzstiel. Man hat viele individuell unterschiedliche Färbungsvarianten gefunden, anhand derer man Einzeltiere identifizieren kann. Kälber können gedecktere Färbungsmuster aufweisen.

Identifizierung auf See: Der finnenlose Rücken und die kontrastreiche schwarzweiße Färbung ermöglichen eine einwandfreie Identifizierung der Art.

Lebensraum: Wie ihre nördlichen Gegenstücke werden Südliche Glattdelphine grundsätzlich nur dort in Küstennähe angetroffen, wo das Wasser tief ist. Sie scheinen einen gemäßigt kalten Hochseelebensraum zu bevorzugen. Die Wassertemperaturen während Sichtungen lagen zwischen 1° und 20° C.

Verbreitung und Wanderung: Südliche Glattdelphine scheinen in der gesamten gemäßigten Zone der südlichen Hemisphäre verbreitet zu sein. Die meisten Sichtungen stammen von nördlich der Antarktischen Konvergenz, die nördlichste glaubhafte Beobachtung von etwa 19° südlicher Breite vor Chile.

Bei Berichten von Südlichen Glattdelphinen vor Japan handelte es sich höchstwahrscheinlich um abnorm gefärbte Nördliche Glattdelphine. Bis weitere Studien durchgeführt worden sind, müssen wir die Grenzen der Verbreitung mit »unbekannt« angeben. Es gibt keinerlei Informationen über Wanderungen.

Nahrung und Nahrungsaufnahme: Es gibt nur wenige Informationen über das Nahrungsverhalten. Auch der Südliche Glattdelphin ernährt sich von Laternenfischen (*Myctophidae*) und verschiedenen Arten von Kalmaren.

Verhalten: Die umfangreichsten Kenntnisse über das Verhalten besitzen wir aus Südafrika. Verschiedene Schwimmweisen wurden beschrieben, vom langsamen wellenartigen Gleiten (mit nur geringem Aufwirbeln der Wasseroberfläche) bis zu langen, flachen Sprüngen, die viel Schaumbildung auf dem Wasser zurücklassen. Überwasser-Aktivitäten wurden als »Bauchklatscher«, Seiten- und Flukenschläge auf die Oberfläche beobachtet. Aufzeichnungen berichten von bis zu 6,5 Minuten langen Tauchgängen.

Herden erreichen Größen von bis zu 1.000 geschätzten Tieren mit verschiedenen Zusammensetzungen. Diese Art wird nicht selten mit anderen Delphinschulen gesichtet, etwa von Arten der Gattungen *Lagenorhynchus* und *Globicephala*. Sie reiten gern auf Bugwellen.

Sowohl Einzel- als auch Massenstrandungen wurden beobachtet, wenngleich beide nicht sehr häufig vorkommen. In Neuseeland wurden lebend gestrandete Individuen erfolgreich ins Meer zurückgesetzt.

Fortpflanzung und Entwicklung: Nahezu nichts ist uns von der Fortpflanzungsbiologie dieser Art bekannt. Kälber werden am häufigsten im südlichen Sommer (November bis Februar) gesichtet.

Weltbestand: Es gibt keinerlei Schätzungen über die Bestandsdichte. Obwohl es als wahrscheinlich gilt, daß sich die Art in separate Populationen aufteilt, wurden solche Gruppierungen noch nicht beschrieben.

Der Einfluß des Menschen: Von den Walfängern des 19. Jahrhunderts wurden geringe Mengen dieser Art gefangen, um frisches Fleisch für die Schiffsmannschaften zu bekommen. Einige Individuen werden noch heute durch Fischer in Südamerika gefangen. Nirgendwo jedoch scheint es großangelegte Fänge dieser Art zu geben. Südliche Glattdelphine wurden noch niemals in Menschenobhut gehalten.

Links: Die schlanken Glattdelphine zählen zu den wenigen kleineren Walen ohne Rückenfinne. Auf dem Foto ist die nördliche Art abgebildet.

Rechts: Der Südliche Glattdelphin unterscheidet sich von der nördlichen Art durch den größeren Weißanteil in der Färbung.

Rundkopfdelphin

GRAMPUS GRISEUS

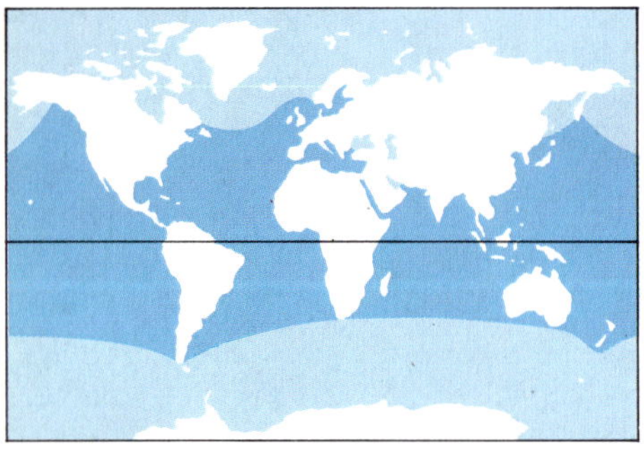

Bekannte Verbreitung

Systematik: *Grampus* bedeutet großer Fisch, *griseus* bezieht sich auf die graue Färbung. Es sind keine Unterarten bekannt.

Populäre Bezeichnungen: Im englischen Sprachraum hat sich die Bezeichnung »Risso's dolpin« (Risso's Delphin) durchgesetzt.

Beschreibung: Die durchschnittliche Größe Erwachsener beträgt 2,8–3,3 m, Männchen werden etwas größer als Weibchen. Die größte bisher registrierte Länge betrug 3,85 m. Das Körpergewicht von Rundkopfdelphinen beträgt etwa 500 kg.

Rundkopfdelphine sind kräftige Tiere mit einem großen, vorne angestumpften Kopf, quadratischem Profil und ohne ausgeprägten Schnabel. Ein für diese Art einzigartiges Merkmal stellt eine vertikale Falte vor der Melone dar. Der Mundspalt verläuft relativ gerade und biegt sich am Ende nach oben. Am vorderen Unterkiefer sitzen 7 (oder weniger) Paar Zähne, im Oberkiefer jedoch keine. Die langen, sichelförmigen Flipper laufen spitz zu. Die Spitze der langen, gebogenen Rückenfinne kann rund oder spitz sein. Der Schwanzstiel ist nicht besonders hoch, die Fluke weist konkav gebogene Hinterkanten und eine tiefe Mittelkerbe auf.

Identifizierung auf See: Erwachsene Rundkopfdelphine sind durch die zahlreich auf ihrer Haut vorhandenen Narben leicht erkennbar. Die meisten Erwachsenen sind oberseits grau und mit unzähligen weißen Kratzern, Flecken und Rosetten bedeckt. Auf der Brust besitzen sie eine weiße, ankerförmige Zeichnung, ein Großteil des Körpers ist oft ebenfalls weiß. Finne und Flipper erscheinen etwas dunkler. Einige (möglicherweise ältere) Erwachsene sind derartig mit Narben und Flecken bedeckt, daß sie fast einfarbig weiß aussehen. Neugeborene Kälber sind hellgrau. Der Körper dunkelt bei Jugendlichen zu einem bräunlichen Grau, um schließlich wieder in die Erwachsenenfärbung aufzuhellen. Jugendliche besitzen ein sehr gedecktes, ankerförmiges Zeichen auf der Brust.

Lebensraum: Rundkopfdelphine bevorzugen tropische und warme Hochseegewässer und vermeiden kalte und polare Regionen. In den meisten Gebieten ihres Vorkommens sind sie in Küstennähe nur dort zu finden, wo das Kontinentalschelf sehr schmal ist, also etwa im Bereich ozeanischer Inseln.

Verbreitung und Wanderung: Die nördliche Grenze dieser Art stellen Neufundland und die Shetlands (im Atlantik), der Golf von Alaska (im Pazifik) und die Nordgrenze des Indischen Ozeans dar. Sie leben südwärts bis Kap Hoorn und zum Kap der Guten Hoffnung sowie bis Australien und Neuseeland. In warmen gemäßigten wie tropischen Regionen verläuft die Verbreitung zwischen den genannten Grenzpunkten wahrscheinlich kontinuierlich. Der Rundkopfdelphin tritt auch im Golf von Mexiko, im Mittelmeer, der Nord- und Ostsee, im Roten Meer, Persischen Golf, der Japanischen See und im Golf von Kalifornien auf.

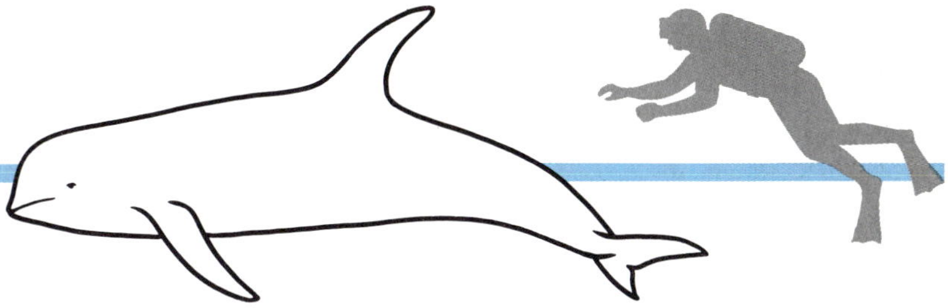

Unten links: Dieses Tier reitet auf der Bugwelle eines Schiffes im Pazifischen Ozean. Das Bild zeigt deutlich die Vernarbung des Körpers, die von Auseinandersetzungen mit anderen Rundkopfdelphinen stammen, aber selten ernsthafte Verletzungen verursachen.

Oben: Der Beobachtungssprung mit dem Kopf weit über dem Wasserspiegel ermöglicht einen guten Rundblick.

Unten rechts: Ein springender Rundkopfdelphin. Man beachte den abgestumpften Kopf und die Vernarbung des Körpers.

Weite Wanderungen sind unbekannt, die Tiere bleiben während des ganzen Jahres in den meisten Zonen ihres Verbreitungsgebietes. Im östlichen Nordpazifik wurde eine saisonale Verteilung registriert, wobei die Wanderungen zu den nördlichen Gebieten sowie Bewegungen zur Küste über das Kontinentalschelf vor Südkalifornien an warme Gewässertemperaturen im Sommer gebunden zu sein scheinen. Langzeitliche Veränderungen im Auftreten, wie etwa die periodisch wiederkehrende Nutzung der Monterey-Bay in Kalifornien, sind eventuell an wiederkehrende und weitreichende Veränderungen der Umweltbedingungen gebunden.

Nahrung und Nahrungsaufnahme: Rundkopfdelphine fressen Fische und Kopffüßer, Untersuchungen von Mageninhalten haben aber gezeigt, daß Kalmare die Hauptbeute ausmachen. Die geringe Zahnzahl scheint diese Annahme zu unterstützen, da bei weichtierfressenden Walen ein Trend zur Reduktion der Zahnzahlen festzustellen ist. Die meisten Narben erwachsener Tiere stammen wohl von aggressiven Auseinandersetzungen, spielerischen Balgereien und sexuellen Interaktionen innerhalb der Art.

Verhalten: Die meisten Gruppen sind relativ klein und enthalten ein bis mehrere Dutzend Mitglieder. Trotzdem bilden Rundkopfdelphine mitunter große Herden, von denen die größte bisher bekannte aus etwa 4.000 Tieren bestand.

Sehr häufig sieht man Rundkopfdelphine nebeneinander an der Wasseroberfläche treiben. Man nennt diese Formation »Chorus Lines«. Wenn sie sich schnell vorwärtsbewegen, springen oft ganze Schulen (gemeinsam) aus dem Wasser. Beobachtungs- und andere Sprünge und das Schlagen mit Flippern auf die Wasseroberfläche sind innerhalb der Gruppen recht häufig zu beobachten.

Rundkopfdelphine sind sehr gut per Foto-ID zu identifizieren. Derartige Untersuchungen in der kalifornischen Monterey-Bay lassen vermuten, daß Rundkopfdelphine in relativ stabilen Gruppen leben. Zur Zeit laufende Studien in anderen Gebieten sollen Aufschluß über Langstreckenwanderungen einzelner Individuen geben.

Rundkopfdelphine geben eine Vielzahl von Lauten ab, einschließlich Pfiffe, und man nimmt an, daß diese sehr individuelle Informationen enthalten.

Massen- wie auch Einzelstrandungen sind nicht ungewöhnlich. Von Massenstrandungen lebender Tiere wurde aus verschiedenen Gebieten ihres Vorkommens berichtet.

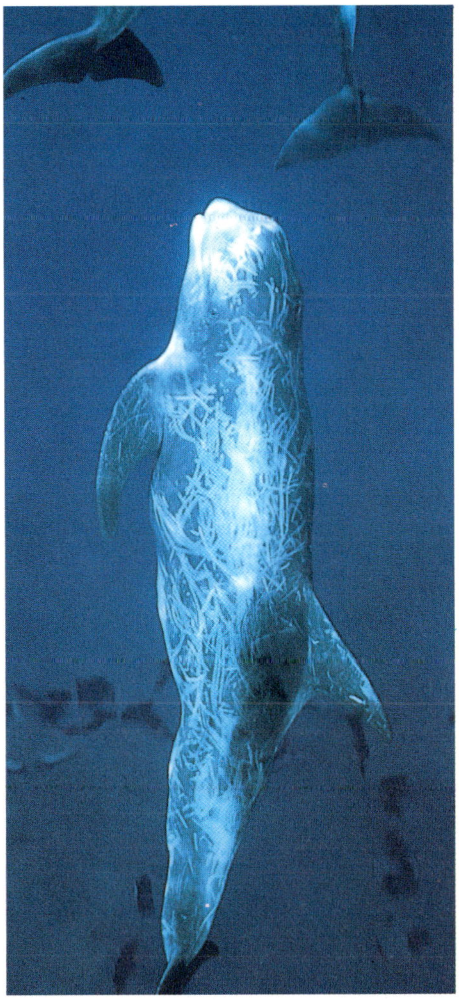

Fortpflanzung und Entwicklung: Man schätzt die Tragzeit der Rundkopfdelphine auf 13–14 Monate. Die Länge der Kälber bei der Geburt beträgt 1,2–1,5 m. Es gibt einige kontroverse Diskussionen über die Zeiten, in denen Geburten hauptsächlich auftreten, vielleicht weil tropische Populationen im Gegensatz zu Tieren der gemäßigten Zonen über eine verlängerte Fortpflanzungszeit verfügen. Trotzdem lassen Aufzeichnungen aus dem Nordatlantik eine in den Sommer fallende Geburtensaison vermuten.

Die Geschlechtsreife scheint bei beiden Geschlechtern mit Längen von 2,6–2,8 m einzutreten. Das Alter zu diesem Zeitpunkt ist unbekannt, scheint aber unterhalb von 13 Jahren zu liegen.

Weltbestand: Rundkopfdelphine sind weiter verbreitet und kommen häufiger vor, als man ursprünglich annahm. Zuverlässige Bestandsschätzungen liegen nicht vor, die Art scheint aber in niedrigeren Breiten relativ häufig zu sein. Die Zahlen für Zentral- und Nordkalifornien werden auf 13.000-30.000 Individuen geschätzt.

Der Einfluß des Menschen: Rundkopfdelphine werden in Japan durch Treibjagd gefangen. Geringe Anzahlen wurden auch in Europa, im Schwarzen Meer, in der Karibik, Peru, bei den Indo-Pazifischen Inseln und vor Nordamerika gefangen. Diese Art stellt eine der Hauptbeuten des Fanges mit Reusennetzen und Harpunen der relativ gering entwickelten Walfängerei von Sri Lanka dar. Mit der eventuellen Ausnahme von Sri Lanka sind die Populationen der Rundkopfdelphine vermutlich kaum von Ausbeutung durch den Menschen betroffen.

Einige Individuen wurden lebend in Japan und den Vereinigten Staaten gefangen und haben sich gut an die Bedingungen in Menschenhand angepaßt. Grundsätzlich allerdings eignen sich Hochseearten wie diese nicht sehr gut für die Haltung in Ozeanarien.

1933 strandeten in Irland drei ungewöhnliche Delphine. Die wahrscheinlichste Hypothese über ihre Identität war, daß es sich um Hybriden zwischen *Grampus griseus* und *Tursiops truncatus* (dem Großen Tümmler) handelte. Diese Hypothese erscheint heute mehr als wahrscheinlich, da in Menschenobhut Kreuzungen zwischen diesen beiden Arten geboren wurden.

SCHWEINSWALE

PHOCOENIDAE

Der erstmalige Gebrauch des Namens Phocoenidae im systematischen Rang einer Familie wird Bravard (1885) zugeschrieben, obwohl Gray schon 1825 den Wortstamm des Namens in die Nomenklatur eingeführt hatte. Innerhalb dieser entwicklungsgeschichtlich alten Familie existieren sechs lebende Arten, die sich auf vier Gattungen aufteilen. Untersuchungen an lebendem wie fossilem Material deuten die Existenz von zwei als Unterfamilien anerkannten Linien an. Die eine, Phocoeninae, wird durch den Schweinswal (*Phocoena phocoena*), den Pazifischen Hafenschweinswal (*P. sinus*), den Indischen Schweinswal (*Neophocaena phocaenoides*) und den Burmeister-Schweinswal (*Phocoena spinipinnis*) repräsentiert. Die andere Unterfamilie, Phocoenoidinae, besteht aus dem Brillenschweinswal (*Australophocaena dioptrica*) und dem Dall-Hafenschweinswal (*Phocoenoides dalli*).

Alle 6 Arten sind mit einer maximalen Körperlänge von 2,2 m klein, haben kleine Flipper, eine gekerbte Schwanzfluke und keinen vorstehenden Kiefer (»Schnabel«). Alle besitzen mindestens 11 Paare kleiner Zähne im Ober- und Unterkiefer, die seitlich zusammengedrückt sind. So entsteht eine scharfe Kante, die es ermöglicht, Beute – vornehmlich Fische – zu zerteilen. Bis auf den Indischen Schweinswal besitzen alle Arten eine gut ausgebildete Rückenfinne. Mit Ausnahme des Dall-Hafenschweinswales sind alle Arten ausgeprägte Bewohner von Küstengewässern, wobei ihre geographische Ausbreitung von extrem begrenzt – wie etwa der Pazifische Hafenschweinswal – bis extrem weitreichend – wie beim Schweinswal – reicht. Der Dall-Hafenschweinswal und der Brillenschweinswal unterscheiden sich von den anderen Mitgliedern der Familie durch ihre gut ausgebildeten Färbungsmuster.

Schweinswale im Tang. Diese Art ist die weitverbreitetste innerhalb der Familie und bewohnt den Nordpazifik und Nordatlantik.

Schweinswal

Phocoena phocoena

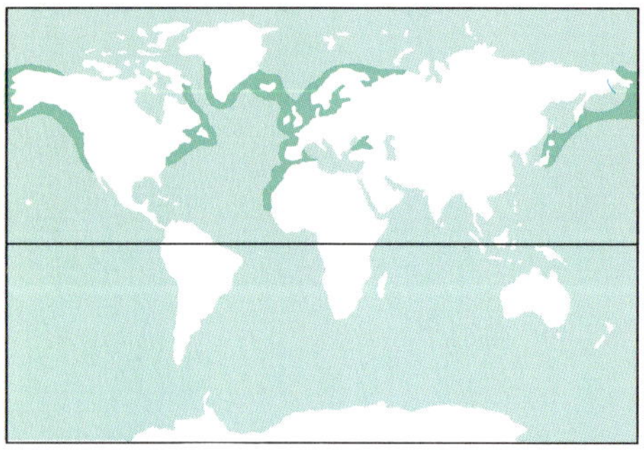

Bekannte Verbreitung

Systematik: Der Gattungs- und Artname für den Schweinswal, *Phocoena phocoena* entstammt dem griechischen *phoke* (= Robbe). Die Art wurde 1758 von Linné beschrieben. Es sind keine Unterarten bekannt.

Populäre Bezeichnungen: Die Bezeichnungen Braunfisch bzw. Kleiner Tümmler sind an den deutschen Küsten gebräuchlicher als der »offizielle« Name Schweinswal.

Beschreibung: Schweinswale sind kleine Cetaceen mit rundlichem Kopf ohne deutlich abgesetzte Schnauze. Die Rückenfinne ist dreieckig und hat eine Reihe kleiner, runder Erhebungen an der Vorderkante, die man Tuberkeln nennt. Fast alle für diese Arbeit untersuchten Tiere mit Ausnahme der Kälber weisen diese Tuberkeln auf.

Der Rücken ist dunkelgrau und geht allmählich in die weißliche Färbung des Bauches über. Das Weiß greift auf die Flanken des Tieres in Höhe der Flipper über. Ein hellgrauer Streifen zieht von den Flippern zur dunklen Zone, die den Mundspalt umgibt. Finne, Flipper und Fluke sind ebenfalls dunkel.

Die Durchschnittsgrößen bei Erwachsenen betragen 1,5–1,7 m (Weibchen) und 1,4 bis 1,5 m (Männchen), das Durchschnittsgewicht liegt bei 40–60 kg. Die größten Tiere können Längen bis 2 m und Gewichte bis 90 kg erreichen. Im Oberkiefer gibt es 22–28 Paare spatelförmiger Zähne, und im Unterkiefer 21–25 Paare.

Identifizierung auf See: Schweinswale können anhand ihrer geringeren Größe, der dreieckigen Finne, dem gräulich gefärbten Körper und ihres Schwimmverhaltens identifiziert werden. In den meisten Teilen ihres Verbreitungsgebietes gibt es nur wenige andere Arten, mit denen sie verwechselt werden können.

Lebensraum: Schweinswale leben in trüben Gewässern und Küstengebieten mit Auf-

Oben: Von Schweinswalen ist oberhalb des Wasserspiegels nur sehr wenig zu sehen.

Oben rechts: Schweinswale sind Bewohner der Küstengewässer, obwohl sie mitunter auch mitten in der Nordsee gesichtet werden. Einige Gruppen bleiben in bestimmten Gebieten nur saisonal standorttreu.

Unten: Dieser Schweinswal hat keinen »Schnabel«, kleine Flipper und eine kleine dreieckige Finne.

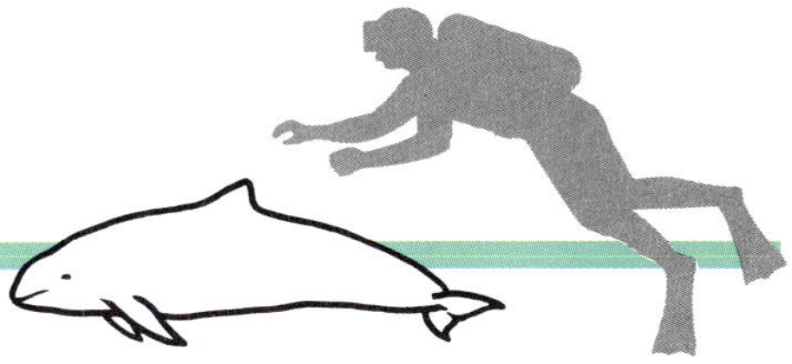

wärtsströmungen und in Gezeitenzonen. Solche Meeresgebiete sind häufig sehr nährstoffreich.

Man nimmt an, daß Schweinswale auf flache Gewässer beschränkt sind. Sie werden allerdings in der Bucht von Fundy (Neuschottland) regelmäßig (unbeabsichtigt) in Reusennetzen gefangen, die in einer Tiefe von 100 m am Meeresboden aufgestellt worden sind. Man trifft sie auch in Gewässern mit 300 m Tiefe fernab der Küste an, obwohl sie sich dort nicht in Bodennähe ernähren.

Verbreitung und Wanderung: Der Schweinswal ist in den gemäßigten subarktischen Gewässern der nördlichen Hemisphäre recht weit verbreitet. Im Nordpazifik reicht sein Vorkommen von Japan über die Küsten- und Inselregionen des Nordpazifiks und um die Küsten Nordamerikas herum bis Zentralkalifornien in den USA. Schweinswale wurden nordwärts bis Point Barrow (Alaska) und bei den Wrangel-Inseln (UdSSR) gefunden. Ihre südliche Ausdehnung reichte bis Point Conception (Kalifornien). Im östlichen Nordatlantik kommen Schweinswale von der Küste Neu-Englands in den USA nordwärts entlang der Küsten- und Inselgebiete Kanadas bis etwa zur Baffin-Insel im Norden vor. Sie erscheinen entlang der Südküste Grönlands, Islands und im Gebiet der Färöer. Sie sind oder waren häufig in den Gewässern Nordeuropas einschließlich der Nord-, Barent- und Ostsee anzutreffen. Sie lebten sogar an den Küsten Europas, im gesamten Mittelmeer und entlang der afrikanischen Küste bis zum Senegal, wo auch heute noch eine kleine Population existiert. Je eine isolierte Population lebt im Schwarzen und Asowschen Meer.

Über Wanderbewegungen der Schweinswale ist nur wenig bekannt. In einigen Gebieten neigen sie dazu, eher im Sommer als im Winter anwesend zu sein, aber es existieren auch ganzjährig seßhafte Gruppen.

Nahrung und Nahrungsaufnahme: Schweinswale ernähren sich am Meeresboden und sind auf kleine, schwarmbildende Fische wie Heringe oder Sardellen spezialisiert. In der Bucht von Fundy ernähren sich die Kälber von Leuchtkrebsen.

Verhalten: Schweinswale bilden grundsätzlich kleine Gruppen. Ihre Schwimmbewegungen wurden als langsam »rollend« beschrieben. Im Gegensatz zu vielen Delphinen springen sie nicht. Sie ruhen regelmäßig an der Wasseroberfläche. Durch dieses ruhige Verhalten, das sie besonders bei Nacht zeigen, entgehen sie vielleicht Angriffen von Haien, die zu ihren Hauptfeinden zählen.

In der Bucht von Fundy fand man durch Telemetrie heraus, daß Einzelindividuen bestimmte, kleine Gebiete über einen langen Zeitraum besetzen. Dieses Verhalten unterstützt die Ansicht, daß Schweinswale in einem Teil ihres Verbreitungsgebietes mindestens eine gewisse Zeit im Jahr bestimmte Territorien besetzen und dort seßhaft sind.

Fortpflanzung und Entwicklung: Nach einer Tragzeit von 11 Monaten werden die Kälber mit einer Länge von 70–90 cm geboren. Schweinswale scheinen sich zu bestimmten Jahreszeiten fortzupflanzen und gebären während der Sommermonate. Weibchen erreichen die Geschlechtsreife mit etwa 3 Jahren und bei einer Länge von 1,5–1,6 m. Sie gebären ab dieser Zeit jährlich ein Kalb. Das Junge wird etwas weniger als 1 Jahr gesäugt. Männchen werden mit 1,4 bis 1,5 m Länge bei erheblich höherem Alter als die Weibchen geschlechtsreif. Das höchste bisher registrierte Alter lag bei 14 Jahren, aber die meisten Tiere starben, bevor sie 9 Jahre alt waren.

Weltbestand: Der Gesamtbestand ist unbekannt. Es besteht allerdings kein Zweifel darüber, daß Schweinswale ernsthaft unter dem Menschen zu leiden hatten. Der Bestand aus der Ostsee ist fast verschwunden, weil ihm seine Ernährungsgrundlage nahezu völlig entzogen wurde und der Grad der Wasserverschmutzung unerträglich hoch geworden ist. Schweinswale wurden im Mittelmeer ausgerottet und sind entlang der französischen Atlantikküste sehr selten geworden. Vor Dänemark wurden sie stark dezimiert, desgleichen südöstlich von England. Die Bestände des Schwarzen Meeres sind extrem bedroht. Das gleiche gilt für die Populationen der Nordsee, der Bucht von Fundy und im Golf von Maine. In Kalifornien verlagert sich die Südgrenze ihrer Verbreitung ständig nach Norden.

Die Schweinswalpopulationen scheinen aufgrund ihrer Nahrungs- und Lebensraumansprüche und aufgrund ihrer Reproduktionsrate am Rande der Überlebensgrenze zu existieren. Wenn Fänge durch die Fischerei, eine Überfischung ihrer Beutearten, die Zerstörung ihres Lebensraumes und die hohe Belastung ihrer Umwelt mit Giften weiterhin anhalten, ist es höchst unwahrscheinlich, daß diese Tiere dem Druck noch lange standhalten können.

Der Einfluß des Menschen: Diese Schweinswale sind in höchstem Maße anfällig für eine Ausbeutung durch den Menschen. In vielen Gebieten werden sie für den menschlichen Verbrauch gefangen. Noch in jüngster Zeit gab es durch küstenbewohnende Indianer in den US-Staaten Washington und Maine gezielte Jagden auf Schweinswale. Ähnliche Bejagungen fanden in der Bucht von Fundy und im St.-Lorenz-Golf (Kanada) statt. Die direkt und indirekt durch Fischereigeschirr getöteten Tiere schätzt man auf 1.500 pro Jahr.

Unbeabsichtigte Fänge von Schweinswalen treten hauptsächlich in solchen Gebieten auf, in denen für den Fischfang Reusennetze am Boden flacher Gewässer ausgebracht werden. Dies ist der Fall in den Vereinigten Staaten, Kanada, Europa, Grönland und Japan. Ebenso wurden sie in Otternetzen und -fallen und mit beköderten Angeln gefangen.

Einige wenige Schweinswale wurden bisher in Menschenobhut gehalten und sogar trainiert. Die Art eignet sich allerdings nicht sehr gut für die Haltung in Menschenhand.

Pazifischer Hafenschweinswal

PHOCOENA SINUS

■ Bekannte Verbreitung

Systematik: *Phocoena sinus* wurde erst 1958 durch die amerikanischen Biologen Norris und McFarland beschrieben. Das lateinische Wort *Sinus* (= Tasche, Vertiefung, Einbuchtung) bezieht sich auf die begrenzte Verbreitung des Pazifischen Hafenschweinswales im Golf von Kalifornien.

Beschreibung: Der Pazifische Hafenschweinswal ist einer der kleinsten, wenn nicht der kleinste Wal überhaupt. Obwohl bisher nur eine geringe Anzahl von Individuen untersucht wurde, scheint ein Geschlechtsdimorphismus bezüglich der Größe vorzuliegen. Die Durchschnittslänge von Weibchen beträgt 1,5 m, die der Männchen 1,4 m. Es sitzen 20–21 Paar spatelförmige Zähne im Oberkiefer und 18 Paare im Unterkiefer.

Der Pazifische Hafenschweinswal ist grau mit dunkler Rückenfläche und gräulich weißem Bauch. Ein grauer Streifen verläuft von den Flippern zum Kinn. Eine dunkle Pigmentierung der Mundumgebung täuscht das Vorhandensein von Lippen vor. Ebenso wie beim Brillenschweinswal umgibt die Augen ein schwarzer Fleck. Die dunklen Flipper stechen etwas gegen die hellere Körperfärbung dieser Region ab. Die Schnauze ist typisch abgerundet.

Die dreieckige Finne ist relativ größer als bei anderen Schweinswalen und hat kleine Tuberkeln an der Vorderkante, die sich mit zunehmendem Alter stärker entwickeln. Jugendliche Tiere besitzen an den Stellen der Tuberkeln lediglich weißliche Flecke.

Identifizierung auf See: Man kann diese Art leicht identifizieren, das es sich um den einzigen kleineren Wal im oberen Golf von Kalifornien mit niedrig dreieckiger Finne und ohne Schnabel handelt.

Lebensraum: Der Pazifische Hafenschweinswal bewohnt die flachen Gewässer des oberen Golfs von Kalifornien, der eine der extremsten Tiden auf der Welt aufweist. Das Wasser dort ist trübe und sehr nährstoffreich für solche Tiere, die in der Lage sind, bei Flut die flachen Lagunen zu nutzen. Pazifische Hafenschweinswale wurden in Lagunen beobachtet, die so flach waren, daß die Rücken der Tiere aus dem Wasser aufragten.

Verbreitung und Wanderung: Der Pazifische Hafenschweinswal weist die am stärksten begrenzte Verbreitung aller Wale auf. Er lebt ausschließlich im nördlichen Golf von Kalifornien, in Mexiko und im Delta des Colorado-Flusses. Es ist möglich, daß kleinere saisonale Wanderbewegungen vorkommen; das Wasser des nördlichen Golfs wird im Sommer sehr warm, und die Tiere sind in dieser Zeit dort weniger häufig zu beobachten.

Nahrung und Nahrungsaufnahme: Man weiß nur sehr wenig. Der Magen eines Exemplares enthielt Reste von Umberfischen, Süßlippen und Kalmaren.

Verhalten: Es wurden nur wenige Beobachtungen an lebenden Tieren durchgeführt. Pazifische Hafenschweinswale sind sehr schwer auszumachen, da sie in kleinen Gruppen leben und mit einer langsamen, rollenden Bewegung auftauchen, die kaum Spuren auf dem Wasser hinterläßt. Ihre Fluken bleiben stets unter Wasser. Man hat bisher noch kein Exemplar springen gesehen.

Rechts: Auf See ist die dreieckige Finne des Pazifischen Hafenschweinswales eine nützliche Identifizierungshilfe.

Unten: Dieses Foto, eines der ersten von einem frischtoten Exemplar, zeigt einen dunklen Augenfleck, dunkle Lippen sowie einen dunklen Streifen vom Flipper zum Kinn.

Weltbestand: Pazifische Hafenschweinswale sind extrem bedroht; es gibt wahrscheinlich nur noch etwa 100 Tiere. Allerdings wurden bisher nur wenige Bestandserhebungen durchgeführt.

Der Einfluß des Menschen: Pazifische Hafenschweinswale werden gelegentlich (unbeabsichtigt) in Reusennetzen gefangen; sehr häufig in solchen, die auf Totoaba ausgebracht worden sind, aber auch in Netzen, mit denen man Haie und Rochen fangen will. Die Zahl von Schweinswalen, die in solchen Netzen umkommen, ist unbekannt. Während der frühen 70er Jahre könnten diese Fänge jährlich bis zu 100 Tiere gekostet haben. Pazifische Hafenschweinswale wurden noch nicht in Menschenobhut gehalten.

Brillenschweinswal

Australophocaena dioptrica

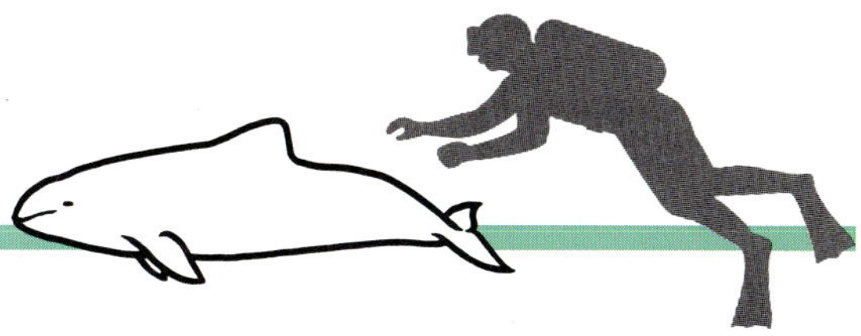

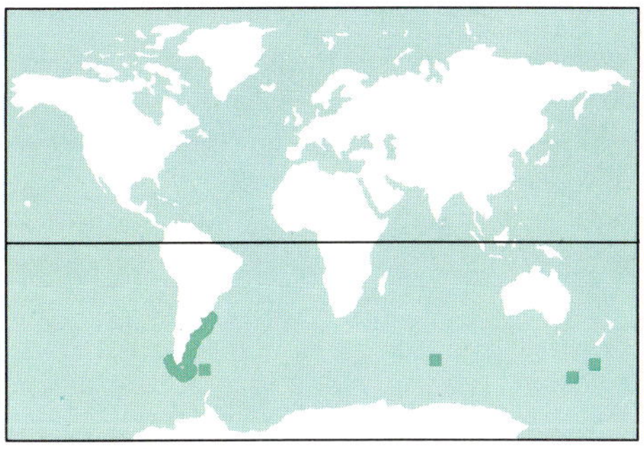

■ Sichtungen und Strandungen

Systematik: Der Brillenschweinswal wurde erstmalig 1912 von dem argentinischen Naturforscher Lahille als *Phocoena dioptrica* beschrieben. Der Artname *dioptrica* (= optisches Instrument) bezieht sich auf den auffälligen weißen Ring, der einen schwarzen Augenfleck umschließt. Die Art wurde 1985 von Barnes überarbeitet und wegen der Unterschiede zu den anderen Vertretern der Gattung *Phocoena* einer eigenen Gattung unterstellt. Der Gattungsname *Australophocaena* bezieht sich auf die südliche Verbreitung der Art.

Beschreibung: Der Brillenschweinswal ist der größte der sechs Schweinswale. Obwohl nur wenige Individuen vermessen wurden, scheint es, als würden Männchen etwa 2,2 m und Weibchen um 2 m erreichen. Es wurden nur wenige Exemplare gewogen, keines davon war erwachsen.

Eines der auffälligsten Merkmale des Brillenschweinswals ist der krasse Kontrast zwischen der schwarzen Rück- und weißen Bauchseite. Schwarze Pigmentierung entlang des Mundspalts täuscht das Vorhandensein von Lippen vor. Die Fluke ist oberseits schwarz und unten weiß oder hellgrau.

Die Rückenfinne ist dreieckig, nach hinten geneigt und an der Spitze abgerundet. Sie wird bei erwachsenen Männchen größer als bei Weibchen. Frühe Berichte sprechen von Tuberkeln an der Vorderkante der Finne, neuere Untersuchungen beweisen allerdings, daß es dort keine solchen Erhebungen gibt. Es mag individuelle Unterschiede geben, daher kann eine endgültige Aussage erst gemacht werden, wenn mehr Exemplare untersucht worden sind.

Flipper und Fluke sind im Vergleich zur Körpergröße klein. Die Schnauze ist abgestumpft, konisch geformt und ohne deutlich hervorstehenden Kiefer. Im Oberkiefer sitzen 17–23 Paar typisch spatelförmiger Zähne, im Unterkiefer 16–20.

Identifizierung auf See: Entlang der Atlantikküste Südamerikas überschneidet sich das Verbreitungsgebiet des Brillenschweinswales mit dem des Burmeister-Schweinswales. Letzterer ist allerdings mehr oder weniger einheitlich grau und hat eine sehr typische Rückenfinne. Verwechslungen zwischen diesen beiden Arten sind vor Inseln im offenen Ozean kaum möglich, da dort nur Brillenschweinswale vorkommen.

In einem geringen Teil seines Verbreitungsgebietes lebt der Brillenschweinswal gemeinsam mit Delphinen der Gattung *Cephalorhynchus*. Diese sind ebenfalls schwarz-weiß gezeichnet und von ähnlicher Größe. Das Weiß erstreckt sich bei diesen aber bis auf die Flanken und ist zu sehen, wenn die Tiere auftauchen. Eine Art jedoch, der Weißbauchdelphin (*C. eutropia*), der die Meerengen von Tierra del Fuego (Argentinien) bewohnt, besitzt ebenfalls eine schwarze Rücken- und weiße Bauchfläche, kann aber vom Brillenschweinswal durch seine sichelförmigere Rückenfinne mit abgerundeter Spitze unterschieden werden.

Lebensraum: Man nahm an, daß Brillenschweinswale hauptsächlich Bewohner von Küstengewässern sind. Sie stranden relativ häufig, werden (unbeabsichtigt) durch küstennahe Fischerei gefangen und sind bisher noch nicht in Hochseegewässern gesichtet worden. Da die Art in ihrem Körperbau aber dem ozeanischen Dall-Hafenschweinswal ähnelt, wurden Vermutungen laut, daß das Hauptverbreitungsgebiet des Brillenschweinswales ebenfalls in Hochseegewässern liegt.

Verbreitung und Wanderung: Strandungen wurden an der Atlantikküste Südamerikas von der Südküste Uruguays bis Tierra del Fuego (Argentinien) registriert. Die Art wurde auch in chilenischen Gewässern in der östlichen Magellan-Straße gesichtet. Einige Beobachtungen auf See und gestrandete Individuen außerhalb dieser Region stammten von den Falklandinseln, aus Süd-Georgien, von den Auckland Inseln, den Macquarie-Inseln, Tasmanien, der Heard-Insel und den Kerguelen, was eine zirkumpolare Verbreitung in subantarktischen Breiten vermuten läßt. Es ist nichts über Wanderungen bekannt.

Verhalten: Die wenigen flüchtigen Beobachtungen von Brillenschweinswalen deuten an, daß sie alleine oder zu zweit auftreten. Ihre Schwimmweise, eine langsam vorwärts rollende Bewegung, erschwert ihre Entdeckung auf See. Sie wurden bisher noch niemals springend beobachtet oder in der Nähe von Schiffen gesehen.

Fortpflanzung und Entwicklung: Es ist nichts bekannt. Von zwei Männchen mit 2 m bzw. 2,4 m Länge nahm man an, daß sie geschlechtsreif waren. Zwei tragende Weibchen waren 1,86 m bzw. 1,91 m lang. Die Größe bei der Geburt ist unbekannt.

Weltbestand: Der gegenwärtige Bestand ist unbekannt. Bis etwa 60 Jahren nach ihrer Entdeckung hielt man die Art für sehr selten. Seither ist sie Berichten zufolge eine der am häufigsten strandenden Arten entlang der Küste Argentiniens. Die gestrandeten Individuen wurden bisher fast immer in unbewohnten Regionen gefunden, was die geringe Zahl von Berichten erklärt.

Der Einfluß des Menschen: Einige historische Dokumente belegen den gelegentlichen gezielten Fang von Brillenschweinswalen zum menschlichen Verzehr durch Fischer in Uruguay und Argentinien. In neuerer Zeit spielen eher zufällige Fänge eine Rolle. In Argentinien verfangen sich Brillenschweinswale in Netzen der kommerziellen Fischerei und ertrinken darin. Eine Anzahl geborgener Individuen wurden an Stellen gefunden, wo derartige Netze ausgebracht werden. Die meisten wurden allerdings in einem fortgeschrittenen Stadium der Verwesung gefunden, so daß nicht mehr zu beweisen war, ob sie tatsächlich in den Netzen gestorben waren. Die Anzahl der auf diese Weise getöteten Individuen ist unbekannt. Brillenschweinswale wurden bisher nicht in Menschenhand gehalten.

Diese Art ist der größte Schweinswal, der durch sein gut ausgebildetes Färbungsmuster leicht zu erkennen ist.

Burmeister-Schweinswal

PHOCOENA SPINIPINNIS

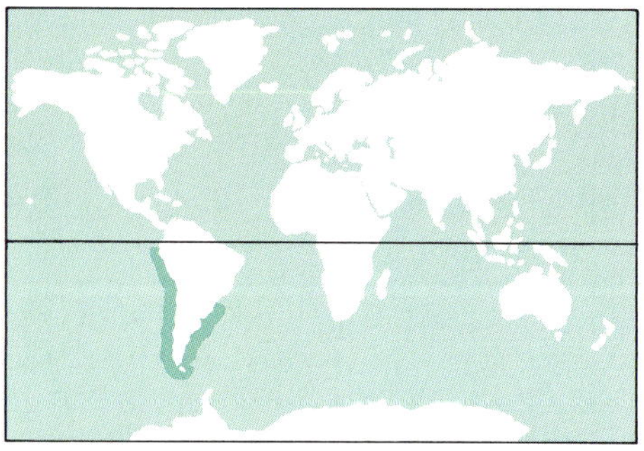

■ Bekannte Verbreitung

Systematik: Der deutsche Biologe Burmeister, Direktor des Naturhistorischen Museums in Buenos Aires, beschrieb diesen Schweinswal 1865. Er wählte den Artnamen *spinipinnis* (= stachelige Finne) wegen der vielen kleinen, hornigen Tuberkeln, die er an der Rückenfinne gefunden hatte.

Beschreibung: Das auffälligste Merkmal des Burmeister-Schweinswales ist seine Rückenfinne, die weiter hinten am Körper sitzt als bei anderen Schweinswalen. Sie erhebt sich in flachem Winkel von der Rückenlinie, besitzt eine lange Vorderkante mit mäßig spitzem Ende und eine konvexe Hinterkante. Zahlreiche Tuberkeln sitzen in 2–4 Reihen entlang der gesamten Vorderkante. In einigen Fällen sieht man sie sogar beim freischwimmenden Tier.

Die Art ist normalerweise grau bis schwarz, wurde aber auch schon als braun beschrieben. Die dunklere Rückenfläche geht allmählich in die hellere Bauchseite über. Ein weißer oder heller Fleck beginnt unterhalb des Unterkiefers und erstreckt sich bis zum After. Es scheinen aber große individuelle Unterschiede bezüglich Lage und Ausmaßes der weißen Flecken und der Schattierungen vorzuliegen. Ein dunkelgrauer Streifen verläuft von den Flippern entlang der Kehle bis zu dem hellen Fleck am Unterkiefer. Der Burmeister-Schweinswal besitzt weniger Zähne als die anderen Schweinswale: 11–16 Paare im Ober- und 16–19 Paare im Unterkiefer.

Das größte vermessene Tier war 1,85 m lang. Es gibt bisher nur unzureichende Informationen über Durchschnittsgrößen erwachsener Tiere und darüber, ob diesbezüglich ein Geschlechtsdimorphismus vorliegt.

Identifizierung auf See: An der Rückenfinne und der dunklen Rückenfärbung läßt sich diese Art auf See erkennen. Am ehesten kann sie an der Pazifikküste Südamerikas noch mit dem Weißbauchdelphin (*Cephalorhynchus eutropia*) verwechselt werden, der etwa genauso groß ist und ebenfalls einen völlig schwarzen Rücken besitzt. Die Finne sitzt bei diesem Delphin allerdings weiter vorne und ist sichelförmig mit stumpf abgerundeter Spitze. An der Atlantikküste überschneidet sich das Verbreitungsgebiet des Burmeister-Schweinswales mit dem des Brillenschweinswales. Letzterer ist oberseits schwarz und unterseits weiß, aber die Form der Finne ist völlig unterschiedlich.

Lebensraum: Burmeister-Schweinswale werden in relativ flachen Gewässern über dem Kontinentalschelf und in Flußmündungen angetroffen. Ihre Lebensweise und Nutzung des Lebensraumes ist unbekannt.

Ein von Fischern gefangener Burmeister-Schweinswal. Die Rückenfinne sitzt weiter hinten am Rücken als bei anderen Schweinswalen.

Verbreitung und Wanderung: Burmeister-Schweinswale bewohnen die gemäßigten und subantarktischen Gewässer Südamerikas. Das nördlichste Vorkommen an der Pazifikküste wurde vom 5. südlichen Breitengrad im kalten Humboldtstrom vor Peru registriert. Die nördlichste Aufzeichnung an der Atlantikküste stammt von Südbrasilien etwa in Höhe des 28. südlichen Breitengrades. Neuere Aufzeichnungen deuten an, daß eine mehr oder weniger kontinuierliche Verbreitung um die Südspitze Südamerikas herum vorliegt.

Wir wissen nur wenig über saisonale Wanderungen. Eine Population scheint den Sommer bei der Halbinsel Valdés vor Argentinien zu verbringen. Ihr Winterrevier ist unbekannt.

Nahrung und Nahrungsaufnahme: Bei einer größeren Anzahl von Tieren, die von Fischern in Peru gefangen worden waren, wurde der Mageninhalt untersucht. Überwiegend fand man Sardellen, die die Hälfte der Nahrung ausmachten. Eine Vielzahl anderer Fischarten, darunter Umberfische, Meerhechte, Sardinen sowie Kalmare.

Verhalten: Burmeister-Schweinswale wurden in Gruppen mit bis zu 8 Individuen gesichtet. Sie tauchen unter geringer Bewegung der Wasseroberfläche auf und sind daher sehr schwer zu entdecken.

Weltbestand: Die Art scheint an der Pazifikküste Südamerikas häufiger vorzukommen als an der Atlantikküste. Der gegenwärtige Bestandsstatus ist jedoch unbekannt.

Der Einfluß des Menschen: Burmeister-Schweinswale blicken auf eine lange Geschichte der Ausbeutung durch Menschen zurück. Etwa 6.500 Jahre alte Knochen wurden auf Abfallhaufen von Ureinwohnern in Tierra del Fuego (Argentinien) gefunden. Noch heute findet gezielter Fang vor Peru und Chile statt, wo die Tiere für die menschliche Ernährung und als Köder für Krebsfallen genutzt werden. Allein in Peru werden wohl bis zu 2.000 Tiere pro Jahr gefangen. An der Atlantikküste geraten die Tiere gelegentlich in Fischereigeschirr.

Ein Exemplar, das lebend gestrandet war, lebte 9 Jahre in Menschenobhut.

Indischer Schweinswal

Neophocaena phocoenoides

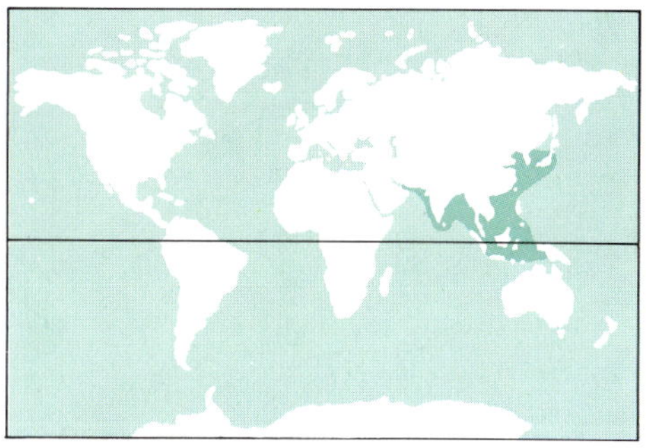

■ Mögliche Verbreitung

Systematik: Der Indische Schweinswal wurde 1829 von Cuvier beschrieben. Sein wissenschaftlicher Name *Neophocaena phocoenoides* wurde dem Griechischen entlehnt und bedeutet soviel wie »eine neue Art Schweinswal ähnlich der Gattung Phocoena«. Es existieren 3 geographische Formen: eine in japanischen Gewässern, eine im Yang Tse Kiang in China und eine in Küstengewässern und Flußmündungen in Asien.

Beschreibung: Das auffälligste Merkmal des Indischen Schweinswales ist das völlige Fehlen einer Rückenfinne. Über den Rücken läuft eine Leiste, die mit Tuberkeln besetzt ist. Tuberkeln reichen von einer Stelle etwa zwischen den Flippern bis zum Anfang des Schwanzstieles. Die Ausdehnung der Tuberkeln variiert allerdings zwischen Tieren aus verschiedenen Regionen. Sie können auf eine schmale Linie begrenzt sein, die auf der Leiste verläuft, oder eine breitere Fläche bedecken. Diese Unterschiede wurden als Begründung für die Existenz von Unterarten herangezogen.

Wie die anderen Schweinswale auch besitzt der Indische Schweinswal einen rundlichen Kopf ohne Schnabel. Er hat 13–22 Paare kleiner, typisch spatelförmiger Zähne in Ober- und Unterkiefer.

Der Indische Schweinswal ist beinahe einfarbig grau, wobei die Unterseite etwas heller ausfällt als der Rücken. Die Farben scheinen mit zunehmendem Alter dunkler zu werden. Tote Tiere werden dunkelgrau oder schwarz.

Nach den Daten, die man von wenigen Tieren hat, erreicht der Indische Schweinswal 1,8–1,9 m. Bei Geburt sollen die Kälber 70–75 cm lang sein.

Identifizierung auf See: Das Fehlen einer Rückenfinne sowie Größe und Färbung machen eine Identifizierung des Indischen Schweinswales sehr leicht. Es gibt innerhalb seines Verbreitungsgebietes keine Arten, die ihm ähnlich sind.

Lebensraum: Indische Schweinswale bewohnen flache, warme Gewässer. Sie werden sowohl im Meer als auch in Flußmündungen und Flüssen angetroffen. In Teilen ihres Verbreitungsgebietes, besonders im Yang Tse Kiang (China), leben Indische Schweinswale in extrem trübem Wasser.

Verbreitung und Wanderung: Der Indische Schweinswal kommt in den Gewässern vor Japan, Malaysia, China, Pakistan und Indien vor. Gesichtet wurden Tiere auch im Persischen Golf. Nicht bestätigte Sichtungen des Indischen Schweinswales fanden entlang der afrikanischen Küste des Indischen Ozeans bis nach Südafrika statt. In China bewohnen sie den Yang Tse Kiang Hunderte von Kilometern flußaufwärts.

Es scheint gewisse saisonale Wanderungen zu geben. In Japan schwimmen sie im Sommer anläßlich der Geburten in die von Land umgebene Japanische See ein und verlassen sie wieder im Winter. Entlang der indischen Küste sind sie in den Wintermonaten am häufigsten. Allerdings ist nur wenig über ihr Auftreten und ihre Verteilung während der Zeit des sommerlichen Monsuns bekannt, wenn kein Walfang stattfindet.

Nahrung und Nahrungsaufnahme: In Japan nimmt man an, daß Indische Schweinswale dort Sandaale (*Ammodytes*) fressen. Entlang der asiatischen Küsten nehmen sie auch Garnelen, Langschwanzkrebse und Kraken. Sie scheinen ihre Nahrung in der Nähe von Sandbänken oder am Flußbett zu suchen. Dieses Nahrungsverhalten wurde auch in Menschenobhut offensichtlich, wenn die Tiere Objekte vom Boden aufnahmen und verschluckten. Drei Tiere verendeten in einem Zoo, wo sie Flaschenverschlüsse aufnahmen. Eines der Tiere hatte 57 Verschlüsse im Magen.

Verhalten: Indische Schweinswale scheinen eine unter Walen einmalige Verhaltensweise auszuüben: Mindestens im Yang Tse Kiang sollen erwachsene Schweinswale Jungtiere auf ihrem Rücken tragen.

Indische Schweinswale bilden grundsätzlich kleine Gruppen mit bis zu 4 Mitgliedern. Allerdings wurden auch schon Schulen mit 20–50 Tieren gesehen. Sie tauchen auf, ohne daß sich die Wasseroberfläche stark bewegt. Normale Schiffsbewegungen oder andere menschliche, nicht gegen die Wale gerichtete Aktivitäten scheinen die Tiere nicht zur Veränderung ihres Verhaltensablaufes zu veranlassen. Das bogenförmige aus dem Wasser Springen wurde sehr selten beobachtet, während Beobachtungshopser häufiger vorkommen.

Fortpflanzung und Entwicklung: Indische Schweinswale werden Anfang bis Mitte des Sommers nach einer Tragzeit von etwa 11 Monate geboren und 6–15 Monate gesäugt. Erwachsene Weibchen scheinen alle zwei Jahre zu gebären. Lebensalter und der Zeitpunkt der Geschlechtsreife sind unbekannt.

Weltbestand: Eine Erhebung in der Japanischen See ergab eine Schätzung von 5.000 Tieren. Für andere Gebiete gibt es keine Untersuchungen.

Der Einfluß des Menschen: In Pakistan gibt es einen gezielten, aber zahlenmäßig kleinen Walfang auf diese Art. In Japan sind Indische Schweinswale geschützt. In China werden sie nicht zu kommerziellen Zwekken gefangen und sind seit 1980 geschützt. Trotzdem gehen die Bestände dort wegen Veränderungen in ihrem Lebensraum zurück. Indische Schweinswale werden unbeabsichtigt vor Sri Lanka und in anderen Gebieten in Fischereinetzen gefangen.

In Japan werden kleinere Mengen Indischer Schweinswale für öffentliche Ausstellung gefangen. Einige Individuen haben in Menschenobhut bis zu 10 Jahren gelebt. 1976 lebte ein in Japan in Menschenhand geborenes Jungtier nur 17 Tage.

Eine kleine Gruppe Indischer Schweinswale. Diese Art besitzt keine Rückenfinne, sondern eine mit Tuberkeln besetzte Leiste.

Dall-Hafenschweinswal

Phocoenoides dalli

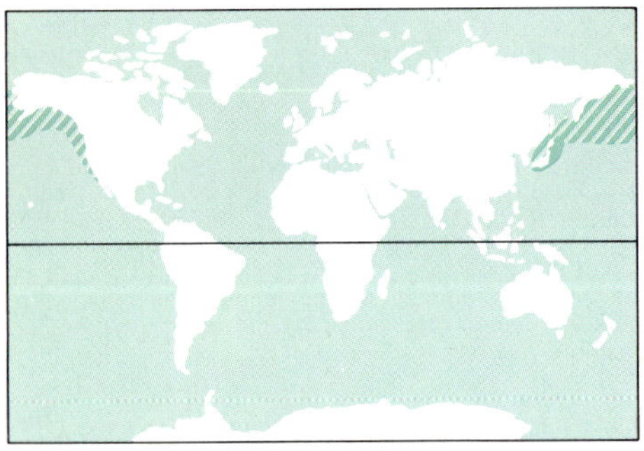

⁄⁄ Dalli-Typ ■ Truei- & Dalli-Typen

Systematik: Der Dall-Hafenschweinswal ist den Schweinswalen der Gattung *Phocoena* sehr ähnlich, aber doch unterschiedlich genug, um seine Eingliederung in eine eigene Gattung zu rechtfertigen. Der Gattungsname *Phoccoenoides* spiegelt diese Ähnlichkeit wider. Der Schweinswal wurde 1885 von Frederick True klassifiziert. Er nannte die Art *dalli* nach dem bedeutenden Zoologen W. H. Dall. Es werden keine Unterarten anerkannt, obwohl zwei morphologisch unterscheidbare Formen existieren. Diese sind der ozeanische Dalli-Typ und der küstenbewohnende Truei-Typ.

Beschreibung: Dall-Hafenschweinswale weisen sehr auffällige äußere Merkmale auf. Der Körper ist überwiegend schwarz. Eine große weiße Fläche erstreckt sich auf die Flanken und den Bauch. Bei den Tieren des Truei-Typs dehnt sich diese Fläche bis vor die Flipper aus, während sie beim Dalli-Typ unmittelbar hinter den Flippern beginnt. Bei beiden Typen verläuft sie nach hinten bis hinter den After. Einige völlig weiße, völlig schwarze und graue Individuen wurden gesichtet. Außer dem Dall-Hafenschweinswal hat diese auffällige Schwarz-Weiß-Zeichnung nur noch der Brillenschweinswal, und in der Tat sind diese beiden näher miteinander verwandt als mit allen anderen Arten.

Erwachsene des Truei-Typs erreichen Längen von 1,8–2,1 m (Maximum 2,2 m) bei Männchen und 1,7–2 m (Maximum 2,1 m) bei Weibchen. Die Individuen des hochseebewohnenden Dalli-Typs bleiben etwas kleiner.

Ein weiteres hervorstechendes Merkmal ist seine kräftige Gestalt. Er hat im Vergleich zur Länge einen großen Umfang, dieser »Bauch« ist vornehmlich einer ausgeprägten Muskulatur zu verdanken. Dem entsprechen vergrößerte Wirbelfortsätze am Rücken und eine hervorstehende Leiste auf dem Schwanzstiel. Die Blubberschicht ist für eine im kalten Wasser lebende Art relativ dünn.

Im Vergleich zum mächtigen Körper sind Kopf, Fluke und Flipper klein. Der Kopf besitzt keine verlängerte Schnauze, ist aber nicht so stumpf wie bei anderen Arten. Die Zähne sind extrem klein und sitzen zu 23 bis 28 im Ober- und 24–28 im Unterkiefer. Die Rückenfinne ist dreieckig und besitzt oft einen variabel ausfallenden weißen Fleck an der oberen oder hinteren Kante. Die Hinterkante der Fluke ist weiß.

Identifizierung auf See: Die dreieckige Rückenfinne und das hahnenschwanzförmige Spritzwasser, das der Wal beim schnellen Schwimmen an der Wasseroberfläche produziert, unterscheiden ihn von anderen Arten. In Teilen seines Verbreitungsgebietes überschneidet sich das Vorkommen des Dall-Hafenschweinswales mit dem des Schweinswales. Dem Schweinswal fehlt der weiße Fleck an der Finne. Der Weißstreifendelphin besitzt ähnlich wie der Dall-Hafenschweinswal einen weißen Fleck auf der Finne, allerdings hat er eine sichelförmige, der Schweinswal eine dreieckige Finne.

Links: Die typische Färbung der Hinterkante der Schwanzfluken ist aus diesem Blickwinkel deutlich zu erkennen.

Unten links: Der Dall-Hafenschweinswal ist die einzige pelagische Art seiner Familie und auf See sehr leicht durch seine Größe, die gedrungene Gestalt, die Färbung und einzigartige Form der Rückenfinne zu identifizieren.

Rechts: Dieses Aktionsfoto zeigt die hahnenschwanzförmige Bugwelle, die Dall-Hafenschweinswale beim schnellen Schwimmen an der Wasseroberfläche erzeugen.

Lebensraum: Dall-Hafenschweinswale werden in kalten Gewässern mit Oberflächentemperaturen zwischen 3° und 20° C gefunden. Sie scheinen den Kontinentalschelf und den Schelfabhang zu bevorzugen und werden, wenn sie sich der Küste nähern, in Gebieten mit Tiefwasserrinnen angetroffen.

Verbreitung und Wanderung: Der Dall-Hafenschweinswal kommt nur im Nordpazifik vor. Sein Verbreitungsgebiet erstreckt sich von Japan über die Hochseegewässer des Nordpazifiks bis in die Bering-See und entlang der Westküste der USA bis Südkalifornien. Der Dalli-Typ ist überall innerhalb dieses Bereiches anzutreffen. Der Truei-Typ ist auf die Gewässer der Pazifikküste Nordjapans und der Kurilen beschränkt. In diesen Gebieten treten beide Formen nebeneinander auf.

In japanischen Gewässern wandern Dall-Hafenschweinswale saisonal. Der Truei-Typ wandert im Sommer seewärts, während der Dalli-Typ von der Japanischen See/Ochotsksee zur Pazifikküste Japans wandert. Vielleicht existierten örtlich saisonale Bewegungen von und zur Küste.

Nahrung und Nahrungsaufnahme: Dall-Hafenschweinswale sind Tieftaucher und sehr schnelle Schwimmer. Im Nordpazifik jagen sie hauptsächlich Kalmare der oberen und mittleren Wasserschichten sowie Laternenfische der mittleren Schichten. In den Küstengewässern vor Kalifornien fressen sie kleine schwarmbildende Fische wie Seehechte.

Verhalten: Dall-Hafenschweinswale bilden kleine Gruppen, obwohl es einige Beobachtungen von Gruppen gibt, die bis zu mehreren tausend Walen umfaßten. Man hat beobachtet, wie sie »Prozessionen« einzeln hintereinander herschwimmender Individuen bilden, wobei der Abstand zwischen den Einzeltieren etwa 30 m betrug. Diese Schweinswale können sehr schnell schwimmen und erreichen Geschwindigkeiten bis zu 55 km/h. Wenn sie sehr schnell schwimmen, erzeugen sie eine »V«-förmige, nach vorwärts gerichtete Bugwelle, die man »Hahnenschwanz« nennt. Aufgliederungen nach Alter, Geschlecht und Reproduktionsstatus können auftreten.

Fortpflanzung und Entwicklung: Tiere des Dalli Typs erreichen die Geschlechtsreife bei etwa 1,83 m Länge mit 6 Jahren (Männchen) und 1,7 m Länge und 3–4 Jahren (Weibchen). Der Truei-Typ ist größer und wird mit 1,95 m und 8 Jahren geschlechtsreif (Männchen) bzw. bei 1,87 m Länge mit 6,8 Jahren (Weibchen). Die Kälber werden bei Längen von 95–100 cm nach einer Tragzeit von etwa 11,5 Monaten im Abstand von 1–3 Jahren geboren. Ein Höhepunkt der Geburten findet im Sommer statt. Obwohl die ältesten Tiere bis 20 Jahre alt werden können, scheinen die meisten Individuen nur etwa 10 Jahre zu leben. Allerdings kann diese Altersstruktur auf einer unglückliche Zusammensetzung der untersuchten Tiere basieren.

Weltbestand: Der Dall-Hafenschweinswal ist eine der häufigsten Walarten im Nordpazifik. Bestandsschätzungen reichen von einer bis nahezu drei Millionen Tieren.

Der Einfluß des Menschen: Es gibt zwei Hauptgebiete des Walfanges auf Dall-Hafenschweinswale. Vor der Küste Japans wurden zu Nahrungszwecken während der 60er und 70er Jahre mit Harpunen etwa 6.000 Tiere pro Jahr gejagt. Die Fangzahlen nahmen anschließend zu – 1988 wurden etwa 45.000 Tiere getötet. Wahrscheinlich kann die Population eine derart intensive Bejagung nicht ausgleichen.

Dall-Hafenschweinswale werden auch durch die internationale Fischerei auf Lachs und Kalmar getötet. Die Todesrate durch derartige Netze lag in den 60er Jahren bei 10.000–20.000 Tieren, wurde aber Mitte der 80er Jahre auf etwa 3.000 Individuen reduziert. Zusätzlich gibt es durch die japanischen Lachs-Forschungsschiffe Opfer. Die Treibnetzfischerei auf Kalmare in der Hochsee wurde in ihrer Auswirkung auf diese Art noch nicht untersucht.

Dall-Hafenschweinswale überleben nicht sehr gut in Menschenhand.

FLUSSDELPHINARTIGE

PLATANISTOIDEA

Fünf Arten von Delphinen unterscheiden sich grundlegend von allen anderen, weisen dabei aber so große Ähnlichkeit miteinander auf, daß sie in einer eigenen systematischen Gruppe zusammengefaßt wurden, der Überfamilie Platanistoidea.

Die fünf Arten sind: *Platanista gangetica* (Ganges-Delphin), *P. minor* (Indus-Delphin) vom indischen Subkontinent; *Inia geoffrensis* (Amazonas-Delphin) vom nördlichen Südamerika; *Lipotes vexillifer* (Chinesischer Flußdelphin) aus Ostchina und *Pontoporia blainvillei* (La-Plata-Delphin) aus Südamerika.

Die Systematik der Gruppe ist unsicher und bedarf einer sorgfältigen Über-arbeitung. Bis vor kurzer Zeit wurden alle fünf Arten als Angehörige einer einzigen Familie angesehen, der Platanistidae. Heute stimmt man darin überein, daß die Ähnlichkeiten innerhalb der Gruppe in Form und Funktion durchaus auf parallele Entwicklungen zurückzuführen sein könnten, die Tiere durchmachen, welche einen ähnlichen Lebensraum bewohnen. Dies erscheint zur Zeit wahrscheinlicher als das Vorliegen einer divergenten Entwicklung von einem gemeinsamen Vorfahren. Konsequenterweise erkennt man heute drei oder vier separate Familien innerhalb der Überfamilie an: Platanistidae (für *Platanista gangetica* und *P. minor*), Iniidae (für *Inia geoffrensis*), Lipotidae (von einigen Systematikern für *Lipotes vexillifer* anerkannt) und Ponto-poriidae (für *Pontoporia blainvillei* und eventuell auch für *Lipotes vexillifer*).

Alle fünf Arten besitzen Anpassungen an den Fang von Fischen: einen langen, pinzettenartigen Kiefer (»Schnabel«) mit zahlreichen Zähnen im Ober- und Unterkiefer, breite Flipper, die räumlich enges Manövrieren ermöglichen, und nicht miteinander verschmolzene Nackenwirbel, die es ermöglichen, den Kopf frei zu bewegen. Alle haben nur kleine Augen und nur zwei (*Lipotes* und *Pontoporia*) besitzen eine erkennbare Rückenfinne. Die restlichen drei Arten weisen statt dessen nur eine faserige Leiste am Rücken auf.

Die populäre Bezeichnung für diese Gruppe – Flußdelphine – spiegelt den Lebensraum der Tiere wider, mit Ausnahme des La-Plata-Delphins (*Pontoporia blainvillei*), dessen Lebensraum die Küste und Flußmündungen sind. Der Gruppenname ist ferner deswegen verwirrend, weil er etliche andere Walarten ausschließt, die ebenfalls teilweise oder gänzlich das Süßwasser bewohnen, z. B. den Amazonas-Sotalia (*Sotalia fluviatilis*).

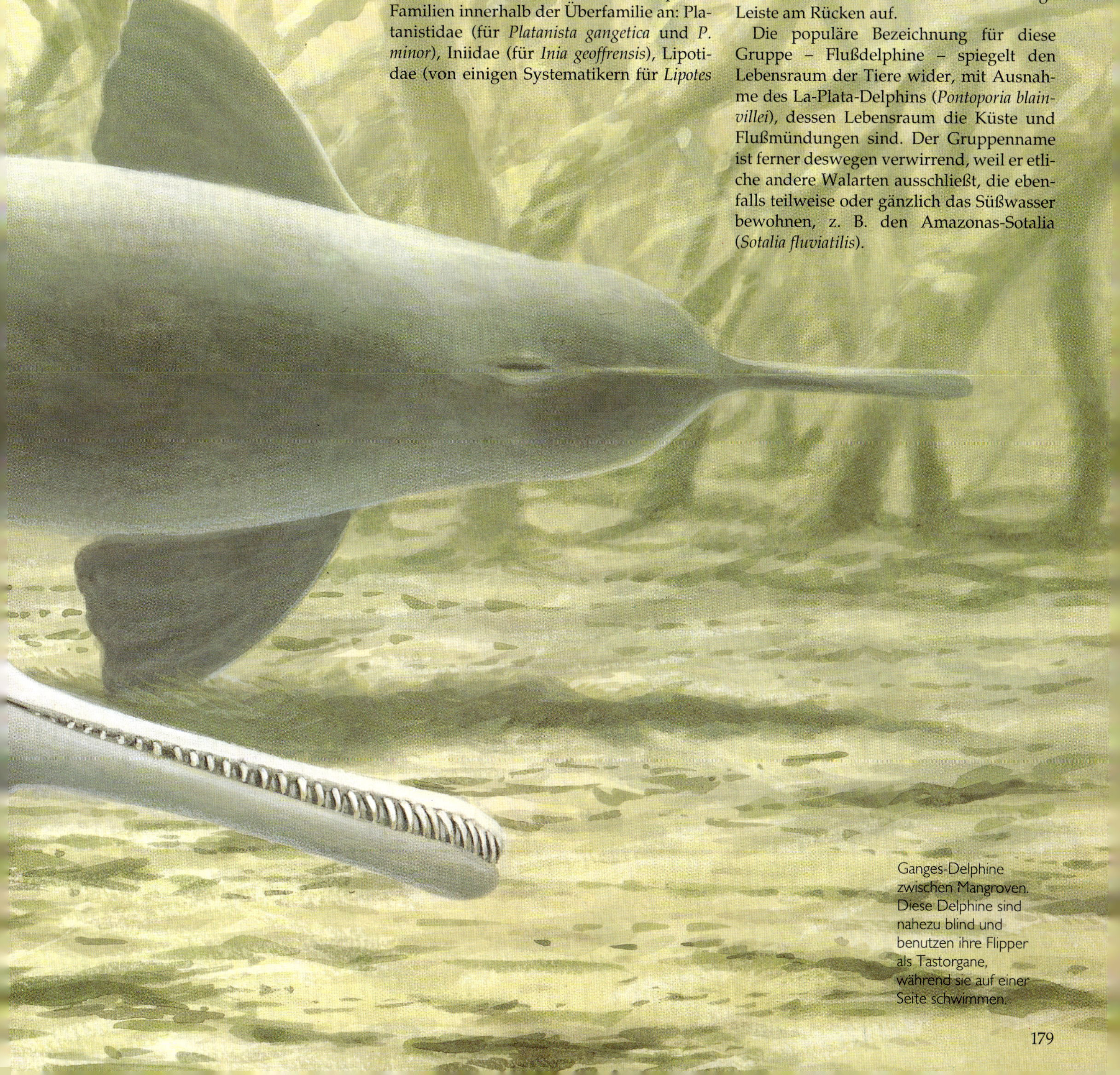

Ganges-Delphine zwischen Mangroven. Diese Delphine sind nahezu blind und benutzen ihre Flipper als Tastorgane, während sie auf einer Seite schwimmen.

Ganges-Delphin

Platanista gangetica

■ Annähernde Verbreitung

Systematik: Der Name *Platanista* wurde dem Ganges-Delphin zuerst von dem antiken griechischen Historiker Plinius dem Älteren gegeben. Herkunft und Bedeutung des Namens sind unbekannt. Der Artname *gangetica* bezieht sich auf den Fluß Ganges, der einen bedeutenden Teil des Verbreitungsgebietes dieses Delphins ausmacht.

Die Delphine aus dem Ganges-Brahmaputra-, Meghna- und Karnaphuli-Flußsystem sind geographisch von denen aus dem Indus-System getrennt. Daher werden die zwei Gruppen als getrennte Arten geführt, als *P. gangetica* und *P. minor* (= *indi*). Allerdings sind die Unterschiede zwischen den Arten sehr gering, so daß es eventuell angebrachter wäre, sie als Unterarten zu klassifizieren.

Beschreibung: Weibchen werden etwas größer als Männchen und erreichen Höchstlängen von etwa 2,5 m (Männchen 2,1 m). Das Höchstgewicht liegt bei etwa 85 kg. Weibchen entwickeln auch einen längeren »Schnabel«, ein Merkmal, das erst ab Körpergrößen von 1,5 m offensichtlich wird.

Die langgestreckte Schnauze ähnelt einer Pinzette. Sie erreicht bis ein Fünftel der Körperlänge, ist schmal, seitlich sehr zusammengedrückt und bei erwachsenen Tieren an der Spitze nach oben gebogen. Die Bezahnung besteht aus 26–39 nach hinten gebogenen Zähnen auf jeder Hälfte des Oberkiefers und 26–35 auf jedem Unterkieferast. Die vorderen Zähne sind länger als die hinteren, stehen in Ober- und Unterkiefer alternierend (»auf Lücke«), überragen den Kiefer jeweils von außen und geben diesen kleinen Delphinen selbst bei geschlossenem Maul dieses nach menschlicher Vorstellung böse Aussehen. Diese Eigenschaft tritt am deutlichsten bei Jugendlichen auf. Die Zähne älterer Tiere sind teilweise stark abgenutzt und sehen dann sehr viel weniger furchteinflößend aus.

Der kleine Kopf mit der rundlichen Melone ist durch eine Einschnürung in der Halsregion deutlich vom fetten, gedrungenen Körper abgesetzt. Die Melone ist in ihrer Mitte durch eine in Längsrichtung verlaufende Furche gekennzeichnet. Das winzige, rudimentäre Auge sitzt kaum sichtbar in einer tiefen Falte direkt über dem Mundwinkel, die größere Öffnung des Gehörganges liegt oberhalb und hinter dem Auge.

Die Rückenfinne ist kaum mehr als eine dreieckige Kante. Die Hinterkante der Fluke ist deutlich konkav gebogen, eine kleine, jedoch deutliche Kerbe trennt die beiden Flukenhälften. Die Flipper sind groß, weit nach außen gebogen und am Ende rechtwinklig »abgekappt«.

Die Färbung ist einheitlich gräulich, wobei einige Individuen einen rosafarbenen Bauch besitzen, der langsam in das Dunkelgrau des Rückens übergeht.

Identifizierung: Der einzige, ebenfalls regelmäßig in diesem Flußsystem anzutreffende Wal ist der ähnlich große Irawadi-Delphin. Letzterer besitzt eine Rückenfinne, wenn auch eine niedrige mit abgerundeter Spitze und leicht konkavem Hinterrand. Das deutlichste Unterscheidungsmerkmal ist das Fehlen eines »Schnabels« beim Irawadi-Delphin. Er besitzt eine hochaufgewölbte Stirn, die das kleine Maul überragt. Obwohl der Irawadi-Delphin normalerweise in die Flüsse, welche auch vom Ganges-Delphin bewohnt werden, nicht höher stromaufwärts einwandert, als diese von der Tide beeinflußt werden, erscheint er doch in den Sundarbans und wurde stromaufwärts im Pusur Fluß bis Mungla gesichtet. In diesen Gebieten ist der Irawadi-Delphin dunkler als der Ganges-Delphin.

Lebensraum: Ganges-Delphine leben in langsam fließenden Armen des Ganges in den Ebenen Indiens wie auch in einigen relativ klaren, schnell fließenden Flüssen in Nepal.

Verbreitung und Wanderung: Das Gebiet des Ganges-Delphins erstreckt sich über große Teile des heutigen Indiens und Bangladeshs bis in Teile von Nepal und Bhutan hinein. Im Brahmaputra-Flußsystem findet man sie nordöstlich bis zu den Flüssen Dihang, Burhi Dihing und Luhit im östlichen Assam und nördlich bis zum Tista und seinen Zuflüssen, die bis nach Sikkim und Bhutan hineinreichen. In Nepal kommen sie stromaufwärts bis Dioghat am Narayani (250 m ü. NN) und in Teilen der Flüsse Karnali, Kosi und Mahakali (Sarda) vor. In Bangladesh schwimmen sie in das Meghna-Flußsystem ein und kommen mindestens bis Sunamganj im Distrikt Sylhet vor. Im Ganges-System findet man sie westlich bis zu den Flüssen Chambal und Yamuna (Jumna). Die Verbreitungsgrenze stromabwärts ist unbekannt, es gibt aber Flußdelphine im Hooghly unterhalb Kalkuttas, wo man sie im Umkreis von 3 km von der Einmündung des Karnaphuli in Ostbangladesh gesehen hat. In den Sundarbans sind sie ebenfalls vorhanden.

Saisonale Wanderungen werden in weiten Bereichen durch schwankende Wasserstände verursacht. Während der Trockenzeit von Oktober bis April verlassen viele Delphine die Nebenläufe und ziehen sich in den Hauptläufen der großen Flüsse zusammen. Einige Individuen, hauptsächlich Jungtiere, bleiben in den Nebenflüssen und verbringen die Trockenzeit in isolierten Tümpeln und Restwasser führenden Flußarmen. Der riesige Staudamm von Farakka, der 1975 fertiggestellt wurde, hat vermutlich die stromaufwärts lebenden Delphine von denen im Unterlauf abgetrennt. Andere Dämme, wie etwa der Kaptai-Damm im Karnaphuli in Ostbangladesh haben vermutlich ebenfalls zur Zerstückelung der Populationen beigetragen.

Nahrung und Nahrungsaufnahme: Diese Delphine fressen eine Vielzahl an Fischen, Krebs- und Weichtieren. Ebenso nehmen sie vermutlich kleine Schildkröten. Ein Flußdelphin, der gefangen und in ein Bassin gesetzt worden war, griff eine Hausgans an, die am Boden des Beckens nach Nahrung suchen wollte. Obwohl die Gans den Angriff überlebte, hatte sie doch an beiden Kopf- und Körperhälften Reihen von Zahneinstichen zu verzeichnen. Es gibt zwei Beobachtungen, daß Delphine Enten auf dem Karnali in Nepal jagten. Es ist jedoch unklar, ob Wassergeflügel tatsächlich von Flußdelphinen gefressen wird.

Verhalten: Obwohl das Schwimmen auf der Seite häufig bei Delphinen in Menschenobhut zu beobachten ist, kann man sie in der Wildbahn Fische ebenso in normal aufrechter Haltung jagen sehen. Wenn ein großer Fisch erbeutet wurde, schüttelt der Delphin ihn häufig heftig oberhalb des Wassers (»Totschütteln«), bevor er versucht, ihn abzuschlucken. Es scheint, als tauchten diese Delphine nicht länger als 3 Minuten. Sie springen gelegentlich flach über das Wasser, zeigen aber gewöhnlich keinerlei akrobatische Fähigkeiten. Sie betreiben kein Wellenreiten.

Fortpflanzung und Entwicklung: Es gibt nur wenig, was wir mit Sicherheit über die Fortpflanzung und Populationsdynamik dieser Delphine wissen. Die Länge beträgt bei Geburt etwa 90 cm, obwohl man schon freischwimmende Kälber von nur 67 cm gefunden hat. In der Literatur werden oft Tragzeiten von 8–9 Monaten oder einem Jahr angegeben, wobei diese Schätzungen

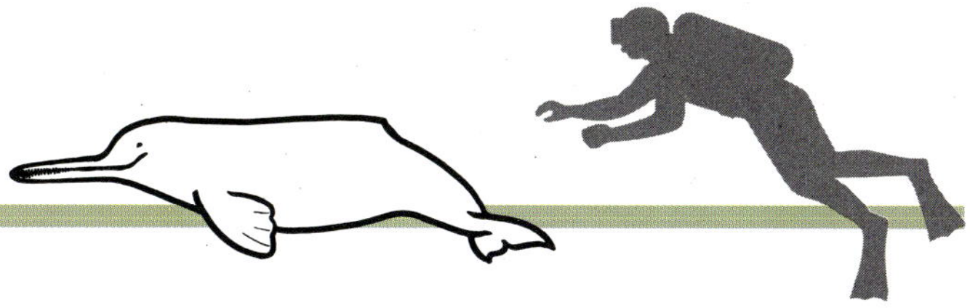

kaum auf exakten Untersuchungen beruhen. Junge Flußdelphine nehmen erste feste Nahrung mit 1–2 Monaten auf und werden vermutlich vor Ende des 1. Lebensjahres entwöhnt. Geburten finden fast das ganze Jahr über statt, mit einem Höhepunkt im Dezember und Januar und eventuell einem weiteren im März bis Mai.

Weltbestand: Bestandsaufnahmen wurden nur in einem kleinen Teil des Verbreitungsgebietes durchgeführt. Mitte der 80er Jahre wurde die Bestandsgröße in einem 570 km langen Abschnitt des Chambal auf 45 Delphine geschätzt. Eine Bestandsschätzung in den Flüssen Meghna, Brahmaputra und Jamuna in Bangladesh ergab einige hundert Individuen. Dichten von über 180 Delphinen pro 100 Nautische Meilen (= 185 km) wurden für den unteren und oberen Meghna und den unteren Jamuna angenommen. Die gesamte Delphinpopulation in Nepal wurde jüngst auf weniger als 100 Tiere geschätzt, und die Tendenz ist abnehmend.

Die 20.000 qkm große Deltaregion des Ganges könnte eine derart große Delphinpopulation beherbergen, daß die aufwärtsliegenden Flußgebiete wieder aufgefüllt werden könnten. Es gibt vermutlich heute einige tausend Ganges-Delphine.

Der Einfluß des Menschen: Die Flußdelphine des indischen Subkontinents werden heute durch sehr vieles bedroht. Das Ganges Tal ist eines der am dichtesten besiedelten Gebiete der Erde. Nahezu ein Zehntel der Weltbevölkerung lebt im Ganges-Brahmaputra-Gebiet. Viele Flüsse dieses Systems, die von den Delphinen bewohnt werden, wurden oder werden durch Dammbauten reguliert. Chemische Belastung, Schiffsverkehr und Fischerei nehmen ständig zu.

Diese Faktoren allein sind schon sehr schwerwiegend, zusätzlich werden viele Delphine aber auch absichtlich oder unbeabsichtigt in weiten Bereichen ihres Vorkommens getötet. So werden etwa 30–40 Delphine jährlich gezielt durch indische Eingeborene, die entlang des Brahmaputra-Systems leben, besonders in der Trockenzeit von Oktober bis Juli getötet. Sie schätzen den Tran und das Fleisch als Medizin und das Öl zusätzlich als Köderstoff für den Fischfang. Einige gezielte Fänge geschehen auch in den Gebieten von Bhagalpur und Patna am Ganges. Trotz offiziellen Schutzes werden in Nepal Delphine mit Harpunen und Netzen gezielt gefangen, weil es dort eine große Nachfrage nach Fleisch und Tran gibt. Der Tran wird als Lampenbrennstoff, für Volksmedizinen und als Lockköder für die Fischerei genutzt.

Obwohl einige Fischer in Indien und Bangladesh versehentlich gefangene Flußdelphine wieder in die Freiheit setzen, ist die Todesrate durch Unfälle dieser Art von substantieller Bedeutung, besonders im Winter, wenn der Wasserstand niedrig ist und die Resttümpel intensiv befischt werden.

Ganges-Delphine leben in einigen Wildreservaten, wie etwa dem Royal Chitwan Nationalpark und dem Royal Karnali-Bardia Wildreservat in Nepal. Trotzdem ist die Schaffung spezieller Flußdelphin-Reservate durch Abtrennung von Flüssen oder Abschnitten, die so unberührt von menschlichem Einfluß und Ver-schmutzung bleiben, unbedingt notwendig, bevor die Schwierigkeiten um die Erhaltung der Flußdelphine zur akuten Krise werden.

Mit dem langen, pinzettenförmigen Kiefer können Ganges-Delphine Fische und andere Wasserlebewesen ergreifen. Man beachte die winzigen Augen.

Indus-Delphin

Platanista minor

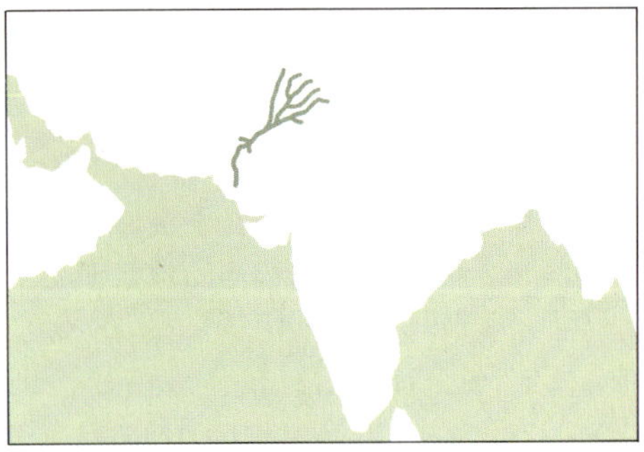

■ Annähernde Verbreitung

Systematik: Der anerkannte Artname für die Delphine des Indus-Flußsystems ist *minor* in Anbetracht ihrer vermuteten geringeren Größe. Von einigen Autoren wird aber auch der Artname *indi* benutzt.

Beschreibung: Zwischen Indus- und Ganges-Delphinen gibt es keine offensichtlichen physischen Unterschiede.

Identifizierung: Es ist kein anderer Wal bekannt, der das Indus-Flußsystem oberhalb des Kotri-Dammes bewohnt.

Lebensraum: Es gibt keine Hinweise darauf, daß Indus-Delphine marine Gewässer bewohnt hätten, bevor der Kotri-Staudamm gebaut wurde. Sie scheinen auf Flußgewässer ohne Tideneinfluß beschränkt zu sein.

An ein Leben in den extrem trüben, schlammigen Gewässern des Indus-Flußsystems, in dem 50% der jährlichen Wassermengen im Sommer (Juli-September) und nur 15% im Winter (Oktober-März) auftreten, sind sie sehr gut angepaßt. Die Delphine meiden enge, turbulente Abschnitte, etwa wo die Flüsse in flache Gebiete am Fuß von Gebirgen eintreten oder zwischen Kiesbänken hindurchfließen, und Bewässerungskanäle und kleine Nebenflüsse.

Man nimmt an, daß die Delphine sehr häufig in tiefen Flußrinnen und an Einmündungen von Nebenflüssen in den Hauptstrom vorkommen. Die Verringerung der Wassermassen durch den Bau von Staudämmen und Bewässerungskanälen hat große Bereiche ihres Lebensraumes zerstört. Heute trocknen viele Nebenflüsse des Indus, wie etwa der Ravi und der Sutlej und sogar der Indus selbst unterhalb des Kotri-Dammes in den Wintermonaten nahezu völlig aus. Die Delphine müssen in dieser Zeit Rückzugsgebiete in tieferen Flußarmen oder in Restwassertümpeln finden.

Die Flußdelphine wurden in Gewässern von 8° C genauso angetroffen wie in solchen von 33°C. Deshalb sind es wohl andere Faktoren als die Wassertemperatur, die Verbreitung und Wanderungen der Delphine beeinflussen. Falls in der Vergangenheit saisonale Wanderungen aus anderen Gründen als der Verfügbarkeit geeigneter Gewässer und Nahrung stattgefunden haben sollten, so wurden diese Bewegungen wohl durch die Dammbauten beendet.

Verbreitung und Wanderung: Die ursprüngliche Verbreitung lag vermutlich zwischen 24° und 34° nördlicher Breite und 68° und 77° östlicher Länge und umfaßte den Indus stromaufwärts bis Attock sowie seine Hauptnebenströme (Sutlej, Ravi, Chenab und Jhelum). Dieses Verbreitungsgebiet wurde hauptsächlich durch Dammbauten und den Entzug von Wasser durch Bewässerungskanäle eingeengt und zergliedert. Im pakistanischen Indus-Flußsystem existieren zur Zeit insgesamt 18 unterschiedliche Dammbauten. Die Delphine sind auf etwa 1.600 km des Flußlaufes beschränkt. Es wird gelegentlich berichtet,

Die ausschließlich in den Gewässern des Indus lebenden, Delphine erzeugen pulsierende Laute, um sich in ihrem Lebensraum zurechtzufinden und Nahrung in der Nähe des Flußbetts aufzustöbern.

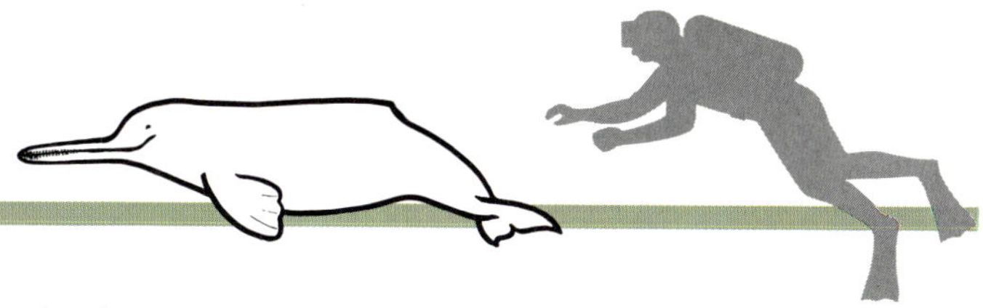

daß einzelne Delphine die Dämme stromabwärts an den Überläufen überwinden. Das sind aber sicher Ausnahmen.

Die derzeitige Verbreitung hat ihr Zentrum in der Provinz Sind zwischen den Dämmen von Sukkur und Guddu, was einem Flußabschnitt vom 130 km des Indus-Hauptstromes entspricht. Stromaufwärts stellt die gegenwärtige absolute Grenze für die Art der Jinnah-Damm im nordwestlichen Punjab dar. Wenige bis keine Flußdelphine sind stromabwärts vom Kotri-Damm zu finden. Eine kleine Population lebte bis in die frühen 70er Jahre in den Altarmen des Sutlej, oberhalb des Suleimanki-Damms, sie starb aber Ende der 70er Jahre dort aus.

Nahrung und Nahrungsaufnahme: Diese Delphine fressen hauptsächlich Fische und Krebstiere. Welse, Karpfen, Grundeln und Heringsverwandte sind unter den Beutefischen zu finden. Erwachsene nehmen mitunter Fische bis zu 45 cm Länge. Ein Großteil ihrer Nahrungsaufnahme in freier Wildbahn scheint in Bodennähe stattzufinden, eventuell durchwühlen sie das Sediment nach im Boden lebender Beute.

Verhalten: Es ist schwierig zu sagen, wie gesellig diese Delphine sind. Gruppen von etwa 10 Tieren sind häufig, Gruppen von 25–30 Individuen eher selten. Vieles hängt davon ab, wie man diese Gruppen definiert, denn nichts ist über ihre Stabilität oder über Untergruppen bekannt.

Diese Flußdelphine sind praktisch blind, da ihre Augen keine kristalline Linse besitzen. Sie können lediglich die Intensität und eventuelle die Richtung von Licht wahrnehmen. Deshalb spielt das Gehör eine überdurchschnittlich wichtige Rolle. Flußdelphine produzieren Serien von hochfrequenten Tonstößen, hauptsächlich im Bereich von 15–150 kHz, die in Intervallen von einer Minute oder weniger ausgestoßen werden. Das sie praktisch ständig umgebende Schild aus echoproduzierenden Lauten erlaubt ihnen die sichere Bewegung und Nahrungssuche in einem Lebensraum, der nahezu undurchsichtig ist. Diese Flußdelphine geben nicht nur ständig Laute von sich, sondern sie sind auch fast ununterbrochen in Bewegung.

Obwohl sie in normaler Bauchlage zum Atmen auftauchen, schwimmen diese Delphine unter Wasser nahezu immer in Seitenlage. Ein Flipper streift immer auf dem Grund oder bleibt wenige Zentimeter darüber. Der Körper ist dabei um etwa 10° zum Boden geneigt, wodurch die Fluke stets etwas höher im Wasser liegt als der Kopf. Der Kopf vollführt ständig Nickbewegungen, so daß er horizontale Wellenlinien über den Boden beschreibt. Die meisten Individuen schwimmen hauptsächlich auf der rechten Seite. Die Flipper dienen nicht nur der Stabilisation, sie funktionieren auch als taktiles Organ und geben dem Tier stets genaue Informationen über seine Position im Flußbett. Auf der Seite schwimmende Flußdelphine suchen in flachen Gewässern bis 30 cm Tiefe nach Nahrung.

Früher nahm man an, daß der Gavial (eine Panzerechse) eine Bedrohung für junge Flußdelphine darstelle, als beide Tierarten noch häufig im Indus vorkamen. Heute ist dieses Krokodil jedoch selten geworden, und so bleibt nur der Mensch als bedeutsamer Feind übrig.

Fortpflanzung und Entwicklung: Nur sehr weniges über die Fortpflanzungsbiologie und Populationsdynamik dieser Art ist wirklich bekannt.

Weltbestand: Der Bau von drei Dämmen – bei Sukkur (1932), Kotri (1955) und Guddu (1969) – hatte derart einschneidende Auswirkungen auf die Wasserstände des Flußsystems, daß weite Gebiete, die ursprünglich unberührt vom Menschen waren, jetzt für die Landwirtschaft und andere Nutzungen zur Verfügung standen. Die Barrieren teilten die einst zusammenhängende Population in kleine isolierte Bestände.

Bestandserhebungen werden seit Anfang der 70er Jahre mehr oder weniger regelmäßig durchgeführt, hauptsächlich im Sukkur-Guddu-Abschnitt und gelegentlich auch in anderen Teilen des Verbreitungsgebietes. Was diese Erhebungen bestenfalls geleistet haben, ist, daß sie wenigstens einen Größenordnungsbereich für Bestandsschätzungen zur Verfügung gestellt haben. Diese Schätzungen liegen bei einigen hundert, mit Sicherheit viel weniger als 1.000 Individuen.

Obwohl wiederholte Erhebungen von 1974 bis 1980 eine stetige Zunahme der Sukkur-Guddu-Population andeuten, sind diese Ergebnisse eher auf einen Fortschritt in den Untersuchungs- und Zählmethoden zurückzuführen als auf eine tatsächliche Zunahme der Bestandszahlen. Trotzdem zeigen diese Zahlen, daß sich die Population in diesem Abschnitt des Flusses (Provinz Sind) mindestens selbst erhalten kann.

Stromaufwärts vom Guddu-Damm zum Jinnah-Damm (Provinz Punjab) überlebten bis Mitte der 80er Jahre nur 60-70 Delphine.

Der Einfluß des Menschen: Ausbeutung von Flußdelphinen im Indus-Flußsystem erfolgte sowohl gezielt als auch ungewollt. Speziell abgerichtete Otter wurden früher in der Nähe Sukkurs eingesetzt, um beim Fang der Flußdelphine zu helfen. Die jagenden Otter wirkten offensichtlich anziehend auf die Delphine, die sich dadurch in Gebiete locken ließen, in denen sie leichter zu fangen waren. Andere Fischer in Sind benutzten Fischreiher oder Seidenreiher, die mit langen Leinen an ihrem Boot befestigt waren und bei der Auffindung der Flußdelphine halfen. Walfänger standen auf speziell errichteten Plattformen über dem Fluß. Kam ein Delphin in Reichweite, warfen sie ein spezielles Netz, das »Kularee«, über das Tier und bargen dann den Delphin im Netz. In einigen Fällen benutzten sie einen kleinen, lebenden Fisch, der an einer Leine ins Wasser gehalten wurde, um den Delphin anzulocken.

Die meisten Moslems mieden traditionell Delphinfleisch und -tran. Hindus niedriger Kasten allerdings schätzten in vielen Gebieten beides sehr. Sie aßen das Fleisch und benutzten das Öl zum Kochen. Das Öl wurde auch dazu benutzt, Boote wasserfest zu imprägnieren, Leder einzufetten, es mit Mehl zu vermischen, um Tierfutter daraus zu bereiten oder es als Salbe zu verwenden. Die Bewohner der Uferregionen des Indus benutzten das Fett der Delphine, einiger Schildkröten, von Krokodilen und Pelikanen zur Stärkung des Rückens und der Lenden und um Rheumatismus zu bekämpfen. Delphintran wurde auch zur Beleuchtung der Häuser gebraucht. Sansee-Frauen aßen Delphinfleisch, weil sie glaubten, daß dies ihre Fruchtbarkeit erhöhen würde.

Zufällige, nicht beabsichtigte Fänge in Fischereinetzen sind im Indus für den Tod einer gewissen Anzahl von Flußdelphinen verantwortlich.

Der Indus-Delphin ist in der Provinz Sind offiziell seit 1972 und in Punjab seit 1973 geschützt. Der Sukkur-Guddu-Abschnitt des Flusses wurde im Dezember 1974 offiziell zum Delphinreservat deklariert. Bejagung gab es in Sind noch während der 70er Jahre, bis in den frühen 80er der Schutz verstärkt wurde.

Etliche Delphine, die im Indus in den späten 60er Jahren lebend gefangen wurden, brachte man per Flugzeug nach San Francisco (Kalifornien) und konnte sie dort für ein paar Monate im Steinhart Aquarium am Leben erhalten. G. Pilleri und seine Kollegen vom Institut für Hirnforschung in Bern (Schweiz) begannen 1969 damit, Indus-Delphine zu fangen, und sie schafften es, einige ihrer Tiere über mehrere Jahre in der Schweiz am Leben zu erhalten. Die Beobachtungen und Experimente an den gehaltenen Tieren haben uns viele Erkenntnisse über das Verhalten und die Sinnesleistungen dieser Tiere vermittelt.

AMAZONAS-DELPHIN (INIA, BOTO)

INIA GEOFFRENSIS

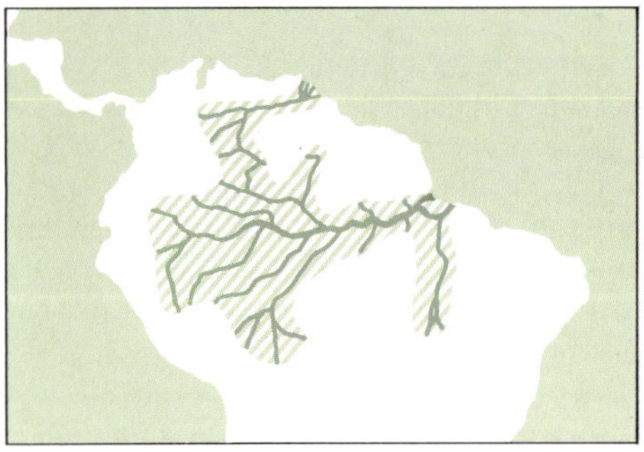

Hauptströme — Maximale Verbreitung

Systematik: *Inia* ist der Name, den die Guarayo-Indianer, die entlang des San Miguel Flusses (Bolivien) wohnen, für diesen Delphin haben. Der französiche Naturforscher Geoffroy St. Hilaire erhielt aus Portugal das erste Exemplar dieser Art. Es sind 2–3 Unterarten anerkannt.

Beschreibung: Männchen können knapp 2,6 m lang und bis zu 160 kg schwer werden, während Weibchen 2 m und 100 kg erreichen. Diese sonderbar aussehenden Delphine besitzen lange Schnäbel, die mit gut über 100 Zähnen (23–35 pro Reihe) besetzt sind. Im Gegensatz zu anderen Delphinen besitzt der Amazonas-Delphin unterschiedliche Zahntypen. Die Vorderzähne sind kegelförmig, die hinteren allerdings besitzen eine eher backenzahnähnliche Krone. Auf der Haut des Oberkiefers sitzen Reihen von steifen, abgeplatteten Haaren, die wahrscheinlich als Tastorgane dienen. Der Mundspalt ist am Mundwinkel nach oben gerichtet. Die kuppelförmige Melone ist dehnbar und das Tier kann sie willentlich vergrößern bzw. verkleinern.

Anstelle einer Rückenfinne findet man einen breitbasigen, dreieckigen Höcker. In Verlängerung dieses Höckers läuft auf der Körpermittellinie eine vorstehende Leiste sowohl nach vorne als auch nach hinten. Die breiten Fluken sind an ihrer konkaven Hinterkante häufig ausgefranst oder eingerissen. Die langen, biegsamen Flipper werden zur Vorwärtsbewegung und zum Steuern benutzt.

Obwohl es Individuen, Gruppen oder Populationen anderer Delphine gibt, die rosafarbene Tönungen in ihrer Färbung aufweisen, ist der Amazonas-Delphin die einzige Art, bei der die Rosafärbung ein durchgehendes Merkmal darstellt. Trotz großer, lokaler bzw. regionaler Unterschiede sind die Jungtiere in den meisten Gebieten oberseits dunkelgrau und unterseits hellgrau. Mit zunehmendem Alter werden sie heller, wobei die Schnauze, Flanken, Unterseite und Fluke in Rosa umfärben. Erwachsene, besonders Männchen, können vollständig oder gefleckt rosafarben aussehen. Etliche, in Menschenobhut gehaltene Amazonas-Delphine wurden in klarem, flachem Wasser mit der Zeit dunkler, und man vermutet, daß die Durchsichtigkeit des Wassers und damit die Einstrahlung von Sonnenlicht die Pigmentierung der Haut zu einem gewissen Grad beeinflußt. In der Wildbahn sind Delphine, die in schwarzem oder trübem Wasser leben, blasser als jene aus klaren Gewässern.

Identifizierung: Der Amazonas-Delphin kann nur mit solchen Walen verwechselt werden, die im tropischen östlichen Südamerika in seinen Süßwasserlebensraum eindringen. Er teilt einen großen Teil seines Lebensraumes mit dem kleineren Amazonas-Sotalia (*Sotalia fluviatilis*), wobei die beiden Arten leicht durch die relativ hohe, gebogene Rückenfinne, die viel kürzere Schnauze und das generell delphinähnlichere Aussehen und Verhalten des Amazonas-Sotalias unterschieden werden können. Große Tümmler können in die Mündungen der Flüsse eindringen, die auch der Amazonas-Delphin bewohnt, können aber anhand der gleichen Merkmale wie der Amazonas-Sotalia unterschieden werden.

Lebensraum: Während der Regenzeit (Dezember–Juni) verlassen diese Delphine die Hauptströme und dringen in die überschwemmten Wälder und Grasländer ein. Sie bevorzugen langsam fließende Gewässer. In der Trockenzeit finden einige Tiere, besonders junge, nicht den Weg zurück in die Hauptströme und bleiben dann in Restwassertümpeln. Solange diese Tümpel nicht völlig austrocknen und die Delphine ungestört bleiben, überleben sie diese Isolation recht gut.

Links: Einige Botos ertrinken in Fischereinetzen, andere werden gezielt getötet.

Unten: Während der Regenzeit verlassen die Botos die Flußläufe und wandern in klare Gewässer.

Oben rechts: In diesen schlammigen Gewässern, kann die Beobachtung lebender Tiere sehr schwer sein.

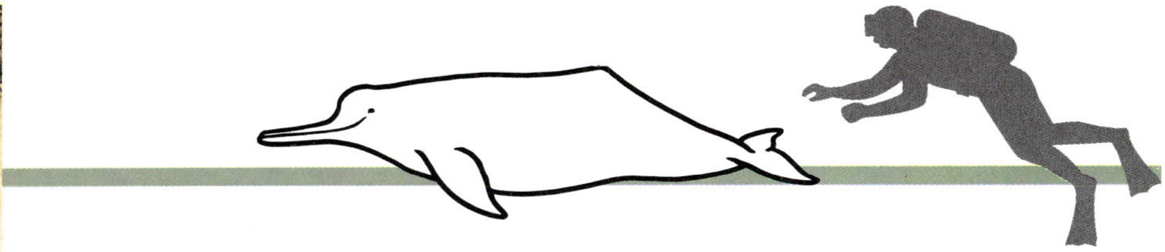

Verbreitung und Wanderung: Dieser tropische Flußdelphin bewohnt die Amazonas- und Orinoko-Flußsysteme Südamerikas und tritt hauptsächlich in Brasilien, Bolivien, Peru, Kolumbien und Venezuela auf. Er wird nahezu auf der gesamten Länge des Orinokos angetroffen. Im Amazonas-System findet man ihn oberhalb Iquitos in Peru, mehr als 4.000 km vom Ozean entfernt. Obwohl einige Biologen glauben, daß die Flußdelphine der Flußsysteme von Beni und Guapore in Bolivien isoliert von denen des brasilianischen Amazonas seien, sind der Amazonas und der obere Madeira (von dem der Beni und der Guapore ausgehen) miteinander verbunden. Falls saisonale Wanderungen auftreten, sind sie örtlich begrenzt und werden nur aufgrund schwankender Wasserstände unternommen.

Nahrung und Nahrungsaufnahme: Die meisten Nahrungsreste, die man in Mägen gefunden hat, stammten von Fischen und Krabben. Die Delphine scheinen einzeln am Boden lebende Fische zu bevorzugen, obwohl sie auch regelmäßig Jagd auf Schwarmfische machen. Der Magen eines in einem Reusennetz im Japura gefangenen Exemplars enthielt Fischarten, die aus 9 Familien und 11 Arten stammten. Außerdem enthielt er noch eine 7 cm lange Schildkröte. Die Liste von Fischen, die als Beute für den Amazonas-Delphin in Frage kommen, enthält mindestens 18 Familien und 50 Arten. In den meisten Fällen werden große Fische in kleine Stücke zerteilt, bevor die Delphine sie abschlucken.

Verhalten: Amazonas-Delphine leben überwiegend einzelgängerisch und werden selten zu zweit angetroffen. Trotzdem hat man schon Ansammlungen von 12–15 Tieren beobachtet. Die Gruppengröße hängt zumindest teilweise vom Wasserstand und der Verfügbarkeit von Nahrung ab. Da die Delphine in Zeiten niedriger Wasserstände gezwungen sind, die wenigen geeigneten Stellen aufzusuchen, ist eine Gruppenbildung in dieser Zeit wahrscheinlicher.

Viele Beobachter haben kleine Gruppen angetroffen, die oft über Tage oder Wochen in einer bestimmten Region geblieben sind. Der Grad ihrer Scheuheit variiert von Gebiet zu Gebiet und hängt von den Erfahrungen ab, die sie mit Menschen oder Schiffen gemacht haben. Bejagung und dauernde Belästigung scheint die natürliche Neugierde dieser Delphine zu unterdrücken.

Zumindest in Ostkolumbien scheinen sich die Amazonas-Delphine RIESENOTTERN eng anzuschließen. Die Otter fischen sehr nahe am Ufer, während die Delphine etwas weiter im Fluß bleiben, um vermutlich die den Ottern entwischenden Fische wegzufangen.

Diese Delphine bewegen sich grundsätzlich sehr langsam (etwa 3–4 km/h im Durchschnitt). Ihre nicht miteinander verschmolzenen Halswirbel erlauben dem Kopf, sich frei in jede Richtung zu bewegen. Sie kommen häufig in einem sehr flachen Winkel an die Wasseroberfläche. Sie zeigen ihre Fluke nur selten oberhalb des Wassers und tauchen kaum länger als 90 Sekunden. Ihr Ausatmen kann manchmal explosivartig laut vonstatten gehen.

Amazonas-Delphine besitzen degenerierte Augen, können aber noch relativ gut sehen. Manchmal heben sie ihren Kopf so weit aus dem Wasser heraus, daß auch die Augen die Umgebung oberhalb des Wasserspiegels untersuchen können. Man glaubt, daß ihre großen, ausladenden Wangen das Blickfeld unterhalb der horizontalen Ebene der Augen verdecken, ein Manko, das durch häufiges Schwimmen in Rückenlage ausgeglichen wird.

Fortpflanzung und Entwicklung: Männchen werden etwa mit 2 m Länge geschlechtsreif, Weibchen bei etwas weniger als 1,8 m. Die Größe bei der Geburt beträgt durchschnittlich 80 cm bei 7–8 kg Körpergewicht. Man glaubt, daß die meisten Kälber zwischen Mai und Juli geboren werden, was mit dem jährlichen Wasserhöchststand und seiner darauffolgenden Abnahme zusammentrifft. Die geschätzte Tragzeit beträgt 10–11 Monate. Es wurde vereinzelt schon von Weibchen berichtet, die gleichzeitig säugten und wieder trächtig waren.

Männchen wurden in Menschenobhut bis mindestens 19 Jahre alt, und die Zähne eines 2 m langen Weibchens hatten Jahresschichtungen, die auf ein Alter von 28 Jahren schließen ließen.

Weltbestand: Es gibt keine zuverlässigen Bestandsschätzungen für diese Delphine. Sie sind jedoch immer noch häufig und bewohnen den größten Teil ihres ursprünglichen Verbreitungsgebietes.

Der Einfluß des Menschen: Die sich überstürzende Entwicklung des Amazonas-Bekkens verändert den Lebensraum des Amazonas-Delphins ständig. Großangelegte Projekte zur Energiegewinnung wie Staudämme unterbrechen die Lebensräume der Delphine sowie deren Wanderungen und die ihrer Beute, so daß kleine, isolierte Populationen entstehen. Fischer sehen die Tiere zunehmend als Konkurrenten um die gleiche Beute und als Zerstörer ihrer Fischereiausrüstung an. Die getrockneten Augäpfel oder Geschlechtsorgane von gelegentlich in Brasilien gefangenen Amazonas-Delphinen werden verkauf und als Talismane zur Steigerung der sexuellen Anziehungskraft getragen. Fleisch und Tran von gelegentlich im Orinoko-System gefangenen Delphinen werden für den menschlichen Konsum verwendet. Einige Eingeborenenstämme sprechen dem Tran medizinische Heilkraft zu.

Bis in die frühen 70er Jahre wurden Delphine im bolivianischen Ichilo gezielt in Netzen gefangen. Diese Art der Jagd wurden Mitte der 70er Jahre verboten, das Schießen auf die Delphine durch die Mitglieder der zahlreichen Schützenvereine allerdings fortgesetzt. Traditionell sind die Bewohner des Amazonas in weiten Bereichen des Verbreitungsgebietes des Amazonas-Delphins abergläubisch und jagten die Tiere absichtlich nicht, sei es aus Ehrfurcht oder aus Angst. Als allerdings die großen südamerikanischen Flußsysteme Ende des 20. Jahrhunderts rapide besiedelt und kultiviert wurden, änderte sich auch die Einstellung der Urbevölkerung gegenüber den Delphinen.

Seit 1988 ist der Amazonas-Delphin in allen gebieten Brasiliens und Boliviens durch Gesetz geschützt, und ganz oder zumindest teilweise auch in Peru, Kolumbien und Venezuela.

Der Amazonas-Delphin entwickelte sich zum begehrtesten Flußdelphin für Ozeanarien und Delphinarien. Etwa 100 Tiere wurden in Brasilien, Kolumbien und Venezuela von Mitte der 50er bis Mitte der 70er Jahre gefangen. Durch die Möglichkeit, mit unter kontrollierten Bedingungen lebenden Delphinen zu arbeiten, gehörten die Amazonas-Delphine zu den ersten Vertretern der Wale, an denen man die Ultraschallorientierung nachweisen konnte. Seit Mitte der 70er Jahre haben europäische und südamerikanisch Institutionen weitere lebende Amazonas-Delphine ausgestellt. Fünf Tiere wurden for den Duisburger Zoo gefangen. Zwei wurden im Aquarium von Valencia in Venezuela gehalten und mindestens zwölf Tiere wurden 1985 lebend in Brasilien gefangen.

Baiji (Chinesischer Flussdelphin)

Lipotes vexillifer

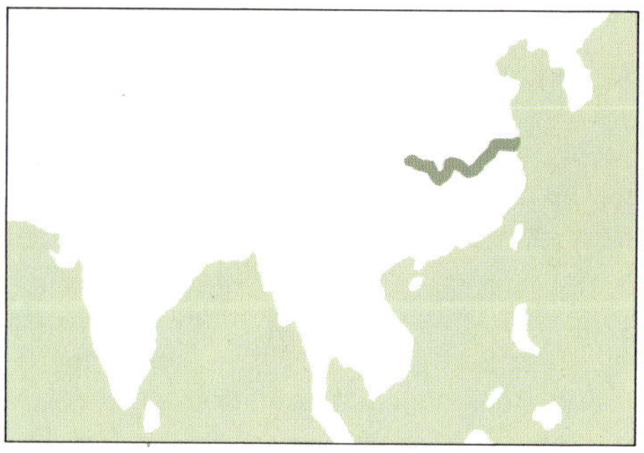

■ Maximale Verbereitung

Systematik: Die Gattung wird lediglich durch eine Art vertreten. Der Gattungsname leitet sich vom griechischen Wort *leipo* (= zurückgelassen, übriggeblieben) ab, das sich auf das eng begrenzte Vorkommen der Art bezieht. *Vexillifer* kommt vom lateinischen *vexillum* (= Fahne) und der Nachsilbe *fer* (= tragen).

Beschreibung: Die Maximallänge beträgt knapp über 2,5 m, wobei der Baiji mehr als 160 kg wiegen kann. Männchen scheinen kleiner zu bleiben als Weibchen und erreichen nur 2,2 m und 125 kg. Der Chinesische Flußdelphin besitzt einen langen, schmalen Kiefer, der an der Spitze leicht nach oben gebogen ist. In jeder Kieferhälfte sitzen 30 bis 35 kegelförmige Zähne. Die Stirn ist steil, die unmittelbar über dem Mundwinkel sitzenden Augen klein und degeneriert. Die Rückenfinne ist dreieckig mit abgestumpfter Spitze.

Der Baiji ist am Rücken blaßbläulich Grau, unterseits weiß. Fluke und Flipper sind bläulich grau oberseits und unten weiß. Der Unterkiefer und der untere Rand des Oberkiefers sind weiß. Breite, weiße Steifen ziehen sich von der Unterseite in die blaugraue Region zwischen den Flippern und der Ohröffnung sowie in zwei Flächen an jeder Seite des Schwanzstieles.

Identifizierung: Der einzige Wal, der im Verbreitungsgebiet des Baiji zu finden ist, ist der Indische Schweinswal. Zwar sind Körpergröße und -form beider Arten ähnlich und beide werden mitunter auch zusammen gesehen, aber der Indische Schweinswal besitzt keine Finne und keinen Schnabel, ist sehr viel aktiver und weniger scheu als der Baiji. Er nähert sich häufig der Küste und toleriert Schiffsverkehr.

Lebensraum: Während der letzten dreieinhalb Jahrhunderte fanden bedeutende Veränderungen im Lebensraum des Baijis statt. So lagerten sich z. B. riesige Mengen von Sediment im Dongtingsee ab, das ihn umgebende Land wurde eingedeicht und landwirtschaftlich kultiviert. In den mittleren und unteren Abschnitten, die gegenwärtig vom Baiji bewohnt werden, ist der Yang Tse Kiang breit und offen und fließt mit einer Geschwindigkeit von 1–2 m/sek. Es gibt viele Sandbänke, die viele Zonen hoher Produktivität bilden, wo sich besonders in der Regenzeit Fische, Fischer und der Baiji vermehrt aufhalten.

Verbreitung und Wanderung: Der Chinesische Flußdelphin ist auf China beschränkt (endemisch). Bis in neueste Zeit glaubten westliche Wissenschaftler, daß er hauptsächlich im Dongtingsee und seinen Zuflüssen lebe. Heute wissen wir, daß der Delphin ein viel größeres Gebiet bewohnt, etwa von der Mündung des Yang Tse bis Yichang. Noch wird der größte Teil dieses Gebietes vom Baiji besiedelt, allerdings ist seine Zahl sehr zurückgegangen. Saisonale Wanderungen scheinen kurz und begrenzt zu sein und sind wahrscheinlich an die Wechsel der Wasserstände und Beutedichte gebunden.

Nahrung und Nahrungsaufnahme: Der Baiji scheint sich von einer großen Vielzahl an Fischen zu ernähren, darunter eine Art langer, aalähnlicher Welse und eine weitere große Art, die beide in Mägen als Überreste gefunden wurden.

Verhalten: Gelegentlich existieren Gruppen von 8–10 Tieren. Allerdings dürften Einzelgänger, Paare oder Gruppen mit 3–6 Tieren am häufigsten auftreten. Chinesische Wissenschaftler glauben, daß die Gesamtpopulation aus einer Anzahl Unterpopulationen zusammengesetzt ist, die ihre Eigenständigkeit hauptsächlich aus ihrer lokalen Bindung an bestimmte Sandbankgebiete beziehen.

Wenn der Baiji auftaucht, durchstößt normalerweise zuerst der Kopf die Wasseroberfläche, gefolgt von Rücken und Finne. Dann verschwindet der Kopf wieder und die Finne bleibt noch für einige Zeit sichtbar, bis das ganze Tier schließlich abtaucht. Aus einiger Entfernung kann manchmal nur die Rückenfinne oberhalb des Wassers ausgemacht werden. Grundsätzlich ist beim Abtauchen die Fluke nicht zu sehen. Man kann sich Chinesischen Flußdelphinen nur sehr schwer nähern.

Fortpflanzung und Entwicklung: Die Fortpflanzungsbiologie dieser Art wurde bisher kaum untersucht. Kälber werden mit Körpergrößen unter 95 cm geboren und wiegen weniger als 10 kg.

Weltbestand: Man hält den Baiji für den am stärksten gefährdeten Wal. Sein Bestand wird auf wenige hundert Individuen geschätzt, und die Tendenz ist abnehmend.

Der Einfluß des Menschen: Die Baijis treten nicht nur in Nahrungskonkurrenz zur Bevölkerung Chinas, sondern verfangen sich in alarmierenden Zahlen in Fischereigeschirr. In der Tat ist die Leinen- und Hakenfischerei auf Störe für nahezu die Hälfte der dokumentierten Todesfälle dieser Tiere verantwortlich. Der Schiffsverkehr auf dem Yang Tse verdoppelt sich nahezu alle 10 Jahre, Kollisionen mit Schiffsschrauben sind für etliche tote Delphine verantwortlich. Seen entlang des mittleren und unteren Flußlaufes werden massiv für die landwirtschaftliche Nutzung reklamiert.

Die Erhaltung des Baiji nimmt zur Zeit einen hohen Stellenwert bei Entscheidungen der chinesischen Regierung ein. Die Art ist unter absoluten Schutz gestellt und man entwickelt einen Plan zur Schaffung mehrerer Schutzgebiete, in denen man sie unter halbwilden Bedingungen halten kann.

Der erste Baiji, der lebend in Menschenhand kam, war ein junges Männchen, das man 1980 gefangen hatte und im Institut für Meeresbiologie in Wuhan hielt. Dieses »Qi Qi« genannte Tier lebte im März 1987 noch, genauso wie ein im März 1986 gefangenes Weibchen mit Namen »Zhen Zhen«. Haltung und Erhaltung von Chinesischen Flußdelphinen in Menschenobhut ist wegen ihrer äußerst gefährdeten Lage in der Wildbahn von größter Wichtigkeit.

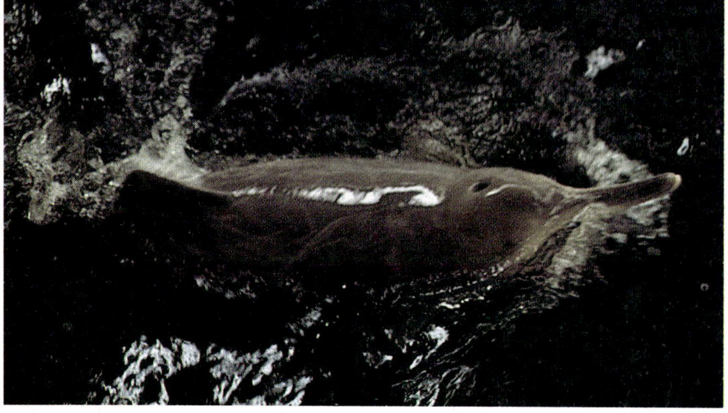

Der scheue Baiji ist sehr schwer zu fotografieren. Dieser taucht gerade auf, wobei der lange Schnabel zuerst sichtbar wird. Dieser vielleicht gefährdetste Wal der Erde tritt in den übervölkerten Flußsystemen des Changjiang (Yang Tse Kiang) in Nahrungskonkurrenz zum Menschen.

La-Plata-Delphin (Franciscana)

Pontoporia blainvillei

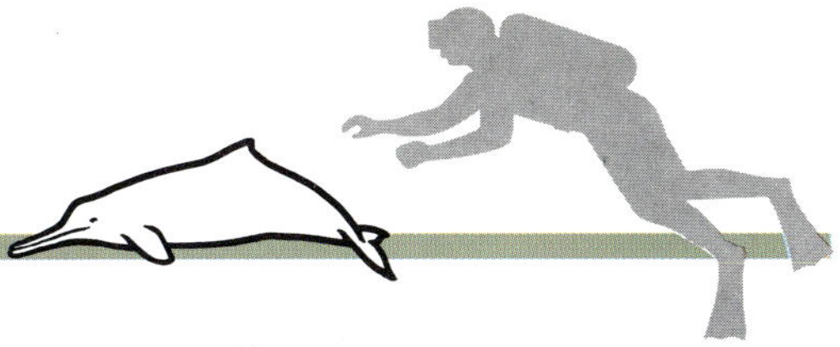

■ Annähernde Verbreitung

Systematik: Der La-Pata-Delphin ist der einzige Vertreter seiner Gattung und bildet eventuell sogar eine eigene Familie. Sein nächster Verwandter scheint der Baiji (Chinesischer Flußdelphin) zu sein. Der Gattungsname *Pontoporia* ist eine Kombination aus den griechischen Wörtern *pontos* (= offene See) und *poros* (= Passage, Kreuzung) und bezieht sich vermutlich auf den alten Glauben, das diese Delphine zwischen Süß- und Seewasser hin- und herwechseln, was heute als eindeutig falsch erwiesen ist. Der Artname bezieht sich auf den berühmten französischen Naturforscher Blainville.

Populäre Bezeichnungen: Die Bezeichnung La-Plata-Delphin bezieht sich auf das Vorkommen des Delphins in der La-Plata-Mündung in Uruguay. Im spanisch sprechenden Uruguay und Argentinien ist die Art als Franciscana bekannt.

Beschreibung: Weibchen werden grundsätzlich größer als Männchen. Das längste vermessene Weibchen war 1,74 m lang. Das schwerste, nicht tragende Weibchen wog mehr als 53 kg. Das längste Männchen erreichte bisher 1,58 m und wog 43 kg.

Das auffälligste Merkmal dieses Delphins ist sein langer, schmaler Schnabel, der mit zunehmendem Alter proportional zum Körper länger wird. Die Rückenfinne ist dreieckig mit abgerundeter Spitze. Die Färbung ist grundsätzlich grau, wobei die Rückenseite dunkler ist als der Bauch. Es sitzen gewöhnlich 51–58 Zähne in jeder Kieferreihe. Die Vorderzähne werden etwas größer.

Identifizierung auf See: Der lange, schmale Schnabel und die kleine, dreieckige Finne helfen, diesen Delphin von den meisten anderen kleinen Zahnwalen seines Verbreitungsgebietes zu unterscheiden.

Lebensraum: Obwohl mit den Flußdelphinen der Überfamilie Platanistoidea verwandt, ist der La-Plata-Delphin eine überwiegend marine Art. Er scheint weitgehend innerhalb einer 30 m-Linie von der Küste zu leben, wobei seine bevorzugte Beute besonders im Sommer in Gewässern mit weniger als 10 m Tiefe lebt.

Verbreitung und Wanderung: Das Verbreitungsgebiet des La-Plata-Delphins ist auf die Küstengewässer des östlichen Südamerikas von der Halbinsel Valdés in Argentinien (42° 30' S) bis zur Mündung des Doce in der Nähe von Regencia in Brasilien (19° 37' S) beschränkt.

Nahrung und Nahrungsaufnahme: Diese Delphine fressen Fische (besonders Umberfische), Kalmare, Kraken und Krebstiere. Garnelen der Familie Penaeidae werden besonders von Jungtieren häufig genommen. Ein Großteil der Beute wird am oder in der Nähe des Bodens gefunden.

Verhalten: Es gibt nur wenige publizierte Beobachtungen von La-Plata-Delphinen. Sie bilden keine großen Gruppen und gehen Schiffen aus dem Weg. Grauhaie (*Notorhynchus cepedianus*) und Hammerhaie (*Sphyrna spec.*) erbeuten La-Plata-Delphine, die sich in Reusennetzen verfangen haben, man weiß aber nicht, ob sie auch freischwimmende Delphine angreifen. Da Schwertwale im Lebensraum der Franciscanas relativ häufig sind, nimmt man an, daß auch sie diese Delphine erbeuten.

Fortpflanzung und Entwicklung: Beide Geschlechter werden mit 2–3 Jahren geschlechtsreif, bei einem Gewicht von 25 bis 29 kg (Männchen) und 33–35 kg (Weibchen). Weibchen sind mit etwa 4 Jahren ausgewachsen. Bei der Geburt sind diese Delphine 75–80 cm lang und wiegen 7,3–8,5 kg.

Die Tragzeit beträgt 10,5–11 Monate, der Geburtenhöhepunkt liegt im November und Dezember. Die Kälber nehmen ihre erste feste Nahrung mit etwa 3 Monaten auf, werden aber 9 Monate lang gesäugt. Der Zeitraum zwischen zwei Geburten beträgt meist 2 Jahre. Es sind aber auch Fälle bekannt, bei denen säugende Weibchen bereits wieder trächtig waren. Das älteste registrierte Weibchen war nur 13 Jahre alt, und man nimmt an, daß Weibchen nicht älter als 15 Jahre werden. Das älteste Männchen war bisher 16 Jahre alt.

Weltbestand: Es gibt keinerlei Erkenntnisse über den Bestand oder den Gefährdungsgrad von La-Plata-Delphinen.

Der Einfluß des Menschen: Seit den 40er Jahren wurden Hunderte bis Tausende von Franciscanas jährlich in Reusennetzen getötet. Es gibt einen umfangreichen und gut dokumentierten unbeabsichtigten Fang von La-Plata-Delphinen in der Haifischerei von Uruguay, die ihr Zentrum bei Punta del Diabolo hat. 1969 schätzte man die Höhe der Opfer auf 2.000 Tiere. Die Sterberate bei Punta del Diabolo und anderswo in Uruguay geht aufgrund von Veränderungen in der Fischerei seit 1975 zurück. Andere ähnliche Fischereien auf Haie wie auch Knochenfische existieren in Argentinien und Brasilien, so daß der Franciscana über einen weiten Teil seines Lebensraumes dadurch bedroht wird. Trotz allem ist nichts über einen direkten Fang auf La-Plata-Delphine bekannt.

La-Plata-Delphine wurden bisher noch nicht in Menschenobhut gehalten.

Einer der kleinsten Wale überhaupt ist der La-Plata-Delphin. Er ist auf die Küstengewässer des östlichen Südamerikas beschränkt.

Glossar

Abdomen Bauch, Unterleib, Hinterleib
abschlucken Transport der Nahrung vom Mundraum über die Speiseröhre in den Magen
antitropisch nicht in den Tropen vorkommend
Art Gruppe sich miteinander freiwillig kreuzender Organismen, die von anderen Arten hinsichtlich ihrer Fortpflanzung isoliert sind. Systematische Kategorie unterhalb der Gattung und oberhalb der Unterart.

Barten Filterapparat der Bartenwale, bestehend aus hornartigen Bartenplatten, die vom Oberkiefer in unterschiedlicher Zahl herabhängen
Bartenfransen Bürstenartige Ausfransungen der Bartenplatteninnenkanten. Stellen den eigentlichen Filterapparat dar.
Blas Das Ausatmen des Wales über Wasser, oft mit Wasserdampfbildung verbunden
Blasloch Die Nasenlöcher der Wale
Blubber Die Unterhautfettschicht der Wale. Grundstoff für die Öl- und Tranindustrie.

Cape Eine schabrackenartige Färbung an Kopf und Rücken von Walen, die sich von der umgebenden Färbung abhebt
Cerebellum Das Kleinhirn. Steuerungszentrale aller geordneten Bewegungen der gestreiften Muskulatur.
Cetaceen Die Waltiere
Cochlea Die Schnecke. Teil des Innenohres, in dem sich das Cortische Organ befindet.

Diatomeen Kieselalgen
dorsal am Rücken liegend, zum Rücken gehörend
DNA-Fingerabdruck Die Untersuchung der genetischen Erbsubstanz Desoxyribonucleinsäure auf individuell typische Unterschiede

Echo-Orientierung Die Orientierung im Lebensraum mit Hilfe von wieder aufgenommenen Echos ausgestoßener (Ultraschall-) Laute

Familie Systematische Kategorie über der Gattung bzw. Unterfamilie und unter der Ordnung bzw. der Überfamilie
fibrinös faserig
filtrieren Herausfiltern von Kleinstnahrungspartikeln aus dem Wasser mit Hilfe einer siebähnlichen Struktur (z. B. Barten)
Finne Flossenähnliche Struktur auf dem Rücken von Walen
Fischbein Das hornartige Material der Barten von Bartenwalen
Flipper Die zu Flossen umgewandelten Vorderextremitäten der Wale und Robben
Fluke Flossenartiges, horizontal abgeflachtes Körperende der Wale.
frischtot Noch nicht in Verwesung übergegangene Leiche

Gattung Systematische Kategorie oberhalb der Art und unterhalb der Familie. Gruppe von miteinander verwandten Arten.
Geschlechtsdimorphismus Unterschied zwischen Männchen und Weibchen, z. B. bezüglich der Körpergröße oder -form

Halbfossilien Rückstände, die zwar kalzifiziert, nicht aber wie echte Fossilien mineralisiert sind
Hemisphäre Eine Hälfte der Erdkugel vom jeweiligen Pol zum Äquator
heterodont Eine Bezahnung, die aus unterschiedlichen Zahntypen, z. B. Schneidezähnen, Eckzähnen, Backenzähnen, besteht
homodont Bezahnung aus äußerlich gleichgestalteten Zähnen

Kommentkampf ritualisierter, nicht ernsthafter Spielkampf
Kontinentalschelf Kontinentalsockel; der die Kontinente umgebende Flachseegürtel
Krill Vor allem im Südpolarmeer lebende Kleinkrebse der Art *Euphausia superba*

laktierend Milch produzierend, säugend
Larynx Der Kehlkopf vieler Wirbeltiere

Melone Weicher, linsenförmiger Körper in der Stirn von vielen Zahnwalen. Soll den auszusendenden Schall bündeln.

Nares Die Nasenlöcher, die Nase
Neocortex Der stammesgeschichtlich junge Teil der Großhirnrinde
Nominattier Das erste gefundene und beschriebene Tier einer Art

pantropisch über die (ganzen) Tropen verbreitet
physische Reife Stadium, in dem das Wachstum beendet ist
Polyandrie Die Vielmännerei. Das Zusammenleben oder Paaren eines Weibchens mit mehreren Männchen.
Polygynie Die Vielweiberei. Das Zusammenleben oder Paaren eines Männchens mit mehreren Weibchen
Polynya Offene, von Eis umgebene Wasserflächen; eisfreie Eisseegebiete

Retia mirabilia »Wundernetze«. Schwammig aussehende Gebilde, die aus stark verästelten und unentwirrbar miteinander verschlungenen Schlagäderchen bestehen, die dem Druckausgleich im Blutgefäßsystem dienen.
Reproduktionsphase Die Zeit, in der ein Weibchen Junge zur Welt bringt.
Reproduktionsstatus Körperlicher Zustand bezogen auf die Fortpflanzungsfähigkeit
Rostrum Der Schnabel. Verlängerter Oberkiefer vieler Wale, auch »Schnabel« genannt.
rudimentär unentwickelt; nur in frühen Entwicklungsstadien entwickelt und dann verkümmert

Schluckfiltern Methode der Nahrungsaufnahme bei Furchenwalen. Es wird dabei eine große Menge Wassers in den Mundraum aufgenommen und über die Barten seitlich aus dem Mundspalt wieder herausgedrückt. Nahrungspartikel bleiben dabei in den Bartenfransen hängen.
Schöpffiltern Methode der Nahrungsaufnahme bei Bartenwalen. Der Wal schöpft mit geöffnetem Maul das Oberflächenwasser ab und filtert nach dem Schließen des Maules die Nahrungspartikel aus dem ablaufenden Wasser heraus.
Schule Eine Gruppe von Walen, die in sozialem Kontakt zueinander stehen
soziale Reife Zeitpunkt in der körperlichen Entwicklung, an dem der Zugang zu Geschlechtspartnern frei ist
Spermaceti Das Walrat. Eine ölartige Masse, die besonders in einem durch die aufgetriebenen Oberkiefer gebildeten Hohlraum der Wale (Pottwal, Physeter) lagert.
Subfossil Älter als neuzeitlich, jünger als fossil, etwa gleich prähistorisch. Zwischen neuzeitlich und fossil vermittelnd, aber ohne genaue Abgrenzung.

Thermokline Rapider Wechsel von warmen Oberflächen- und kälteren Tiefenschichten

ventral bauchständig
Vergesellschaftung Zusammenschluß von Tieren zum gegenseitigen Nutzen

Walläuse Flohkrebse der Familie Cyamidae. Hautschmarotzer der Wale, die sich mit ihren scherenbewaffneten Beinen in der Walhaut verankern.
Walratbehälter Hohlraum im aufgetriebenen Oberkiefer von Walen (Pottwal) zur Aufnahme des Walrats

zirkumpolar um den Pol herum angesiedelt

Register

Halbfette Seitenzahlen verweisen auf wichtige Belegstellen, Illustrationen und Fotos. *Kursive Seitenzahlen* verweisen auf Bildlegenden, normale Seitenzahlen verweisen auf Erwähnungen an anderer Stelle.

A

Akustische Sinne 12, 18, 19
- Echoorientierung 15, 18, **19**, 25, 31, 46, 89, 95, *98*, 106, 115, 116, 126, 135, 147, 160, 161, 163, *182*, 183, 185
- Funktion der Melone 12, *19*, *20*, 25, *98*, 184
- SOFAR (Sound Fixing and Ranging Layer) 31

Altersbestimmung 70, 72, 79, 82, 98, 120, 127, 153, 187
Amazonas-Flußdelphin (Boto) 135, 179, **184**
Amazonas-Sotalia 43, **135**, 136, 179, 184
Anaerober Stoffwechsel 16
Anatomie 11, *11*
Anderson 76
Andrew-Schnabelwal **113**
Andrews, Roy Chapman 113
Archaeoceti 12, *13*
Atmung 15, 16, 108
Augen 12, 18, 19, 180, *181*, 183
Australophocaena dioptrica 169, **173**

B

Baiji 36, 51, 179, **186**, 187
Baird, Spencer F. 102
Baird-Wal 36, **102**, 104, 106, 108
Baja California, Mexiko
- Fortpflanzungslagunen *43*

Baker, Alan N. 109
Balaena mysticetus 55, **56**, *57*
Balaenidae 26, **55**, 63, 153
- Schöpf-Filtern 26

Balaenoptera
- *B. acutorostrata* 66, **78**, 126
- *B. a. bonaerensis* 78
- *B. borealis* 27, 66, **74**
- *B. edeni* 66, **76**
- *B. musculus* 66, **68**
- *B. m. brevicauda* 68
- *B. physalus* 66, **71**

Balaenopteridae 13, 26, 63, **66**, 80
- Schluck-Filtern 26

Bartenwale 11, 13, **66**, 80, 153
- Barten 12, 13, *24*, **25**, *26*, 55, 56, 58, 59, 66, 68, 71
- Blaslöcher 16
- Energiespeicherung 37
- Fortpflanzungszyklus 32
- Gehirn 23
- Geschlechtsreife 34
- Gruppengröße 28
- Lauterzeugung 30
- Lautgebung 31
- männliche Buckelwallieder 30, 31, *31*, 47
- Nahrung 26, 66
- Schwimmen 14
- Superfoetation (Mehrfachfoetation) 33
- Tauchen 17
- Wanderung 32, 37

Barnes, Lawrence 173
Basilosauridae 12
Bedrohte Arten 36, 57, 65, 98, *107*, 172, 181, *186*
Beluga 13, *16*, 17, *20*, 25, 34, 35, *36*, 43, *49*, 51, 56, 92, 94, **96**, 97, 98, 99
Beneden, van 161
Beobachtungsspringen *64*, 65, 78, *121*, 124, 126, 161, *167*, 175, 185,
Berardius 101, 108
- *B. arnouxii* **104**
- *B. bairdii* **102**

Bestandsschätzungen 32, 47, 65, 75, 127, 129, 133, 139, 141, 143, 149, 151, 153, 163, 167, 181, 183
Beute
- Luminiszenz (Eigenleuchten) 18, 139
- Mageninhaltsanalysen 17, 49, 104, 108, 134, 139, 141, 156, 158, 167, 174, 185, 186
- Nahrungssuche bei Nacht 144, 147, 155
- Ortung und Fangen 25

Blainville, Henri Compte de 90
Blainville-Schnabelwal **115**
Blasen»wolke«, -»vorhang«, -»netz« 27, 81, 82
Blaslöcher und Charakteristika des Blas *16*, **17**, 55, 56, 59, 64, 65, 68, *70*, 71, 72, 74, *76*, 78, 79, 80, *82*, 86, *87*, 96, 103, 108, 118, 124, 180
Blau-Weißer Delphin **138**, 139, 141, 146, 152, 158
Blauwal 10, 11, 13, 15, *16*, 17, *24*, 27, 31, 35, 66, **68**, *69*, *70*, 72, 79, 119
Blinder Flußdelphin 180, 182
Blubber 11, 12, *17*, 20, 49
Borneo-Delphin 29, 146, **158**
Borowski 80
Boto/Boto vermelho 135, *179*, **184**, 185
Bowdoin, George 113
Bradycardiodie 16
Bravard 169
Breda, van 134
Breitschnabeldelphin 91, 117, 124, **125**, 143, 158
Brillenschweinswal 10, 169, **173**, 174, 176
Brodie, James 114
Bryde-Wal 40, 66, 71, 74, **76**
Buckeldelphine **132**, 136
Buckelwal 4, *10*, 13, *19*, *26*, 27, 28, 29, 30, *31*, *35*, 47, 51, 52, 64, 66, **80**, *81*, 82, *83*, 150
- »Lieder« 4, *31*, 82
- Populationsaustausch 31

Burmeister 78, 174
Burmeister-Schweinswal 160, 169, 173, **174**

C

Camperdown-Wal 10, **111**
Caperea marginata 26, 55, 61
Cephalorhynchus 130
- *C. commersonii* **162**
- *C. eutropia* **160**, 173, 174
- *C. heavisidii* **159**
- *C. hectori* **161**

Cetacea 10
Cetotheriidae 13
Chinesischer Flußdelphin 36, 51, 179, **186**, 187
Clarke, Dr. Malcolm
- Spermacet-Theorie 17

Clymene-Delphin 142, **144**
Commerson, Philibert 162
Commerson-Delphin 46, 159, 160, 161, **162**
Copepoden 26
Costa-Rica-Spinner 142, 143
Cuvier, F. 132, 134, 145, 159, 175
Cuvier-Schnabelwal **105**, 108

D

Dall, W.H. 160, 176
Dall-Hafenschweinswal 35, 51, 152, 153, 161, 163, 169, 173, **176**, *177*
Delphin 10
- Anatomie 11
- Fleisch und Tran 181, 183
- Gestalt 12, 14
- Haut 14, 15, 21
- Hybriden (Mischlinge) 167
- Lautverständigung *19*, 30, 31, 46
- Lernfähigkeit 23, 46
- Methoden der Nahrungsaufnahme 25, 153, 155
- Sonnen-Navigations-Theorie 147
- Sozialverhalten 42, 43, 152, 155
- Verhalten in Menschenobhut 10, 43, 99, 133, 153

Delphinapterus leucas 92, 94, **96**, 99
Delphinidae 10, 13, 92, 99, 117, **130**
Delphinus 130
- *D. commersonii* (1804) 162
- *D. cruciger* (1824) 157
- *D. delphis* 25, 50, **146**, 158

Desmotilia 10
DNA »Fingerabdrücke« 49
Dugong 10, 99, 119
Durodontidae 13

E

Echoorientierung (—> Akustiksinn)
Einengung des Lebensraumes 133, 171, 181, 182, 185, 186
Eisbären 11
Ellerman 63
Entenwale 35, 101, 102, 107
Entwöhnung 34
Eschricht, Daniel 13, 63, 64
Eschrichtiidae 12, 26, **63**
Eubalaena 55, 58
- *E. australis* 58
- *E. glacialis* 58
- *E. japonica* 58

Euphausia superba 27, 50, 72, 81
Euphausiidae 24, 26

F

Feresa attenuata 117, 118, **124**, 125
Filtrieren 12, 24, **26**
Finnen
- Erkennungsmerkmale des Rükkens 70, 72, *78*, *81*, 85, *107*, *119*, 126, 129, 132, 134, 136, 152, 154, 156, 157, 159, 160, *161*, *170*, *172*, *174*, 176, 186

Finnwal 17, 20, *24*, 27, 31, 33, 35, 66, 69, **71**, 72, 79, 148, 150, 157
Fischerei
- Beabsichtigter Fang 147, 153, 155, 174, 181, *184*, 185
- Beute-Jäger-Interaktionen 50, 123, 132, 137, 141, 143, 183, 185
- Harpunieren 153, 156, 167, 177, 181
- Treibfang 127, 139, 141, 151, 167
- Verstrickungen in Fischereigeschirr 35, *36*, 50, **51**, 83, 90, 110, 123, 124, 127, 133, 135, 153, 155, 163, 164, 171, 172, 173, 177, *184*, 186, 187

Flipper
- altersbedingte Verletzungen 126, 159, 161, 162
- einzigartige physische Merkmale 66, 122, *123*, *179*, 183

Flußdelphine 10, 135, **179**
- Akustiksinn 12, *182*, 183, 185
- Augen 12, 180, *181*, 183
- Fleisch und Tran 183, 185
- soziale Gruppierungen 28, 183, 185
- Zähne 25
- Zerstörung der Umwelt 36, 181, 183

Fortpflanzung 32-34
- Fortpflanzungszyklus 32
- Fortpflanzungsorgane 33

Fortpflanzungslagunen 43, *64*
Fossilien 10, 12, *13*, *63*, 64
Fotoidentifikations-Methode *46*, 47, *87*, 167
Franciscana 10, 34, 179, **187**
Fraser, F.C. 148, 158
Furchenwale 13, 35, 63, **66**, 69
- Blaslochbeschaffenheit 68, *70*, 71, *74*, 80
- Furchen 24, 66, *69*, *83*
- Techniken der Nahrungsaufnahme 24, 26, 27
- Zunge 26

Fürsorgeverhalten 29, 30, 106, 145, 147

G

Gaimard 157
Ganges-Delphin 12, 106, *179*, **180**
Geburt 33, *33*, 34, 49
Gehirn *11*, 17, 20, 21, 22, 23, 39
Gehörsinn **18**, 19
Gemeiner Delphin 15, *41*, 59, 144, **146**, 150, 152, 153, 154, 155
Gemeiner Schweinswal 170
genetische »Fingerabdrücke« 49
Geomagnetismus
- Einfluß auf die Navigation der Wale 18, **20**, 39, *40*

Gervais, Paul 110, 114, 135
Geruchssinn 18, 21
Geschmackssinn **21**
Gewöhnlicher Grindwal 36, 37, 38, 107, 117, **126**, *127*, 128, 155, 157
Gill, Theodore 152
Glattdelphine 130, **164, 165**
Glattwale 13, 35, **54**, 59, 63, 64
- »Kappen«-Ablagerungen 58, **59**

- Blascharakteristiken 17, 55
- Ernährung 26, 51, 59
- Lautgebung 60
- Verstrickung in Fischereigeschirr 51
Globicephala 126, 165
- *G. macrorhynchus* 117, 126, **128**
- *G. melas (G. melanaea)* 117, **126**, 128
- *G. m. edwardii* 126
Globicephalidae 13, **117**, 118, 125
Grampus 118, 130, 166
- *G. griseus* 118, 130, **166**, 167
Grauwal *6*, 13, *19*, *20*, *26*, *33*, *35*, *36*, 37, 42, 43, *63*, **64**, *65*
Gray, John 61, 64, 66, 92, 99, 101, 109, 113, 117, 124, 128, 130, 140, 142, 144, 148, 154, 159, 160, 169
Grindwale 13, 17, 35, *39*, 41, **116**, 117, 125, 134, 137, 143
Grönlandwal 35, 55, **56**, 57
Großer Tümmler 10, 21, 23, 42, *43*, 46, 51, 52, 130, 134, 135, **136**, 145, 155, 167, 184
Gruppen 28, 31, 52, *87*, *88*, 95, *97*, *102*, *107*, 115, 127, 128, *139*, 147
- Lautgebungsdialekte 31, 120
- Techniken der Nahrungsauf nahme 25, 88, 137, 147, 150, 155
- sozialer Zusammenhalt 39, 87, 120
- zwischenartlicheVergesellschaftungen 143, 150, 153, 155, 157

H

Haare 11, 12, 21, 24, 25, 33
Haast, Julius von 111
Hämoglobin 15
Harmer 162
Haut 14, 15, 21, *46*
- Diatomeenblüte 68, 80, 86
- Färbungsmuster 70, 71, 72, 79, 127, 132, 140, 141, 142, *145*, *146*, 148, *149*, 150, *151*, 154, 155, 157, 158, 159, 161, 162, *163*, *165*, 169, 172, 173, 176, *177*, 184
- Festigkeit 29, 97
- Hautwechsel 96, *97*
- Narben 28, 86, *104*, *109*, *112*, *130*, 166, 167
- Ölsekretion 15
- Tuberkeln 80, *82*, 170, 172, 174, *175*
- Unterdrückung von Wirbelbildung 15
Hawaiianischer Spinner *142*, *143*, 144
Heaviside-Delphin **159**, 160, 162
Hector, J. 109, 161
Hector-Delphin **161**
Hector-Schnabelwal **109**
Hoden *11*, 32, 49
Hose, Carl 158
Hubb-Schnabelwal **112**, 113
Hubbs, C 112
Hyperoodon
- *H. ampullatus* 101, **106**, 108
- *H. planifrons* **108**

I

Indischer Grindwal 34, 36, 117, 126, **128**, *129*
Indischer Schweinswal 99, 169, **175**, 186
Indopacetus 109
Indus-Delphin 12, 36, 106, 179, 180, **182**
Inia geoffrensis 135, 179, **184**
Iniidae 179
Intelligenz **21**, 46
Internationale Walfangkommission (Verordnungen) 57, 73, 77, 89, 107, 172
Irawadi-Delphin 25, 91, 92, 94, 97, **99**, 180
IUCN Rote Liste 107

J

Japanischer Schnabelwal **111**

K

Kälber 19, *33*, 65, *88*, 101
- Nachgeburtliche Entwicklung 33, 34, *88*, 127, 129
Kamiija, Toshiro 111
Kasuya, Toshio 92
Kleiner Schwertwal *24*, 25, 51, 115, 117, 118, **122**, *123*, 125, 137
Kleinstpottwal 10, 85, 90, **91**
Klinowska, Dr. Margaret
- Navigation der Wale 39
Kogia
- *K. breviceps* 85, **90**
- *K. simus* 85, 90, **91**
Kogiidae 85
Kommunikation 22
- nicht-stimmliche 30, 65
- stimmliche 19, 30, *31*, 47, 65, 69, 72, 79, 82, 89, 95, 97, 99, 114, 124, 126, 128, 139, 141, 143, 145, 147, 164, 167
Kopf
- globicephala *129*
- Kamm 106, 108
- Leisten 76
- Melone 12, 85, 96, 108, 166, 184
- Pottwal 17
- Schrammen, Narben 86
- Tuberkeln 82
Körperform 11, 12
Krankheiten 35, 75
Krill 24, *26*, 27, 28, 37, 50, 55, 57, 72, 81
Kückenthal 132

L

Lacépède 78, 162
Lagenodelphis 130
- *L. hosei* 146, **158**
Lagenorhynchus 36, 125, 130, 158, 165
- *L. acutus* **150**
- *L. albirostris* **148**
- *L. australis* **156**
- *L. cruciger* **157**
- *L. obliquidens* 43, **152**
- *L. obscurus* **154**
Lahille 173
Laktation (Milchproduktion) 32, *32*, 33, 49
Läuse 35
Laws, Richard
- fötales Wachstum bei Walen 33
Layard, E.L. 113
Layard-Wal 25, *101*, **113**
Lesson, René 74
»Lieder« 4, 30, 31, *31*, 32, 47, 82
Lilljeborg, Wilhelm 64
Linné 56, 68, 71, 86, 118, 170
Lipotes vexillifer 179, **186**
Lipotidae 179
Lissodelphis 130
- *L. borealis* **164**
- *L. peronii* **165**
Lungen, 15, 15, 16, 17, 30

M

Magnetsinn 18, **20**, 39, *40*
Manati 10
Maul 11, *90*, 97
McFarland 172
Meeressäugetiere 10, 11
Meeresverschmutzung 35, 36, **51**, 70, 98, 99, 121, 171, 181
Megaptera novaeangliae 66, **80**
Mesoplodon 101
- *M. bidens* **114**
- *M. bowdoini* **113**
- *M. carlhubbsi* **112**, 113
- *M. densirostris* **115**
- *M. europaeus* **110**
- *M. ginkgodens* **111**
- *M. grayi* **111**
- *M. hectori* **109**
- *M. layardii* **113**
- *M. mirus* 109, **110**
- *M. pacificus* **109**
- *M. stejnegeri* **112**
Meyen 138
Milch 10, 32, 33, 34
Monodon monocerus 92, **94**
Monodontidae 13, **92**, 94
Moore 112
Morrison-Scott 63
Muschelgräber 64
Myoglobin 15
Mysticeti 11, 12, 25

N

Nahrung
- Beuteortung 25, 26, 81, 82, 141
- Energiebedarf 24
- Fische 25, 27, 45
- Kopffüßer (Kalmare und Kraken) 25, 88, 101, 122, 128, 134, 136
- Krill 24, *26*, 27, 28, 37, 50, 55, 57, 72, 81
- Organismen tiefer Wasserschichten 147
- Techniken der Nahrungsaufnahme *22*, *24*, 25, *26*, 27, *63*, 65, *69*, 72, 75, 76, 81, 82, *83*, 97, 99, 134, 137, 143, 145, 155
- Warmblütige Beute 25
- Wirbellose 25, 26
Narwal 13, 17, 35, 56, 92, **94**, 95
Navigation
- Magnettheorie 39
Neophocaena phocaenoides 169, **175**
Nishiwaki, Masaharu 111, 117, 125
Nördlicher Entenwal 36, **106**, *107*, 108
Nördlicher Glattdelphin 36, 153, **164**, 165
Norris, Kenneth 114, 125, 172

O

Oberflächenfiltrierer 26, 56, 75
Odontoceti 11, 12, 25, 30, 85
Ohr
- Altersbestimmung nach Ohrzapfen 70, 72, 79, 82
- Innenohr 12, 18, 19, *19*
Olsen 76
Orca 43, 118
Orcaella brevirostris 92, 94, **99**
Orcinus orca 13, 117, **118**, 166
Osbeck 132
Ostpazifischer Delphin (»Spinner«) 4, 28, 50, 134, 141, **142**, 144
Otter 11
Ovarien (Eierstöcke) 49
Ovulation (Eisprung) **32**
Owen, Sir Richard 91, 99, 122
(Ozeanische) Delphine 10, 130

P

Paarung 28, 65, 133
Pallas, Peter 96
Parasiten *35*, *60*, 64, 86, 102, 147
Pathologie 49
Payne, Roger und Katherine
- Buckelwallieder 47
Pazifischer Hafenschweinswal (Vaquita) 10, 51, 169, **172**
Pazifischer Hafenschweinswal **172**
Pazifischer Schnabelwal 52, **109**
Peale, Titian R. 156
Peale-Delphin 154, *155*, **156**
Penis *11*, 29, *33*
Peponocephala electra 117, 124, **125**, 158
Peron, F. 165
Phocoena
- *P. dioptrica* (1912) 173
- *P. phocoena* 169, **170**
- *P. sinus* 169, **172**
- *P. spinipinnis* 169, **174**
Phocoenidae 10, 36, **169**
Phocoenoides dalli 169, **176**
Physeter macrocephalus (= P. catodon) 13, 85, **86**
Physeteridae 13, 85
Physiologie 15, 16
Pilleri, Giorgio
- Gehirnstudien an Walen 23
Pinnipedia (Flossenfüßer, Robben) 10, 11
Plankton 12, 26, 27, 50
Platanista 12, 106, 182, 187
- *P. gangetica* 179, **180**
- *P. minor (=indi)* 179, 180, **182**
Platanistidae 179
Platanistoidea 13, **179**
Polynyas 79, 94, 98
Pontoporia blainvillei 34, 179, **187**
Pontoporiidae 179
Pottwal 10, 13, 15, *17*, *20*, 25, 28, 34, 35, 37, 39, **85**, **86**, *87*, *88*, *89*
- Gehirn 23
- Gruppenzusammenhalt 28
- Schädelstruktur 17
- Tauchtiefen und -zeit 101
- Verbreitung 36, 87
Pseudorca crassidens 117, 118, **122**, 125

R

Radiotelemetrie 48, 49, 150, 171
Räuber, Raubfeinde 35, 148
Rauhzahndelphin 25, **134**, 136
Ray, John
- Gehirnstudien an Walen 22
Reinhard, Johannes 122
Retia mirabilia 17
Robben 11, 15, 33, 153
Ross, Graham
- Verbreitung der Entenwale 108
Rückenfinne 11, *11*, 12
Rundkopfdelphin 51, 91, 118, *130*, 153, 164, **166**, *167*

S

Saisonale Wanderungen 37, 66, 126, 128, 146, 150, 153, 154, 164, 167, *170*, 174, 175, 177, 180, 182, *184*, 185, 186
Sauerstoffbedarf 15, 16
Schlankdelphin 50, 136, **140**, 143

Schluckfiltrieren 26, 72, 76, 81, 83
Schnabelwale (Ziphiidae) 13, **101**, 102, 108
- Lautgebung 114, 115
- Dichte der Knochen 115
- Tauchen 17, 104, 105
- »Stoßzähne« 92, 104, 105, 112, 113, *115*
Schwanzfluke *10*, 14, 15, *46*, 126, 159, 176, *177*
- Fotoidentifizierung 48, 80, *81*, *87*
Schwarzdelphin 152, **154**, 156
Schwarzer Glattwal 55, 58
Schweinswal 23, 51, 169, **170**, 176
Schweinswale 10, 13, 24, **169**, 170
Schwertwal 3, 13, *35*, 70, 75, 79, 95, 107, 115, 117, **118**, 148, 166, 187
- Dialekte 31, *46*, 120
- Nahrung 25, 119
- Rückenfinne 118, *119*
- saisonale Wanderungen 37, 119
- soziale Gruppierungen 28, 120
- Techniken der Nahrungsaufnahme *8*, *22*, *117*, 119, *121*
- Verhalten in Menschenobhut 43, *44*, 121
- Zähne 25, *119*
- Zwillingsgeburten 33
Schwimmen 14, 122, *123*, 132, 143, 164, 165, *177*, 180, 183
See-Kanary 96
Seekühe (Sirenia) 10
Seiwal 27, 33, 34, 35, 66, 69, 71, **74**, 75, 79
Sexualzyklus *32*, 34, 75, 79, 88, 98, 139, 141
Shark-Bay, W.-Australien
- »Monkey Mia«-Große Tümmler 42, 43
Shepherd, G. 104
Shepherd-Wal 101, **104**
Sicht 12, **18**, 19, 46, 183, 185
Sirenia (Seekühe) 10
Sotalia 130
- *S. fluviatilis* **135**, 179, 184
Sousa 130
- *S. chinensis* **132**
- *S. plumbea* **132**
- *S. teuszii* **132**
Sowerby, James 114
Sowerby-Zweizahnwal **114**
Soziale Gruppen 28, *29*, 126, *139*, 151, *155*
- »Chorus Lines« 128, 167
- Dominanz 29, 126
- Mutter-Kalb-Paar 28, 29, *33*, *35*, *52*, *60*, *64*, 82, 95, 97, 163, 175
Sinneszusammenspiel 28
- Tastsinne/Berührungsverhalten 29, 46, 133
- Weibchenlinie (Mutterlinie) 28, 89
Sozialstruktur
- Monogamie 28
- Polygynie 28, 89, 128
- Promiskuität 28, 29
Spiel **29**, 133
Springen 31, 59, 72, 83, 88, 119, 147, 163
Squalodontidae 13
St. Hilaire, Geoffroy 184
Stejneger, Leonard 112
Stejneger-Schnabelwal **112**, 113
Stenella 130
- Gemeinsame Nahrungssuche 25
- Hochseeverbreitung 36
- Lautgebung 143
- *S. attenuata* 50, 136, **140**, 145
- *S. clymene* 142, **144**
- *S. coeruleoalba* **138**, 146, 152, 158
- *S. frontalis* 136, 140, **145**
- *S. longirostris* 50, **142**, 144
- Verhalten in Menschenobhut 43
Steno 130
- *S. bredanensis* **134**
Sterblichkeit
- Raten 34, 35, 50, 51, 125, 139
- Ursachen 34, 35, 36, *36*, 50
Stoßzähne *92*, *95*, 104, 112, *115*
Strandungen **38**, *41*, *113*, 147, 165
- Einzelstrandungen 38, 113
- Erste Hilfe 40
- gefährdete Arten 38, *105*, 126, 128, 150, 167
- Gruppenzusammenhalt 39, 85, 111
- Magnetfeld-Navigations-Theorie 39, 40
- Massenstrandungen 38, *39*, 85, 111, 128, 150
- nach Eintritt des Todes 41, 49
- Überlebensrate 44, 91, *112*
Stundenglas-Delphin 36, 154, **157**
Südlicher Entenwal 36, 102, 104, **108**, 157
Südlicher Glattdelphin 36, 155, 164, **165**
Südlicher Schwarzwal 36, **104**, 106, 108, 157

T

Tasmacetus 101
- *T. shepherdi* 101, **104**
Tastsinn *20*, *21*, 29, 46, 64, *179*, 183
Tauchen 15
- Physiologie des Tauchens 16, 17
- Tauchtiefe 17, 89, 98, 101, 126, 137
- Tauchdauer 87, 89, 98, 101, 107, 108, 126, 128
Taucherkrankheit 17
Teusz, Edward 132
Trächtigkeit 32, *32*, 33, 34, 63, 129
Tragzeit 32, 33, 34, 37, 49, 63, 129
True, Frederick 110, 112, 176
True-Wal 109, **110**
Tursiops 130
- *T. truncatus* 43, 46, 130, **136**, 167

V

Verbreitung
- geographische Verbreitungsmuster 36, 126, 128, *132*, 143, 146, 166, 185, 187
- Wassertemperatur-Faktoren 128, 138, 140, 146, 148, 150, 153, 154, 164
Verhalten *20*, **21**, 45, *65*, 141, *142*, 143
- Lautforschung 87
- Ruhen an der Wasseroberfläche 126
- Sozialverhalten 42, *43*, 79, *81*, 106, 147
Verteidigungsmechanismen 91

W

Wachstum 33, 34
»Walbein«-Wale (—> Bartenwale) 26, 52
Walbeobachtungen **42**, *43*
Wale in Menschenhand
- anpassungsfähige Arten *44*, 98, 99, 121, *123*, 129, 133, 134, *136*, 137, 141, 143, 147, 153, 155, 171, 175, 185, 186
- Ausstellungen 10, 43, *44*, 46, 98, 129, 133, 153, *163*
- Einrichtungen 42, *44*
- Ernährung 45, 136
- Fang und Transport von Individuen 44, 149
- Forschungsprojekte 46, 134, 153, 183
- Pro und Contra 45, 124
- Sterblichkeit 95, 125, 129, 135, 151, 153, 158, 174, 177
- Wasserqualität 44
- Zucht 99
Walfang 8, 34, 35, 70, 83, 89
- Färöer 127, 151
- Japanischer Küsten-Walfang 153
- Norwegischer Walfang 98, 107, 151
- Wissenschaftliche Genehmigungen 75, 79
Walforschung
- in Menschenobhut 21, 22, **46**
- in freier Wildbahn 21, 22, 25, 28, **47–49**
Walrat (Spermacet) 17, 86, 89, *107*
- akustische Funktion 25

Wanderung 20, *36*, **37**, 48, 63, 64, 65, 69, 75, 80, 85, 94, *96*, *97*, 102, 139, 161
Watkins, William
- Radio-Telemetrie von Walen 48
Weißbauchdelphin **160**, 173, 174
Weißschnauzendelphin **148**, *149*, 150
Weißseitendelphin 148, 149, **150**, *151*
Weißstreifendelphin 43, 51, 150, **152**, 153, 156, 157, 164, 176
Wellenreiten **15**, 29, 122, 124, 137, *139*, 147, 150, *152*, 153, *156*, 157, 161, 163, *167*
Wucherungen (Kalloseablagerungen, Kallositäten) 56, 58, 59, 60

Z

Zähne *24*, *25*, 34, 86, 88, 94, 98, 101, *102*, 114, *119*, 122, *123*, 134, 152, 169, 180, *181*, 184
Zahnwale (Odontoceti) 11, 12, 13, 24, 85
- Nahrung 25
- Wanderung 37
Ziphiidae 13, **101**, 102, 108
Ziphius 101, 108
- *Z. cavirostris* **105**
Zügeldelphin 136, 140, *141*, **145**
Zwergblauwal 68, 69, 70
Zwergglattwal 26, **61**
Zwerggrindwal 25, 91, 117, 118, *123*, **124**, *125*, 143
Zwergpottwal 85, **90**, 91
Zwergwal 34, 42, 61, *66*, *69*, 71, 72, **78**, *79*, 106, 107, 108, 126
Zwergwal 85, **90**, 91
Zygorhiza kochii (Durodontidae, Archaeoceti) 13

BILDNACHWEIS

Illustratoren
Das Copyright, das dem Namen des Illustratoren folgt, liegt bei Salamander Books Ltd., Ausnahmen werden angegeben. Alle Zahlen beziehen sich auf die Seitenzahl.

Peter Bull Art Studio: 31, 40 und die Verbreitungskarten auf den Seiten 56 bis 187
Rod Ferring: 11, 17, 19, 32, 49
Pieter Arend Folkens © Pieter Arend Folkens: 13
Bruce Pearson: Vorsatzpapier, 2-3, 54-5, 62-3, 66-7, 84-5, 92-3, 100-1, 116-7, 130-1, 168-9, 178-9
David Thompson: Artzeichnungen auf den Seiten 104, 109, 110, 111, 112, 113, 144, 159, 160, 173, 182, 187 und die Größenumrißzeichnungen auf den Seiten 56-187

Fotografen
Der Verlag dankt den Fotografen und Agenturen, die Fotos für dieses Buch zur Verfügung gestellt haben. Angegeben sind jeweils die Seitenzahl und die Position des Bildes auf der Seite: U (Unten), M (Mitte), O (Oben), UL (Unten links) usw.

Heather Angel: 16 (O), 70 (MR)
Ardea London Ltd: 21 (Francois Gohier), 64 (O, U, Francois Gohier), 70 (O, Francois Gohier), 71 (Francois Gohier), 73 (Francois Gohier), 148 (Liz & Tony Bomford) 149 (O, Liz & Tony Bomford)
Biofoto, Denmark: 170 (U, T.B. Sorensen), 171 (O, T.B. Sorensen)
Bruce Coleman Ltd.: 162-3 (O, Francisco Erize)
Mark D. Colin: 68
Vera M. F. da Silva: 135, 184 (M,U)
Earthviews: 10 (Ken Balcomb), 14 (Robert Pitman), 15 (Richard Sears), 33 (Ken Balcomb), 36 (Bob Talbot), 38 (Robert Pitman), 41 (M, Robert Pitman), 43 (Pieter Folkens), 57 (Bruce Krogman), 60 (R. Payne), 61 (Bill Dawbin), 76 (Robert Pitman), 77 (B. Tershy & C. Strong), 78 (UL, H. Suzuki), 99 (S. Leatherwood), 103 (K. Balcomb), 105 (James D. Watt), 112 (U, Paul Jones), 118-119 (U, K.C. Balcomb) 121 (U), 124 (James D. Watt), 125 (Howard Hall), 132-3 (Bill Dawbin), 134 (Robert Pitman), 139 (Robert Pitman), 140 (Marc Webber), 149 (U, Richard Sears), 151 (M, Richard Sears), 153 (Robert Pitman), 156 (Birgit Winning), 158 (Robert Pitman), 164 (Robert Pitman), 166 (Robert Pitman), 167 (Robert Pitman), 172 (U, Robert Pitman), 174 (Robert Pitman), 175 (U, Ken Balcomb), 176 (O, K. Balcomb)
Deborah A. Glockner-Ferrari: 29 (O), 34, 52-3,123 (OR)
M. P. Harris: 127 (M)
Therese L. Hoban: 35 (M)
Rus Hoelzel: 8-9, 22 (O), 23 (OL, OR), 121 (M)
Hubbs Sea World Research Institute: 35 (U)
International Fund for Animal Welfare: 20 (U), 86, 88 (O, M), 128-129 (O), 137 (O)
Thomas Jefferson: 177
Joyce Photographics: 41 (U)
Fujio Kasamatsu: 107 (U), 111 (U), 157
Frank Lane Picture Agency Ltd: 20 (O, M.B. Withers), 90 (Marineland of Florida), 181 (Ted Stephenson)
Stephen Leatherwood: 44 (U), 46, 69, 78-9 (U), 120 (c Evans), 154, 162 (U)
Tony Martin: 16 (U), 18, 23 (MR), 24 (MR), 25, 27 (ML), 30 (UL, UR), 31 (U), 37, 39, 44 (M), 47, 48 (OM, OR), 49 (OL, OM, UR), 72, 83 (O), 87 (M, U), 94, 95, 96-7 (O), 96 (U), 97 (U), 119 (O), 145
National Marine Fisheries Service: 26 (MR, H. Braham), 152 (M)
Natural History Photographic Agency: 42 (Agence Nature), 65 (Agence Nature)
Nature Photographers Ltd.: 81 (O, Paul Sterry), 127 (U, C.H. Gomersall), 170 (OR, C. Mylne)
Chris Newbert: 123 (OL)
Michael W. Newcomer: 28-9 (U), 74, 102, 107 (M), 123 (U), 138-9 (U), 142, 146 (U), 152 (U), 167 (O), 176 (U)
Ocean Images, Inc.: 24 (U, Doc White), 27 (U, Al Giddings), 83 (U, Al Giddings, C, Rosemary Chastney)
Okeanos Ocean Research Foundation: 79 (O)
Oxford Scientific Films: 80 (Ben Osborne), 81 (U, Ben Osborne), 113 U, Kim Westerskov), 136-7 (U, Kim Westerskov)
Pacific Ocean Stock: Schmutztitel (James D. Watt), 26 (O, Dan McSweeney), 59 (R.M. Mandojana), 129 (U, James D. Watt)
W.F. Perrin: 51
Photobank Image Library: 161 (S. Dawson)
Planet Earth Pictures: 89 (O. Arnbom), 115 (James D. Watt)
Bill Rossiter: 151 (U)
Michael Scott: 58
Sea World: 163 (OR, Frank S. Todd)
Gregory Silber: 172 (M)
Tom Stack & Associates: 6 (Jeff Foott), 22 (U), 45 (Dave B. Fleetham), 82 (Ed Robinson), 118 (O, Jeff Foott), 122 (Ed Robinson), 136 (M, Brian Parker), 141 (O, Jack Swenson)
Survival Anglia: 19 (Jeff Foott), 185 (Alan Root)
B. Tershy: 91
D. Thompson: 146-7 (O), 165
A.J. Ward: 108
Bernd Wursig: 143, 155, 186
Zefa: 4 (Panda Photos), 98 (Wisniewski), 141 (M, B. Curtsinger)

DANKSAGUNG

Die Herausgeber danken für die Bereitstellung folgender Quellen, die Grundlage für Zeichnungen dieses Buches darstellten: Der Pottwalkopf auf S. 17 wurde nach einer Illustration im *Journal of The Marine Biological Association of the UK*, No. 58, S. 581-7 (M.R. Clarke) gezeichnet. Das Lauterzeugungs- und Empfangsschema auf S. 19 basiert auf veröffentlichtem Material von Ken Norris. Die Sonogramme eines Buckelwalliedes auf S. 31 wurden einer Arbeit von H.E. Winn, T.J. Thompson, W.C. Cummings, J. Hain, J. Hudnall, H. Hays und W.W. Steiner aus *Behav. ecol. sociobiol.* No. 8, S. 41-46 entnommen. Die Karte über Magnetfelder und Lebendstrandungen auf S. 40 basiert auf Material, das von der Zoologischen Abteilung des Britischen Museums (für Naturgeschichte), vom British Geological Survey und von Frau Dr. Margaret Klinowska zur Verfügung gestellt wurde.

Die Herausgeber schulden folgenden Personen Dank, die bei der Herausgabe des Buches mitgewirkt haben: Joanne King für die ausgezeichnete Recherche von Abbildungsmaterial, Stuart Craik für die Bearbeitung des Index und Mike Harrington von der SX Composing Ltd. für sein Können, seine Hingabe und Geduld beim Setzen der Manuskripte.

Tony Martin möchte folgenden Personen für ihre schnelle und sorgfältige Durchsicht der Texte danken: Dr. Larry Barnes, Sidney Brown, Phil Clapham, Dr. Jonathan Gordon, Dr. Phil Hammond, Dr. Rus Hoelzel, Simon Northridge und Dave Rugh. Großzügige Unterstützung erhielt er auf vielfältigem Gebiet von Gilly Banks, Martin Knowelden, Stan Minasian und einer großen Zahl von Fotografen in der ganzen Welt, die ihr Material für eine Begutachtung zur Verfügung stellten.